U0305373

装备科技译著出版基金

OCDMA 网络原理及应用
Optical CDMA Networks Principles, Analysis and Applications

［英］Hooshang Ghafouri – Shiraz
［美］M. Massoud Karbassian
著

刘故箐 刘 颖 谢晓刚
高 悦 姜 勇 李 源 陈树文
张引发
译 审

国防工业出版社

·北京·

著作权合同登记　图字:军－2015－016 号

图书在版编目(CIP)数据

OCDMA 网络原理及应用／(英)阿米·加富里－设拉子,
(美)M. 马苏德·卡巴斯安(M. Massoud Karbassian)著;
刘故箐等译. —北京:国防工业出版社,2017.11
书名原文:Optical CDMA Networks: Principles,
Analysis and Applications
ISBN 978-7-118-11398-3

I. ①O... Ⅱ. ①阿... ②M... ③刘... Ⅲ. ①码分多址
移动通信－移动网 Ⅳ. ①TN929.533

中国版本图书馆 CIP 数据核字(2017)第 265967 号

Optical CDMA Networks: Principles, Analysis and Applications by Hooshang Ghafouri-Shiraz and M. Massoud Karbassian.
ISBN 9780470665176

※

国防工业出版社出版发行
(北京市海淀区紫竹院南路23号　邮政编码100048)
北京京华虎彩印刷有限公司印刷
新华书店经售

*

开本 710×1000　1/16　印张 22½　字数 453 千字
2017 年 11 月第 1 版第 1 次印刷　印数 1—1500 册　　定价 168.00 元

(本书如有印装错误,我社负责调换)

国防书店:(010)88540777　　　发行邮购:(010)88540776
发行传真:(010)88540755　　　发行业务:(010)88540717

译 者 序

OCDMA 技术是以码分作为多址接入方式的光纤通信技术。OCDMA 技术接入灵活,可实现高速率、大容量、多业务传送,是非常安全的光接入网技术。同时,由于 OCDMA 具有很好的保密性,可用于保密通信,为提高我军光网络的安全性和保密性提供了一个重要的技术手段。目前,很多国家都对 OCDMA 技术进行了研究并搭建了相应实验系统,国内外也出版了一些介绍 OCDMA 技术的书籍,但还是缺乏全方位介绍和分析 OCDMA 网络的书籍,阿米·加富里 – 设拉子博士和 M. 马苏德·卡巴斯安博士编著的本书填补了这一缺憾。在装备科技译著出版基金的大力支持下,我们对其进行了翻译。

本书主要介绍 OCDMA 系统的原理及其应用,从最基础的光通信技术、扩频编码技术到 OCDMA 网络应用进行了详细介绍。全书共分 10 章。第 1 章对光通信进行概述,第 2 章详细介绍各种扩频编码技术,这两章内容是了解 OCDMA 技术的基础。第 3 章简单综述 OCDMA 技术,勾勒出 OCDMA 技术的全景图。第 4 ~ 8 章介绍不同类型的 OCDMA 网络,包括光谱编码 OCDMA 网络、相干 OCDMA 网络、非相干 OCDMA 网络、相干非相干混合 OCDMA 网络和偏振调制 OCDMA 网络,在对网络原理和结构进行讨论的基础上,进行了详细的性能分析。第 9 章介绍 OCDMA 技术在光接入网中的应用,讨论了 OCDMA 网络对 IP 业务的支持问题。针对目前网络业务多样化的需求,第 10 章分析和讨论 OCDMA 网络对区分服务和 QoS 能力的支持。本书理论性与实践性结合比较密切,不仅包含作者的研究成果,也反映了 OCDMA 领域的最新进展,能够对军队研究人员、工程师和高等院校的学生从事的光通信方面工作提供理论和实践上的参考,能够为我军光网络安全和保密通信研究提供理论支撑和技术支持。

本书涉及面广,篇幅浩大,翻译工作非常艰巨,图表和公式中量和符号的使用尽量遵照原书,但是为了符合我国的符号规范,使全书统一,我们做了少量调整。书中专业术语尽量标上原文缩写,便于读者阅读和理解。由于全书由多位译者合作完成,难免在译文遣词用句上存在一定差异,但在专业名词上力求统一规范。

参与本书翻译工作的除刘故箐副教授、刘颖博士、谢晓刚博士和高悦博士外,还有姜勇博士、李源博士和陈树文博士。张引发教授负责全书的审校。

由于译者水平有限，译文还有不妥之处，希望广大读者给予批评指正。最后，译者感谢国防工业出版社对本书翻译工作的大力支持和促进。

译者

2017 年 10 月

前　　言

　　早在 20 世纪 80 年代末，人们就提出光域码分多址（CDMA）技术的概念，也是自那时起，光纤技术取得了巨大进展。为提供有关光扩频码技术、光调制技术和收发器结构的最新进展的全面报告，我们决定出版这本书。本书对光码分多址（OC-DMA）的发展现状进行了广泛介绍。由于本书的出版目的是用作教科书和参考专著，因此每一章都设计为既有原理介绍又涵盖编码、调制和系统结构等工程性的内容。

　　随着数字技术和计算机技术的发展和成熟，通信系统变得更加强大和灵活。这给现代通信工程师带来两个待解决的关键问题：一是如何处理通信系统中不断增加的容量和速率需求；二是如何整合大量的计算机和数据源，从而形成覆盖全球的高度集成的异构通信网络。

　　通信基础理论指出，系统的速率和容量随着载波频率的提高而提高，这一特点在现代数字通信系统中表现得尤为充分。近年来计算机运行速度的巨大提升，要求数字通信系统的运行速率也随之提高。在传统电域，通信系统的最高速率受传输介质的限制，例如现在的个人计算机（PC）一般采用 PCI 总线实现内部互连，可提供 2133 Mb/s 的峰值速率，然而与个人计算机相连的调制解调器，即使采用商用宽带接入网中的铜线 ADSL 2 + 技术，其速率也只能达到 24 Mb/s，为个人计算机内部互连速率的九十分之一。造成速率不匹配的原因之一是调制解调器采用了不能工作在吉赫兹频率的铜缆。为了提高系统速率和容量，不仅需要更高频率的载波，还需要采用新的传输介质。

　　未来的互联网需要更高的速率和超快速的服务，如视频点播（VoD）、IP 电视（IPTV）等流媒体服务。由于巨大的带宽和极低的损耗，光纤成为电信网络和计算机网络的最佳物理传输介质。在各种光接入技术中，需要选择最能充分利用光纤带宽，同时具有支持随机访问协议、区分服务和突发业务等能力的技术。与此同时，随着"第一公里"以太网技术（IEEE 802.3ah）的规范化和光纤到户技术的实用化解决方案 EPON 的建立，人们对在接入网中采用光传输技术越来越感兴趣。

　　仅一根光纤就能提供 25THz 的带宽。更重要的是，光网络通过光学旁路能减轻电子设备的负载，并能在提供调制格式、比特率和协议的光学透明性的同时，降低电子设备的复杂性、占地面积和能耗。光纤到户/路边/大楼（FTTX）网络将成为下一个成功的光通信网络。当打破最终用户和高速骨干网之间的"第一公里"（也称为"最后一公里")的带宽瓶颈,未来的 FTTX 接入网不仅会释放出巨大的经济潜力和社会效益,还将广泛支持各种新兴服务和应用,如三网融合、视频点播、点对点(P2P)音频/视频文件共享,以及流媒体、多通道高清电视、多媒体/多方在线游戏和电话会议。

由于寿命长、衰耗低和带宽大点,无源光网络(PON)被广泛部署用于实现具有潜在成本效益的 FTTX 接入网络。目前,PON 主要采用时分复用(TDM)单通道系统,光纤只承载一个上行波长信道(从用户到中心局)和一个下行波长信道(从中心局到用户)。

对称速率为 1.25Gb/s 的 IEEE 802.3ah EPON 和上、下行速率分别为 1.244Gb/s 和 2.488Gb/s 的 ITU – T G.984 GPON 是目前广泛部署的最先进的商用 TDM – PON 接入网络的主要类型。IEEE 802.3av 任务组已经启动 10Gb/s EPON 的标准化工作。在传统 TDM – PON 中增加波长维度,将实现波分复用(WDM) PON 技术,它具有以下优点:一是能增加网络容量;二是能通过容纳更多的最终用户提高网络的可扩展性;三是能实现区分服务。

有关先进 PON 的研究大多单独考虑 PON 接入网络,主要聚焦于设计动态带宽分配算法(DBA)以实现服务质量(QoS)支持和设计接入控制算法以实现 QoS 保护。从网络的角度来看,OCDMA 具有三个潜在优点:一是与采用频谱分割的 WDM 相比,CDMA 能提供更多的通道数;二是与 TDMA 相比,异步传输简化了媒质访问控制(MAC);三是码长和码重可同时变化的地址码能实现多等级多速率服务。将 OCDMA 应用于 LAN 的动力在于 LAN 的流量模式具有突发性,在线用户统计数不大的情况下,可能有大量用户需要同时接入。

因此,OCDMA 技术可看作是无源光网络接入协议的一种候选方案。OCDMA – PON 采用无源分光器实现树形拓扑结构。每个光网络单元(ONU)都配备一个对应固定地址码的编译码器,光线路终端(OLT)为了和所有的 ONU 通信,可能包含所有地址码的编译码器。与局域网不同,OCDMA – PON 不是一个完全广播系统,因为一个 ONU 不会直接向其他 ONU 发送信号。在这种情况下,为避免信道竞争,应该考虑采用 OCDMA 作为 PON 的接入网络协议。这意味着存在某种干扰控制技术,使得能同时通过同步或异步方式建立上、下行业务流。这种技术使同步 OC-DMA 可采用与异步模式相同的工作方式。此外,对于同步方案,利用特定编码的属性或是干扰消除技术能够消除主要的用户干扰。因此,我们主张光接入网应逐步从 WDMA 发展至 OCDMA,正如现在从 TDMA 转变为 WDMA 一样。

学生、研究人员和工程师应该具备与 OCDMA 相关的必要理论基础,以及将理论知识运用于光网络实践的能力。尽管目前有很多关于光学器件、通信和网络的好书,但像 OCDMA 这样的新兴光接入技术领域仍存在空白,我们试图用这本书填补这一空白。本书将主要阐述适用于光谱幅度编码和时域扩展机制的光学扩展编码,先进的光学非相干、相干和混合调制技术,以及收发器结构,并分析 OCDMA 在

PON 中的发展潜力及其与现有 IP 核心网络的兼容性等。

读者通过本书,能了解光扩频码结构,以及不同收发信机结构条件下的系统整体性能分析。我们希望这本书将有助于研究光网络,尤其是研究 OCDMA 的学生和研究者了解该技术的技术前沿。

本书的组织结构如下:

第 1 章探讨主流的光多址接入技术,以及基本的扩频通信方式,包括直接序列和跳频机制,对目前接入技术和光网络的现状进行简要回顾,并指出它们面临的挑战。

第 2 章介绍包括信源编码和信道编码的光编码技术,集中介绍各种扩频地址码族,如 M 序列、光正交码、素数码和同余码,对这些编码的基本结构、特性以及它们的多维版本进行广泛的讨论。由于前向纠错(FEC)技术和编码同样属于光通信范畴,因此本章还探讨常用的卷积码和 Turbo 码族。

第 3 章对最新的 OCDMA 技术进行概述,介绍同步和异步、相干和非相干、频域编码和时域扩展、有线和无线 OCDMA 等不同的实现方案,以及它们在接入网中的巨大价值。

实现 OCDMA 的最常见的方法是采用光谱编码,实现方案有两种,分别为光谱幅度编码(SAC)和光谱相位编码(SPC),第 4 章对此进行讨论。该章对各种编码技术,如阵列波导光栅(AWG)、声光可调滤波器、相位/幅度掩模和光纤布拉格光栅(FBG)进行论证。并在混合噪声源的条件下对这两种方案的发射机与接收机结构进行深入分析和讨论。

第 5 章对非相干时扩方案脉冲位置调制(PPM)的信号格式和结构进行详细的分析。在分析中,曼彻斯特编码可看作是能减小多址干扰(MAI)的信道编码。本章还分析了重叠 PPM(OPPM)结构。此外,将通信网络的网络吞吐量作为一个重要指标进行讨论。从 OCDMA 网络的误码率(BER)的角度看,MAI 消除技术能显著提高收发信机的整体性能,本章也对这种技术进行了综合分析。

第 6 章分析相干 OCDMA 技术,在一定误码率条件下,分别采用零差检测和外差检测方式,将容纳多用户所需的信噪比(SNR)作为性能参数,对系统的整体性能进行探讨。本章还对一种相干调制方式——二进制相移键控(BPSK)进行介绍,给出并分析各种相干 OCDMA 的收发信机结构。针对零差检测,本章讨论两种不同的相位调制方式,分别为外相位调制(马赫-曾德尔调制器)方法和基于分布式反馈(DFB)半导体激光器的注入锁相方法,详细描述了两种方法在 MAI 和接收机噪声条件下的相位限制及性能。此外,还分析了基于外相位调制器的光外差系统的误码率。

相干和非相干技术各有优、缺点,非相干技术的结构简单,而相干技术的性能更好,因此第 7 章对混合相干调制和非相干解调进行分析,介绍了一种利用混合相干调制和编码方案实现 MAI 消除的技术。这种技术简化了同步频移键控(FSK)

OCDMA 网络的接收机配置。在该章的理论分析中,依据光电检测器 I/O 特性的泊松效应,推导出系统误码率,并与非相干 PPM 方法进行了性能对比。

偏振移位键控(PolSK)作为光通信的候选技术已经超过 10 年,由于光调制与OCDMA 结合能发挥光波矢量特性的优势,第 8 章专门介绍采用光调制的非相干收发器结构。本章在考虑光放大的自发辐射(ASE)噪声、光接收机热噪声和散弹噪声以及多址干扰的基础上,对系统进行了精确分析;介绍了光抽头延迟线接收器在接收机中作为 CDMA 译码器的应用;并在 OCDMA 领域中首次介绍一种二维光调制方案,该方案采用混合频率偏振移位键控(F – PolSK)以提高系统的安全性和容量。

第 9 章的开篇介绍接入网在可扩展性、性能和容量等方面面临的挑战和现有解决方案。该章涵盖了 OCDMA 在光网络方面的大部分相关技术和应用,还对下一代接入网的主流技术 PON 进行介绍,包括 APON、GPON 和 EPON;由于 OCDMA支持随机访问协议,因此介绍了介质访问控制(MAC)技术;对 ONU 和 OLT 的配置进行了分析;在一定光纤链路距离和误码率条件下,依据系统的主要性能指标下降程度,对网络的可扩展性进行了分析;探讨了 OCDMA 网络对 IP 的传输和兼容方案,并介绍一种利用光传输设施将 IP 流映射到等价或兼容的 OCDMA 中的网络节点结构;基于网络的用户信道利用率,对 IP over OCDMA 的性能进行全面分析;为充分利用 OCDMA 网络的优势,依据实际网络的特性分析了几种最新提出的随机接入协议,包括纯自私算法、阈值算法和重叠量算法;简单介绍 TDMA、WDM 和OCDMA 等不同复接方式条件下的光域多协议标签交换(MPLS)技术,并介绍了通用 MPLS(GMPLS)技术。

OCDMA 技术具有很大的发展潜力,通过观察可以发现,光网络技术的发展出现了从 WDMA 技术向 OCDMA 技术过渡的趋势。考虑到 OCDMA 可能成为光网络的核心技术,其下一步的发展应能提供 QoS 保证和区分服务(DiffServ)。因此,第10 章专门证明了 OCDMA 网络具有面向服务的能力。通过改变扩频码的码重和码长,OCDMA 能为不同质量和速率的业务提供服务。因此在这一章,详细讨论了各种可重构扩展码族,以及它们对面向服务体系结构的影响。

本书在每一章后都提供参考文献,为读者提供进一步的阅读指南,并对所有未推导的引用公式和表达式注明来源。本书面向的主要读者是希望巩固光网络,尤其是 OCDMA 知识的本科生和研究生。此外,希望了解 OCDMA 相关基础知识和最新发展的研究人员和应用工程师也是本书的潜在读者。最后需要说明的是,本书的读者必须具备通信理论、光通信、计算机和通信网络、统计分析和数学等方面的基础知识。

阿米·加富里－设拉子博士将本书献给：

我已故的父母，他们一生坚持不懈，并引领子女们追求知识；对家庭奉献巨大的妻子；值得我为之付出一切的孩子们；让我意识到光纤通信巨大潜力的已故导师Okoshi教授；我的研究生们，他们在OCDMA中卓越而富有成效的研究促使我们写了这本书。

M·马苏德·卡巴斯安博士将本书献给：

我深爱的父母和兄弟姐妹，他们热情与毫无保留的支持鼓励我克服一生中的所有障碍，感谢他们在我人生各个阶段给予的支持、友善和耐心。

致　谢

阿米·加富里－设拉子博士特别感谢他以前的多位博士生在 OCDMA 研究中做出的杰出工作。本书参考了大量的论文、文章和书籍，我们对相关作者们表示最衷心的感谢，并特别感谢准许我们复制某些图表的作者和出版商。

阿米·加富里－设拉子博士
M. 马苏德·卡巴斯安博士

目　　录

XV

第 1 章　光通信概述

1.1　光波技术的发展

1960 年 5 月,红宝石激光器(受激辐射光放大器)[1]问世,同年 12 月氦氖激光器问世[2],取得了科技研究的重大成就,迎来了高带宽时代,被称为"21 世纪的重大发现"。随后,半导体激光器应用于通信[3-5],预示着光通信时代的来临。由于半导体激光器可提供强相干光,并且可在高频率上进行调制,因此打开了比普通无线通信频谱高很多倍的电磁频谱窗口。另外,激光器的窄光束也促进了自由空间光通信的发展。

激光的频率大约为 100THz,由于信息容量随着载波的频谱宽度的增大而增加,因此与微波通信相比,光通信拥有更高的带宽和通信容量。一个小小的激光器仅用其电磁频谱的一小部分就可以承载数百万路话音或者电视频道。

由于光通信有着很大的通信带宽,19 世纪 60 年代人们开始进行大气光通信实验[6]。这些实验表明,相干光载波能以极其稳定的形态在较高的频率上进行调制。但是,该系统中的光学元件成本较高,且大气信道易受雨、雾、雪以及灰尘的影响,使得大气光通信的经济效益较低,无法商用化。值得庆幸的是,基带地 – 空自由空间光通信还是得到一定发展[7,8]。

不久,对一种特殊类型的光波导的需求凸现出来。1963 年,人们开始使用一种由几百根玻璃纤维构成的光波导进行导光,用于小范围的照明,但是这种早期的光纤雏形的损耗非常大,不适合作为光通信的传输媒质。与大气相比,光纤能够提供一种更加可靠且用途更为广泛的光传输信道,但最初即使最好的光纤的损耗也超过 1000dB/km,这显然不实用。实际上,与当时的同轴电缆相比,玻璃光纤的损耗必须降到 20dB/km 以下才有实际意义。1966 年,高锟(2009 年诺奖获得者)以及 Hockman[9]认为光纤的高损耗是由于光纤材料中的杂质引起的,可以通过降杂使光纤成为可用的传输媒介。1970 年,康宁公司的 Kapron、Keck 和 Maurer[10]制作出损耗为 20dB/km 的玻璃光纤。在这种损耗条件下,光纤链路的中继距离与传统电缆相当,从而使光波技术的工程应用成为现实,开启了光纤通信的新纪元。

随后,半导体技术的发展提供了所需的光源与光电检测器件,结合光波导技术,促进光纤通信技术进一步发展。其带来的结果是,在通信应用中光纤传输链路与传统电缆相比具有巨大的优越性,例如,光纤具有更低的传输损耗以及更大的传

1

输带宽。

这意味着,利用光纤通信系统,可以在一根光纤中传输更多的数据,传输更长的距离,从而减少线路数量以及中继站数量。此外,与笨重的金属缆线相比,光纤超轻的重量和接近发丝的直径更便于在拥挤的城市地下管线中敷设。同样的优点在飞行器的设计中也尤为重要。在军事应用中,这样的特点更利于军用缆线的快速布放与回收。

光纤的另一个重要特性是绝缘性,该特性使光纤能抗电磁干扰,如信号传输线路感应、闪电或者电磁脉冲干扰,尤其在军事应用中抗电磁脉冲干扰具有非常重要的价值。另外,光纤通信不再需要回路接地,光纤间的串扰非常低,并且由于光信号被限制在光波导中传输,数据传输的保密性非常高。而更重要的是,制造光纤的主要原料二氧化硅大量存在于沙子中,这使得光纤的制造成本非常低。

在 20 世纪 70 年代,随着人们对于光纤优点的逐步认识,光纤传输系统相关领域的研究空前活跃,这些技术发展直接促成 20 世纪 70 年代初第一次光纤通信系统实验的成功。这样的技术进步源于光源、光纤、光电检测器以及光纤连接器等技术的巨大发展。从此以后,光纤通信系统材料的研究不断进展,1970 年,光纤传输损耗从 1000dB/km 降至 20dB/km,1973 年又进一步下降至 4dB/km。通过运用长波长传输技术,光纤损耗进一步降低到 1974 年的 2dB/km、1976 的 0.5dB/km 以及 1979 年的 0.2dB/km。

如图 1.1 所示,玻璃光纤的几个低损耗的窗口分别为 850nm、1300nm 以及 1550nm。尽管早期光链路使用 850nm 窗口,但另外两个波长窗口的损耗更低,1300nm 窗口的损耗值为 0.5dB/km,1550nm 窗口损耗值为 0.22dB/km。因此,现代光通信链路一般采用 1300～1550nm 波长范围的光源。

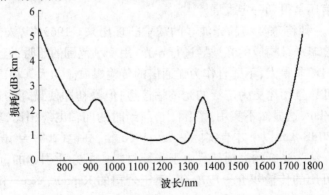

图 1.1　光纤损耗与波长的关系

此外,人们也开发出适用于 3～5μm 波段的新型光纤材料[11-14]。同时发现氟化玻璃在中红外波段($0.2μm < λ < 8μm$)具有极低的传输损耗,最低损耗点在 2.25μm 附近,于是人们开始关注采用 ZrF_4 作为主要成分的重金属氟化玻璃。虽

2

然这种玻璃材料可使损耗降至本征损耗 1.01～0.001dB/km,但是这种长距离光纤的制造非常困难。首先,需要制备超高纯度的材料,其次氟化玻璃容易结晶,制造时必须注意防止微晶体的产生,以免导致严重的散射损耗。

1.2 激 光 技 术

长波长低损耗光纤的应用前景激发了人们对激光器及光电检测器件的深入研究。1962 年,半导体激光器的问世使高速光源成为可能,当时采用的是砷化镓(GaAs)材料,可以发出 870nm 的光波。随着 850nm 波长窗口的发现,研究人员通过在砷化镓材料中掺杂铝元素,降低其发光波长,后续还对激光器结构进行改进,提高其效率及寿命。由于较长波长具有更低的损耗,不同材料,特别是 GaAsP/InP被探索用于制造 1300nm 及 1550nm 波长的器件。这些努力都获得成功,在 20世纪 80 年代早中期,分别出现了 1300nm 及 1550nm 工作波长的商用系统。现在,上述任何波长的半导体激光器都可以实现,且其数据调制速率都达到数吉比特每秒。

目前,半导体激光器领域的研究已发展到相当高的水平,近期又有新的进展。最初,半导体激光器的波长位于红外光谱的末端。然而,通过降低波长,可使光信号的能量集中于很小的区域以提高能量密度,从而制造出可用于光数据处理设备的光源,如光盘刻录机以及激光打印机。因此,研究人员努力降低半导体激光器的波长,使其位于可见光频段以内。目前,780nm 的激光二极管可以作为数字音频CD 及其相关设备的光源。另外,工作波长为 980nm 及 1480nm 的高功率半导体激光器(40mW 以上)用作掺铒光纤放大器的泵浦源[15]。在更长波长范围(1000～1600nm),法布里－珀罗(F－P)腔激光器、分布反馈式激光器(DFB)[16]以及量子阱激光器研发成功并用于长距离光纤通信系统。目前,研究重点又转向应变腔以及量子阱激光器等具有更好性能的新型光源[17]。

根据近期的调查统计,激光技术已经广泛应用于各类工业领域,如测量、通信以及数据处理领域。在各种激光光源中,人们更关注半导体激光器和碳酸气体激光器的应用。目前在研的新型光源有准分子激光器、同步加速器光源、自由电子激光器、应变腔以及量子阱激光器。而在光电子领域最有发展前景的技术是准分子激光器。这种激光器产生的波长位于紫外光谱末端,具有波长短、输出功率高的特点。因此,准分子激光器可以广泛用于半导体及化工领域。

如今光电子学具有非常广泛的应用领域。光技术不仅用于光通信,还用于工业生产、制药、测量以及数据处理等领域。越来越多的公司推出各种器件及系统,涵盖激光器、光纤、光芯片以及光测量仪表的材料及器件。光处理和通信设备以及光盘的发展在很大程度上都是基于激光技术,当然相关的光学技术进展也都得益于激光技术的发展。

1.3　光纤通信系统

到 1980 年,光学技术的进步已促使光纤通信得到长足发展,经济实用的光纤通信系统在全球范围内被广泛部署,承载电话、有线电视和各种类型的通信业务。此时的光纤通信系统都是基带系统,通过"开"和"关"操作发送数据,虽然很简单,但还是为传统应用中的一些棘手问题提供了很好的解决方案。

这些数据传输系统的通信容量和通信距离不断增加。20 世纪 80 年代中后期投入使用的商用长途光纤通信系统采用"第二代"1300nm 技术,可实现单纤 256Mb/s 的数据速率和 50km 以上的无中继传输。1985 年[18],首个商用长途光纤电话系统由美国电话电报公司(AT&T)投入使用。今天,美国、欧洲、日本、韩国和其他一些国家的大多数城市都通过光纤系统连接起来。例如,在日本,日本电报电话公共公司(NTT)对于光通信的研究和发展起到重要作用;NTT 公司已经完成了中小容量(100Mb/s ~ 1Gb/s)以及大容量(10Gb/s、40Gb/s 和 100Gb/s)的内陆干线和海底无中继系统的开发,中小容量系统一般使用渐变多模光纤,而大容量系统一般使用单模光纤。在其他国家,光通信系统已经被引入陆上骨干网络系统。1981—1985 年,美国已经成功部署了 6Mb/s、45Mb/s、90Mb/s 和 430Mb/s 的系统;英国部署了 8Mb/s、34Mb/s 和 140Mb/s 的系统;法国部署了 34Mb/s 和 140Mb/s 的系统。

通信系统的容量通常是通过带宽距离积 $B \times L$ 来衡量,其中 B 为比特率,L 为中继距离。随着技术的进步,带宽距离积已经从 1850 年的 10b/s · km 增加到超过 1T/s · km[19]。光通信系统性能的提升也非常迅速,近期系统带宽距离积呈数量级的递增就是非常有力的证明[19]。

与 50 ~ 100km 的典型城际距离相比较,光传输系统可根据光信号的传输距离分为短距离和长距离系统。短距离通信系统一般用在城际及本地链路中,传输速率较低且传输距离不超过 20km。而长距离光纤通信系统则一般在高比特速率、长距离的场合下运行。图 1.2 给出了一个典型的光纤通信系统。它主要由三个部分组成:光发射机,包括光源和驱动电路;传输介质,光纤;光接收机,包括光电检测器、放大器和信号解调电路。

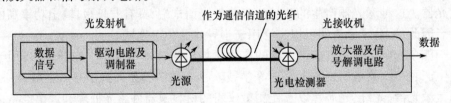

图 1.2　光纤通信系统

光发射机的功能是将电信号转换成光信号,并将该光信号耦合到光纤中。半导体激光二极管(LD)和发光二极管(LED)均与光纤有良好的耦合性,因此都可以用来作为光源。通过调制 LD 或 LED 的光载波可以产生光信号,调制既可以采用外调制也可以采用直接调制。如图 1.2 所示,在直接调制中,输入数据信号直接作用于光源驱动电路,通过改变半导体光源的注入电流实现信号调制。在 0.7 ~ 0.9μm 的波段,光源材料一般采用砷铝镓。在 1.1 ~ 1.6μm 的较长波长范围内,光源材料一般主要采用铟镓砷磷。

为使光源和光纤之间的耦合效率最大化,调制光信号一般通过微透镜耦合到光纤中[20]。输出功率 P_0 通常以 dBm 为单位表示(1mW 为 0dBm),因为它决定了光纤损耗范围,所以是一个重要的设计参数。LED 的 P_0 典型值为小于 -10dBm,LD 的 P_0 典型值为 0 ~ 20dBm。LD 或 LED 发出的光信号(光载波)可以被模拟或数字信号调制。模拟调制方式下,光源发出的光以连续方式变化。而在数字调制方式下,发光强度离散变化,类似于幅移键控(ASK)或开关键控(OOK)光脉冲。虽然在光纤通信系统中实现模拟调制非常容易,但是这种方式效率较低,并且与数字调制相比,接收端需要更高的信噪比来完成接收。此外,半导体光源往往不具备模拟调制所需的良好线性性能,在高频调制情况下尤为显著。所以,与数字调制系统相比,模拟光纤通信系统一般仅用于短距离和低带宽场合。

光纤通信系统的接收机由光电检测器、后置放大器和信号处理电路组成。如图 1.2 所示,接收器首先将入射到检测器上的光信号转换成电信号,然后将其放大,再做进一步处理以提取其中所携带的信息。由于光纤波导中存在散射、吸收和色散,因此随着传输距离的增加,耦合到光纤中的光信号将逐渐衰减和失真。在接收端,光电检测器(PD)对从光纤送来的衰减及失真的调制光信号进行检测,将其转化为电流输出(光电流),并进行进一步处理。在光通信系统中,两种最常用的光电检测器是 PIN 二极管和雪崩光电二极管(APD)。这两种器件均表现出较高的转换效率和响应速度。APD 由于具有内部增益机制,因此具有更高的灵敏度,广泛应用于低功率光信号场合。在 0.7 ~ 0.9μm 的波长范围内,一般使用硅光电二极管;而在 1.1 ~ 1.6μm 的波长范围内,一般选用锗或铟镓砷光电二极管。

由于需要对 PD 接收到的劣化信号进行放大和整形,因此光接收机的设计比发射机更为复杂。对于一定速率的数字系统来说,衡量接收机灵敏度的主要指标是在给定误码率条件下所需的最小接收光功率;而对于模拟系统,则是用给定信噪比条件下的所需最小接收光功率来衡量。对于接收机,能否达到一定的性能水平取决于 PD 的类型、系统噪声性能以及接收机级联放大性能。

另外,有学者正在进行光孤子传输研究[21]。光孤子是不会色散的单脉冲,它利用光纤的非线性效应抵消色散效应。NTT 的研究人员已经在超过 70km 的平均色散为 3.6ps/km/nm 的光纤上实现了 20Gb/s 的孤子传输[22]。1992 年,AT&T 报道了超过 90km 的 32Gb/s 光孤子数据传输[23],同时,KDD 也报道了使用掺铒光纤放大器完成的超过 3000km 的 5Gb/s 的光孤子传输[24]。另外,还有利用色散位移光纤实现更长距离传输的报道[25]。

1.4　未来的光波技术

除了现有的技术、已经提出或设想中的系统,光通信还有许多潜在的发展前景。换句话说,虽然光通信发展迅速,并且应用非常成功,但是光波技术的发展尚未成熟。新型纤维材料和结构的应用还能大幅提高可用带宽和减少衰减。相干通信技术可以提高接收灵敏度,从而使系统能够利用更复杂和更好的调制方法来提高系统吞吐量,如多维和多级调制技术。

未来光技术的一个重要目标就是全光网络,包括全光的信号处理、交换、中继和网络单元,其应用包括局域网(LAN)、用户环路和电视网络等[26]。

1.5　光　　谱

光是以波的形式传播电磁能量。因此可以从普通电磁频谱的角度对其进行定义。光是一种电磁波,可由空间中传播的随时间变化的电场 E 和磁场 H 定义,其频率及波长之间的关系如下:

$$f = \frac{c}{n\lambda} \tag{1.1}$$

式中 c 为光在真空中的传播速度,$c = 3 \times 10^8 \text{m/s}$;$n$ 为传输介质的折射率,且有

$$n = \sqrt{\varepsilon_r \cdot \mu_r} \tag{1.2}$$

其中:ε_r、μ_r 分别为介质的相对磁导率和相对介电常数。

如图 1.3 所示,电场和磁场的方向相互垂直且与传播方向垂直。最简单的波是正弦波,可以表示为

$$E(z,t) = E_0 \cos(\omega t - kz + \varPhi) \tag{1.3}$$

式中:$E(z,t)$ 为 z 点 t 时刻的电场值;E_0 为振幅;ω 为角频率,$\omega = 2\pi f$;k 为波数,$k = 2\pi/\lambda$;$\varPhi$ 为相位常数;$\omega t - kz + \varPhi$ 为波的相位。

式(1.3)描述了完全单色平面波沿正 z 轴方向的传播。

为了更好地理解波动性,可以用图 1.4(a)中所示的某一时刻电场在空间中的变化来解释方程(1.3)。它表示 $\varPhi = 0$ 时电场 E 在 $t = 0$ 时随距离的变化,该空间变化由下式给出:

$$E = E_0 \cos(kz) \tag{1.4}$$

同样,图 1.4(b)描述了空间中某点的电场随时间变化的函数(如 $z = 0$):

$$E = E_0 \cos(\omega t) = E_0 \cos(2\pi f t) = E_0 \cos\left(\frac{2\pi}{T}t\right) \tag{1.5}$$

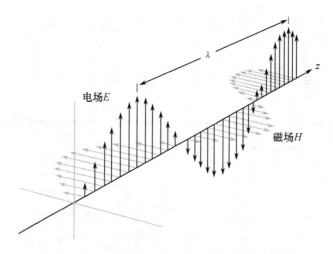

图 1.3　垂直于传播方向的相互正交的电场和磁场传播

式中：T 为周期，$T = 1/f$。

式（1.3）中电磁波的频率和波长的关系可用式（1.1）表示。

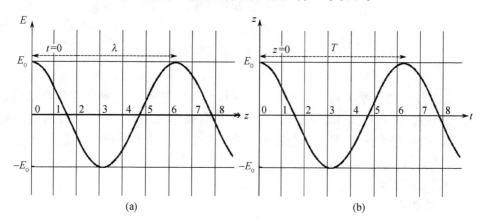

图 1.4　电场的波动性

（a）空间坐标系中沿 z 轴变化的电场 E；（b）随时间变化的电场 E。

"光"通常是指在电磁波谱中的红外光、可见光和紫外光。图 1.5 给出光谱在电磁波谱中的位置。此处采用波长而不是无线电中常用的频率来表示。如图 1.5 所示，光谱范围为 0.2（远紫外）～100μm（远红外），可见波长为 0.4（蓝光）～0.7μm（红光）。对于可见光，光纤并不是适合的传输媒质，因为光纤对可见光的衰减很大，只适合短距离的传输。光纤对紫外光的衰减更大。但光纤在两个波长区域很适合作为传输媒质，一个在 0.85μm 附近，另一个是波长范围在 1.1～1.6μm 的红外光，如图 1.1 所示。

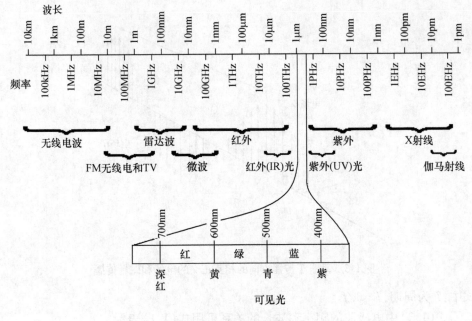

图 1.5　电磁频谱

1.6　光 纤 传 输

光纤作为通信系统的一种传输介质,损耗低、带宽宽,具有替代双绞线或同轴电缆的巨大潜力,如图 1.1 所示。与双绞电缆或同轴电缆相比,光纤具有远超 100MHz 的平坦传输带宽,且损耗非常低。总之,利用光纤进行通信具有以下优点[11,28-31]:

- 巨大的带宽;
- 体积小,重量轻;
- 电绝缘;
- 抗干扰,无串扰;
- 信号安全性高;
- 传输损耗低;
- 具有抗拉性,可挠性好;
- 系统的可靠性高且易维护;
- 潜在成本低。

利用光纤的基本原理能证明这些特性,光纤也是后续章节中所述系统和网络技术采用的传输媒质,因此本书的读者需要具备与光通信及光导纤维相关的基础及理论知识。

"第一公里"网络是连接网络服务提供商的中心局与企业或者住宅用户之间的网络,也称为"用户接入网"、"本地环路"或者"最后一公里"。住宅用户需要高带宽、能提供多媒体互联网服务、价格低廉且与现有网络良好兼容的"第一公里"接入解决方案。而企业用户则需要高带宽的网络基础设施,通过它可以将企业局域网(LAN)连接到互联网骨干网中。

1.7 多址接入技术

为了充分利用光纤带宽,满足未来信息网络对于带宽的需求,需要将多路低速率的数据复用至光纤链路以提高系统总的数据吞吐量。因此,迫切需求一种像无线通信中的多址接入技术一样,能够允许多个用户共享相同频率的技术。目前常见的多址接入技术有三种,分别是波分多址接入(WDMA)、时分多址接入(TDMA)和码分多址接入(CDMA)。

本节主要回顾光通信领域基本的多址技术,并对目前光接入技术的发展现状进行介绍。

1.7.1 波分多址技术

在波分复用系统中,每个信道围绕中心波长或频率占用一个狭窄的光学带宽($\geqslant 100\mathrm{GHz}$)[32]。

如图1.6所示,每个信道上的调制方式和数据速率都是独立的。

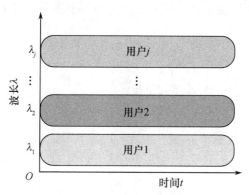

图1.6 WDMA技术中的资源共享

在WDMA系统中,需要用到阵列激光器或可调激光器[33]。由于每个信道发送的波长不同,因此可以用光学滤波器进行选择性接收[34]。利用声光调制器[35]、液晶[36]或布拉格光栅光纤[37]都可以实现可调谐滤波器。为了增加WDMA链路的通信容量,需要更多的波长,而这要求光放大器[38]和滤波器工作在更大的波长范围上。由于信道数目较多,具有较大的发送光功率,使得光纤中的非线性效应影响增加,从而导致了较大范围的光学串扰,如四波混频[39]。另一个增加 WDMA 链路容量的方法是降低信道间隔,即使用密集波分复用技术(DWDM)。DWDM 的 ITU – T 标准为 G. 692[40],它定义了从 1530 ~ 1565nm 的 43 个波道,频带间隔为 100GHz,如图 1.7 所示。

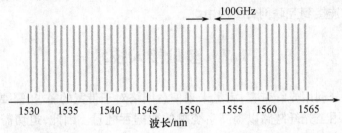

图 1.7　ITU – T 建议的 DWDM 波长间隔

DWDM 系统需要具有准确频率响应和线性相位响应的光学滤波器、频率稳定的光源以及工作带宽大和带内增益平坦的光放大器等相关器件。另外,光纤必须支持数百个频带且无失真或串扰。在信道交换方面,波长对于 DWDM 而言是一种新的交换粒度,在基于空间及波长的交叉连接中[41],波长路由和干涉串扰都是需要解决的关键问题。因此,波长路由的实现程度决定了网络的灵活性,进而决定了网络的交换规模、实施复杂性和成本。

1.7.2　时分多址技术

在 TDMA 系统中(图 1.8),每个信道占用一个预先分配的时隙,且各信道时隙交织在一起。

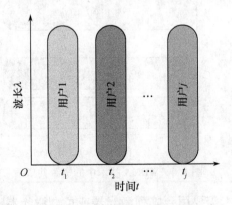

图 1.8　TDMA 技术的资源共享

同步数字体系/同步光网络(SDH/SONET)是基于时分复用的技术,是目前高速信号传输和复用的标准[42]。光时分复用(OTDMA)网络可以基于广播拓扑或混合光交换技术[43]。广播网络内部不存在路由或交换,交换仅发生在网络边缘,通过可调谐发射器和接收装置实现。基于交换的网络实现光交换功能是为了提供高速分组交换服务[44]。在电交换时分复用系统中，复用是在电－光(E/O)转换之前的电域中完成的，而解复用是在光－电(O/E)转换之后完成，因此电子器件需要以高速的全复用速度运行，从而造成复用器和解复用器在光电转换时的电子瓶颈。解决这个问题的方法是，采用光时分复用技术实现信号的复用和解复用，此时电处理的对象是复用前和解复用后的低速信号。OTDMA 系统能够提供大量的节点地址，但其性能最终还是受到时分技术本身特性的限制。另外，OTDMA 系统需要强大的集中控制来完成时隙分配和网络管理。

1.7.3 码分多址技术

码分多址(CDMA)是接下来的章节中介绍的扩频通信家族中的一员。在这种技术中，用户共享网络资源，不同用户通过不同的编码进行区分，而不是像在 TD-MA 和 WDMA 系统中采用时间或波长进行用户区分。因此不同的用户同时使用相同的信道资源进行传输，如图 1.9 所示。

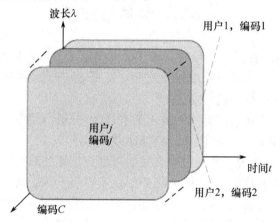

图 1.9 CDMA 技术中的资源共享

CDMA，即扩频通信的概念似乎与人们的常识相悖，因为大多数通信系统尽量用最小的传输带宽传送尽可能多的有用信号。然而在 CDMA 系统中，在同一频带中采用同一调制技术同时发送多路信号[45]。按照传统的思维这样是无法完成通信的，因此首先需要了解扩频的作用。

1.7.3.1 容量增益

根据香农定律，对于给定的信号功率，使用的带宽越宽，则信道容量越大。因此，如果扩展信号的频谱，将增加信道容量或改善信噪比(SNR)。香农定律给出了在高斯噪声环境下带限信道的信道容量(大多数通信信道都具有高斯噪声)[46]：

$$容量 = B \cdot \log\left(1 + \frac{P_s}{2BN_0}\right) \tag{1.6}$$

式中：B 为可用带宽；P_s 为信号功率；N_0 为噪声功率。

从式(1.6)可以看出，在 P_s 和 N_0 为常数时，信道容量随着带宽的增加而增加（尽管不是很快）。因此，对于一个给定的信道容量，所需的功率随着可利用带宽的增加而减小，即可用带宽越宽，需要的功率越低。

1.7.3.2　安全性

最初，军事通信人员为了战场通信的保密需要而发明了扩频通信。扩频信号抑制故意干扰非常有效（干扰功率必须非常大才能实施有效干扰）。此外，直接序列(DS)扩频可以产生一个很难与背景噪声区分的信号，除非已知产生该信号的特定随机序列。因此，直接序列扩频信号不仅难以被干扰，而且在不知道扩频序列的情况下很难被译码，甚至在通信的过程中，扩频信号也很难被发现和拦截。

1.8　扩频通信技术

扩频通信(SSC)将发送信号的频谱扩展到比发送该信号所必需的最小带宽大得多的程度。它在个人通信领域很受欢迎[47]。扩频方式与 CDMA 结合的多用户通信系统具有很好的抗干扰性能。

本节主要介绍扩频通信背后的技术细节，同时分析两类主要的扩频通信系统，即直接序列扩频(DS – SS)和跳频扩频(FH – SS)。

如上所述，扩频系统能够通过对发送信号进行扩频和对接收信号进行解扩，从而实现在同一频带上抗人为干扰、多用户干扰及噪声干扰。通过解扩，还可以将未扩频信号的频谱进行展宽，从而减小这些信号对期望信号的干扰。扩频系统通常被认为具有两种特性：一是扩展信号的带宽远大于传输该信号所需的最小带宽；二是扩频采用伪随机噪声(PN)序列完成。在一般情况下，扩频系统带宽相对于最小带宽的增加可认为是预期信号对于其他信号的扩频处理增益。那么定义该增益为[48]

$$G_P = \frac{BW_{car}}{BW_{data}} \tag{1.7}$$

式中：BW_{car} 为信号扩频后带宽（载波带宽）；BW_{data} 为发送数据信号所需的最小带宽。

扩频处理增益可认为是由于扩频而引入的相对于传统的通信体制的性能提升。通常采用干扰余量 M_j 度量扩频增益：

$$M_j(dB) = G_P(dB) - SNR_{min} \tag{1.8}$$

该参数表明了扩频机制所能提供的抗干扰保护的最大程度。扩展功能通过

PN 序列来实现。数据信号与 PN 序列组合之后,每个数据比特被 PN 序列中的几位比特进行编码。为了得到与扩频之前相同的数据速率,新的数据发送速率必须等于原始数据速率乘以用于对每比特数据进行扩频编码的 PN 序列的比特数(码长)。这种增加的带宽是"处理增益",这是对该方法的抗噪声和抗干扰性的度量。

为了了解扩频处理到底是如何保护目标信号不受外界干扰的,首先要介绍可能的干扰类型,即噪声和同频带其他用户的干扰。噪声可认为是具有功率谱密度 N_0 的背景加性高斯白噪声(AWGN)。由于噪声是白色的(包括所有的频率),所以扩频处理没有太多的效果。在整个带宽中,噪声功率是恒定的,增加带宽实际上会让更多的噪声进入系统,这对系统来说是不利的。但是,噪声并不是影响系统性能的关键因素。造成信号损害的主要原因是来自其他用户的多址干扰(MAI)。CDMA 的技术正好可以处理这种类型的干扰。

在无线通信网中,所有信号通过空气中的电磁波传播,因此没有办法保证将特定的信号发送至给定的用户。实际上,用户收到的是所有该频段上发送的信号。

1.8.1 直接序列扩频

由于直接序列扩频(DS – SS)简单且易于实现,因此是目前使用最为广泛的一种扩频方式。在直接序列扩频中,载波(数据信号)直接被频率远高于数据速率的 PN 序列所调制。

设 f 为数据信号的频率,对应的脉冲周期 $T = 1/f$。设 PN 序列以速率 f_c 被发送,因此增加的数据速率为 f_c/f。f_c 为码片速率,调制序列中每一个单独的比特称为"码片"。

因此,调制序列中的每个脉冲的宽度为 T_c,即码片周期。图 1.10 给出了编码信号、数据信号及与之对应的 PN 序列[49]。

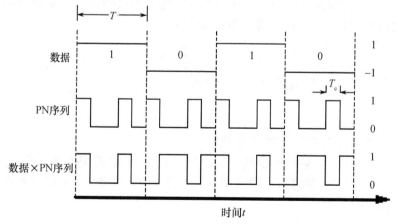

图 1.10 DS – SS 信号格式

对应的频域信号如图 1.11 所示。假设要发送的数据信号是 $D(t)$,发送频率 f,频率 f_c 处的 PN 序列是 $PN(t)$,则所发射的信号为

$$S(t) = D(t) \cdot PN(t) \tag{1.9}$$

PN 序列有非常好的自相关性:

$$R_{PN}(\tau) = \begin{cases} 1, & \tau = 0, N, 2N \\ 1/N, & 其他 \end{cases} \tag{1.10}$$

式中,N 为 PN 序列的长度(码长)。

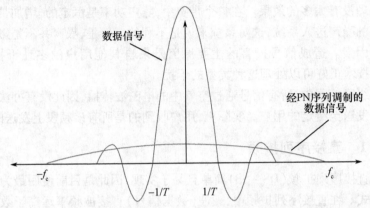

图 1.11　频域数据信号与经 PN 序列调制的数据信号

因此,当接收信号与 PN 序列在接收机中进行相关运算之后,数据信号将被精确地恢复(假设发送和接收的 PN 序列精确同步),可表示为

$$S(t) \cdot PN(t) = D(t) \cdot PN(t) \cdot PN(t) = D(t) \tag{1.11}$$

下面回顾相关函数。两个离散的信号通过逐位相乘来计算相关性。当一个信号与自己的位移形式进行相关时,例如,设 x_i 是一序列码,$x_i + \tau$ 是偏移时间为 τ 的序列,并且 n 是该 PN 码长,则自相关函数为

$$R_{XX}(\tau) = \sum_{i=0}^{n-1} x_i x_{i+\tau} \tag{1.12}$$

两个不同信号 x_i 和 y_i 的互相关函数为

$$R_{XY}(\tau) = \sum_{i=0}^{n-1} x_i y_{i+\tau} \tag{1.13}$$

式中:$y_i + \tau$ 为信号对应的偏移时间 τ。

应当注意的是,如果两个信号之间的交叉相关值是零,则称为"正交"。如果噪声和干扰信号 $J(t)$ 能够以有限功率均匀地分布在整个频带,则接收器输入端所接收的信号为

$$Y(t) = D(t) \cdot PN(t) + J(t) + N(t) \tag{1.14}$$

现在,在接收器中接收信号与对应的 PN 序列进行相关运算。

$Y(t)$ 和 PN 序列进行相关运算的结果是 $PN(t)$ 与 $D(t)$　$\cdot PN(t)$、$J(t)$ 及 $N(t)$

的乘积。

既然 $PN(t) \cdot PN(t)$ 具有良好的自相关特性,并且能够将数据信号解扩还原成为原始的信号频率,即 $f = 1/T$,则 $D(t) \cdot PN(t) \cdot PN(t)$ 的乘积等于 $D(t)$,即需要接收的数据信号。

同时 $J(t) \cdot PN(t)$ 和 $N(t) \cdot PN(t)$ 表示对干扰及噪声信号的频谱做更进一步的扩展。因此,在载波频率 f_c 附近的干扰及噪声信号的功率将进一步降低。

再在接收端使用匹配滤波器来筛选目标数据信号,对应的带内干扰和噪声功率减小的系数就是扩频处理增益,即

$$G_P = \frac{BW_{car}}{BW_{data}} \approx f_c/f$$

因此可以看到,通过采取 DS - SS 的方式,恶意第三方干扰的效果将变得十分有限。如前面所述,虽然由于带宽增加了 f_c/f,更多的噪声被引入系统之中,但是这些噪声的影响也被扩频处理增益 G_P 所抑制,因此,AWGN 对通信系统的影响并未因为 DS - SS 而增加[48]。

1.8.2 CDMA 及 DS - SS

在 CDMA 系统中,每个用户通过自己独有的扩频码完成识别,而且为了防止各用户之间的相互干扰,这些编码被设计为彼此正交(理想情况下,任意两个扩频码之间的互相关值是 0)。实际中,完美正交是很难实现的,此处是为了使 CDMA 理论更易于理解才假设的完美正交。实际中对于每一个用户发送的信号,都要经过 PN 序列及其自身的正交码的两重编码。因此,发送信号可表示为

$$S_i(t) = D_i(t) \cdot PN(t) \cdot C_i(t) = D_i(t) \cdot P_i(t) \tag{1.15}$$

式中:$C_i(t)$ 为第 i 个用户的 CDMA 正交码,对应的数据信号是 $D_i(t)$;$P_i(t)$ 为第 i 个用户的 PN 序列和正交码的组合。

在理想的情况下,系统允许大量用户使用同一带宽。也就是说,CDMA 系统不仅需要抑制有意干扰的能力,而且需要多用户干扰抑制能力。假设一个系统在同一频带上有 N 个用户使用 N 个正交码,那么,第 i 路接收信号可表示为

$$Y_i(t) = D_i(t) \cdot P(t) + \sum_{k=1, k \neq i}^{N} D_k(t + \theta) \cdot P_k(t + \theta) \tag{1.16}$$

式中:θ 为随机时延。

该接收信号与第 i 路的 PN 序列及正交码进行相关运算,除去目标接收信号之外的其余分量将变成 0(正交),只有目标接收信号得以保留。

图 1.12 给出了基本的 DS - SS 发射机和接收机结构,在发射机端,数据信号与 PN 序列和 CDMA 正交码相乘,然后使用得到的信号对载波进行调制。在接收机端,则执行相反的操作和对接收信号进行积分。这里假定发射机和接收机之间是完美同步的。

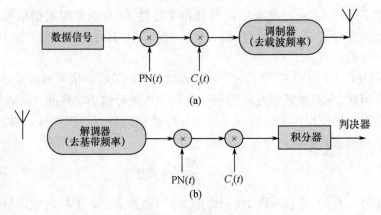

图 1.12　DS-SS 收发信机结构

(a)发射机；(b)接收机。

1.8.3　跳频扩频

在跳频扩频(FH-SS)系统中,信号本身的频谱不会扩展为一个很大的带宽,而是这个很大的带宽被划分为 N 个子频带,通信信号在这些子频带中以一种伪随机的方式进行跳变,传输信号的中心频率从一个子频带到另一个子频带随机变化。如图 1.13 所示,中心频率为 f_c,带宽为 $N \cdot f_b$ 的信道被划分为 N 个带宽为 f_b 的子带。其中带宽 f_b 必须足够发送数据信号 $D(t)$,而且,在一个预定的时间间隔之中,数据信号的中心频率必须以伪随机的方式从一个子带跳至另一个子带[47]。

如图 1.13 所示,数据信号从 $f_c + (N/2)f_b$ 的子带 N 跳变至 $f_c - (N/2-1)f_b$ 的子带 2,再跳变至子带 $N-2$,依此类推。通常,设定每个子带的带宽使得信号与相邻子带信号重叠量最小,因此子带宽度接近原始数据信号带宽。

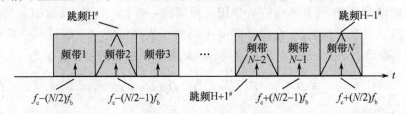

图 1.13　FH-SS 信号格式

常用的 FH-SS 有慢跳频和快跳频两种类型。在慢跳频中,每一跳可以发送若干个数据比特,因此与数据速率相比,信号停留在一个特定子带上的时间较长。而在快跳频中,在每一个数据比特发送的时间周期里,信号频率会发生多次跳变,因此相对于数据速率来说,信号停留在每一个子带的时间非常短。应当注意的是,慢跳频不是一个真正意义上的扩频技术,因为其没有真正地使系统的频谱产生扩展。每一子带停留的时间都过长,对应的带宽很小,因此不满足扩频系统的第一原则,即扩展带宽必须比原始带宽大得多。

在快速跳频系统中,同直接序列扩频一样,扩频对于 AWGN 信道条件下的性能没有太大影响。这是由于每个子带带宽与原始数据信号带宽大致相同,因而接收机端的噪声功率与未跳频时基本相同。这里,如果再次假设干扰信号 $j(t)$ 均匀地分布在整个频带,很显然,影响数据的干扰信号仅仅是子带带宽 f_b 之内的部分,因此可以有效地降低干扰信号,干扰降低的系数称为处理增益,且有

$$G_P = \frac{BW_{car}}{BW_{data}} = \frac{N \cdot f_b}{f_b} = N \tag{1.17}$$

因此,在跳频系统中,对信号的保护能力等于子频带的数量。如果某些频带存在干扰,那么出现比特差错的概率 $P_{BE} = J/N$,其中 J 为受到干扰的信道数,N 为可用跳频频率的总数。

然而,跳频可以非常容易地减小比特误码率(BER)。如果有大量的码片(一个码片代表一跳)对应于每一个比特的传输,那么可以采取简单的择多判决来确定发送数据。假设可用的跳频信道的数目大于受干扰的信道数,此时如果选用简单的择多判决,则误码率为

$$P_E = \sum_{x=r}^{c} \binom{c}{x} p^x \cdot q^{c-x} \tag{1.18}$$

式中:$\binom{c}{r} = c! / [(c-r)! \cdot r!]$($c$ 为每比特的码片数目(每比特跳频数),r 为能够引起比特误码的差错码片数目);p 为每比特差错的概率($P_{BE} = J/N$);q 为无码片差错的概率,$q = 1 - p$。

假设 $r = 2$,$p = 0.01$,将每比特码片数量从 1 增加到 3,对应的误码率为

$$P_E = \sum_{x=r}^{c} \binom{c}{x} p^x \cdot q^{c-x} = \binom{3}{2}(p^2 - p^3) + \binom{3}{3}p^3$$

$$= 3p^2 - 2p^3 = 3 \times 10^{-4} - 2 \times 10^{-6} \approx 3 \times 10^{-4} \tag{1.19}$$

因此,仅将跳频速率从每比特一次提高到每比特三次,比特差错率就可以显著下降。

此处使用 PN 序列来确定跳变序列。因此为了传输信号,数据信号将被调制到不同的频带上,而这些频带将由 PN 序列来确定。FH – SS 收发信机结构如图 1.14 所示。该数据信号被调制到由 PN 序列发生器所确定的频率之上,然后进行频率合成和发送。在接收端,频率合成器将接收信号解调为基带信号,然后对信号进行滤波——只有预期数据信号能够通过,最后对信号完成解码。此外,为了使多个用户共享相同的宽频带,就必须采用 CDMA 技术。

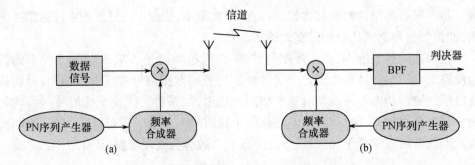

图 1.14　FH – SS 收发信机结构

(a)发射机；(b)接收机。

1.8.4　CDMA 及 FH – SS

此处采用 CDMA 的目的是为每个用户提供相互正交的跳频序列，即没有两个用户同时占用相同的子带。在理想情况下，在每一跳中，仅有一个用户占用一个子带频率，以这种方式，多个用户就可以被容纳在同一个频带中而不会相互干扰。那么在接收端，通过带通滤波器，将能够顺利检测到目标信号。因此，图 1.14 中给出的收发机仅需要修改不同的正交跳频序列（使用正交码结合 PN 序列控制频率合成器），就可以使该系统支持多个用户。

1.9　OCDMA 通信的必要性

光网络多址接入技术在光网络中的应用满足了人们对高速、大容量通信的需求，这使多个用户共享大容量的光纤带宽成为可能。前面了解了目前三个最主要的多址接入技术：一是在 TDMA 系统中每一个用户被分配特定的时隙；二是在 WDMA 系统中每一个用户被分配特定的频率或波长，这两种技术都已经被深入研究并已应用于光通信系统中[32 - 34,36,40,50 - 58]；三是光码分多址（OCDMA）[59 - 80]，由于其潜在的信息安全功能、简易和分散的网络控制、改进的频谱效率和可控的带宽粒度使网络的灵活性增加，从而受到越来越多的关注。在 OCDMA 系统中，不同用户的信号在时间和频率上可以相互重叠，从而共享公共的信道。多址接入是通过给不同的发射机分配不同的编码序列来完成，然后从存在多址干扰的信道中检测出目标信号。

CDMA 是由射频（RF）扩频通信发展而来，由于其固有的低截获概率和强的抗干扰性能，最初用于军事，近年来逐渐开发应用于商用蜂窝无线通信系统，如 3G 及以后的通信系统[47 - 49,81]。CDMA 正逐渐成为 RF 无线网络中占主导地位的多址技术。与此相反，由于光载波频率很高，并且每用户数吉比特每秒的高速数据速率已经逐渐接近电子处理的极值，因此在 OCDMA 系统中进行编解码还是比较困难

18

的。此外,对于光通信系统来说非常普通的问题在 OCDMA 系统中解决也相对困难。因此,急需开发全光处理技术来满足 OCDMA 系统需求。这些需求包括:非常高的服务质量(QoS),即误码率低于 10^{-9};大容量,可容纳数百个用户;100Gb/s 以上的带宽;距离上具有更高的可扩展性,如几十或几百千米的局域网和城域网(MAN)。近年来,在全球范围内,OCDMA 研究取得了显著的进展,基于信源选择[54,66,70,82]、编码方案[37,59,67]和检测判决[76,80,83-87]的不同,研究人员提出了几种不同的 OCDMA 方案,这些内容将会在后面的章节中详细讨论。

根据相干或非相干处理的不同、相干或非相干宽带光源的不同以及编码方式的不同都可以对 OCDMA 技术进行分类,如时域与频域、幅度与相位谱。为了增加可用的编码空间,有学者提出了时间波长(二维)编码方案[88-91],通过编码矩阵,每个码片均对应于一个比特内特定的时间位置和波长位置。然而,这给系统的实现带来相当大的复杂性。第 2 章将对各种扩频编码技术进行详细讨论。

CDMA 非常适合于突发通信,其数据传输的异步特性可以简化和分散网络的管理和控制。然而,由于复杂的系统需求和实时的多址干扰(MAI),在实践中实现完全异步非常困难。由于现有的扩频码仍具有一定的发展空间,因此如何实现完全异步目前仍然是一个热门的研究课题[70,72,75,79,86,92-96]。另外,同步方案得益于扩频码的时移属性,可以容纳更多的用户,虽然现在实现同步方案存在一定的困难,但是已经有学者提出了一些解决方法,并且这些方法目前正在使用[97-99]。

一些具有挑战性的研究课题还缺少在实际系统的实现和进展,包括几乎在所有 OCDMA 系统中均存在的共信道干扰(如 MAI)、就现有用户数量而言还较低的网络容量,以及对带宽和误码性能等方面各种不同业务需求的支持等。

能够提高信道利用率、降低系统复杂性且易于实现的改进将直接影响 OCD-MA 网络的现状。这将在第 9 章进行讨论,并且讨论 OCDMA 应用于 IP 传输和无源光网络(PON)的可扩展性和兼容性。有助于实现简单、高速以及高成本效益网络的 CDMA 特性如下[71]:

(1)网络容量的统计分配。对于任何一个特定的 CDMA 接收机来说,其他用户的信号均可以视作是噪声。这也就意味着可以在同一频带内继续添加信道,直到信噪比变得很低,开始出现比特误码为止。在总的数据流量低于信道容量的前提下,一条链路可被分配多个在线连接。例如,如果 CDMA 系统上有数百个语音信道,其平均功率就是信道的容限。这样就可以比使用 TDMA 或 WDMA 方法管理更多的语音链路。也可以在 LAN 或接入网这些突发性较强的网络中进行应用。

(2)无保护时间或保护带宽。在 TDMA 系统中,当多个用户共享相同的信道时,必须采用一定的方法以确保它们不会在同一时间传输而产生相互重叠的信号。因为没有办法做到真正精确的时钟恢复,因此在前后两个用户的传输数据之间必须加上一个保护时间。但随着数据速度的逐渐变高,这种保护时间严重限制了系统的吞吐量。而在 CDMA 网络中,各站在需要发送数据时只管发送即可。此外,在 WDMA 系统中,需要在频带之间保留一部分未使用的频率空间以避免频率重叠,那么这些保护频带也是对带宽的一种浪费。

（3）简化系统管理。用户必须通过 WDMA 和 TDMA 系统中的集中管理分配频率或时隙。CDMA 系统中,通信站仅需要拥有分配的扩频码就可以进行通信。

1.10　接入网面临的挑战

大容量骨干网的巨大益处已经凸显。目前,运营商已经可以提供数据速率为 10Gb/s 的大容量标准 OC-192 的骨干网。先进的接入网络技术,例如数字用户线路(DSL)可根据不同的应用给客户提供最高几兆的下行带宽。因此,骨干网络(核心网)面临接入网(终端用户)应用的巨大挑战就是如何提供如视频点播(VoD)[100]这样的高带宽、高数据速率的服务。

此外,由于信号衰减和失真的原因,DSL 技术具有高度的距离依赖性,也就是说任一 DSL 用户到中心局的距离必须小于 6km。通常情况下,运营商并不乐意服务超过 4km 的距离。新兴的高速率 DSL(VDSL)可支持高达 50Mb/s 的下行带宽。但是,随着数据速率的提高, DSL 技术的通信距离还会相应地缩短,例如,VDSL 的最大距离为 500m[101]。

还可以利用有线电视(CATV)网络进行宽带接入[43]。CATV 网络可通过占用一些同轴电缆中的射频信道,在进行电视传输的同时提供互联网服务。但是,有线电视网络主要是广播服务(如电视),因此不太适合分布式宽带接入。这可能就是有线电视终端用户在高负荷的网络状态下网速非常慢的原因。因此,下一代超高速、超宽带的网络应用(如高清 IPTV)急需更快、更可靠以及可升级的接入网。

目前最有潜力的解决方案是在接入网技术中使用光纤到户(到最终用户)。FTTX[102,103]包括光纤到家(FTTH)、光纤到路边(FTTC)、光纤到大楼(FTTB)等。这些新技术可以给终端用户提供更高的接入带宽。FTTX 的目的是替代 VDSL 直接入户,或者接近终端用户。FTTX 技术一般是基于无源光网络技术的,本书将在第 9 章对无源光网络技术进行介绍。

1.11　小　　结

本章主要介绍了自激光器问世以来的 50 年中光通信的发展历程。人们对于高速、高带宽、可靠的、可扩展的通信网络的需求激励着无数的研究机构和制造商去发展能够横渡大西洋和太平洋的光纤通信线路。光纤到家、光纤到大楼等技术可以给终端用户提供更优的诸如多媒体点播和高清远程全息临场技术这样的优质服务。

各种多址接入技术都利用了光纤的高带宽,可以高效地共享通信信道。在这些技术中,常用的是波分复用、时分复用和码分多址技术。本章也对这些技术进行了简要的介绍,同时,也对 CDMA 技术中的扩频通信,包括直接序列扩频和跳频扩频进行了介绍。第 2 章主要介绍 OCDMA 系统中不同类型的扩频码,而其后的章节则侧重介绍具体的 OCDMA 系统应用。

参 考 文 献

[1] Maiman, T. H. (1960) Stimulated optical radiation in ruby. *Nature*, **187**, 493 – 494.

[2] Javan, A., Bennett Jr., W. R. and Herriot, D. R. (1961) Population inversion and continuous optical MASER oscillation in a gas discharge containing a He – Ne mixture. *Physical Review Letters*, **6** (3), 106 – 110.

[3] Nathan, M. I. *et al*. (1962) Stimulated emission of radiation from GaAs p – n junction. *Applied Physics Letters*, **1** (3), 62 – 64.

[4] Quist, T. M. *et al*. (1962) Semiconductor MASER of GaAs. *Applied Physics Letters*, **1** (4), 91 92.

[5] Holonyak Jr., N. and Bevacqua, S. F. (1962) Coherent (visible) light emission from GaAS1 – xPx Junctions. *Applied Physics Letters*, **1** (4), 82 – 83.

[6] Kompfner, R. (1965) Optical communications. *Science*, **150**, 149 – 155.

[7] Kraemer, A. R. (1977) Free – space optical communications. *Signal*, **32**, 26 – 32.

[8] Staff, L. F. (1980) Blue – green laser links to subs. *Laser Focus*, **16**, 14 – 18.

[9] Kao, K. C. and Hockman, G. A. (1986) Dielectric fibre surface waveguides for optical frequencies. *Proc. IEE*, **133** (3), 1151 1158.

[10] Kapron, F. P., Keck, D. B. and Maurer, R. D. (1970) Radiation losses in glass optical waveguides. *Applied Physics Letters*, **17** (10), 423 – 425.

[11] Cherin, A. H. (1983) *An introduction to optical fibres*. McGraw – Hill, USA.

[12] Tran, D. C., Sigel Jr., G. H. and Bendow, B. (1984) Heavy metal fluoride glasses and fibres: A review. *J. Lightw. Technol.*, **2** (10), 566 – 586.

[13] Lucas, J. (1989) Review: fluoride glasses. *J. Materials Science*, **24** (1), 1 13.

[14] Folweiler, R. C. (1989) Fluoride glasses. *GTE J. Science and Tech.*, **3** (1), 25 – 37.

[15] Ghafouri – Shiraz, H. and Shum, P. (1992) Simulation of the Erbium – doped fibre amplifier characteristics. *J. Microw. & Opt. Tech. Let.*, **5** (4), 191 194.

[16] Ghafouri – Shiraz, H. and Lo, B. S. K. (1996) *Distributed feedback laser diodes: principles and physical modelling*. John Wiley and Sons, UK.

[17] Ghafouri – Shiraz, H. and Tsuji, S. (1994) Strain effects on refractive index and confinement factor of InxGa(1 – x)As laser diodes. *J. Microw. & Opt. Tech. Let.* (*Special Issue*), **7** (3), 113 – 119.

[18] O'Neill, E. F. (1985) *A history of science and engineering in Bell systems*. AT&T Bell Lab.

[19] Agrawal, G. P. (1992) *Fibre – optic communication systems*. John Wiley and Sons, USA.

[20] Kotsas, A., Ghafouri – Shiraz, H. and Maclean, T. S. M. (1991) Microlens fabrication on sin-

gle – mode fibres for efficient coupling from laser diodes. *J. Optical and Quantum Electronics*, **23** (3), 367 – 378.

[21] Hasegawa, A. (1989) *Optical soliton in fibres*. Springer – Verlag, Germany.

[22] Watsuki, K. T. et al. (1990) 20 Gb/s optical soliton data transmission over 70 km using distributed fibre amplifiers. *IEEE Photonics Tech. Letters*, **2** (12), 905 – 907.

[23] Andrekson, P. A. et al. (1992) 32 Gb/s optical data transmission over 90 km. *IEEE Photonics Tech. Letters*, **4** (1), 76 – 79.

[24] Taga, H. et al. (1992) 5 Gbits/s optical soliton transmission experiment over 3000 km employing 91 cascaded Er – doped fibre amplifier repeaters. *Electronics Letters*, **28** (24), 2247 – 2248.

[25] Nakazawa, M. et al. (1991) 10 Gbit/s soliton data transmission over one million kilometers. *Electronics Letters*, **27** (14), 1270 – 1272.

[26] Horimatsu, T. and Sasaki, M. (1989) OEIC technology and its application to subscriber loops. *J. Lightw. Technol.*, **7** (11), 1612 – 1622.

[27] Electromagnetic Spectrum. Available from: http://www. lbl. gov/MicroWorlds/ALSTool/EM-Spec/EMSpec2. html (accessed 22 August 2011).

[28] Senior, J. M. (1992) *Optical Fibre Communications Principles and Practice*. Prentice – Hall (Second Edition), Prentice – Hall Europe.

[29] Born, M., Wolf, E. and Bhatia, A. B. (1999) *Principles of optics*. 7th ed. Cambridge University Press, New York, USA. Introduction to Optical Communications 25

[30] Zanger, H. and Zanger, C. (1992) *Fiber optics communication and other applications*. Macmillan, New York, USA.

[31] Palais, J. C. (1988) *Fiber optic communications*. Prentice – Hall International Editions, New York.

[32] Borella, M. S. et al. (1997) Optical components for WDM lightwave networks. In: *Proc. of IEEE*, **85** (8).

[33] Lee, T. P. and Zah, C. E. (1989) Wavelength – tunable and single – frequency lasers for photonic communications networks. *IEEE Comm. Mag.*, **27** (10), 42 – 52.

[34] Kobrinski, H. and Cheung, K. W. (1994) Wavelength – tunable optical filters: applications and technologies. *IEEE Comm. Mag.*, **32** (12), 50 – 54.

[35] Baron, J. E. et al. (1989) Multiple channel operation of an integrated acousto – optic tunable filter. *Electronics Letters*, **25** (6), 375 – 376.

[36] Sneh, A. and Johnson, K. M. (1994) High – speed tunable liquid crystal optical filter for WDM systems. In: *Proc. IEEE/LEOS Summer Topical Meetings on Optical Networks and Their Enabling Technologies*.

[37] Ito, M. et al. (1995) Fabrication and application of fiber Bragg gratings review. *J. Optoelectron. Devices Technol.*, **10** (3), 119 – 130.

[38] Morkel, P. R. et al. (1991) Erbium – doped fiber amplifier with flattened gain spectrum. *IEEE Photonics Tech. Letters*, **3** (2), 118 – 120.

[39] Chraplyvy, A. R. et al. (1994) Reduction of four – wave mixing crosstalk in WDM systems using unequally spaced channels. *IEEE Photonics Tech. Letters*, **6** (6), 754 –756.

[40] Brackett, C. A. (1990) Dense wavelength division multiplexing networks: principle and applications. *IEEE J. on Selected Areas in Comm.*, **8** (8), 948 –964.

[41] Hinton, H. S. (1990) Photonic switching fabrics. *IEEE Comm. Mag.*, **28** (4), 71 89.

[42] Perros, H. G. (2005) *Connection – oriented networks: SONET/SDH, ATM, MPLS and optical networks.* John Wiley & Sons, Chichester, England.

[43] Ramaswami, R. and Sivarajan, K. N. (1998) *Optical Networks: a practical perspective.* Morgan Kaufmann.

[44] Mukherjee, B., Yao, S. and Dixit, S. (2000) Advances in photonic packet switching: an overview. *IEEE Comm. Mag.*, **38** (2), 84 –94.

[45] Ilyas, M. and Moftah, H. T. (2003) *Handbook of optical communication networks.* CRC Press, Florida, USA.

[46] Proakis, J. G. (1995) *Digital communications.* McGraw – Hill, New York, USA.

[47] Prasad, R. (1996) *CDMA for wireless personal communications.* Artech House publisher, Boston, USA.

[48] Meel, I. J. (1999) *Spread spectrum introduction and application.* Siruis Communication, Malaysia.

[49] Viterbi, A. J. (1995) *CDMA, principles of spreading spectrum communication.* Addison Wesley, Boston, USA.

[50] Eisenstein, G., Tucker, R. S. and Korotky, S. K. (1988) Optical time – division multiplexing for very high bit rate transmission. *J. Lightw. Technol.*, **6** (11), 1737 –1749.

[51] Fujiwara, M. *et al*. (2002) Novel polarization scrambling technique for carrier – distributed WDM networks. In: *ECOC*.

[52] Xu, R., Gong, Q. and Ya, P. (2001) A novel IP with MPLS over WDM – based broadband wavelength switched IP network. *J. Lightw. Technol.*, **19** (5), 596 –602.

[53] Iwatsuki, K., Kani, J. I. and Suzuki, H. (2004) Access and metro networks based on WDM technologies. *J. Lightw. Technol.*, **22** (11), 2623 –2630.

[54] Tsang, W. T. et al. (1993) Control of lasing wavelength in distributed feedback lasers by angling the active stripe with respect to the grating. *IEEE Photonics Tech. Letters*, **5** (9), 978 –980.

[55] Assi, C., Ye, Y. and Dixit, S. (2003) Dynamic bandwidth allocation for quality of service over Ethernet PON. *IEEE J. on Selected Areas in Comm.*, **21** (11), 1467 –1477.

[56] Killat, U. (1996) *Access to B – ISDN via PON ATM communication in practice.* Wiley Teubner Communications, Chichester, England.

[57] Lam, C. F. (2007) *Passive optical network: principles and practice.* Academic Press, Elsevier, USA.

[58] Kramer, G. (2005) *Ethernet passive optical network.* McGraw – Hill, New York, USA.

[59] Azizoghlu, M., Salehi, J. A. and Li, Y. (1992) Optical CDMA via temporal codes. *IEEE*

Trans on Comm. , **40** (8) , 1162 1170.

[60] Heritage, J. P. , Salehi, J. A. and Weiner, A. M. (1990) Coherent ultrashort light pulse code – division multiple access communication systems. *J. Lightw. Technol.* , **8** (3) , 478 – 491.

[61] Salehi, J. A. (1989) Code division multiple – access techniques in optical fiber networks part I: fundamental principles. *IEEE Trans. on Comm.* , **37** (8) , 824 – 833. **26** Optical CDMA Networks

[62] Salehi, J. A. and Brackett, C. A. (1989) Code division multiple – access technique in optical fiber networks – part II: system performance analysis. *IEEE Trans. on Comm.* , **37** (8) , 834 – 842.

[63] Kwong, W. C. , Perrier, P. A. and Prucnal, P. R. (1991) Performance comparison of asynchronous and synchronous code – division multiple – access techniques for fiber – optic local area networks. *IEEE Trans. on Comm.* , **39** (11) , 1625 – 1634.

[64] Wei, Z. and Ghafouri – Shiraz, H. (2002) Proposal of a novel code for spectral amplitude coding optical CDMA systems *IEEE Photonics Tech. Letters*, **14** (3) , 414 – 416.

[65] Smith, E. D. J. , Blaikie, R. J. and Taylor, D. P. (1998) Performance enhancement of spectral – amplitudecoding optical CDMA using pulse position modulation. *IEEE Trans. on Comm.* , **46** (9) , 1176 1185.

[66] Wei, Z. , Ghafouri – Shiraz, H. and Shalaby, H. M. H. (2001) Performance analysis of optical spectralamplitude – coding CDMA systems using super – fluorescent fiber source. *IEEE Photonics Tech. Letters*, **13** (8) , 887 – 889.

[67] Kavehrad, M. and Zaccarin, D. (1995) Optical code division – multiplexed systems based on spectral encoding of noncoherent sources. *J. Lightw. Technol.* , **13** (3) , 534 – 545.

[68] Wei, Z. and Ghafouri – Shiraz, H. (2002) IP transmission over spectral – amplitude – coding CDMA links. *J. Microw. & Opt. Tech. Let.* , **33** (2) , 140 – 142.

[69] Wei, Z. and Ghafouri – Shiraz, H. (2002) IP routing by an optical spectral – amplitude – coding CDMA network. *IEE Proc. Communications*, **149** (5) , 265 – 269.

[70] Cooper, A. B. et al. (2007) High spectral efficiency phase diversity coherent optical CDMA with low MAI. In: *Lasers and Electro – Optics* (*CLEO*).

[71] Prucnal, P. R. (2005) *Optical code division multiple access: fundamentals and Applications.* CRC Taylor & Francis Group.

[72] Shalaby, H. M. H. (1995) Synchronous fiber – optic CDMA systems with interference estimators. *J. Lightw. Technol.* , **17** (11) , 2268 – 2275.

[73] Shalaby, H. M. H. (1995) Performance analysis of optical synchronous CDMA communication systems with PPM signaling. *IEEE Trans. on Comm.* , **43** (2/3/4) , 624 – 634.

[74] Shalaby, H. M. H. (1999) A performance analysis of optical overlapping PPM – CDMA communication systems. *J. Lightw. Technol.* , **19** (2) , 426 – 433.

[75] Lee, T. S. , Shalaby, H. M. H. and Ghafouri – Shiraz, H. (2001) Interference reduction in synchronous fiber optical PPM – CDMA systems *J. Microw. & Opt. Tech. Let.* , **30** (3) , 202 – 205.

24

[76] Shalaby, H. M. H. (1999) Direct – detection optical overlapping PPM – CDMA communication systems with double optical hard – limiters. *J. Lightw. Technol.*, **17** (7), 1158 – 1165.

[77] Hamarsheh, M. M. N., Shalaby, H. M. H. and Abdullah, M. K. (2005) Design and analysis of dynamic code division multiple access communication system based on tunable optical filter. *J. Lightw. Technol.*, **23** (12), 3959 – 3965.

[78] Shalaby, H. M. H. (2002) Complexities, error probabilities and capacities of optical OOK – CDMA communication systems. *IEEE Trans on Comm.*, **50** (12), 2009 – 2017.

[79] Shalaby, H. M. H. (1998) Cochannel interference reduction in optical PPM – CDMA systems. *IEEE Trans. on Comm.*, **46** (6), 799 – 805.

[80] Shalaby, H. M. H. (1998) Chip – level detection in optical code division multiple access. *J. Lightw. Technol.*, **16** (6), 1077 – 1087.

[81] Buehrer, R. M. (2006) *Code division multiple access (CDMA)*. Morgan & Claypool Publishers, Colorado, USA.

[82] Huang, W., Andonovic, I. and Tur, M. (1998) Decision – directed PLL for coherent optical pulse CDMA system in the presence of multiuser interference, laser phase noise and shot noise. *J. Lightw. Technol.*, **16** (10), 1786 – 1794.

[83] Liu, X. et al. (2004) Tolerance in – band coherent crosstalk of differetial phase – shift – keyed signal with balanced detection and FEC. *IEEE Photonics Tech. Letters*, **16** (4), 1209 – 1211.

[84] Betti, S., Marchis, G. D. and Iannone, E. (1992) Polarization modulated direct detection optical transmission systems. *J. Lightw. Technol.*, **10** (12), 1985 – 1997.

[85] Ohtsuki, T. (1999) Performance analysis of direct – detection optical CDMA systems with optical hardlimiter using equal – weight orthogonal signaling. *IEICE Trans. on Comm.*, **E82** – B (3), 512 – 520.

[86] Wang, X. et al. (2006) Demonstration of DPSK – OCDMA with balanced detection to improve MAI and beat noise tolerance in OCDMA systems. In: *OFC*.

[87] Benedetto, S. et al. (1994) Coherent and direct – detection polarization modulation system experiment. In: *ECOC*, Firenze, Italy. Introduction to Optical Communications **27**

[88] Griner, U. N. and Arnon, S. (2004) A novel bipolar wavelength – time coding scheme for optical CDMA systems. *IEEE Photonics Tech. Letters*, **16** (1), 332 – 334.

[89] Gu, F. and Wu, J. (2005) Construction of two – dimensional wavelength/time optical orthogonal codes using difference family. *J. Lightw. Technol.*, **23** (11), 3642 – 3652.

[90] Teixeira, A. L. J. et al. (2001) All – optical time – wavelength code router for optical CDMA networks. In: *LEOS, The 14th Annual Meeting of the IEEE*.

[91] Liang, W. et al. (2008) A new family of 2D variable – weight optical orthogonal codes for OCDMA systems supporting multiple QoS and analysis of its performance. *Photonic Network Communications*, **16** (1), 53 – 60.

[92] Liu, M. Y. and Tsao, H. W. (2000) Cochannel interference cancellation via employing a reference correlator for synchronous optical CDMA system. *J. Microw. & Opt. Tech. Let.*, **25** (6), 390 – 392.

[93] Yamamoto, F. and Sugie, T. (2000) Reduction of optical beat interference in passive optical networks using CDMA technique. *IEEE Photonics Tech. Letters*, **12** (12), 1710 – 1712.

[94] Gamachi, Y. et al. (2000) An optical synchronous M – ary FSK/CDMA system using interference canceller. *J. Electro. & Comm. in Japan*, **83** (9), 20 – 32.

[95] Yang, C. C. (2007) Optical CDMA passive optical network using prime code with interference elimination. *IEEE Photonics Tech. Letters*, **19** (7), 516 – 518.

[96] Lin, C. L. and Wu, J. (2000) Channel interference reduction using random Manchester codes for both synchronous and asynchronous fiber – optic CDMA systems. *J. Lightw. Technol.* , **18** (1), 26 – 33.

[97] Mustapha, M. M. and Ormondroyd, R. F. (2000) Dual – threshold sequential detection code synchronization for an optical CDMA network in the presence of multiuser interference. *J. Lightw. Technol.* , **18** (12), 1742 – 1748.

[98] Yang, G. – C. (1994) Performance analysis for synchronization and system on CDMA optical fiber networks. *IEICE Trans. on Comm.* , **E77**B (10), 1238 – 1248.

[99] Keshavarzian, A. and Salehi, J. A. (2005) Multiple – shift code acquisition of optical orthogonal codes in optical CDMA systems. *IEEE Trans on Comm.* , **53** (4), 687 – 697.

[100] Sivalingam, K. M. and Subramanian, S. (2005) *Emerging optical network technologies.* Springer Science + Business Media Inc, Boston, USA.

[101] Goralski, W. (1998) *ADSL and DSL Technologies.* McGraw – Hill, USA.

[102] Ohara, K. (2003) Traffic analysis of Ethernet – PON in FTTH trial service. In: *OFC.*

[103] Kitayama, K. , Wang, X. and Wada, N. (2006) OCDMA over WDM PON – Solution path to gigabit symetric FTTV. J. Lightion. Techmol. ,24(4),1654 – 1662.

第 2 章　光扩频编码技术

2.1　概　　述

在 OCDMA 系统中,所有用户共享同一信道,系统的主要目标是从现有用户中识别出预期用户,同时容纳尽可能多的用户。因此,OCDMA 系统应当选用具有良好正交特性的光序列编码。也就是说,系统所选取的扩频编码序列必须具备最大自相关性和最小互相关性,这样才能很好地分离正确信号和干扰信号。

本章主要介绍用于 OCDMA 系统的基础扩频编码,包括相干/非相干、异步/同步、时域/光域和单维/多维等不同机制的编码。

本章将学习基本双极性码(包括 M 序列、Gold 序列、汉明码以及 Walsh 码)的组成和特性。双极性码是借鉴无线 CDMA 的概念。射频通信和光通信的信号载波不同,射频通信的空中接口和光纤的信道特性也不同,因此在 OCDMA 通信系统和网络中广泛采用单极性码。尽管这样,由于光相干调制和编码技术的突破,双极性码同样也能应用于相干 OCDMA 系统。

光正交码(OOC)是异步 OCDMA 系统中比较成功的编码之一,本章将对其进行介绍,同时介绍适用于异步 OCDMA 系统的素码家族。

由于 OCDMA 系统的多个用户共享同一信道,预期用户和其他用户的信号混在一起会影响系统的传输质量,因此有必要引入曼彻斯特码和 Turbo 码这样的信道编码技术以提升整个系统的性能。本章将介绍各种前向纠错码(FEC)技术,包括卷积码、曼彻斯特码、差分曼彻斯特码以及 Turbo 码。鉴于第 5 章将会对采用曼彻斯特码的 OCDMA 系统进行详细讨论和分析,本章主要分析 Turbo 码在 OCDMA 系统的应用。

2.2　双 极 性 码

本节介绍双极性码,这种编码通过差分平衡检测实现在相干/非相干 OCMDA 系统中的应用。本节重点关注长序列编码,如 M 序列、Gold 序列和 Walsh 序列。双极性码由(-1,1)序列构成,而单极码由(0,1)序列构成。

2.2.1　M 序列

M 序列由最大长度反馈移位寄存器产生的伪随机序列组成,因此也称为最大线性反馈移位寄存器序列[1]。M 序列的周期取决于移位寄存器和线性反馈逻辑门的数量。如果使用 s 阶移位寄存器，则 M 序列的周期 $n = 2^s - 1$。线性反馈逻辑可以由 s 阶本原多项式 $f(x)$ 表示：

$$f(x) = \sum_{i=0}^{s} c_i x^i \tag{2.1}$$

式(2.1)必须满足以下特性[1]：

(1) 该多项式为不可约多项式，即不能再进行因式分解。

(2) 当 $n = 2^s - 1$ 时，$x^n + 1$ 可被 $f(x)$ 整除。

(3) 当 $q < n$ 时，$x^q + 1$ 不可被 $f(x)$ 整除。

如果产生一个具有 4 阶本原多项式的 M 序列，则该序列周期为 $2^4 - 1 = 15$，对多项式 $x^{15} + 1$ 进行分解，可得

$$x^{15} + 1 = (x^4 + x^3 + x^2 + x + 1)(x^4 + x^3 + 1)(x^4 + x + 1)(x^2 + x + 1)(x + 1) \tag{2.2}$$

式中：$x^2 + x + 1$ 和 $x + 1$ 不是 4 阶多项式，因此不能作为本原多项式；$x^4 + x^3 + x^2 + x + 1$ 是 $x^5 + 1$ 的一个因子，不满足上述约束条件的第三条，不能作为本原多项式；$x^4 + x^3 + 1$ 和 $x^4 + x + 1$ 满足上述的所有条件，可以作为本原多项式。

图 2.1 为 s 阶线性反馈移位寄存器原理，其中 a_{s-i} 表示第 $s-i$ 级寄存器，$c_i (i = 0, 1, 2, \cdots, s)$ 表示移位寄存器反馈支路的状态，$c_i = 0$ 表示不连接，$c_i = 1$ 表示连接。

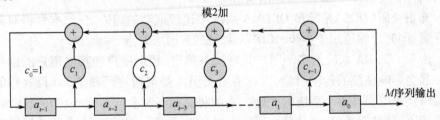

图 2.1　s 阶线性反馈移位寄存器原理

寄存器逻辑表达式为

$$a_s = c_1 a_{s-1} \oplus c_2 a_{s-2} \oplus \cdots \oplus c_s a_0 \tag{2.3}$$

式中："$\oplus$"表示模 2 加，即进行异或逻辑操作。

如果把式(2.3)中的 a_s 移到方程右边，设 $a_s = c_0 a_s$，其中 $c_0 = 1$，那么式(2.3)就变成

$$\sum_{i=0}^{s} c_i a_{s-i} = 0 \tag{2.4}$$

式中：$c_i (i = 0, 1, 2, \cdots, s)$ 表示式(2.1)本原多项式的系数。

把下面例子中得到的 c_i 代入式(2.3)就可以得到线性反馈逻辑表达式，M 序列就能根据这个 s 阶线性移位寄存器产生。

28

例:假设采用本原多项式$(x^4 + x + 1)$产生周期为$n = 2^4 - 1 = 15$的 M 序列,则其系数为$c_4 = c_1 = c_0 = 1, c_3 = c_2 = 0$,得到其线性反馈逻辑为

$$a_4 = a_3 \oplus a_0 \tag{2.5}$$

图 2.2 为 4 阶最大长度线性反馈移位寄存器原理。

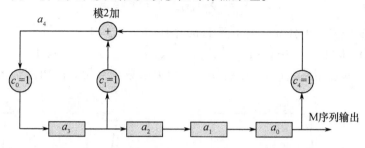

图 2.2　4 阶最大长度线性反馈移位寄存器原理

假设移位寄存器的初始状态设为"1000",即$a_3 = 1, a_2 = 0, a_1 = 0, a_0 = 0$,四个时钟之后输出同样的序列"1000";第五个输出序列为$a_4 = a_3 \oplus a_0 = 1 \oplus 0 = 1$,第六个输出为$a_4 = a_3 \oplus a_0 = 1 \oplus 0 = 1$,依此类推。15 个时钟后产生一个最大长度线性反馈移位寄存器序列"010110101111000",为一个序列周期。因此,只要有可用的本原多项式就可以产生足够长的 M 序列。周期为$n = 2^s - 1$的 M 序列的基数(可用码字的数目)等于s阶本原多项式的数目,s阶本原多项式的数目为

$$|C| = \frac{\xi(2^s - 1)}{s} \tag{2.6}$$

式中:$\xi(2^s - 1)$为欧拉数,表示小于$2^s - 1$且与$2^s - 1$互质的所有正整数的个数,即

$$\xi(2^s - 1) = \begin{cases} 2^s - 2, & 2^s - 1 \text{ 为质数} \\ (q_1 - 1)(q_2 - 2), & 2^s - 1 = q_1 q_2 \end{cases} \tag{2.7}$$

式中:q_1、q_2为质数。

参考文献[1]中给出了更多不同系数的 M 序列生成的例子和样表。M 序列具有以下特性:

(1) M 序列的码长(周期)为$2^s - 1$。

(2) M 序列中"0"和"1"出现的概率基本相同。注意 M 序列中"1"数目只比"0"数目多 1 个。

(3) M 序列中连续的"1"或者"0"子序列称为游程,因此一个 M 序列中共有$2^s - 1$个游程,其中长度为 1 的游程有$(2^s - 1)/2$个,长度为 2 的游程有$(2^s - 1)/4$个,长度为 3 的游程有$(2^s - 1)/8$个,依此类推,最后长度为s的游程只有 1 个,并将全零游程长度定义为-1。

(4) 当把 M 序列中"1"和"0"用"1"和"-1"替代,其周期自相关函数为

$$R_{XX}(\tau) = \sum_{i=0}^{n-1} x_i x_{i+\tau} = \begin{cases} 2^s - 1, & \tau = 0 \\ -1, & 0 < \tau \leq n - 1 \end{cases} \tag{2.8}$$

式中:$X = (x_0, x_1, x_2, \cdots, x_{n-1})$为 M 序列编码,$n = 2^s - 1$。

两个 M 序列编码 $X = (x_0, x_1, x_2, \cdots, x_{n-1})$ 和 $Y = (y_0, y_1, y_2, \cdots, y_{n-1})$ 的互相关
函数为

$$R_{XY}(\tau) = \sum_{i=0}^{n-1} x_i y_{i+\tau}, 0 \leqslant \tau \leqslant n - 1 \qquad (2.9)$$

图 2.3 和图 2.4 分别给出了两个 M 序列$(1, -1, -1, -1, 1, -1, -1, 1, 1,$
$-1, 1, -1, 1, 1, 1)$、$(1, -1, -1, -1, 1, 1, 1, 1, -1, 1, -1, 1, 1, -1, -1)$的
自相关函数和互相关函数。可以看出,互相关函数与自相关函数的最大值之比为
$7/15 = 46\%$。

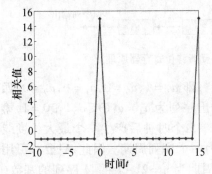

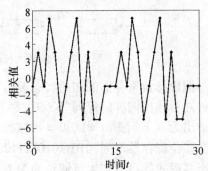

图 2.3　M 序列$(1, -1, -1, -1, 1, -1,$
　　$-1, 1, 1, -1, 1, -1, 1, 1, 1)$的
　　　　自相关函数

图 2.4　M 序列$(1, -1, -1, -1, 1, -1,$
　　$-1, 1, 1, -1, 1, -1, 1, 1, 1)$
和$(1, -1, -1, -1, 1, 1, 1, 1, 1, -1, 1,$
　　$-1, 1, 1, -1, -1)$的互相关函数

2.2.2　Gold 序列

Gold 序列是通过两个 M 序列在同步状态下进行逐位模 2 加产生的[1-3]。
图 2.5描述了由两个移位寄存器产生的 M 序列组合的过程,注意两个 M 序列必须
具有相同的长度和速率,从而得到相同长度和速率的 Gold 序列。尽管 Gold 序列
是通过两个 M 序列产生,但是它不是最大长度线性移位寄存器序列,因为它不满
足 M 序列的本原多项式约束条件。

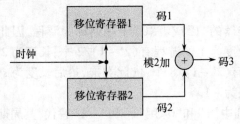

图 2.5　Gold 序列产生器

通过改变两个长度为 $2^s - 1$ 的 M 序列的相对位移,可以产生 $2^s - 1$ 个(基数)Gold 序列。将两个初始 M 序列作为 Gold 序列的种子序列,则 Gold 序列的基数为

$$|C| = (2^s - 1) + 2 = 2^s + 1 \qquad (2.10)$$

假设产生 Gold 序列的两个 M 序列为 $X = (x_0, x_1, x_2, \cdots, x_{n-1})$ 和 $Y = (y_0, y_1, y_2, \cdots, y_{n-1})$,则生成的 Gold 序列码字为

$$X, Y, X \oplus Y, X \oplus Y_1, X \oplus Y_2, \cdots, X \oplus Y_{n-1} \qquad (2.11)$$

其中:Y_i 为码字 Y 经第 i 次循环右移得到的码字;"$\oplus$"表示模 2 加,即逻辑异或操作。

Gold 序列在改进相关值的同时,提高了 M 序列的循环移位性,扩展出更多的码字。Gold 序列有三个自相关和互相关值 $R_{XY}(\tau)$,分别为 $(-t_s - 1, -1, t_s - 1)$,其中 $t_s = 2^{\lfloor \frac{(s+2)}{2} - 1 \rfloor}$,$\lfloor x \rfloor$ 表示下取整[1]。Gold 序列的最大互相关值不会超过产生该序列的两个 M 序列的最大互相关值。和 M 序列不一样的是,Gold 序列的自相关函数有旁瓣。图 2.6 给出了 Gold 序列($-1, -1, -1, -1, 1, -1, 1, -1, 1, -1, 1, 1, 1, 1, -1, -1, -1, -1, -1, 1, -1, -1, -1, -1, 1, 1, -1, -1, -1, 1, 1$)的自相关函数值,图 2.7 给出其互相关函数值,两个函数峰值的比率为 $9/31 = 29\%$。

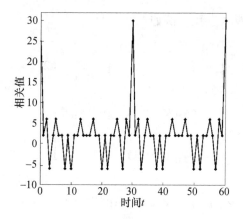

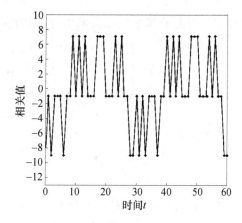

图 2.6　Gold 序列($-1, -1, -1, -1,$ $1, -1, 1, -1, 1, -1, 1, 1, 1, 1,$ $-1, -1, -1, -1, -1, 1, -1, -1, -1,$ $-1, 1, 1, -1, -1, -1, 1, 1$)的自相关函数

图 2.7　Gold 序列($-1, -1, -1, -1, -1,$ $-1, -1, 1, 1, 1, 1, -1, 1, 1, 1, -1, 1, 1,$ $1, 1, -1, -1, 1, 1, 1, -1, -1, -1, -1, 1,$ -1)和($-1, -1, -1, -1, 1, -1, 1, -1, 1,$ $-1, 1, 1, -1, -1, -1, -1, 1, -1, 1,$ $-1, -1, -1, -1, 1, 1, -1, -1, -1, 1$)的互相关函数

2.2.3　Walsh – Hadamard 码

Walsh – Hadamard 码也称为 Walsh 码,由 Hadamard 矩阵的行向量组成。该码

族也是双极性码,由$(-1,1)$组成。Walsh - Hadamard 码的生成矩阵为

$$H(i+1) = \begin{bmatrix} H(i) & H(i) \\ H(i) & -H(i) \end{bmatrix} \tag{2.12}$$

式中:$i = (0,1,2,\cdots)$,$H(0) = +1$。

根据式(2.12)的递归表达式,可得

$$H(1) = \begin{bmatrix} 1 & 1 \\ 1 & -1 \end{bmatrix} \tag{2.13}$$

$$H(2) = \begin{bmatrix} 1 & 1 & 1 & 1 \\ 1 & -1 & 1 & -1 \\ 1 & 1 & -1 & -1 \\ 1 & -1 & -1 & 1 \end{bmatrix} \tag{2.14}$$

依此类推,$H(i)$为由$(-1,1)$元素组成的$2^i \times 2^i$矩阵,称$H(1)$为 Hadamard 矩阵,简化表示为H。$H(i)$也可以用H_{2^i}表示,是一个$2^i \times 2^i$维矩阵,$i = (0,1,2,\cdots)$,则

$$H_{2^1} = H_2 = H(1) = \begin{bmatrix} 1 & 1 \\ 1 & -1 \end{bmatrix}, H(i) = \underbrace{H_2 \otimes H_2 \otimes \cdots \otimes H_2}_{i次} \tag{2.15}$$

式中:"$\otimes$"表示两个矩阵张量乘,也称为克罗内克积。例如:

$$X = \begin{bmatrix} x_{11} & x_{12} & \cdots & x_{1n} \\ \vdots & & \ddots & \vdots \\ x_{m1} & x_{m2} & \cdots & x_{mn} \end{bmatrix}, Y = \begin{bmatrix} y_{11} & y_{12} & \cdots & y_{1l} \\ \vdots & & \ddots & \vdots \\ y_{k1} & y_{k2} & \cdots & y_{kl} \end{bmatrix} \tag{2.16}$$

$$X \otimes Y = \begin{bmatrix} x_{11}Y & x_{12}Y & \cdots & x_{1n}Y \\ \vdots & & \ddots & \vdots \\ x_{m1}Y & x_{m2}Y & \cdots & x_{mn}Y \end{bmatrix}, Y \otimes X = \begin{bmatrix} y_{11}X & y_{12}X & \cdots & y_{1l}X \\ \vdots & & \ddots & \vdots \\ y_{k1}X & y_{k2}X & \cdots & y_{kl}X \end{bmatrix}$$

$$\tag{2.17}$$

$X \otimes Y$ 和 $Y \otimes X$ 矩阵的维度均为$(m \cdot k) \times (n \cdot l)$,$H(i)$同样也称为 Hadamard 矩阵,$H_{2^i}$矩阵的每一行称为 Hadamard 码,构成 Walsh - Hadamard 码族。

Walsh - Hadamard 码的同相相关函数可以通过$2^i \times 2^i$维的 Walsh 矩阵获得:

$$R_{XX}(\tau) = (H(i)_j)(H(i)_k)^T = \begin{cases} 2^i, & j = k; 自相关 \\ 0, & j \neq k; 互相关 \end{cases} \tag{2.18}$$

例如,设$H(2)_1 = \begin{bmatrix} 1 & -1 & -1 & 1 \end{bmatrix}$,$H(2)_2 = \begin{bmatrix} 1 & 1 & 1 & 1 \end{bmatrix}$,则

$$(H(2)_1)(H(2)_1)^T = \begin{bmatrix} 1 & -1 & -1 & 1 \end{bmatrix} \begin{bmatrix} 1 \\ -1 \\ -1 \\ 1 \end{bmatrix} = 4 \tag{2.19}$$

$$(\boldsymbol{H}(2)_1)(\boldsymbol{H}(2)_2)^{\mathrm{T}} = \begin{bmatrix} 1 & -1 & -1 & 1 \end{bmatrix} \begin{bmatrix} 1 \\ 1 \\ 1 \\ 1 \end{bmatrix} = 0 \qquad (2.20)$$

2.3 单极性码:光正交码

光正交码(OOC)是一种非常重要的时域码类型,是专门为强度调制和直接检测(IM-DD)OCDMA 系统提出的[4-11]。OOC 是一种稀疏码,码重非常小,因此限制了实际的编译码效率。相对于无线通信系统中采用的同等长度的编码,如 Walsh 码,OOC 码的数量非常少。为了增加码字的数量,需要增加编码长度,这就需要超短光脉冲源,其脉冲宽度远远小于一个比特周期。

时域 OCDMA 码必须满足以下条件:

(1)码字自相关函数的峰值必须最大化。

(2)任意两个码字之间的互相关函数必须最小化。

(3)码字自相关函数的旁瓣必须最小化。

条件(1)和(2)保证了多址接入干扰的最小化,条件(3)降低了接收机的同步接收难度。

两个特征信号 $C_i(t)$ 和 $C_j(t)$ 的相关函数为

$$R_{C_iC_j}(\tau) = \int_{-\infty}^{+\infty} C_i(t) C_j(t+\tau) \mathrm{d}t, i,j = 1,2,\cdots \qquad (2.21)$$

特征信号 $C_k(t)$ 定义为

$$C_k(t) = \sum_{n=-\infty}^{+\infty} C_k(n) u_{T_c}(t - nT_c), k = 1,2,\cdots \qquad (2.22)$$

式中:$C_k(n) \in \{1,0\}$ 是周期为 N、码片宽度为 T_c 的周期序列。

任意两个码序列 $C_i(n)$、$C_j(n)$ 的离散相关函数为

$$R_{C_iC_j}(m) = \sum_{n=0}^{N-1} C_i(n) C_j(n+m), m = \cdots, -1,0,1,\cdots \qquad (2.23)$$

参量 $C_j(n+m)$ 的求和是对 N 取模计算得到,本章将这种运算表示为 $[x]_y$,读作 x 模 y。在离散信号中,上述约束条件可重写如下:

(1)在零偏移离散自相关函数中"1"的数目必须最大化。

(2)在非零偏移离散自相关函数中相同码元数最小化。

(3)离散互相关函数中相同码元数最小化。

OOC 通常用(N,w,λ_a,λ_c)四个参数表征,其中 N 为码长,w 为码重("1"的个数),λ_a 为非零偏移自相关函数的上界,λ_c 为互相关函数的上界。则 OOC 的约束条件变为

$$R_{C_iC_j}(m) = \sum_{n=0}^{N-1} C_i(n)C_j(n+m) \leqslant \lambda_c, \quad \forall m \tag{2.24}$$

$$R_{C_iC_i}(m) = \sum_{n=0}^{N-1} C_i(n)C_i(n+m) \leqslant \lambda_a, \quad [m]_n \neq 0 \tag{2.25}$$

有一种特殊情况,当 $\lambda_a = \lambda_c = \lambda$ 时,OOC 可用 N、w、λ 表征,此时为最优 OOC。$|C|$ 表示 OOC 码族的基数,也就是码族中包含的码字数量。$(N$、w、$\lambda)$ 条件下码字的最大可能数量用 $\phi(N,w,\lambda)$ 表示。由 Johnson 界[5] 可推出 $\phi(N,w,\lambda)$ 应该满足[4]

$$\phi(N,w,\lambda) \leqslant \frac{(N-1)(N-2)\cdots(N-\lambda)}{w(w-1)(w-2)\cdots(w-\lambda)} \tag{2.26}$$

在 $\lambda_a = \lambda_c = 1$ 条件下,即所谓的严格 OOC,$|C|$ 的上界为

$$|C| \leqslant \left\lfloor \frac{N-1}{w(w-1)} \right\rfloor \tag{2.27}$$

式中 $\lfloor x \rfloor$ 表示小于或等于 x 的最大整数。

例如,给定严格 OOC($N=13$,$w=3$,$\lambda=1$),$C_i \in \{1100100000000, 1010000100000\}$,显然其自相关函数的最大值等于码重 $w=3$,非零偏移自相关函数和互相关函数的最大值为 $\lambda=1$。该码序列也可以用 $C_i \in \{(1,2,5),(1,3,8)\}$ mod(13)来表示,式中的数字表示脉冲的位置,即"1"在长度为 13 的码序列中的位置。

假设 OCDMA 系统中采用 OOC 编码和雪崩光电检测器(APD),文献[12]对 APD 噪声、热噪声和 MAI 的综合影响进行了评估,这里不使用文献[13]给出的 APD 的复杂统计公式,取而代之简化的高斯近似方法[14]。数据显示,当引入噪声影响时,基于 OOC 的 OCDMA 系统性能比理想情况差 2 个数量级。而采用硬限幅器来降低误码率的效果也不明显,这是因为在自由噪声情况下,全零数据传输过程中的 MAI 不能被完全消除。

对于一个给定码长和码重的 OOC,其最大缺点是用户数目有限,因此人们提出二维 OOC 码,使用波长和时间两个维度,并对其性能分析和构建方法进行了深入研究[7,11],本节只进行简单的介绍。

OOC 的构造方法看起来既复杂又让人眼花缭乱,包括几何投影法、贪婪算法、迭代构造法、代数编码法以及它们的组合方法[4]。组合构造法的最大优点是在预定义算法和合理的基数条件下,通常能构造出具有尽可能低的互相关函数值的最优码,并且能够在不需要进一步优化提取的情况下大大简化特征码构造的过程;然而随着硬件设计复杂度的提高,不仅其工程设计困难,实现成本也非常昂贵。对于 OOC(N,w,λ),其中 λ 表示最大互相关值,用户指定码长 N 和码重 w,可以根据下式所给的基数,构建相应的序列索引项 $\{a,b,c,d\}$:

$$\phi(N,w,1) = |C|_{(N,w,1)} = \left\lfloor \frac{(N-1)}{w(w-1)} \right\rfloor \tag{2.28}$$

图 2.8 给出了基于序列索引项 $\{a,b,c,d\}$ 的 OOC 码族构造模型。

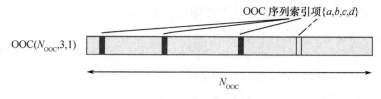

图 2.8   OOC 码族构造模型

例:OOC$(N,3,1)$

根据 OOC 的长度限制,OOC$(N,3,1)$ 的码字产生方法分为两种。当 $N \leqslant 49$ 时,表 2.1 列出了不同长度 OOC$(N,3,1)$ 的序列索引。

表 2.1   不同长度 OOC$(N,3,1)$ 序列索引

N	序列索引 $N \leqslant 49$
7	$\{1, 2, 4\}$
13	$\{1, 2, 5\}\{1, 3, 8\}$
19	$\{1, 2, 6\}\{1, 3, 9\}\{1, 4, 11\}$
25	$\{1, 2, 7\}\{1, 3, 10\}\{1, 4, 12\}\{1, 5, 14\}$
31	$\{1, 2, 8\}\{1, 3, 12\}\{1, 4, 16\}\{1, 5, 15\}\{1, 6, 14\}$
37	$\{1, 2, 12\}\{1, 3, 10\}\{1, 4, 18\}\{1, 5, 13\}\{1, 6, 19\}\{1, 7, 13\}$
43	$\{1, 2, 20\}\{1, 3, 23\}\{1, 4, 16\}\{1, 5, 14\}\{1, 6, 17\}\{1, 7, 15\}\{1, 8, 19\}$
注:数字表示"1"在序列中的位置[4]	

当 $N = 31$ 时,可以得到 $\phi(31,3,1) = \left\lfloor \dfrac{31-1}{3(3-1)} \right\rfloor = 5$,序列索引 $\{1,4,16\}$ 表示有三个"1",分别位于第 1、4、16 码片位置。表 2.2 列出了 OOC$(31,3,1)$ 序列例子。

表 2.2   OOC$(31,3,1)$ 序列

索引	码序列
$\{1, 2, 8\}$	1100000010000000000000000000000
$\{1, 3, 12\}$	1010000000001000000000000000000
$\{1, 4, 16\}$	1001000000000001000000000000000
$\{1, 5, 15\}$	1000100000000010000000000000000
$\{1, 6, 14\}$	1000010000000100000000000000000

如果特征码的长度 $N > 49$,组合方法可以产生优化序列索引。然而,用户定义的输入 N 是有限制的,而不是模 6 余 2,注意这里 $w = 3$,$w(w-1) = 6$。基于 mod

35

$(t,4)$ 以及 $N = 6t + r$,其中 r 为余数,满足 $1 < r < 6$,序列索引的产生计算共分为四种情况,每种情况都总结出附加序列并附在后面[4]。

情况 1:$\mod(t,4) = 0, t = 4k \geqslant 8$

$\{1, 4k + i + 1, 8k\}$ $(1 \leqslant i \leqslant 2k - 1)$

$\{1, 8k + i, 12k - i + 1\}$ $(1 \leqslant i \leqslant k)$

$\{1, 9k + i + 2, 18k - i + 1\}$ $(1 \leqslant i \leqslant k - 2)$

附加序列:

$\{1, 6k + 1, 10k + 1\}, \{1, 9k + 1, 9k + 2\}, \{1, 10k + 2, 12k + 1\}$

情况 2:$\mod(t,4) = 1, t = 4k + 1 \geqslant 9$

$\{1, t + i + 1, 2t + 2 - i\}$ $(1 \leqslant i \leqslant 2k)$

$\{1, 2t + i + 1, 3t - i + 1\}$ $(1 \leqslant i \leqslant k)$

$\{1, 2t + k + 3 + i, 3t - k - i + 1\}$ $(1 \leqslant i \leqslant k - 2)$

附加序列:

$\{1, t + 2k + 2, 2t + 2k + 2\}, \{1, 2t + k + 2, 2t + k + 3\}, \{1, 2t + 2k + 3, 3t + 1\}$

情况 3:$\mod(t,4) = 2, t = 4k + 2 \geqslant 6$ 以及 $\mod(k,6) \neq 2$

$\{1, t + i + 1, 2t\}$ $(1 \leqslant i \leqslant t/2 - 1)$

$\{1, 2t - i + 2, 3t - i + 1\}$ $(1 \leqslant i \leqslant k)$

$\{1, 2t + k + i + 2, 3t - k - i + 1\}$ $(1 \leqslant i \leqslant k - 1)$

附加序列:

$\{1, 3k/2 + 1, 3k/2 + 1\}, \{1, 2t + k + 1, 2t + k + 2\}, \{1, 5t/2 + 2, 3t + 2\}$

情况 4:$\mod(t,4) = 3$ 以及 $\mod(r,6) \neq 2$

$\{1, t + i + 1, 2t + 2 - i\}$ $(1 \leqslant i \leqslant 2k + 1)$

$\{1, 2t + i + 1, 3t - i + 1\}$ $(1 \leqslant i \leqslant k + 1)$

$\{1, 2t + k + 4 + i, 3t - k - i\}$ $(1 \leqslant i \leqslant k - 2)$

附加序列:

$\{1, t + 2k + 3, 2t + 2k + 3\}, \{1, 2t + k + 3, 3t + 4\}, \{1, 2t + 2k + 4, 3t + 2\}$

例如,对于 $\phi(50,3,1) = \left\lfloor \dfrac{50 - 1}{3(3 - 1)} \right\rfloor = 8$,第 1、4、8 个序列分别为 $\{1, 13, 21\}$、$\{1, 10, 16\}$ 和 $\{1, 18, 23\}$,见表 2.3 所列。

表 2.3   OOC(50,3,1) 序列

序号	索引	码序列
1	$\{1, 13, 21\}$	10000000000010000001000000000000000000000000000000
4	$\{1, 10, 16\}$	10000000010000010000000000000000000000000000000000
8	$\{1, 18, 23\}$	10000000000000000100001000000000000000000000000000

可以看出,构造码非常复杂,文献[4-11]给出了很多不同的码序列生成算法。一般而言,只要满足编码相关性的限制条件,算法就能产生单极性码,就可将其归为OOC序列。OOC由于其相关特性被广泛应用于异步OCDMA系统,但存在用户容量有限和媒体接入控制(MAC)复杂的问题,第9章将重点对其进行讨论。

上面的介绍都是基于异步操作的假设,但突发和基于分组的系统对OOC系统提出了同步需求。虽然同步技术超出了本书的范围,但还是需要简要了解前人在此方面做过的工作。此外,如果OOC系统不能保持同步,系统性能将严重下降。文献[15]中给出了一种简单的同步方法,文献[16]研究分析了一种多重搜索法来减少平均同步时间。

2.4 单极性码:素数码族

从工程实现的角度来看,OCDMA系统必须实现上面提及的两个主要目标:接收机能够从干扰信号中正确地识别预期用户的信号;系统能尽可能容纳更多的用户。因此,根据2.3节中的三个设计条件,为实现这两个目标,收发机必须选用合适的具有最佳正交特性的光码序列。

几十年来,人们研究并实验了多种用于OCDMA网络的光扩频序列[4, 6, 11, 17-24]。本节将重点关注素数码族,包括素数码(PC)、修正素数码(MPC)、新型修正素数码(n-MPC)、组填塞修正素数码(GPMPC)以及转置修正素数码(T-MPC)。下面将对各种编码的构造方法和特性进行详细研究。

2.4.1 素数码

素数码的概念在文献[23]中首次提出,用于要求不高的异步OCDMA网络。相对于OOC,素数码的生成比较简单,其构造过程可以分为两步:

第一步,构造一组素数序列 $S_x = (S_{x_0}, S_{x_1}, S_{x_2}, \cdots, S_{x_j}, \cdots, S_{x_{P-1}})$,$S_{x_j}$属于伽罗瓦域 $GF(P) = (0, 1, 2, \cdots, j, \cdots, P-1)$,其中 $P \geq 3$ 为素数。S_x序列是通过将每个元素 $x, j \in GF(P) \leftrightarrow x, j \in \{0, 1, 2, \cdots, P-1\}$ 相乘并模 P 获得,如式(2.29)所示。这样就得到具有 P 个元素的 S_x,元素 S_{x_j} 可表示为

$$S_{x_j} = (x \times j) \bmod (P), x, j \in \{0, 1, 2, \cdots, P-1\} \tag{2.29}$$

第二步,将生成的 S_x 映射成长度为 P^2 的二进制序列 $C_x = (C_{x_0}, C_{x_1}, C_{x_2}, \cdots, C_{x_j}, \cdots, C_{x_{P^2-1}})$,映射规则为

$$C_{x_i} = \begin{cases} 1, & i = S_{x_j} + jP, j = 0, 1, \cdots, P-1 \\ 0, & \text{其他} \end{cases} \tag{2.30}$$

通过上述两个步骤,就可以产生一组素数码序列。

表2.4列出了 $P = 5$ 时的素数码序列,可以清楚地看出序列的产生过程。

表 2.4　$P=5$ 时的素数码序列

群号 x	i 0,1,2,3,4	序列	PC 序列
0	0 0 0 0 0	S_0	$C_0 = 10000\ 10000\ 10000\ 10000\ 10000$
1	0 1 2 3 4	S_1	$C_1 = 10000\ 01000\ 00100\ 00010\ 00001$
2	0 2 4 1 3	S_2	$C_2 = 10000\ 00100\ 00001\ 01000\ 00010$
3	0 3 1 4 2	S_3	$C_3 = 10000\ 00010\ 01000\ 00001\ 00100$
4	0 4 3 2 1	S_4	$C_4 = 10000\ 00001\ 00010\ 00100\ 01000$

依据表 2.4,该素数码集共有 P 个序列,码长为 P^2,码重为 P。

任意一对码序列 C_n 和 C_m 的自相关函数和互相关函数的离散形式为

$$C_n \cdot C_m = \begin{cases} P, & m=n, \text{自相关} \\ 1, & m\neq n, \text{互相关} \end{cases} \tag{2.31}$$

式中:$m,n \in \{1,2,3,\cdots,P\}$。

从式(2.31)可以看出,当 $m=n$ 时为自相关函数,其峰值为 P。而互相关函数的峰值"1"出现在每个同步周期位置 T 上。

图 2.9 给出了素码 S_3 的自相关函数值,可以看出在每个同步周期位置 T 其峰值为 5。

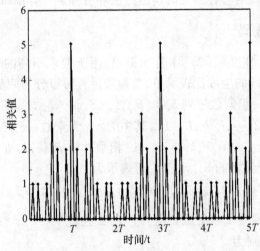

图 2.9　$P=5$、数据流为"10101"条件下,S_3 的自相关函数值

图 2.10 给出了数据流"10101"情况下($P=5$)素数码 S_3 和 S_1 的互相关函数。图中互相关函数在同步周期位置 T 的峰值上限为"1"。从图 2.9 和图 2.10 可以看出,由于在整个比特周期内对数据比特进行编码处理(与扩频码相乘),一

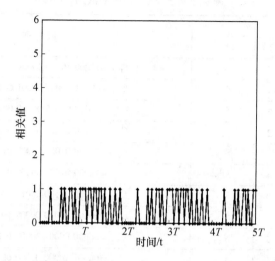

图 2.10 数据流"10101"情况下素数码 S_3 和 S_1 的互相关函数

且实现同步,在每个比特周期结束时能得到最终结果。因此可以在每个同步时刻 T 提取真实的数据值(0 或 1),而对比特周期 $nT < t < (n+1)T$ 内的值不做考虑。

素数码序列的最大缺点是可用码序列的数量有限,因此基于素数码进行网络设计会缺少足够的地址码来支持用户。

2.4.2 修正素数码

为了克服素数码的缺陷,引入一种改进型的素数码——修正素数码(MPC)[23]。这种素数码能支持更多用户,并具有较低的多址接入干扰。

MPC 码是通过对素数码进行 $P-1$ 次移位得到。因此,该码的可用特征码序列扩展为 P^2 个,共 P 组每组 P 个,P 为素数,$P \geqslant 3$[25]。

首先,对原始素数码种子 S_{x_j} 进行循环右移或者左移,从而得到新的时移序列 $S_{x_t} = (S_{x_{t0}}, S_{x_{t1}}, \cdots, S_{x_{tj}}, \cdots, S_{x_{t(P-1)}})$,其中 t 表示 S_x 进行循环移动的次数[23],因此这种方法可以大大提高用户数。其次采用与素数码同样的映射技术产生二进制序列:

$$C_{x_i} = \begin{cases} 1, & i = S_{x_{tj}} + jP, j = 0, 1, \cdots, P-1 \\ 0, & \text{其他} \end{cases} \tag{2.32}$$

最后通过应用这种方法生成 MPC 码集。表 2.5 列出了 $P = 5$ 时的 MPC 序列,其码长为 P^2,码重为 P,共有 P^2 个序列。因此,在 OCDMA 系统中采用 MPC 可以将用户数提高到 P^2 个,是素数码的 P 倍。

表 2.5　$P=5$ 时的 MPC 序列

组号 x	i 0 1 2 3 4	序列	MPC 序列
0	0 0 0 0 0	$S_{0,0}$	$C_{0,0}=10000\ 10000\ 10000\ 10000\ 10000$
	4 4 4 4 4	$S_{0,1}$	$C_{0,1}=00001\ 00001\ 00001\ 00001\ 00001$
	3 3 3 3 3	$S_{0,2}$	$C_{0,2}=00010\ 00010\ 00010\ 00010\ 00010$
	2 2 2 2 2	$S_{0,3}$	$C_{0,3}=00100\ 00100\ 00100\ 00100\ 00100$
	1 1 1 1 1	$S_{0,4}$	$C_{0,4}=01000\ 01000\ 01000\ 01000\ 01000$
1	0 1 2 3 4	$S_{1,0}$	$C_{1,0}=10000\ 01000\ 00100\ 00010\ 00001$
	1 2 3 4 0	$S_{1,1}$	$C_{1,1}=01000\ 00100\ 00010\ 00001\ 10000$
	2 3 4 0 1	$S_{1,2}$	$C_{1,2}=00100\ 00010\ 00001\ 10000\ 01000$
	3 4 0 1 2	$S_{1,3}$	$C_{1,3}=00010\ 00001\ 10000\ 01000\ 00100$
	4 0 1 2 3	$S_{1,4}$	$C_{1,4}=00001\ 10000\ 01000\ 00100\ 00010$
2	0 2 4 1 3	$S_{2,0}$	$C_{2,0}=10000\ 00100\ 00001\ 01000\ 00010$
	2 4 1 3 0	$S_{2,1}$	$C_{2,1}=00100\ 00001\ 01000\ 00010\ 10000$
	4 1 3 0 2	$S_{2,2}$	$C_{2,2}=00001\ 01000\ 00010\ 10000\ 00100$
	1 3 0 2 4	$S_{2,3}$	$C_{2,3}=01000\ 00010\ 10000\ 00100\ 00001$
	3 0 2 4 1	$S_{2,4}$	$C_{2,4}=00010\ 10000\ 00100\ 00001\ 01000$
3	0 3 1 4 2	$S_{3,0}$	$C_{3,0}=10000\ 00010\ 01000\ 00001\ 00100$
	3 1 4 2 0	$S_{3,1}$	$C_{3,1}=00010\ 01000\ 00001\ 00100\ 10000$
	1 4 2 0 3	$S_{3,2}$	$C_{3,2}=01000\ 00001\ 00100\ 10000\ 00010$
	4 2 0 3 1	$S_{3,3}$	$C_{3,3}=00001\ 00100\ 10000\ 00010\ 01000$
	2 0 3 1 4	$S_{3,4}$	$C_{3,4}=00100\ 10000\ 00010\ 01000\ 00001$
4	0 4 3 2 1	$S_{4,0}$	$C_{4,0}=10000\ 00001\ 00010\ 00100\ 01000$
	4 3 2 1 0	$S_{4,1}$	$C_{4,1}=00001\ 00010\ 00100\ 01000\ 10000$
	3 2 1 0 4	$S_{4,2}$	$C_{4,2}=00010\ 00100\ 01000\ 10000\ 00001$
	2 1 0 4 3	$S_{4,3}$	$C_{4,3}=00100\ 01000\ 10000\ 00001\ 00010$
	1 0 4 3 2	$S_{4,4}$	$C_{4,4}=01000\ 10000\ 00001\ 00010\ 00100$

任意一对码序列 C_n 和 C_m 的自相关函数和互相关函数的离散表达式为[23]

$$C_n \cdot C_m = \begin{cases} P, & m=n \\ 0, & m\neq n, m、n\ \text{在同一组} \\ 1, & m\neq n, m、n\ \text{在不同组} \end{cases} \tag{2.33}$$

式中：$m,n \in \{1,2,3,\cdots,P^2\}$。

可以看出，属于同一组的两个不同序列是严格正交的。然而对于属于不同组的两个序列，互相关函数值的上限为"1"。另外，自相关函数的峰值依然为 P。

图 2.11 给出了 MPC 序列 $S_{2,1}$ 的自相关函数,每个同步时刻 T 出现最大峰值为 5,携带的数据流为"10101"。

图 2.12 给出了在同样数据流下属于同一组的两个序列 $S_{2,0}$ 和 $S_{2,1}$ 的互相关函数。从图中可以看出,在每个同步时刻 T 互相关函数的值为"0"。

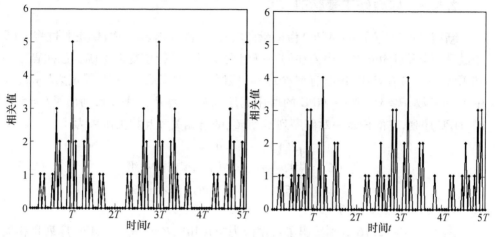

图 2.11　数据流为"10101"情况下
$S_{2,1}$ 的自相关函数

图 2.12　数据流"10101"情况下
素数码 $S_{2,0}$ 和 $S_{2,1}$ 的互相关函数

图 2.13 给出了位于两个不同组的 MPC 序列 $S_{1,0}$ 和 $S_{2,1}$ 的互相关函数,其互相关函数在每个同步时刻 T 的值为"1",这表明码序列之间的互相关性很低,因此其多址干扰很小。

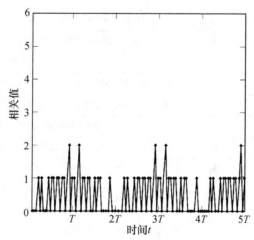

图 2.13　数据流"10101",素数码 $S_{1,0}$ 和 $S_{2,1}$ 的互相关函数

因为有相对较多的可用序列以及较低的互相关值,MPC 序列被认为是一种合适的解决方案。尤其对于同步 OCDMA 系统,由于 MPC 具有优秀的同相相关特性,能使之在相同带宽下容纳更多的用户。从另一方面讲,尽管在时域扩展机制下

长码长意味着付出比特速率降低的代价,第3章和第5章将对这个问题进行讨论,但是对于多址干扰、误码率和其他相关特性而言,码长在提高系统性能方面起着重要的作用,因此对具有所需特性的长码长编码进行研究还是非常有意义的。

2.4.3 新型修正素数码

新型修正素数码(n – MPC)由文献[26,27]首次提出。n – MPC 是通过将 MPC 中最后一个长度为 P 的子序列在同一群组内循环并进行重复而生成。这种码序列和 MPC 一样具有 P 组,每组有 P 个序列,但序列长度变成 $P^2 + P$,码重为 $P+1$,其中 P 为素数,$P \geqslant 3$。则 n – MPC 的可用码序列数目为 P^2。表 2.6 列出了 $P=5$ 的 n – MPC 序列,它的任意一对码序列 C_n 和 C_m 的自相关和互相关函数为[26,27]

$$C_n \cdot C_m = \begin{cases} P+1, & m = n \\ 0, & m \neq n, m, n \text{ 在同一组} \\ \leqslant 2, & m \neq n, m, n \text{ 在不同组} \end{cases} \tag{2.34}$$

式中:$m, n \in \{1, 2, 3, \cdots, P^2\}$。

图 2.14 ~ 图 2.16 分别给出了数据流为"11010",$P=5$ 的 n – MPC 序列自相关和互相关值。图 2.14 给出了 n – MPC 中序列 $S_{2,3}$ 的自相关函数,在每个同步时刻 T,其值为 $P+1=6$。

表 2.6 $P=5$ 的 n – MPC 序列

组号 x	i 0 1 2 3 4	序列	MPC 序列	填塞序列
0	0 0 0 0 0	$S_{0,0}$	$C_{0,0} = 10000\ 10000\ 10000\ 10000\ \underline{10000}$	**01000**
	4 4 4 4 4	$S_{0,1}$	$C_{0,1} = 00001\ 00001\ 00001\ 00001\ 00001$	$\underline{10000}$
	3 3 3 3 3	$S_{0,2}$	$C_{0,2} = 00010\ 00010\ 00010\ 00010\ 00010$	00001
	2 2 2 2 2	$S_{0,3}$	$C_{0,3} = 00100\ 00100\ 00100\ 00100\ 00100$	00010
	1 1 1 1 1	$S_{0,4}$	$C_{0,4} = 01000\ 01000\ 01000\ 01000\ \mathbf{01000}$	00100
1	0 1 2 3 4	$S_{1,0}$	$C_{1,0} = 10000\ 01000\ 00100\ 00010\ 00001$	00010
	1 2 3 4 0	$S_{1,1}$	$C_{1,1} = 01000\ 00100\ 00010\ 00001\ 10000$	00001
	2 3 4 0 1	$S_{1,2}$	$C_{1,2} = 00100\ 00010\ 00001\ 10000\ 01000$	10000
	3 4 0 1 2	$S_{1,3}$	$C_{1,3} = 00010\ 00001\ 10000\ 01000\ 00100$	01000
	4 0 1 2 3	$S_{1,4}$	$C_{1,4} = 00001\ 10000\ 01000\ 00100\ 00010$	00100
2	0 2 4 1 3	$S_{2,0}$	$C_{2,0} = 10000\ 00100\ 00001\ 01000\ 00010$	01000
	2 4 1 3 0	$S_{2,1}$	$C_{2,1} = 00100\ 00001\ 01000\ 00010\ 10000$	00010
	4 1 3 0 2	$S_{2,2}$	$C_{2,2} = 00001\ 01000\ 00010\ 10000\ 00100$	10000
	1 3 0 2 4	$S_{2,3}$	$C_{2,3} = 01000\ 00010\ 10000\ 00100\ 00001$	00100
	3 0 2 4 1	$S_{2,4}$	$C_{2,4} = 00010\ 10000\ 00100\ 00001\ 01000$	00001

组号 x	i 0 1 2 3 4	序列	MPC 序列	填塞序列
3	0 3 1 4 2	$S_{3,0}$	$C_{3,0} = 10000\ 00010\ 01000\ 00001\ 00100$	00001
	3 1 4 2 0	$S_{3,1}$	$C_{3,1} = 00010\ 01000\ 00001\ 00100\ 10000$	00100
	1 4 2 0 3	$S_{3,2}$	$C_{3,2} = 01000\ 00001\ 00100\ 10000\ 00010$	10000
	4 2 0 3 1	$S_{3,3}$	$C_{3,3} = 00001\ 00100\ 10000\ 00010\ 01000$	00010
	2 0 3 1 4	$S_{3,4}$	$C_{3,4} = 00100\ 10000\ 00010\ 01000\ 00001$	01000
4	0 4 3 2 1	$S_{4,0}$	$C_{4,0} = 10000\ 00001\ 00010\ 00100\ 01000$	00100
	4 3 2 1 0	$S_{4,1}$	$C_{4,1} = 00001\ 00010\ 00100\ 01000\ 10000$	01000
	3 2 1 0 4	$S_{4,2}$	$C_{4,2} = 00010\ 00100\ 01000\ 10000\ 00001$	10000
	2 1 0 4 3	$S_{4,3}$	$C_{4,3} = 00100\ 01000\ 10000\ 00001\ 00010$	00001
	1 0 4 3 2	$S_{4,4}$	$C_{4,4} = 01000\ 10000\ 00001\ 00010\ 00100$	00010

图 2.15 给出了同一组的两个序列 $S_{1,1}$ 和 $S_{1,3}$ 的互相关值,在每个同步时刻 T,其值为 0。图 2.16 给出了位于不同组的两个序列 $S_{3,2}$ 和 $S_{2,2}$ 的互相关函数值,在每个同步时刻 T 其值小于或等于 2。

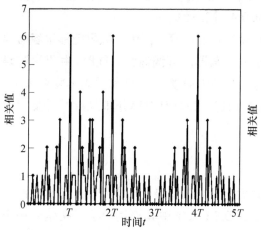

图 2.14　数据流为"11010",$P=5$ 的
n–MPC 序列 $S_{2,3}$ 自相关函数

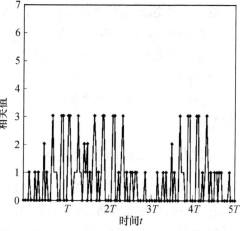

图 2.15　数据流为"11010",$P=5$ 的同一
组内 n–MPC 序列 $S_{1,1}$ 和 $S_{1,3}$ 互相关函数

通过以上分析可以得出结论:增加码长可以改善相关特性,从而提高 OCDMA系统的性能。然而在时域扩展机制下,码序列越长数据速率越低,所以必须权衡网络性能和吞吐量以确定合适的码序列长度。后面章节还会提到,由于功率以及编

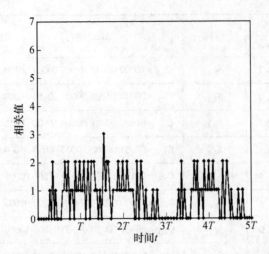

图 2.16　数据流为"11010", $P = 5$ 的不同组内 n – MPC 序列 $S_{3,2}$ 和 $S_{2,2}$ 互相关函数

译码处理时延的限制,码序列的长度不可能无限增加。

理论上,影响整个 OCDMA 网络性能的主要因素有自相关函数 λ_a、互相关函数 λ_c 以及 MAI。互相关值意味着用户间干扰,因此为了减少 MAI 的影响,OCDMA 系统应使用互相关值 λ_c 小的码序列。另外,自相关值意味着信号强度以及与其他用户信号的区分程度,因此要求码序列的自相关值 λ_a 越大越好。在给定功率预算和系统成本的情况下,这些因素限制了 OCDMA 网络的容量。

与 OOC($\lambda_c = 1$)相比,素数码族($\lambda_c \leqslant 2$)略胜一筹。因为素数码能够很容易地通过可调谐光抽头延时线(OTDL)实现编译码器的可调谐性。同时,由于素数码的每个码字都为等长的子序列,编译码所需的编码功率以及发射成本将会降低。为了进一步降低成本和功率,还可以考虑构建一种具有对称分布"脉冲"的低权重素数码[28]。

2.4.4　填塞修正素数码

在过去的 20 年里,研究人员一直致力于研究具有最优正交特性或者理想同相互相关值的新型光编码,从而更好地从 OCDMA 系统中其他用户的干扰信号中正确区分出期望用户的信号。因此人们提出另一种基于素数码的光扩频码序列——填塞修正素数码(PMPC)[24,29]。

PMPC 也是通过在 MPC 序列中规律地填塞一个长度为 P 的子序列构成。因此码长扩展为 $P^2 + P$,码重变为 $P + 1$,其中 P 为素数, $P \geqslant 3$ 。PMPC 的产生方法是将代表每个区组的序列流填塞到同一组的 MPC 序列中。表 2.7 列出了 $P = 5$ 的 PMPC 序列。

表 2.7 $P=5$ 的 PMPC 序列

组号 x	i 0 1 2 3 4	序列	MPC 序列	填塞序列
0	0 0 0 0 0	$S_{0,0}$	$C_{0,0}=10000\ 10000\ 10000\ 10000\ 10000$	**10000**
	4 4 4 4 4	$S_{0,1}$	$C_{0,1}=00001\ 00001\ 00001\ 00001\ 00001$	**10000**
	3 3 3 3 3	$S_{0,2}$	$C_{0,2}=00010\ 00010\ 00010\ 00010\ 00010$	**10000**
	2 2 2 2 2	$S_{0,3}$	$C_{0,3}=00100\ 00100\ 00100\ 00100\ 00100$	**10000**
	1 1 1 1 1	$S_{0,4}$	$C_{0,4}=01000\ 01000\ 01000\ 01000\ 01000$	**10000**
1	0 1 2 3 4	$S_{1,0}$	$C_{1,0}=10000\ 01000\ 00100\ 00010\ 00001$	01000
	1 2 3 4 0	$S_{1,1}$	$C_{1,1}=01000\ 00100\ 00010\ 00001\ 10000$	01000
	2 3 4 0 1	$S_{1,2}$	$C_{1,2}=00100\ 00010\ 00001\ 10000\ 01000$	01000
	3 4 0 1 2	$S_{1,3}$	$C_{1,3}=00010\ 00001\ 10000\ 01000\ 00100$	01000
	4 0 1 2 3	$S_{1,4}$	$C_{1,4}=00001\ 10000\ 01000\ 00100\ 00010$	01000
2	0 2 4 1 3	$S_{2,0}$	$C_{2,0}=10000\ 00100\ 00001\ 01000\ 00010$	00100
	2 4 1 3 0	$S_{2,1}$	$C_{2,1}=00100\ 00001\ 01000\ 00010\ 10000$	00100
	4 1 3 0 2	$S_{2,2}$	$C_{2,2}=00001\ 01000\ 00010\ 10000\ 00100$	00100
	1 3 0 2 4	$S_{2,3}$	$C_{2,3}=01000\ 00010\ 10000\ 00100\ 00001$	00100
	3 0 2 4 1	$S_{2,4}$	$C_{2,4}=00010\ 10000\ 00100\ 00001\ 01000$	00100
3	0 3 1 4 2	$S_{3,0}$	$C_{3,0}=10000\ 00010\ 01000\ 00001\ 00100$	00010
	3 1 4 2 0	$S_{3,1}$	$C_{3,1}=00010\ 01000\ 00001\ 00100\ 10000$	00010
	1 4 2 0 3	$S_{3,2}$	$C_{3,2}=01000\ 00001\ 00100\ 10000\ 00010$	00010
	4 2 0 3 1	$S_{3,3}$	$C_{3,3}=00001\ 00100\ 10000\ 00010\ 01000$	00010
	2 0 3 1 4	$S_{3,4}$	$C_{3,4}=00100\ 10000\ 00010\ 01000\ 00001$	00010
4	0 4 3 2 1	$S_{4,0}$	$C_{4,0}=10000\ 00001\ 00010\ 00100\ 01000$	00001
	4 3 2 1 0	$S_{4,1}$	$C_{4,1}=00001\ 00010\ 00100\ 01000\ 10000$	00001
	3 2 1 0 4	$S_{4,2}$	$C_{4,2}=00010\ 00100\ 01000\ 10000\ 00001$	00001
	2 1 0 4 3	$S_{4,3}$	$C_{4,3}=00100\ 01000\ 10000\ 00001\ 00010$	00001
	1 0 4 3 2	$S_{4,4}$	$=01000\ 10000\ 00001\ 00010\ 00100$	00001

PMPC 的任意一对码字 C_n 和 C_m 的自相关和互相关函数如下[24,29]:

$$C_n \cdot C_m = \begin{cases} P+1, & m=n,\text{自相关} \\ 1, & m\neq n,\text{互相关} \end{cases} \tag{2.35}$$

式中: $m,n \in \{1,2,3,\cdots,P^2\}$。

从式(2.35)可以看出, PMPC 序列具有统一的互相关特性, 其值为 1, 而自相关值为 $P+1$。图 2.17 和图 2.18 给出了 PMPC 序列的相关函数特性曲线。

图 2.17 给出了 PMPC 序列 $S_{1,1}$ 的自相关函数值, 可以看出在数据流为

"10101"时,最高峰值和预期一样为6。图2.18给出了PMPC序列$S_{1,1}$和$S_{2,3}$的互相关函数值,可以清楚看到在同样数据流下互相关函数值为1。因此,具有低互相关特性的PMPC非常适合直接检测光谱幅度编码(SAC)OCDMA系统,能够减少多用户间串扰(MUI)。2.5节和第4章还将讨论到SAC – OCDMA系统为减少MUI,需要构建一种具有统一的最小理想同相互相关函数值的码序列。

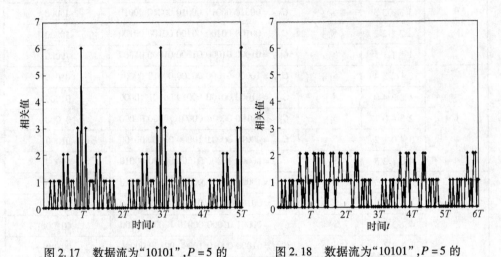

图2.17　数据流为"10101",$P=5$的　　　　图2.18　数据流为"10101",$P=5$的
　　　PMPC序列$S_{1,1}$自相关函数　　　　　　　PMPC序列$S_{1,1}$和$S_{2,3}$互相关函数

2.4.5　组填塞修正素数码

组填塞修正素数码(GPMPC)的生成方法比较简单,就是在属于同一个循环组的MPC码中,给每个码字填塞区组中前一个码字的最后2个子序列。需注意的是,在生成序列时填塞顺序必须保持一致,否则会增加互相关函数值。由于GPMPC是在MPC序列基础上增加了2个子序列,所以其码长比MPC多$2P$,比n – MPC和PMPC多P。这意味GPMPC增加了码片速率(扩频处理增益),从而使该素数码族更安全(更难被截获),并能降低OCDMA系统中的MUI,第5章将会对此进行详细解释。此外,填塞序列不仅仅可以用MPC码的最后两个子序列,也可以是码字中任意两个子序列,这是因为每个MPC子序列的唯一性使得整个码字唯一。GPMPC序列族同样有P组,每组有P个码字。每个码字的长度为P^2+2P,码重为$P+2$,共有P^2个可用码序列。

表2.8列出了$P=5$的GPMPC序列,每个码字包含MPC和区组序列流(GSS)两部分。例如,$S_{0,0}$的MPC部分为"10000 10000 10000 10000 10000",GSS部分为同一组$S_{0,4}$MPC部分的最后两个子序列"01000 01000"。同样的,将$S_{0,0}$的MPC部分的最后两个子序列"10000 10000"填塞到MPC的$S_{0,1}$中,就生成了GPMPC的$S_{0,1}$序列。

表 2.8　$P=5$ 的 GPMPC 序列

组号 x	i 0 1 2 3 4	序列	MPC 序列	填塞序列
0	0 0 0 0 0	$S_{0,0}$	$C_{0,0}=10000\ 10000\ 10000\ \mathbf{\underline{10000\ 10000}}$	**01000 01000**
	4 4 4 4 4	$S_{0,1}$	$C_{0,1}=00001\ 00001\ 00001\ 00001\ 00001$	**10000 10000**
	3 3 3 3 3	$S_{0,2}$	$C_{0,2}=00010\ 00010\ 00010\ 00010\ 00010$	00001 00001
	2 2 2 2 2	$S_{0,3}$	$C_{0,3}=00100\ 00100\ 00100\ 00100\ 00100$	00010 00010
	1 1 1 1 1	$S_{0,4}$	$C_{0,4}=01000\ 01000\ 01000\ \mathbf{01000\ 01000}$	00100 00100
1	0 1 2 3 4	$S_{1,0}$	$C_{1,0}=10000\ 01000\ 00100\ 00010\ 00001$	00100 00010
	1 2 3 4 0	$S_{1,1}$	$C_{1,1}=01000\ 00100\ 00010\ 00001\ 10000$	00010 00001
	2 3 4 0 1	$S_{1,2}$	$C_{1,2}=00100\ 00010\ 00001\ 10000\ 01000$	00001 10000
	3 4 0 1 2	$S_{1,3}$	$C_{1,3}=00010\ 00001\ 10000\ 01000\ 00100$	10000 01000
	4 0 1 2 3	$S_{1,4}$	$C_{1,4}=00001\ 10000\ 01000\ 00100\ 00010$	01000 00100
2	0 2 4 1 3	$S_{2,0}$	$C_{2,0}=10000\ 00100\ 00001\ 01000\ 00010$	00001 01000
	2 4 1 3 0	$S_{2,1}$	$C_{2,1}=00100\ 00001\ 01000\ 00010\ 10000$	01000 00010
	4 1 3 0 2	$S_{2,2}$	$C_{2,2}=00001\ 01000\ 00010\ 10000\ 00100$	00010 10000
	1 3 0 2 4	$S_{2,3}$	$C_{2,3}=01000\ 00010\ 10000\ 00100\ 00001$	10000 00100
	3 0 2 4 1	$S_{2,4}$	$C_{2,4}=00010\ 10000\ 00100\ 00001\ 01000$	00100 00001
3	0 3 1 4 2	$S_{3,0}$	$C_{3,0}=10000\ 00010\ 01000\ 00001\ 00100$	01000 00001
	3 1 4 2 0	$S_{3,1}$	$C_{3,1}=00010\ 01000\ 00001\ 00100\ 10000$	00001 00100
	1 4 2 0 3	$S_{3,2}$	$C_{3,2}=01000\ 00001\ 00100\ 10000\ 00010$	00100 10000
	4 2 0 3 1	$S_{3,3}$	$C_{3,3}=00001\ 00100\ 10000\ 00010\ 01000$	10000 00010
	2 0 3 1 4	$S_{3,4}$	$C_{3,4}=00100\ 10000\ 00010\ 01000\ 00001$	00010 01000
4	0 4 3 2 1	$S_{4,0}$	$C_{4,0}=10000\ 00001\ 00010\ 00100\ 01000$	00010 00100
	4 3 2 1 0	$S_{4,1}$	$C_{4,1}=00001\ 00010\ 00100\ 01000\ 10000$	00001 01000
	3 2 1 0 4	$S_{4,2}$	$C_{4,2}=00010\ 00100\ 01000\ 10000\ 00001$	01000 10000
	2 1 0 4 3	$S_{4,3}$	$C_{4,3}=00100\ 01000\ 10000\ 00001\ 00010$	10000 00001
	1 0 4 3 2	$S_{4,4}$	$C_{4,4}=01000\ 10000\ 00001\ 00010\ 00100$	00001 00010

GPMPC 的任意一对码字 C_n 和 C_m 的自相关和互相关函数为

$$C_n \cdot C_m = \begin{cases} P+2, & m=n \\ 0, & m\neq n, m 、n \text{ 在同一组} \\ \leqslant 2, & m\neq n, m 、n \text{ 在不同组} \end{cases} \tag{2.36}$$

式中：$m,n \in \{1,2,3,\cdots,P^2\}$。

图 2.19 给出了承载数据流为"11010"时，$P=5$ 的 GPMPC 的 $S_{4,0}$ 码序列的自相关函数，可以看出同相最大自相关函数值为 $P+2=3+2=7$。图 2.20 给出了数

47

据流为"11010"，$P=5$ 的 GPMPC 序列的同一组内 $S_{1,0}$ 和 $S_{1,2}$ 的互相关函数，可以看出在每个同步时刻 T（同相互相关）其值为 0。图 2.21 给出了数据流为"11010"，$P=5$ 的不同组内 GPMPC 序列 $S_{3,2}$ 和 $S_{4,0}$ 的互相关函数，可以看出其同相互相关值在每个同步时刻 T 为 1。图 2.22 给出数据流为"11010"，$P=5$ 的不同组内 GPMPC 序列 $S_{3,3}$ 和 $S_{4,4}$ 的互相关函数，可以看出属于不同组的两个序列的同相互相关值都没有超过 2。综上，仅考虑每个同步时刻 T 的相关值，比特周期内即 $nT < t < (n+1)T$ 的值可忽略不计。

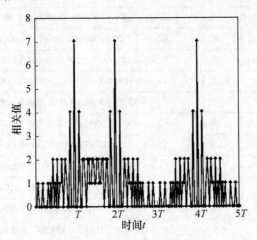

图 2.19　数据流为"11010"，$P=5$ 的 PMPC 序列 $S_{4,0}$ 自相关函数

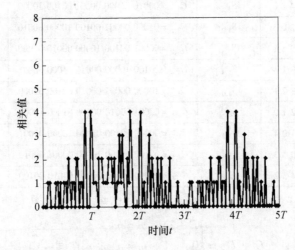

图 2.20　数据流为"11010"，$P=5$ 的同一组内 GPMPC 序列 $S_{1,0}$ 和 $S_{1,2}$ 互相关函数

　　GPMPC 不仅保留了素数码族优秀的相关特性，还增加了码长，这种做法使 OCDMA 系统更加安全。值得注意的是码长是扩频码序列的一项重要指标，它可以通过减少多址接入干扰提升系统性能，进而降低误码率。另外，如图 2.19 所示，

相比其他素数码族,GPMPC 自相关函数峰值的增加会加大自相关和互相关值的区别度。这个特性能够有效支持检测处理,显著减少 MAI。

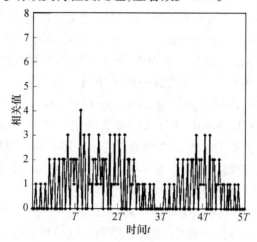

图 2.21　数据流为"11010",$P=5$ 的不同组内 GPMPC 序列 $S_{3,2}$ 和 $S_{4,0}$ 互相关函数

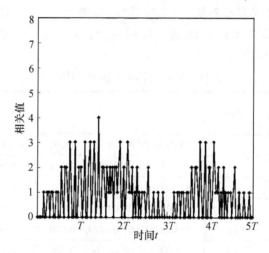

图 2.22　数据流为"11010",$P=5$ 的不同组内 GPMPC 序列 $S_{3,3}$ 和 $S_{4,4}$ 互相关函数

2.4.6　转置修正素数码

之前介绍的素数码族都是通过增加码长来优化相关函数,然而码长不可能无限增大,编码设计需要考虑其是否能实现。编码设计要考虑的另一个重要参数是码族中的可用序列数目(基数),应使其最大化。这里介绍一种新型的编码设计方法,它能最大化码族中可用序列数目(基数)。这种技术已经应用于全填塞 MPC 来产生新型的转置修正素数码(T-MPC),其构造方式如下[30]:

第一步,通过在 MPC 序列后填塞同一区组中前一个 MPC 序列的最后一个子

序列生成全填塞 MPC 序列码,共生成 P 次。每一次都在新生成的填塞 MPC 的基础上,按照 2.4.5 节中生成 GPMPC 的方式生成新的一列子序列并填塞到 MPC 码中。这意味着,前一个 MPC 码的最后一个序列流又被填塞到下一个新生成的填塞 MPC 码中,同一组的填塞过程构成一个循环,也就是说同一组的最后一个 MPC 码的最后一个序列流被填塞到第一个 MPC 码中。这种填塞过程只重复 $P-1$ 次,第 P 次将会重新产生 MPC 自身的最后一列子序列。表 2.9 列出了 $P=5$ 的全填塞 MPC 序列。从表中可以看出,$C_{1,2}$ 包含两部分,00100 00010 00001 10000 01000 为 MPC 序列,10000 00001 00010 00100 01000 为全填塞序列,全填塞序列中的 10000 序列流为前一个码字 $C_{1,1}$ 的 MPC 序列的最后一个序列流。可以看出,填塞过程是逐列进行的。此外,全填塞序列中的下一个子序列(00001)为填塞过的 $C_{1,1}$ 的最后一个子序列,是一种对角填塞。

需注意的是,填塞序列不只局限于 MPC 的最后一列子序列,它可以是 MPC 中任何一列子序列。这是因为每个 MPC 子序列的唯一性能够保证每个填塞序列流的唯一。然而在整个填塞过程中保持列顺序非常重要,否则互相关函数值将会增加。这种对角填塞过程只重复 $P-1$ 次,同一组中每个码字的第 P 个填塞子序列与 2.4.4 节中 PMPC 生成的填塞子序列一致,从而最终构建完成全填塞 MPC 序列。

表 2.9 $P=5$ 时的全填塞 MPC 序列

组号 x	i 0 1 2 3 4	序列	MPC 序列	全填塞序列
0	0 0 0 0 0	$C_{0,0}$	10000 10000 10000 10000 10000	01000 00100 00010 00001 10000
	4 4 4 4 4	$C_{0,1}$	00001 00001 00001 00001 00001	10000 01000 00100 00010 10000
	3 3 3 3 3	$C_{0,2}$	00010 00010 00010 00010 00010	00001 10000 01000 00100 10000
	2 2 2 2 2	$C_{0,3}$	00100 00100 00100 00100 00100	00010 00001 10000 01000 10000
	1 1 1 1 1	$C_{0,4}$	01000 01000 01000 01000 01000	00100 00010 00001 10000 10000
1	0 1 2 3 4	$C_{1,0}$	10000 01000 00100 00010 00001	00010 00100 01000 10000 01000
	1 2 3 4 0	$C_{1,1}$	01000 00100 00010 00001 10000	00001 00010 00100 10000 10000
	2 3 4 0 1	$C_{1,2}$	00100 00010 00001 10000 01000	10000 00001 00010 00100 01000
	3 4 0 1 2	$C_{1,3}$	00010 00001 10000 01000 00100	01000 10000 00001 00010 01000
	4 0 1 2 3	$C_{1,4}$	00001 10000 01000 00100 00010	00100 01000 10000 00001 01000
2	0 2 4 1 3	$C_{2,0}$	10000 00100 00001 01000 00010	01000 00001 00100 10000 00100
	2 4 1 3 0	$C_{2,1}$	00100 00001 01000 00010 10000	00010 00100 01000 10000 00100
	4 1 3 0 2	$C_{2,2}$	00001 01000 00010 10000 00100	10000 00010 01000 00001 00100
	1 3 0 2 4	$C_{2,3}$	01000 00010 10000 00100 00001	00100 10000 00010 01000 00100
	3 0 2 4 1	$C_{2,4}$	00010 10000 00100 00001 01000	00001 00100 10000 00010 00100

组号 x	i 0 1 2 3 4	序列	MPC 序列	全填塞序列
3	0 3 1 4 2	$C_{3,0}$	10000 00010 01000 00001 00100	00001 01000 00010 10000 00010
	3 1 4 2 0	$C_{3,1}$	00010 01000 00001 00100 10000	00100 00001 01000 00010 00010
	1 4 2 0 3	$C_{3,2}$	01000 00001 00100 10000 00010	10000 00100 00001 01000 00010
	4 2 0 3 1	$C_{3,3}$	00001 00100 10000 00010 01000	00010 10000 00100 00001 00010
	2 0 3 1 4	$C_{3,4}$	00100 10000 00010 01000 00001	01000 00010 10000 00100 00010
4	0 4 3 2 1	$C_{4,0}$	10000 00001 00010 00100 01000	00100 00010 00001 10000 00001
	4 3 2 1 0	$C_{4,1}$	00001 00010 00100 01000 10000	01000 00100 00010 00001 00001
	3 2 1 0 4	$C_{4,2}$	00010 00100 01000 10000 00001	10000 01000 00100 00010 00001
	2 1 0 4 3	$C_{4,3}$	00100 01000 10000 00001 00010	00001 10000 01000 00100 00001
	1 0 4 3 2	$C_{4,4}$	01000 10000 00001 00010 00100	00010 00001 10000 01000 00001

全填塞 MPC 序列的码重为 $2P$，共有 P^2 个可用序列，码长为 $2P^2$。全填塞 MPC 的任意一对码字 C_m 和 C_n 的自相关和互相关函数为

$$C_{mn} = \begin{cases} 2P, & m = n \\ 1, & m \neq n, m、n \text{ 在同一组} \\ \leqslant P, & m \neq n, m、n \text{ 在不同组} \end{cases} \qquad (2.37)$$

式中：$m, n \in \{1, 2, 3, \cdots, P^2\}$。

对比现有的素数码族[23,24,27]，可以明显看出全填塞码集不只增加了码长和互相关值，还失去了正交性。

第二步，采用一种特殊方法来处理全填塞 MPC 序列，以表 2.9 为例，可以将其看作一个矩阵，其元素（每个"0"和"1"）为全填塞 MPC 序列中的各个元素。对该矩阵进行转置，产生一个新的矩阵，将转置后的元素重新分配成 P 个序列流，就生成了如表 2.10 所列的 T–MPC 序列。

表 2.10　$P = 5$ 时的 T–MPC 序列

组号 x	序列	T–MPC 序列
0	$C_{0,0}$	10000 10000 10000 10000 10000
	$C_{0,1}$	00001 01000 00010 00100 00001
	$C_{0,2}$	00010 00100 01000 00001 00010
	$C_{0,3}$	00100 00010 00001 01000 00100
	$C_{0,4}$	01000 00001 00100 00010 01000

组号 x	序列	T – MPC 序列
1	$C_{1,0}$	10000 00001 00001 00001 00001
	$C_{1,1}$	00001 10000 00100 01000 00010
	$C_{1,2}$	00010 01000 10000 00010 00100
	$C_{1,3}$	00100 00100 00010 10000 01000
	$S_{1,4}$	01000 00010 01000 00100 10000
2	$C_{2,0}$	10000 00010 00010 00010 00010
	$C_{2,1}$	00001 00001 01000 10000 00100
	$C_{2,2}$	00010 10000 00001 00100 01000
	$C_{2,3}$	00100 01000 00100 00001 10000
	$C_{2,4}$	01000 00100 10000 01000 00001
3	$C_{3,0}$	10000 00100 00100 00100 00100
	$C_{3,1}$	00001 00010 00010 00001 01000
	$C_{3,2}$	00010 00001 00010 01000 10000
	$C_{3,3}$	00100 10000 01000 00010 00001
	$C_{3,4}$	01000 01000 00001 10000 00010
4	$C_{4,0}$	10000 01000 01000 01000 01000
	$C_{4,1}$	00001 00100 00001 00010 10000
	$C_{4,2}$	00010 00010 00100 10000 00001
	$C_{4,3}$	00100 00001 10000 00100 00010
	$C_{4,4}$	01000 10000 00010 00001 00100
5	$C_{5,0}$	01000 00100 00100 00100 00100
	$C_{5,1}$	10000 00010 10000 00001 01000
	$C_{5,2}$	00001 00001 00010 01000 10000
	$C_{5,3}$	00010 10000 01000 00010 00001
	$C_{5,4}$	00100 01000 00001 10000 00010
6	$C_{6,0}$	00100 00010 00010 00010 00010
	$C_{6,1}$	01000 00001 01000 10000 00100
	$C_{6,2}$	10000 10000 00001 00100 01000
	$C_{6,3}$	00001 01000 00100 00001 10000
	$C_{6,4}$	00010 00100 10000 01000 00001

组号 x	序列	T－MPC 序列
7	$C_{7,0}$	00010 00001 00001 00001 00001
	$C_{7,1}$	00100 10000 00100 01000 00010
	$C_{7,2}$	01000 01000 10000 00010 00100
	$C_{7,3}$	10000 00100 00010 10000 01000
	$C_{7,4}$	00001 00010 01000 00100 10000
8	$C_{8,0}$	00001 10000 00010 10000 10000
	$C_{8,1}$	00010 01000 00010 00100 00001
	$C_{8,2}$	00100 00100 01000 00001 00010
	$C_{8,3}$	01000 00010 00001 01000 00100
	$C_{8,4}$	10000 00001 00100 00010 01000
9	$C_{9,0}$	11111 00000 00000 00000 00000
	$C_{9,1}$	00000 11111 00000 00000 00000
	$C_{9,2}$	00000 00000 11111 00000 00000
	$C_{9,3}$	00000 00000 00000 11111 00000
	$C_{9,4}$	00000 00000 00000 00000 11111

T－MPC 序列的码重、码长和基数分别为 P、P^2 和 $2P^2$。相比原始 MPC,现在的码长和码重更容易实现,并具有更高效率,同时更多的可用序列使得采用 T－MPC 的网络吞吐量更大。

为了生成 T－MPC,时移特性不再有效,使其可预测性大大降低,同时系统安全性显著提升。T－MPC 的任意一对码字 C_m 和 C_n 的自相关和互相关函数为

$$C_{mn} = \begin{cases} P, & m = n \\ 0, & m \neq n, m、n \ 在同一组 \\ \leqslant 2, & m \neq n, m、n \ 在不同组 \end{cases} \qquad (2.38)$$

式中:$m, n \in \{1, 2, 3, \cdots, P^2\}$。

从式(2.38)中可以看出,码长的减少改善了相关特性。根据相关函数和表 2.10 中给出的 T－MPC 的例子,可得到承载数据为"11010"时的自相关和互相关值。

图 2.23 给出数据流为"11010",$P = 5$ 时的 T－MPC 序列 $C_{3,2}$ 的自相关函数,其峰值等于 5。图 2.24 给出数据流为"11010",$P = 5$ 的同一组 T－MPC 序列 $C_{4,2}$ 和 $C_{4,3}$ 的同相互相关函数,其在同步时刻均为 0,这意味着很好的正交性。从表 2.10 中可以看出,T－MPC 还有一个非常重要的特性,即随着可用序列数的翻倍,具有完美正交性的序列组的数量也翻倍。

图 2.25 和图 2.26 分别给出数据流为"11010",$P = 5$ 的不同区组内 T－MPC

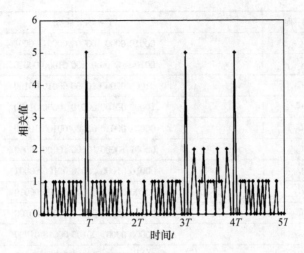

图 2.23　数据流为"10110",$P=5$ 的 T – MPC 序列 $C_{3,2}$ 自相关函数

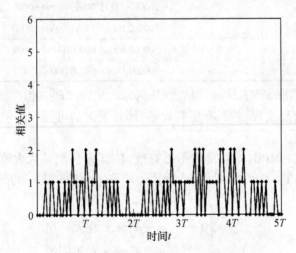

图 2.24　数据流为"10110",$P=5$ 的同一组 T – MPC 序列 $C_{4,2}$ 和 $C_{4,3}$ 互相关函数

序列 $C_{0,2}$ 和 $C_{8,1}$ 以及 $C_{5,4}$ 和 $C_{6,0}$ 的互相关函数,它们在每个同步时刻的值不超过 2,并随着数据流"11010"的变化而变化。如果将 T – MPC 应用于异步机制中,网络中的用户将在不同的时隙通信,这会导致在每个同步时刻产生失相和不符合期望的相关值,需要像随机接入协议这样的动态复杂的阈值和分析机制。因此根据其特性 MPC 码族常用于同步机制。

至此本章已经回顾了基于素数码族的基础扩频码序列,包括一些最新提出的码序列[30]。码序列还有很多其他不同的构造方法和特性,如部分素数码族[31],它具有修正素数码的优点,并采用低码重设计以减少功耗和系统复杂度[28,32,33]。

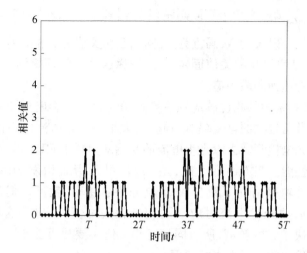

图 2.25　数据流为"10110", $P = 5$ 的不同组 T – MPC 序列 $C_{0,2}$ 和 $C_{8,1}$ 互相关函数

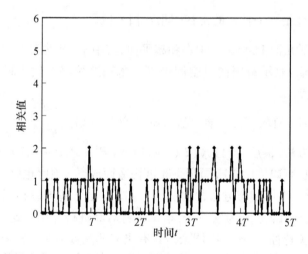

图 2.26　数据流为"10110", $P = 5$ 的不同组 T – MPC 序列 $C_{5,4}$ 和 $C_{6,0}$ 互相关函数

2.5　理想同相互相关值编码

光谱幅度编码(SAC)OCDMA 系统中的频率成分是有序的,多用户串扰(MUI)只取决于地址序列间的同相互相关值。这种系统的主要优点是将具有固定同相互相关值的编码作为地址序列就可以消除 MUI。消除 MUI 的方法是对主译码器和参考译码器中的信号进行平衡检测,第 4 章中将对此详细说明。2.2 节中介绍的Hadamard 序列和 M 序列都是这种编码的典型例子。

定义 $\lambda = \sum_{i=1}^{N} x_i y_i$ 为两个不同码序列 $X = \{x_1, x_2, \cdots, x_N\}$ 和 $Y = \{y_1, y_2, \cdots, y_N\}$ 的同相互相关值。码长为 N，码重为 w，同相互相关值为 λ 的码序列可表示为 (N, w, λ)。如果码序列的互相关值固定为 1，就称这种码为理想同相互相关值码，因为这是码序列能达到的最小值。

然而，SAC 系统中的相位感应强度噪声（PIIN）也会影响整个系统的性能[35]。这种噪声由宽谱信号源的自发辐射引起，其大小和光生电流成正比。尽管通过平衡检测可以在光电检测时去除光生电流的影响从而减小 MUI，但 PIIN 的平均值还是会影响系统性能。当 MUI 很大时，光生电流很大，从而引发 PIIN。因此，如果在不影响有效信号功率情况下减少 MUI 成分的总功率，就可以提高信噪比（实现 MUI 削减处理后的光生电流对应于同相自相关峰值）。出于这种目的，又因为 MUI 的功率取决于它的幅值，所以同相互相关值 λ 要尽可能小[36]，这也是理想同相互相关值编码如此有吸引力的原因。

尽管人们已对理想同相互相关值编码进行很多研究，但是成果很少。

文献[36]介绍了一种低的常数同相互相关值码 $\left(\dfrac{q^{m+1}-1}{q-1}, \dfrac{q^m-1}{q-1}, \dfrac{q^{m-1}-1}{q-1}\right)$，这种编码基于映射几何 PG$(m, q)$ 中点和超平面，其中 $q = P^k$ 为素数幂，k 为正整数，P 为素数，$m(m \geqslant 2)$ 表示有限向量空间维度。采用这种码替代 Hadamard 码可以显著提高系统性能。

本节首先回顾有限域代数学的基础知识，然后介绍 $\left(\dfrac{q^{m+1}-1}{q-1}, \dfrac{q^m-1}{q-1}, \dfrac{q^{m-1}-1}{q-1}\right)$ 码及其两种构造方法，最后给出素数 $P(P \geqslant 3)$ 的 $(P^2 + P, P + 1, 1)$ 码族的代数学构造方法。这种扩频码族由二次同余码改进构造而成[37]，因此也称为修正二次同余码（MQC）[20,38]。采用相似方法，文献[39]首次提出了基于跳频码的另一种码族，形式为 $(q^2 + q, q + 1, 1)$，q 为素数幂，本章也将对其进行介绍。这种码族不仅具有理想同相互相关特性，还比二次同余码具有更多的整数数量。需要指出的是，这两种码族的生成都需要进行填塞处理，即在初始序列中加入"0"或"1"。为了更好理解，本书将针对每种编码给出例子，并从理论上对所有编码进行评估，最后对采用理想同相互相关码的光谱幅度编码系统进行探讨，并在第 4 章对其性能进行详细研究。

2.5.1　有限域

为了理解码序列的构造方法，本节将介绍一些有限域的初等代数概念。

定义：有限域 GF(q) 是仅具有 q 个元素的集合，该集合具有自定义的加（减）乘（除）规则。作为推论，一个有限域必须包含一个 0 元素和一个 1 元素，且都唯一。对于所有的 $\alpha \in$ GF(q)，0 元素具有属性 $\alpha + 0 = \alpha$，1 元素具有

属性 $\alpha \cdot 1 = \alpha$。

用整数 $\{0,1,2,\cdots,q-1\}$ 表示 GF(q) 的元素，"0" 和 "1" 分别代表 0 元素和 1 元素。注意这种表示法比较随意，且未定义加法和乘法规则。

高等代数的基本结论：对于 q 存在唯一有限域，q 为素数或者素数 P 的幂（即 $q = P^k$，k 为正整数）。这意味着 $q = \{2,3,5,7,9,11,13,\cdots\}$，所有具有 q 个元素的有限域都是同构的，也就是说它们的区分只在于元素命名的不同。q 元素的有限域也称作伽罗瓦域，它是根据法国数学家伽罗瓦命名，该数学家提出了 GF(q) 的定义。下面考虑两种情况：

情况 1：q 为素数。

当 q 为素数时，GF(q) 中的加法和乘法定义为模 q 运算。即两个元素的和与积都定义为在普通代数运算结果的基础上进行模 q 运算。例如，如果 $q=7$，那么 $2 \cdot 3 = 6,1 + 4 = 5,3 \cdot 4 = 5(12 \bmod 7),2 + 5 = 0(7 \bmod 7)$。对一个非零元素 $\alpha \in$ GF(q)，如果 N 是使 $\alpha^N = 1$ 最小的非零整数，那么称 α 具有 N 阶。因为 α^N 等于一个非零元素值，域中就有 $q-1$ 个元素，N 必须小于或等于 $q-1$。与 $N = q-1$ 对应的 α 元素称为本原元。以 GF(7) 为例，元素 $\alpha = 2$ 的幂值为 $\alpha^0,\alpha^1,\alpha^2,\alpha^3,\alpha^4,\alpha^5 \cdots = 1,2,4,1,2,4\cdots$，则 α 的阶 $N = 3$。对于 $\alpha = 3$ 的幂值为 $\alpha^0,\alpha^1,\alpha^2,\alpha^3,\alpha^4,\alpha^5 \cdots = 1,3,2,6,4,5\cdots$，其阶 $N = 6$，则 $\alpha = 3$ 为本原元。从示例中可以看出，本原元的幂值序列构建了一个有限域的所有非零元素。

情况 2：$q = P^k$，k 为正整数，P 为素数。

当 q 为素数时，加法和乘法规则与普通实数代数运算类似，比较简单。然而当 $q = P^k$ 时运算就比较复杂。

考虑 $P = 2$ 的情况：为了定义有限域（$q = P^k$）的加法，域中元素表示为 P 进制数字或者长度为 k 的向量。例如，对于 $q = P^3 = 8$，元素可表示为三位二进制数，如 $1 \equiv 001,3 \equiv 011,4 \equiv 100\cdots$，它们分别表示 8 进制数 $\{0,1,2,\cdots,7\}$。

加法定义为模 P 加运算，则 $P = 2$ 为二进制加法，例如 $1 + 1 = 0,1 + 0 = 1$，$110 + 011 = 101 \equiv 1001$。为了详细说明 GF($P^k$) 域的乘法，将 k 位二进制数转换成 Z 的 $k-1$ 阶多项式，其中第一位为 Z^{k-1} 的系数，第二位为 Z^{k-2} 的系数，依此类推。例如，(111) 对应 $Z^2 + Z + 1$，(011) 对应 $Z + 1$。多项式的加法和乘法运算定义为对多项式系数的普通代数运算结果的模 P 运算。

GF(P^k) 的乘法规则为对 k 阶不可约多项式 $P(Z)$ 的多项式乘法模运算。如果多项式不能分解成更低阶的多项式，则称该多项式不可约，在多项式运算中具有素数的特性。例如，当 $P = 2,k = 3$，多项式 $P(Z) = Z^3 + Z + 1$ 不可约。对 $5 \equiv 101$ 和 $3 \equiv 011$ 进行乘法运算，有 $(Z^2 + 1)(Z + 1) = (Z^3 + Z^2 + Z + 1) \bmod P(Z) = Z^2$，因此在 GF(8) 域中有 $5 \times 3 = 15 \equiv (1111) \bmod (1011) = 0100 \equiv 4$。

元素 $b = Z = 010$ 是本原元，表 2.11 列出它的幂值。通过将非零元素表示为本原元的幂，GF(P^k) 域的乘法运算很容易计算，如果 $5 = b^6,3 = b^3$，那么 $5 \cdot 3 = b^6 \cdot$

$b^3 = b^9 = b^7 \cdot b^2 = b^2 = 4$。

表 2.11　$b = 2$ 的幂

元素	Mod $- P$	二进制	八进制
b^0	1	001	1
b^1	Z	010	2
b^2	Z^2	100	4
b^3	$Z^3 = Z + 1$	011	3
b^4	$Z^2 + Z$	110	6
b^5	$Z^3 + Z^2 = Z^2 + Z + 1$	111	7
b^6	$Z^3 + Z^2 + Z = Z^2 + 1$	101	5
b^7	$Z^3 + Z = 1$	001	1

2.5.2　平衡不完全区组设计码

因为固定同相互相关值码的每对区组相交于相同元素数目,所以可以基于对称平衡不完全区组设计(BIBD)方法进行构造。通过这种方法构建的码字称为 BIBD 码。事实上,$\left(\dfrac{q^{m+1} - 1}{q - 1}, \dfrac{q^m - 1}{q - 1}, \dfrac{q^{m-1} - 1}{q - 1} \right)$ 码[36]是基于元素数目为 $\dfrac{q^{m+1} - 1}{q - 1}$、区组大小为 $\dfrac{q^m - 1}{q - 1}$ 的对称 BIBD 构造而成,其中每对区组有 $\dfrac{q^{m-1} - 1}{q - 1}$ 个元素相交。对于每个素数幂 P 都存在这样一个对称 BIBD。下面介绍两种 BIBD 码的代数构造方法。

2.5.2.1　第一种构造方法

设 $\bar{\alpha} = (\alpha_0, \alpha_1, \alpha_2, \cdots, \alpha_m)$ 表示一个 $(m+1)$ 元组,其中 α_j 为有限域 GF(q) 中的一个元素,$j \in \{0, 1, 2, \cdots, m\}$。考虑元组集 S,其中每个元组中的 α_j 并不都是零元素。给定素数幂 q 和正整数 m,S 共有 $q^{m+1} - 1$ 个元组。令 X 和 Y 为 S 中的两个元组。如果对于 GF(q) 中任意非零元素 λ 有 $X = \lambda Y$,那么 X 为 Y 的等价元组。由于 GF(q) 乘法规则的闭合性,S 始终存在一个包含 $(q-1)$ 个元组的集合,集合中的元组对相互等价。这样的元组集合定义为一个等价类,一共存在 $v(m) = \dfrac{q^{m+1} - 1}{q - 1}$ 个等价类。基于以上的定义,BIBD 码可以通过下面的步骤进行构造[41]:

(1)构建一个元组集合 E,其中每个元组都是从不同的等价类中选取。

(2)对于每个元组 $\bar{\alpha} \in E$,求解方程 $\bar{\alpha} \cdot x^{\mathrm{T}} = 0$,其中 $x = (x_0, x_1, x_2, \cdots, x_m)$ 为 E 的一个元组,x^{T} 为 x 的转置。这样就可以得到每个 $\bar{\alpha}$ 的 $v(m-1)$ 组根。

(3)将每个根组映射为一个 q 进制数 $(x_0, x_1, x_2, \cdots, x_m)$,用十进制数字 $1 \sim v(m)$ 表示,然后为每个 $\bar{\alpha}$ 获取一个由 $v(m-1)$ 个数组成的序列 $y(k)$。选取 E

中所有元组,能够生成 $v(m)$ 数字序列,从而构建一个对称 BIBD。

(4)通过映射方法将每个数字序列 $y(k)$ 转换成一个二进制序列 $S(i)$:

$$S(i) = \begin{cases} 1, & i = y(k) \\ 0, & \text{其他} \end{cases} \tag{2.39}$$

这种生成方法能为每个元组 $\bar{\alpha} \in E$ 生成一个二进制码序列。因为 E 中有 $v(m)$ 个元组,将生成相同数量的码序列。然而上述生成过程非常复杂,因为需要求解 $v(m)$ 个方程。

2.5.2.2 第二种构造方法

根据辛格定理[41],当满足特定条件时将 q 进制数 $(x_0, x_1, x_2, \cdots, x_m)$ 表示为十进制,会存在一个循环对称 BIBD。为了简化第一种构造方法,应用这种循环属性可以得到第二种构造方法如下:

(1)选取任意非零元组 $\bar{\alpha} \in S$,求解方程 $\bar{\alpha} \cdot x^T = 0, x \in S$,可得 $q^m - 1$ 组根。这些 $q^m - 1$ 组根构成 $v(m-1)$ 个等价类。从 $v(m-1)$ 等价类中选择一组根,并将其映射为 q 进制数 $(x_0, x_1, x_2, \cdots, x_m)$。因此,得到一个由 $v(m-1)$ 个 q 进制数构成的集合,用 R 表示。

(2)使用 $D(R) = \{i : 0 \leqslant i \leqslant v(m), \beta^i \in R\}$,从 R 中获取一个数字序列,其中 β 为 $GF(q^{m+1})$ 的本原元。序列中的元素构成一个大小为 $\frac{q^m - 1}{q - 1}$ 的不同集合[41]。

(3)通过公式 $D_k = D + k$ 产生 $v(m)$ 个数字序列,其中 $k \in \{0, 1, 2, \cdots, v(m) - 1\}$,这 $v(m)$ 个数字序列构成了一个对称 BIBD。

(4)通过方法一中同样的映射方法为每个数字序列 D_k 构建一个二进制序列 $S(i)$,该序列为

$$S(i) = \begin{cases} 1, & i = D_k \\ 0, & \text{其他} \end{cases} \tag{2.40}$$

最终,获得 $v(m)$ 个码序列。这种方法只需要解一个方程,但是需要算 β 的幂值。

2.5.2.3 讨论及码序列示例

图 2.27 给出了两种方法中第(4)步的映射例子,映射方法使得 $v(m)$ 成为最终二进制码的长度。第(3)步得到是一个对称 BIBD,因此,每对二进制序列恰好有 $\frac{q^{m-1} - 1}{q - 1}$ 处相交。

当 $m = 2$ 时,得到一个 $(q^2 + q + 1, q + 1, 1)$ 码,该码具有理想同相互相关性。作为一个例子,表 2.12 列出了一些用第二种方法生成的 BIBD 码序列,其中 $q = 2$,

$y(k)$:　1 2 4

$S(i)$:

1 1 0 1 0 0 0

图 2.27　BIBD
构造映射方法示例

$m=2$，$\mathrm{GF}(2^3)$ 的不可约多项式为 x^3+x+1。因为 $q=2$，$\mathrm{GF}(2)$ 只有一个非零元素，因此每个等价类只包含一组根。表 2.12 中，第(2)步获得的数字序列为(1 2 4)。

表 2.12　BIBD 码序列示例

$\begin{array}{c} q=2 \\ m=2 \end{array}$	$y(k)$	$S(i)$
GF(8)的不可约 多项式为 x^3+x+1	(1 2 4)	1101000
	(2 3 5)	0110100
	(3 4 6)	0011010
	(4 5 7)	0001101

尽管辛格定理简化了构造方法，方程 $\bar{\alpha}\cdot x^{\mathrm{T}}=0$ 的求解依然是很复杂的过程。接下来介绍两种基于简单代数的码族，这两种码都是通过对前面介绍的编码进行修正获得，具有理想互相关特性(互相关值小于或等于1)。其实 2.4.4 节中介绍的 PMPC 码族同样具有理想同相互相关特性。

2.5.3　修正二次同余码

对于每个素数 P 都可构建具有理想互相关特性的二次同余码(QC)[37]。每个 QC 码序列包含 P 个子序列，每个子序列包含 1 个"1"和 $P-1$ 个"0"。通过填塞其他相似的子序列，对于每个 $P(P>2)$ 可以得到一系列新型$(P^2+P,P+1,1)$码族，称为修正二次同余码(MQC)。

2.5.3.1　编码构建方法

$(P^2+P,P+1,1)$族的 MQC 通过以下两个步骤构建：

(1) 构建包含有限域 $\mathrm{GF}(P)$ 元素的整数序列 $Y_{d,\alpha,\beta}^{\mathrm{MQC}}(k)$，$P$ 为素数。

$$Y_{d,\alpha,\beta}^{\mathrm{MQC}}(k)=\begin{cases} \left[d(k+\alpha)^2+\beta\right]\bmod\text{-}P, & k=0,1,\cdots,P-1 \\ [\alpha+b]\bmod\text{-}P, & k=P \end{cases} \tag{2.41}$$

式中：$P>2$，$d\in\{1,2,\cdots,P-1\}$，$b,\alpha,\beta\in\{0,1,2,\cdots,P-1\}$。

式(2.41)中的上式为二次同余码的初始构造[42]，下式为使得同相互相关函数等于 1 的填塞项。每个 $Y_{d,\alpha,\beta}^{\mathrm{MQC}}(k)$ 序列有 $P+1$ 个元素，对于每对固定参数 d、b，可以通过改变 α、β 产生 P^2 个不同码序列，这 P^2 个序列能够构建一个 MQC 码族。因此，当 d、b 改变时，总共可以得到 $P(P-1)$ 个码族。

(2) 构建基于 $Y_{d,\alpha,\beta}^{\mathrm{MQC}}(k)$ 序列的二进制序列 $S_{d,\alpha,\beta}^{\mathrm{MQC}}(i)$。

$$S_{d,\alpha,\beta}^{\mathrm{MQC}}(i)=\begin{cases} 1, & i=kP+Y_{d,\alpha,\beta}^{\mathrm{MQC}}(k) \\ 0, & \text{其他} \end{cases} \tag{2.42}$$

式中：$i\in\{0,1,2,\cdots,P^2-1\}$；$k=\left\lfloor\dfrac{i}{P}\right\rfloor$，$\left\lfloor\dfrac{i}{P}\right\rfloor$ 表示下取整。

图 2.28 给出一个将整数序列 $Y_{d,\alpha,\beta}^{\mathrm{MQC}}(k)$ 映射为二进制序列 $S_{d,\alpha,\beta}^{\mathrm{MQC}}(i)$ 的示例。

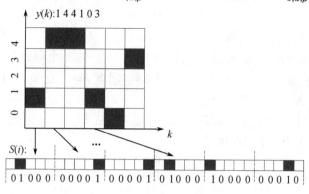

图 2.28　MQC 构造映射方法示例

2.5.3.2　编码特性

构建的每个 MQC 码族都有 P^2 个码序列,具有以下特性:

(1) 每个码序列有 P^2+P 个元素且可分为 $P+1$ 个子序列,每个子序列包含一个"1"和 $P-1$ 个"0"。

(2) 任意两个序列的同相互相关函数 λ 都为 1。

对于以上两个特性,特性(1)可以很容易地通过步骤(2)中的映射方法解释,特性(2)来源于以下理论。

定义:设 n 为正整数,a 和 b 为整数,如果 $a-b$ 能被 n 整除,即对整数 k 存在 $a-b=kn$,则称 a 和 b 为模 n 同余,表示为 $a\equiv b(\bmod\text{-}n)$。如 $3\equiv24(\bmod\text{-}7)$。

定理:设 d 和 b 为常数,$P(P>2)$ 为素数。以下同余方程在 $\alpha_1=\alpha_2$ 和 $\beta_1=\beta_2$ 情况下有 $P+1$ 个解,其他情况有且只有一个解:

$$Y_{d,\alpha_1,\beta_1}^{\mathrm{MQC}}(k)-Y_{d,\alpha_2,\beta_2}^{\mathrm{MQC}}(k)=0 \tag{2.43}$$

证明:注意当 $\alpha_1=\alpha_2$ 和 $\beta_1=\beta_2$ 时,两个序列相同。为了求解式(2.43),将式(2.41)代入其中,并考虑以下两种情况:

(1) 当 $k\in\{0,1,2,\cdots,P-1\}$,式(2.43)可写为

$$2d(\alpha_1-\alpha_2)k+d(\alpha_1^2-\alpha_2^2)+\beta_1-\beta_2=0(\bmod\text{-}P) \tag{2.44}$$

其中:$\alpha_1,\alpha_2,\beta_1,\beta_2\in\{0,1,2,\cdots,P-1\}$,$d\in\{1,2,\cdots,P-1\}$,$P(P>2)$ 为素数。

通过拉格朗日定理及其推理,对以上公式进行分析如下:

当 $\alpha_1\neq\alpha_2$ 时,只有一个解可写为

$$k=\frac{d(\alpha_2^2-\alpha_1^2)+\beta_2-\beta_1}{2d(\alpha_1-\alpha_2)}(\bmod\text{-}P) \tag{2.45}$$

当 $\alpha_1=\alpha_2$ 和 $\beta_1=\beta_2$ 时,式(2.45)中 k 有 P 个解,然而当 $\alpha_1=\alpha_2$ 和 $\beta_1\neq\beta_2$ 时无解。

（2）当 $k = P$ 时，式（2.43）可写为

$$\alpha_1 - \alpha_2 = 0(\bmod - P) \tag{2.46}$$

当 $\alpha_1 = \alpha_2$ 时，$k = P$ 为其解。

综上，当 $\alpha_1 = \alpha_2$ 和 $\beta_1 = \beta_2$ 时，式（2.43）中 k 有 $P+1$ 个解；当 $\alpha_1 = \alpha_2$ 和 $\beta_1 \neq \beta_2$，或者 $\alpha_1 \neq \alpha_2$ 时，式（2.43）有且仅有一个解。因此，除了当 $\alpha_1 = \alpha_2$ 和 $\beta_1 = \beta_2$ 时有 $P+1$ 个非同余解外，k 仅有一个解。

表 2.13 列出 MQC 序列示例，给定参数 $P=5$，$d=1$，$b=2$，可以清楚地看到表中序列完全满足上述两个特性。

表 2.13　MQC 序列示例

参数	$y(k)$	$S(i)$
$\alpha = 0, \beta = 0$	(014412)	10000 01000 00001 00001 01000 00100
$\alpha = 1, \beta = 0$	(144103)	01000 00001 00001 01000 10000 00010
$\alpha = 4, \beta = 0$	(110441)	01000 01000 10000 00001 00001 01000
$\alpha = 1, \beta = 3$	(422433)	00001 00100 00100 00001 00010 00010
$\alpha = 3, \beta = 4$	(304030)	00010 10000 00001 10000 00010 10000

2.5.4　修正跳频码

本节将介绍另外一种源于 MQC 码族的具有理想同相互相关特性的编码——修正跳频码（MFH），该编码常用于 SAC – CDMA 系统中。只有在素数情况下，MFH 码的诸多优点才得以体现。它可以通过在素数幂 $q = P^n$ 的 GF(q) 域内采用代数方法构造而成，其中 n 为正整数。与 MQC 相比，MFH 码存在更多的整数值，并且码集在码长的选取上更为灵活。

MFH 码的构造方法和 MQC 类似[39]，因此 $(q^2 + q, q+1, 1)$ MFH 码族构建方法如下[20,38]。

2.5.4.1　编码构建方法

MFH 码族的构造方法分两步进行：

（1）设 GF(q) 为 q 元有限域，β 为有限域的本原元。使用以下公式构建由 GF(q) 元素构成的数字序列 $Y_{a,b}(k)$：

$$Y_{a,b}(k) = \begin{cases} \beta^{(a+k)} + b, & k = 0,1,2,\cdots,q-2 \\ b, & k = q-1 \\ a, & k = q \end{cases} \tag{2.47}$$

式中：a 和 b 为 GF(q) 元素，$a \in \{0,1,2,\cdots,q-2\}$，$b \in \{0,1,2,\cdots,q-1\}$。$a$ 和 b 对于每个特定的序列数量为固定值，其改变会产生 $q(q-1)$ 个不同序列。注意式（2.47）的运算规则由 GF(q) 决定。

因为无论 k 取值多少，β^k 都不为 0，所以每个序列起始的 q 个元素都不相同，而它们恰好包含 GF(q) 所有元素。注意式（2.47）中 $a \neq q-1$，另外的 q 个序列加入到码族中不会影响最终二进制序列的理想同相互相关性。这 q 个序列用以下方式构造：

$$y(k) = \begin{cases} b, & k=0,1,2,\cdots,q-1 \\ q-1, & k=q \end{cases} \tag{2.48}$$

这样就得到整个 q^2 个序列，下面用 $y(k)$ 表示。

（2）基于数字序列 $y(k)$，采用与式（2.42）中相同的映射方法可产生二进制序列 $S(i)$，其表达式为

$$S(i) = \begin{cases} 1, & i=kP+y(k) \\ 0, & \text{其他} \end{cases} \tag{2.49}$$

式中：$i=(0,1,\cdots,q^2+q-1)$；$k=\lfloor i/q \rfloor$。

2.5.4.2 编码特性

由于 q 为素数幂，MFH 码不仅拥有理想同相互相关性，其整数数量也比 MQC 多。和 MQC 一样，MFH 码族中存在 q^2 个（1,0）序列，且具有以下特性：

（1）每个码序列有 P^2+P 个元素且可分为 $(P+1)$ 个子序列，每个子序列包含一个"1"和 $P-1$ 个"0"。

（2）任意两个序列的同相互相关函数 λ 都为 1。

上述两个特性，特性（1）通过步骤（2）中的映射法则很容易解释，特性（2）证明如下。

证明：设从 $y(k)$ 和 $y_{a,b}(k)$ 中得到的序列集合分别用 A、B 表示。显然，当且仅当 $k=P$ 时，A 中序列才相交，A 与 B 的序列只在位置 k 相交。因此，只需要证明对于所有 $k \in \{0,1,2,\cdots,q\}$，B 中任意两个序列 $y_{a_1,b_1}(k)$ 和 $y_{a_2,b_2}(k)$ 只在一种情况下存在相同元素，表示为同余方程：

$$y_{a_1,b_1}(k) \equiv y_{a_2,b_2}(k) \tag{2.50}$$

则当 $a_1 - a_2 = 0$ 且 $b_1 - b_2 = 0$ 时，方程有且仅有一个非同余解不成立。当 $k \in \{0,1,2,\cdots,q-2\}$ 时，根据式（2.47）有

$$y_{a_1,b_1}(k) - y_{a_2,b_2}(k) = \beta^{(a_1+k)} + b_1 - (\beta^{(a_2+k)} + b_2) = 0 \tag{2.51}$$

设 $k' = k + a_1$，则式（2.51）可整理成

$$\beta^{k'}(1 - \beta^{(a_2-a_1)}) + (b_1 - b_2) = 0 \tag{2.52}$$

因为 a_1、a_2、b_1、b_2 为固定值，所以 $(1 - \beta^{(a_2-a_1)})$ 和 $(b_1 - b_2)$ 均为常数。当 k 变化时，GF(q) 中 k' 随之改变。因为 β 为本原元，$\beta^{k'}$ 的值非零且各不相同。相应地，有：

条件 1：当 $k=q-1$，在式（2.50）中：$b_1 - b_2 = 0$。

条件 2：当 $k=q$，在式（2.50）中：$a_1 - a_2 = 0$。

现在考虑所有情况下式(2.50)的解:

情况1:当 $a_1 - a_2 \neq 0$ 且 $b_1 - b_2 \neq 0$,式(2.52)有一个解。然而根据条件1和条件2,可以清楚看到 $k = q - 1$ 或者 $k = q$ 并不是解,因此,有且仅有一个解存在。

情况2:当 $a_1 - a_2 \neq 0$ 且 $b_1 - b_2 = 0$,式(2.52)无解,但是 $k = q - 1$ 是一个解,因此有且仅有一个解存在。

情况3:当 $a_1 - a_2 = 0$ 且 $b_1 - b_2 \neq 0$,式(2.52)无解,但是 $k = q$ 是一个解,因此有且仅有一个解存在。

情况4:当 $a_1 - a_2 = 0$ 且 $b_1 - b_2 = 0$,两个序列是同一序列,因此有 $q + 1$ 个解。

表2.14给出了当 q 等于 2^2 时,a 和 b 取不同参数值条件下 MFH 序列示例。这里选择的本原不可约多项式为 $x^2 + x + 1$,本原元 β 为二进制的"10",对应十进制的2。可以看出上述两个特性对于列表中的所有码序列 $S(i)$ 都成立。

表2.14　MFH 序列示例

参数	$y(k)$	$S(i)$
$a = 0, b = 0$	(12300)	0100 0010 0001 1000 1000
$a = 1, b = 0$	(23101)	0010 0001 0100 1000 0100
$a = 2, b = 1$	(20312)	0010 1000 0001 0100 0010
$a = 0, b = 3$	(21030)	0010 0100 1000 0001 1000
$a = 2, b = 2$	(13022)	0100 0001 1000 0010 0010
$b = 1$	(11113)	0100 0100 0100 0100 0001

2.5.5　编码评价与比较

表2.15列出了上面章节介绍的具有理想同相互相关性的光扩频码。和 BIBD 码一样,MFH 码对每个素数幂都存在,MQC 码对任意大于2的素数都存在,虽然其整数范围小,但每个素数都能得到很多码族。码长为 2^m 的 Hadamard 码(详见2.2.3节)也列在表中作为参考,其中 m 为不小于2的正整数。由于 PMPC 序列(详见2.4.4节)与 MQC 码在码长、码重、基数以及同相互相关性等方面很相似,所以这里只将 MQC 作为代表进行研究。

表2.15　具有理想同相互相关性(IPC)的扩频码比较

码族	存在条件	码长	码重	码容量	IPC
BIBD	GF(q)	$q^2 + q + 1$	$q + 1$	$q^2 + q + 1$	1
MQC	$P > 2$	$P^2 + P$	$P + 1$	P^2	1
PMPC	$P > 2$	$P^2 + P$	$P + 1$	P^2	1
MFH	GF(q)	$q^2 + q$	$q + 1$	q^2	1
Hadamard	$m \geq 2$	2^m	2^{m-1}	$2^m - 1$	2^{m-2}

为了评价这些序列码,下面分析码集 (N, w, λ) 容量的上界。设 $\boldsymbol{C} = (c_{i,j})$ 为一

个矩阵,它的行由(N,w,λ)码集的所有序列组成。$V(N,w,\lambda) = V$表示码容量,则C为一个$V \times N$的矩阵,每行为一个码序列,各行内积和表示为

$$\Lambda = \sum_{i=1}^{V} \sum_{j=1}^{V} \sum_{l=1}^{N} c_{i,l} \cdot c_{j,l} = V(V-1)\lambda \tag{2.53}$$

换而言之,如果用δ_l表示第l列中"1"的个数,那么$\Lambda = \sum_{l=1}^{N} \delta_l(\delta_l - 1)$。注意到$\sum_{l=1}^{N} \delta_l = wV$,对于所有$l$,当$\delta_l = wV/N$时$\sum_{l=1}^{N} \delta_l^2$最小,则得到不等式$(w^2 V^2 / N) - wV \leqslant V(V-1)\lambda$

求解上式可以得到码基数上界为

$$V(N,w,\lambda) \leqslant \frac{N(w-\lambda)}{w^2 - N\lambda} \tag{2.54}$$

式中:$w^2 > N\lambda$。

以 MQC 码集$(P^2 + P, P+1, 1)$为例,$N = P^2 + P, w = P+1, \lambda = 1$,则其码基数的上限可用下式求得,即

$$V(N,w,\lambda) \leqslant \frac{(P^2 + P)P}{(P+1)^2 - (P^2 + P)} = P^2 \tag{2.55}$$

因为每个 MQC 码族有P^2个码序列,所以从理论上是最优的。同样 MFH 和 BIBD 也是最优码序列,除了理想同相互相关性外,MQC 和 MFH 另一个主要优点就是其第一条特性:每个序列能够分解为若干子序列且每个子序列只包含一个 1。这种特性使得地址重构能很容易地利用光栅型 SAC – OCDMA 发射机实现,第 3 章和第 4 章将会对此进行详细介绍。在光栅型 SAC – OCDMA 发射机中,一组光栅用来反射所需的光谱成分,另一组光栅用来补偿光谱成分的时延,两者结合起来生成时间脉冲。在这种情况下,光栅的可调谐范围大大制约了地址重构。采用 MQC 和 MFH 码序列,每个光栅只需要调节整个编码带宽(TEB)的$1/(P+1)$,TEB 对应于每个码序列的长度,因此每个光栅所需的可调谐范围明显变窄。这些新型码序列和 Hadamard 码相比具有较低的码重,因为一个光栅反射一个光谱分量,因此实现编码器所需的光栅数量也大大减少。然而,MQC 和 MFH 码字的低码重特性使得有效光生电流功率降低,因此热噪声、散粒噪声等噪声源的影响变强,尤其是在接收功率比较低时影响更为明显。

前面介绍了一种具有较低的同相互相关性的编码 BIBD 码,它在$m = 2$时具有理想同相互相关性。另外,还学习了两种同样具有理想同相互相关性的编码 MQC 和 MFH。然而这些编码都不能在初始系统中应用补码机制,因为该机制要求任意两个码序列A和B的同相互相关值等于$\bar{A}$(A的补码)和B之间的互相关值,而只有 Hadamard 码和 M 序列具有该特性,第 4 章将会对此详细介绍。

如图 2.29 所示,将 BIBD 应用于 SAC 系统中,当数据比特为"1"时发送指定光

谱,数据比特为"0"时不发送。在接收端,采用一个1:α的分路器将接收到的信号分为两部分。然后将它们分别送入两个具有互补译码功能的译码器中。实际上这种功能模块适用于任意一种具有固定同相互相关性的码序列。如果采用(N,w,λ)码,第一个光电检测器中来自于$K-1$个非期望用户的多用户干扰 MUI 等于$(K-1)\lambda$,第二个光电检测器中 MUI 等于$\alpha(w-\lambda)(K-1)$。当$\alpha=\lambda/(w-\lambda)$时,两个 MUI 分量相同。因此通过均衡光电检测,可以抵消 MUI 的影响[20,38]。显然,当$\lambda=1$时,同 Hadamard 码和 M 序列一样,MQC 和 MFH 码也可应用于这种功能模块。

当(N,w,λ)码应用于图 2.29 所示的系统中,光强度噪声引起的平均信噪比为[20,38]

$$SNR = \frac{\Delta v(w-\lambda)}{BK\lambda(K+(w-2\lambda)/\lambda)} \qquad (2.56)$$

式中:B 为接收机的噪声等效电带宽;Δv 为光编码带宽(Hz);K 为正在发送数据比特"1"的在线用户的数量。

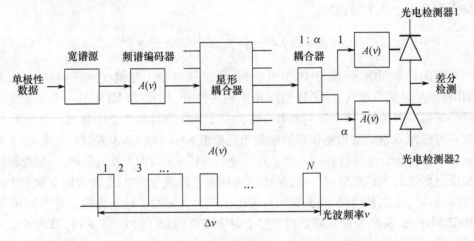

图 2.29 采用(N,w,λ)的 SAC – OCDMA 系统

在表 2.16 中,没有码重和同相互相关值等细节性的参数,取而代之各种编码的 SNR 计算公式。假设相位感应强度噪声 PIIN 具有高斯分布特性,图 2.30 给出利用公式

$$P_e = \frac{1}{2}\text{erfc}(\sqrt{SNR/8})$$

计算得到的误比特率。注意互补误差函数为

$$\text{erfc}(x) = 1 - \text{erf}(x) = \int_x^\infty e^{-t^2}dt$$

图 2.30 中分析结果采用如下参数:$\Delta v = 2.5\text{THz}$,相当于 20nm 线幅;$B = 80\text{MHz}$,对应 155Mb/s 的比特速率;工作波长为 1550nm。图 2.30 中结果表明,

66

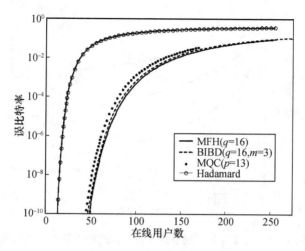

图 2.30　不同扩频码族的 BER 性能

MQC 和 MFH 码能够明显抑制 PIIN 的影响,其性能明显优于 Hadamard 码。这种抑制源于高的自相关值与互相关值之比。Hadamard 码的自相关值与互相关值的比值通常等于 2,然而对于 MQC 和 MFH,该比值分别为 $P+1$ 和 $q+1$。MFH 性能优于 MQC 码,这归功于 $q=16$ 大于 $P=13$。当 $m=2$,BIBD 的 BER 曲线和 MFH 相交,那是因为它们的 q 值都为 16。同样,从表 2.16 中可以得到 q 值越大性能越好的结论。

表 2.16　不同扩频码族的信噪比

码族	存在条件	码长
MFH	素数幂 q	$\dfrac{\Delta v(q-1)}{BK\left[\left((K-1)/q\right)+q+K\right]}$
MQC	素数 P	$\dfrac{\Delta v(P-1)}{BK\left[\left((K-1)/P\right)+P+K\right]}$
BIBD$(m=2)$	素数幂 q 且 $m \geq 2$	$\dfrac{\Delta v}{BK\left[1+(K-1)(q^{m-1}-1)/(q^{m-1}-1)\right]}$

图 2.31 给出了不同情况下系统容量随并发在线用户数目 K 的变化,其中 Hadamard 码的 $N=256$,MFH 分别采用 q 为 4 和 16。在给定系统性能需求条件下,网络容量取决于并发用户的数量与用户速率的乘积,也称为系统吞吐量。图 2.31 中,BER 要求为 10^{-9}。从图中可以看出,采用 MFH 码的系统容量明显大于 Hadamard 码。此外,如果采用 MFH 码,系统容量还会随着 q 值的增加而增加。随着纠错技术的应用,系统容量将会进一步增加,详见 2.7 节。在采用 MQC 和 BIBD 码的 SAC – OCDMA 系统中也得到类似结论。

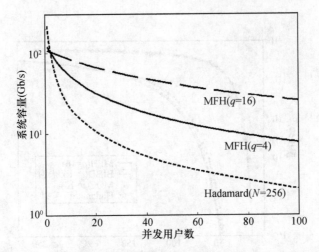

图 2.31   BER 为 10^{-9} 时系统容量随在线用户数 K 的变化曲线

2.6   多维光编码

特征码对于每个用户都是唯一的,以区分不同用户之间的信息。根据扩频技术的分类[44],目前可用的典型特征码为一维(1D)码或二维(2D)码。

一维特征码为直接扩频(DS)序列,每个序列只占用一个信道。例如,一维序列码可看成是时域上"0"和"1"的混合。相比而言,二维特征码被扩展到时域和频域(波长),如快速跳频(FFH)[44]和时域扩频码,它为每个序列动态分配多重信道。信道索引定义为可用带宽(如1)和整个带宽(如160)的比值,用来代替光波的实际波长,从而使得系统管理员能够更加灵活地控制频率分配。信道索引可用下式来体现:

$$实际波长 = 信道索引 \times 相邻波长之间隔 + 最小波长 \tag{2.57}$$

为了对编码进行筛选,有相关性、BER、基数和带宽效率四个度量指标。首先,特征码的相关性表征了序列码之间的相似度,低互相关的特征编码能使匹配滤波器从噪声扩展数据中区分每个用户的信息;其次,基数和带宽效率分别表征容纳并发用户的能力和单个用户的单位长度有效性;最后,BER 表征在特征码容量范围内,用户数的增加对整个系统性能的约束。

每个用户的特征码都需要精心设计,从而在多用户共享信道里和噪声(如光学散粒噪声和热噪声)中对用户进行区分。因此,在周期时间内特征码的自相关值越高越好,而峰值之间的值要消除到最低。这表示该编码和自身时移后的码字区别很大,否则该特征码不能应用于异步收发机。相关函数定义为

$$R_{XX}(\tau) = \sum_{i=0}^{n-1} x_i x_{i+\tau} \leqslant \lambda_a \tag{2.58}$$

68

式中:x_i为序列码;$x_{i+\tau}$为序列 x_i 经 τ 时移后的序列;λ_a 为最大自相关函数值。

互相关函数值表征两个序列码的相似度,因此在任意发送时间互相关函数值要尽可能低。否则,较高的互相关值说明码字的"相撞"概率增加以及多用户干扰增加。

$$R_{XY}(\tau) = \sum_{i=0}^{n-1} x_i y_{i+\tau} \leqslant \lambda_c \qquad (2.59)$$

式中:x_i为序列码;$y_{i+\tau}$为序列 y_i 经 τ 时移的序列;λ_c 为最大的互相关函数值。

相关函数在多维空间的每一维都要满足特定限制条件。相关函数在扩频域和跳频域的表征含义不同。例如,在二维时域扩展跳频编码机制中,时间扩展域的相关函数表示光波强度重叠造成的相应强度噪声,而跳频域的相关函数表示波长混合引起的拍频噪声。因此,如果编码具有低互相关函数值,就会减少甚至消除这些噪声。

基数表征了一维或者二维特征码支持多用户同时接入同一信道的用户分配能力。一般来说,码长越长的特征码允许更多的用户同时共享有限的光信道。然而,并不是所有的特征码都能在单位有效带宽内容纳不断增加的用户。对于一维特征码,基数完全取决于编码构造算法。二维 OOC 码的基数为跳频码(第 3 章)和时扩码基数的乘积。基数是最大误码条件下的系统最大用户容量。因此,基数和带宽效率应考虑系统 BER 限制或者网络性能问题。SMF−28e 光纤共有约 160 个可用波长,研究者的目标就是为每个用户优化频率效率、比特率带宽以及单位带宽利用率。对一维和二维特征码的带宽效率进行比较支撑了实际应用中的编码设计。

BER 是系统性能评价中最重要的度量参数,它揭示了随着并发用户的增加系统的差错程度。考虑到多用户串扰 MUI,较严格的 BER 限制可以达到 10^{-9}。此外,还需考虑相关限制下脉冲间隔和可靠码长对同一信道中的碰撞概率的影响。而最重要的是,最严格的 BER 限制意味着即使最大数量的持续用户被同时接入到同一信道中,系统也能为其提供可靠的性能。

为了增加 OCDMA 系统的安全性和基数,时间、空间、极性、相位和波长等不同域和参数被结合在一起构建多维码。Sangin Kim 等人为 OCDMA 通信应用引入了一种三维(3D)的空间时间波长扩展码[46],之后又在时域、极化域和波长域试验证明了另外一种三维码[47]。文献[48−52]也给出了几种采用不同设计算法的三维和多维码技术。然而,多维码会使系统应用和结构设计变得复杂,因此本节重点关注二维扩展码及其编码技术。如果需要了解 OCDMA 系统光扩展码的细节,可参考文献[1,53,54]。

2.6.1　二维光扩展码

二维光正交码(OOC)通常是将快速跳频(FFH)码扩展到时域中来构建。本节重点研究优化二维 OOC 对 PC/OOC 和 OCFHC/OOC 进行比较分析。素数码

（PC）和单重合跳频码（OCFHC）作为快速跳频序列来应用，快速跳频序列是指在不同时隙采用不同载波频率[55]。将两个一维码集联合到一起就可以构建一个二维码集。下面介绍光正交码 OOC(N,3,1)（2.3 节）和素数码的结合。

PC/OOC 码族

文献[56]介绍的二维光正交码族 PC/OOC 通过将素数码作为跳频序列、光正交码作为扩时序列组合构建而成。基于素数 P_h 产生时移素数码，时域扩展码采用 OOC(N_s,3,1)码，由于(N_s,3,1)的理想低相关值，将其与行 $j=1$ 的 MPC 码复合构成 PC/OOC。

用户定义的 P_h 和 OOC 的码重并不总是相等。表 2.17 列出了二维 PC/OOC 序列，其中 $P_h=5$，光正交码为 OOC(7,3,1)。

表 2.17　二维 PC/OOC 序列

i	j	索引 i	j	索引 i	j	索引 i	j	索引 i	j	索引 i
0		11111		12345		13524		14253		15432
1		22222		23451		35241		42531		54321
2	1	33333	2	34512	3	52413	4	25314	5	43215
3		44444		45123		24135		53142		32154
4		55555		51234		41352		31425		21543

表 2.18　修正二维 PC/OOC 码序列

i	j	索引 i	j	索引 i	j	索引 i	j	索引 i	j	索引 i
0		111		123		135		142		154
1		222		234		352		425		543
2	1	333	2	345	3	524	4	253	5	432
3		444		451		241		531		321
4		555		512		413		314		215

由于 $P_h=5$ 大于 OOC 码重 $w=3$，应该对 MPC 的序列索引进行修正和裁减，见表 2.18 所列。最终二维码序列总基数为

$$\phi_h \times \phi_s = P_h^2 \times \left\lfloor \frac{N_s - 1}{w(w-1)} \right\rfloor = 25 \qquad (2.60)$$

式中：N_s、ϕ_s、ϕ_h 分别为 OOC 码长、OOC 基数和素数码基数。

OCFHC/OOC 码族

文献[57]介绍了另外一种二维光正交码 OCFHC/OOC，它采用单重合跳频码（OCFHC），并将 OOC(N_s,3,1)作为扩展码。OCFHC 码是将伽罗瓦域 GF(P^k)的非零本原元与有限域中所有元素进行模 P 加的运算得到，其中 P 为计算跳频的素数，k 为整数。假设有限域 GF(P^k)=$\{0,y_1,y_2,\cdots,y_{Pk-2}\}$，非零本原元为 $G(P^k)=\{0,x_1,x_2,\cdots,x_{Pk-2}\}$，则有

$$F_{c_i} = \{f_{c_i}(0), f_{c_i}(1), \cdots, f_{c_i}(P^k - 2)\} \tag{2.61}$$

$$f_{c_i}(i) = x_j \oplus_P y_i + 1 \tag{2.62}$$

式(2.62)中的"+1"是用于避免信道索引0与时域扩展序列中的0发生冲突。

因此,为获取最佳相关值,P^k应该大于或等于3,以保证每个扩展码至少被分配给各个信道一次。为简化产生过程,设素数P为2。那么式(2.62)重写为

$$f_{c_i}(i) = x_j \oplus_2 y_i + 1 = x_j \oplus y_i + 1 \tag{2.63}$$

式中:"$\oplus$"表示异或。

为了更好地理解这种二维码,这里给出$P = 2$,$k = 3$以及OOC(7,3,1)的例子:

$$\text{GF}(P^k) = \text{GF}(2^3) = \{0, y_1, y_2, \cdots, y_6\} = \{0, 2, 4, 3, 6, 7, 5\} \tag{2.64}$$

$$G(2^3) = \{0, x_1, x_2, \cdots, x_6\} = \{1, 2, 4, 3, 6, 7, 5\} \tag{2.65}$$

式中

$$\{0, 2, 4, 3, 6, 7, 5\} \equiv \{000, 010, 100, 011, 110, 111, 101\}$$

$$\{1, 2, 4, 3, 6, 7, 5\} \equiv \{001, 010, 100, 011, 110, 111, 101\}$$

当$i = 3$时,$F_{c_3} = \{f_{c_3}(0), f_{c_3}(1), \cdots, f_{c_3}(6)\}$,$f_{c_3}(3) - 1 = \text{XOR}(4,3) = \text{XOR}(100, 011) = (111) \equiv 7$。

表2.19列出了单重合跳频码OCFHC(2^3),它从7个序列元素中产生7组序列,OOC(7,3,1)的码序列1101000能够与每一组进行组合。因为OOC码的$w = 3$,所以必须从表2.19中选取相应的三码元绑定组合。

表2.19　单重合跳频码OCFHC(2^3)

i/j	跳频码
	0 1 2 3 5 6 0 1
0	**2 3 5** 4 7 8 6 2 3
1	1 **4 6 3** 8 7 5 1 4
2	4 1 **7 2 5** 6 6 4 1
3	6 7 1 **6 3 4** 2 6 7
4	3 2 8 1 **6 5 7** 3 2
5	8 5 3 6 1 **2 4 8** 5
6	7 6 4 5 2 1 **3 7 6**
7	5 8 2 7 4 3 1 5 8

表2.20列出了二维OCFHC/OOC序列,可见7组OCFHC序列被应用到OOC信道中(即1101000)产生了二维序列。为了增加基数,表2.20中添加OCFHC的组编号作为附加组,从而在时域扩展以及波长域跳跃共产生56个二维扩展码。

表 2.20　二维 OCFHC/OOC 序列

i	组 1	组 2	⋯	组 7	附加组
1	2305000	1406000	⋯	5802000	1101000
2	3504000	4603000	⋯	8207000	2202000
3	5407000	6308000	⋯	2704000	3303000
4	4708000	3807000	⋯	7403000	4404000
5	7806000	8705000	⋯	4301000	5505000
6	8602000	7501000	⋯	3105000	6606000
7	6203000	5104000	⋯	1508000	7707000

2.6.1.1　编码评价与分析

为了评价扩频码的性能和可扩展性,下面对相关函数值、误比特率、码集基数和频带效率等参数进行了分析。在 OCDMA 系统及其网络架构的设计阶段,需要从综合和实用的角度考虑这些参数。

二维特征码一般由时扩码在波长上跳变构成。二维特征码的相关过程可以看成是两个序列码的解码过程(图 2.32),相关器采集来自不同信道的码字并与寄存器中的特征码进行比较。如果"1"时隙的位置与信道索引完全相同,那么相关器输出为 1;否则,相关器输出为 0。

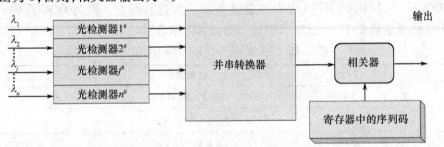

图 2.32　二维特征码的解码过程

误码率为不同序列码的平均差错概率,当并发用户增加时 BER 明显增加,光通信系统的性能要求为 BER 低于 10^{-9}。

一维扩频码的 BER 可以通过计算码序列中"1"的碰撞概率来得到。根据 Zhang 等人[33]的研究,包含二进制数据发生概率、解码距离阈值和碰撞概率等参数的误码率理论计算公式为

$$\mathrm{BER}_{1D} = \frac{1}{2} \sum_{i=0}^{w/2} \left[(-1)^i \binom{w/2}{i} \left(1 - \frac{2f \times i}{w} \right)^{K-1} \right] \tag{2.66}$$

式中:w 为码重;K 为用户数;f 为序列中第一个和最后一个连续"1"之间的解码距离,取决于不同扩展码族的最大解码时隙距离(SD),$f = w^2/4L$,其中 L 表示相关限

72

制下的码长,大多数素数码族的码长为 P^2,改进型素数码族的码长为 $2 \times \text{SD} + 2 = 2wP - 2$[28]。

二维扩频码的误码率可表示为不同码序列在相同时隙和波长信道上的碰撞概率。根据 Wong 等人[58]的研究,误码率主要取决于解码阈值、碰撞概率 f 和非碰撞概率 $1-f$ 的乘积,即

$$\text{BER}_{2D} = \frac{1}{2} \sum_{i=T_h}^{K-1} \left[\binom{K-1}{i} f^i f^{K-1-i} \right] \tag{2.67}$$

式中:T_h 为解码阈值,通常为码重或者比码重低 1bit;K 为并发用户总数;f 为不同组的碰撞函数之和,该值取决于码重 w、码长 N、码集基数 ϕ_c 和跳频因子 P_h。

PC/OOC 序列的第一组到第 P_h^2 组的平均碰撞率为

$$f_0 = \frac{w^2(\phi_c \times P_h - 1) + (w-1)^2}{2N_s(\phi_c \times P_h^2 - 1)} \tag{2.68}$$

对于附加组,为

$$f_1 = \frac{w^2(\phi_c \times P_h - 1)}{2N_s(\phi_c \times P_h^2 - 1)} \tag{2.69}$$

同样,OCFHC/OOC 序列的第一组到第 P_h^2 组的平均碰撞率为[55]

$$f_0 = \frac{w^2 \left\{ C_1 + \frac{1}{2} \left[w^2(P^k - 1)C_1 - w \right] + C_2 \right\}}{2N_s(\phi_c - 1)} \tag{2.70}$$

对于附加组,为

$$f_1 = \frac{w^2 \left\{ C_1 - 1 + (P^k - 1)C_1 + C_2 \right\}}{2N_s(\phi_c - 1)} \tag{2.71}$$

式中

$$C_1 = \left\lfloor \frac{N_s - 1}{w(w-1)} \right\rfloor; C_2 = \left\lfloor \frac{P^k - 1}{w(w-1)} \right\rfloor$$

其中:k 为 2.6.1 节介绍的用户定义的整数,$\lfloor x \rfloor$ 表示下取整,如 $\lfloor 16.6 \rfloor = 16$。

最终,计算得到每组的碰撞率,则总碰撞概率为

$$f = \frac{\phi_{c_0}}{\phi_c} f_0 + \frac{\phi_{c_1}}{\phi_c} f_1$$

式中:ϕ_c 为附加组基数 ϕ_{c_1} 和正常组基数 ϕ_{c_0} 的和。

考虑网络可扩展性,系统容量是指在特定 BER 限制下光信道能同时容纳的用户数,该值取决于一维或二维码族的码集基数。从功能区分,一维码集可分为具有不同码长 P 的光正交码族和对应素数 P 的素数码族,这两类码组分别在 2.3 节和 2.4 节进行了介绍。表 2.21 列出了不同扩展码特性,包括码长、码重和基数。

表 2.21　一维扩展码特性

码族	码长	码重	基数
PC	P^2	P	P
MPC	P^2	P	P^2
n – MPC	P^2	$P+1$	P^2
PMPC	P^2	$P+1$	P^2
GPMPC	P^2	$P+2$	P^2
T – MPC	P^2	P	$2 \times P^2$
MQC	$P^2 + P$	$P+1$	$P^2 - P$
$(N_s, 3, 1)$	N_s	3	$\left\lfloor \dfrac{N_s - 1}{6} \right\rfloor$
$(N_s, 4, 1)$	N_s	4	$\left\lfloor \dfrac{N_s - 1}{12} \right\rfloor$

二维扩展码的基数可以表示为可用跳频码基数和扩展码基数的乘积,表 2.22 中所示。实际上,需要在 N_s 的误码率限制条件下对所有码集的基数进行广泛的研究。因此随着用户数目的增加,要综合考虑误码率限制条件下不同码字的基数,从而确定系统性能。

表 2.22　二维扩展码特性

码族	码长	跳频基数	扩展基数	基数
PC/OOC	N_s	P^2	$\left\lfloor \dfrac{N_s - 1}{w(w-1)} \right\rfloor$	$P^2 \left\lfloor \dfrac{N_s - 1}{w(w-1)} \right\rfloor$
OCFHC/OOC	N_s	P^k	$\left\lfloor \dfrac{N_s - 1}{w(w-1)} \right\rfloor$	$P^k \left\lfloor \dfrac{N_s - 1}{w(w-1)} \right\rfloor$

2.7　OCDMA 系统信道编码

在 OCDMA 系统中,在线用户发送和接收信号引起的 MUI 大大降低了通信链路的整体性能。因此人们对信道编码技术进行研究,以提升 MUI 条件下 OCDMA 系统的性能。最近,高性能纠错码 Turbo 码在光通信领域引起了广泛关注,因为其具有高纠错能力、可接受的编解码复杂度及高编码增益[44]。为了增强 OCDMA 系统整体性能,本节将介绍和学习采用纠错码的信道编码技术。

由于光信号的特点,OCDMA 系统的扩频数据应该采用单极性码,以减少由散弹噪声、热噪声和色散引起的信号失真。接下来,将介绍作为线性码的曼彻斯特码和差分曼彻斯特码,以及作为前向纠错码的卷积码和 Viterbi 码在光信道中的运用。

2.7.1 曼彻斯特码

曼彻斯特码和差分曼彻斯特码[59]为归零(NZ)线性码,是二进制相移键控(BPSK)的特例,其调制信号采用方波,如图2.33所示。它们因为比特持续时间只有正常持续时间的一半,所以主要缺点是使发送带宽翻倍。然而,由于归零码比非归零(NRZ)码的比特持续时间短,能减少光纤的非线性影响,因此非常适用于当前超高速光通信链路(40G和100G)。同时,曼彻斯特码相对于其他基带传输方式具有绝对优势,包括能携带时钟从而具有自同步功能、能简化任意二进制编码、长连"1"个数不超过2个。在光传输中,曼彻斯特码用"1"到"0"的转换表示逻辑1,用"0"到"1"的转换表示逻辑0。与曼彻斯特码相比,差分曼彻斯特编码技术采用信号翻转实现信息传输,因此能够抵制光信道散粒噪声和热噪声的影响,实现低差错率的信号检测[60]。因此在初始化阶段,差分曼彻斯特码默认采用曼彻斯特编码规则,之后在信号位开始时改变信号极性,表示逻辑0;在信号位开始时不改变信号极性,表示逻辑1。

2.7.2 卷积码

香农曾指出,如果采用无穷长的随机码,就能够达到无差错通信,但现实中由于译码的工作量过大而不可实现。香农又引入如何使信息传输速率尽可能接近信道容量的定理,其方法是将数据分组并使每组包含尽可能多的比特,这能很容易地通过图2.34中所示的码级联原理实现[61]。从图中可以看出,一个编码器的输出被反馈到下一个编码器输入中,这个过程一直持续到信道前的最后一个编码器(内编码器)。因此,接收端译码复杂度被大幅减少,只需过从内到外放置相应"分量译码器"就可以。

为了使输入序列随机化,分量编码器之间采用交织器。当处理由两个分量码构成的级联码时,在外编码器和内编码器间放置一个交织器,对外编码器输出的比特流进行扰码,再将其送入内编码器。具有相同置换形式的解交织器被放置在接收端的内、外译码器之间,用于解扰。图2.35给出了交织器和解交织器的工作原理。

Turbo码经常将卷积码作为分量编码,有时称为分量编译码器,用以和随机交织器区别。因此,为了将Turbo码作为OCDMA系统的信道编码,首先需要了解卷积码的知识,主要包括:设计、构造以及基本参数;编码过程和译码算法;BER性能指标和分析。

为产生卷积码,首先插入信息比特到移位寄存器中产生冗余比特,然后将移位寄存器中的内容和信息比特通过一个模2加法器(也称异或门)进行异或。卷积码不像分组码,它们具有无限的长度[62]。

为生成Turbo码,需要采用递归系统卷积码,其具有以下特征:

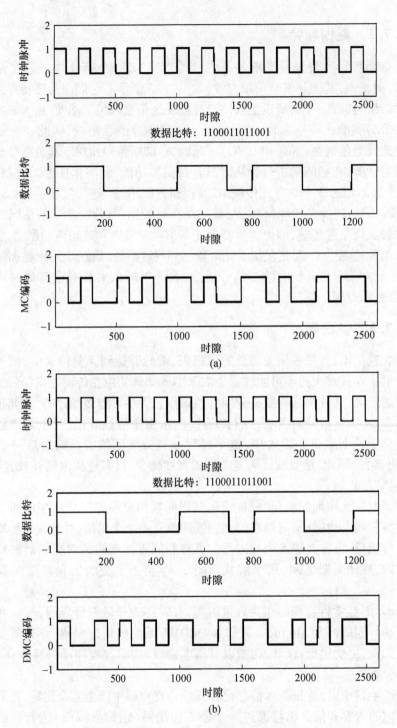

图 2.33　数据为 1100011011001 的曼彻斯特码和差分曼彻斯特码

(a)曼彻斯特码；(b)差分曼彻斯特码。

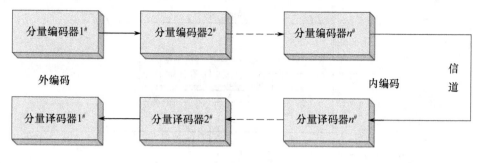

图 2.34　卷积码原理

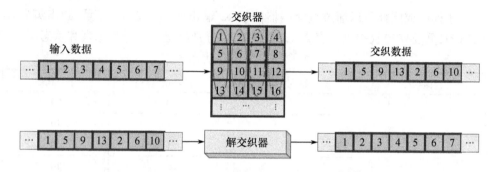

图 2.35　交织器和解交织器工作原理

（1）系统码的输出序列包含一个直接接收的输入序列,或者一个容易识别的包含输入比特的序列。而非系统码序列不能包含数据序列。

（2）通过引入一个反馈到编码器的输入端能很容易实现递归系统机制。相比非系统码,系统码允许快速访问(QLI),译码对硬件要求不高,因此一般优先选择系统码。前向反馈译码器能实现快速访问,它将一个分量递归卷积码与系统信息序列模 2 加产生两个奇偶校验序列[63,64]。

卷积码一般通过以下三个参数来描述:并行输入信息比特的数量 k、并行输出信息比特的数量 n 和移位寄存器最大位数 m

码率 r 定义为并行输入信息比特数与并行输出数的比值,$r = k/n$。此外,序列输出依赖于编码器存储器能存储的比特数量,称为约束长度,用 L 表示[65]。

2.7.2.1　卷积码编码

卷积码以一种准连续的方式将移位寄存器的内容和输入比特流进行模 2 加来增加冗余。编码器的结构很容易通过其参数或者采用其他方式描述[61]。图 2.36 给出了码率为 1/2 的系统卷积码编码器,$L = 3$,生成向量 $\boldsymbol{g}_1 = (101)$,$\boldsymbol{g}_2 = (111)$。

生成向量用来描述移位寄存器和模 2 加法器的连接关系(最左边向量元素或者最低位系数表示最左边寄存器的连接关系)。上、下编码信道的输出可以用生成多项式和输入多项式的乘积表示,$\boldsymbol{T}^{(x)} = \boldsymbol{I}^{(x)} \cdot \boldsymbol{g}^{(x)}$。

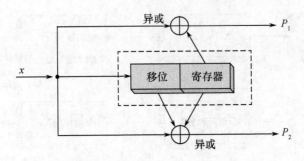

图 2.36　码率为 1/2 的系统卷积码编码器

序列生成同样可以通过编译码器的输入/输出状态图表示。为了画出编码器状态图,需要获得状态表。表 2.23 和图 2.37 分别给出编码器状态表和状态图。

表 2.23　编码器状态表

当前状态	输入	输出	下一状态
00	0	00	00
	1	11	10
01	0	11	00
	1	00	10
10	0	01	01
	1	10	11
11	0	01	01
	1	01	11

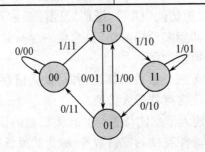

图 2.37　编码器状态图

假设输入序列 $x = (1011)$,通过状态图可以得到相应的输出序列 $c = (11\ 01\ 00\ 10)$。网格图虽不是唯一观测序列状态的形式,但一般是首选的。因为它是以线性时间序列方式描述事件,并且在译码中被广泛使用。网格图描述了随着时间步进的所有可能状态[66]。图 2.38 给出了网格图以及输入序列 $x = (1011)$ 的输出路径。可以看到上面分支表示输入为 0 的输出路径,下面分支表示输入为 1 的输出路径。为了表示状态转换和相应的输入/输出值,通常采用这种网格图来完成[67]。

传送结束时,编码器通常用一个预先定义的尾比特状态(通常为全零状态)来

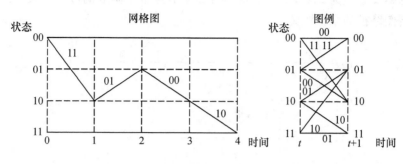

图 2.38　编码器网格图

结束。虽然这些额外比特不承载任何信息,会给系统光谱效率带来损失,但可以明显减少数据传输的错误概率。

2.7.2.2　卷积码译码

下面采用 Viterbi 教授 1967 年提出的著名 Viterbi 算法对卷积码译码进行分析[68]。Viterbi 算法是一个迭代过程,采用最大似然估计从接收序列 r 估计出传输码序列 y,使得估计出的序列以最大概率接近输出序列[67]。

为了找到最大似然选项,可通过网格图为每个可能路径计算出一个度量值。如果解调器只提供硬判决,那么汉明距离可以作为度量值[40]。两个码字之间的汉明距离定义为两个码字对应位置不同比特的个数[61],即

$$d_{\mathrm{H}}(x,y) = \sum_n |x_n - y_n| \tag{2.72}$$

式中:x、y 为码字,$x_n, y_n \in \{0,1\}$。

输入序列 $x = (1011)$ 经编码后序列 $c = (11\ 01\ 00\ 10)$,假设接收序列的第二个比特出现差错,$r = (10\ 01\ 00\ 10)$。为了直观进行理解,图 2.39 描述了通用卷积码形成过程。

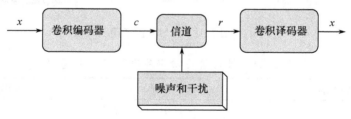

图 2.39　通用卷积码形成过程

下面采用网格图和接收码字序列间的汉明距离对接收序列 $r = (10\ 01\ 00\ 10)$ 进行译码。从图 2.40 可以看出,在时刻 1,接收序列的第一阶段与其对应的两个可能的试验序列的汉明距离为 1。重复以上过程,得到第二阶段接收序列与试验

序列的距离分别为2、1、2和1。请注意每个节点带下画线的数字为接收序列与基础网格图路径的累积距离。

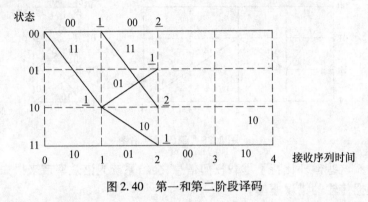

图2.40　第一和第二阶段译码

如图2.41所示,对第三级节点采用相同处理过程,这时每个节点对应两条路径,导致每个节点有两个汉明距离值。这种情况下,选择具有较短距离的序列,例如图2.41中时刻3最上面的节点,在2和3中选择距离2的序列。当两个距离相等时则任意选择一个。图2.41同样给出了第四个节点的距离。现在根据Viterbi算法,比较每个节点的两条路径,只保留距离较短的路径。最终从四个可能的路径中选择汉明距离最短的路径。表2.24列出了最后阶段输出序列和相应的汉明距离。

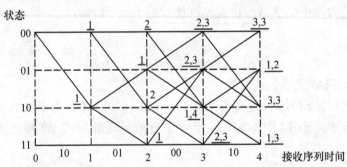

图2.41　最后阶段译码

表2.24　最后阶段输出序列及其汉明距离

序列编号	输出序列	汉明距离
1	11 11 01 11	3
2	11 01 00 01	1
3	11 10 10 11	3
4	11 01 00 10	1

从表2.24中可以看出,第二和第四序列都具有最短汉明距离。由于第四个序

列与接收序列更相似,所以选择其为正确的接收序列。但是对第二和第四序列的判决还要考虑信道特性。

通过计算两个二进制序列的相似性(汉明距离),在网格图中利用较小距离找到最接近的输出路径,就很容易纠正输出序列第二个比特位的错误。根据网格图,获得的解码序列 $x' = (1011)$。

这个例子假设解调器只提供硬判决,如果采用软判决将会提升系统性能(大于2dB)。2.7.4.7 节将会简单讨论基于软判决算法的卷积码解码。

2.7.3 Turbo 码

本节将学习并行、串行以及混合级联卷积码三种主要的 Turbo 码。注意:交织器具有固定长度,所以虽然 Turbo 码是基于级联卷积码构建,但它属于分组码[62]。

2.7.3.1 并行级联卷积码编/译码器

传统的 Turbo 码由 C. Berrou 提出[69],由两个递归系统卷积码(PCCC)并行级联而成,中间使用一个随机交织器。采用递归系统码(RSC)的 PCCC Turbo 码具有较短的约束长度,从而优化了计算复杂度。图 2.42 给出码率为 $1/n$ 的 PCCC Turbo 码编码器的系统结构。

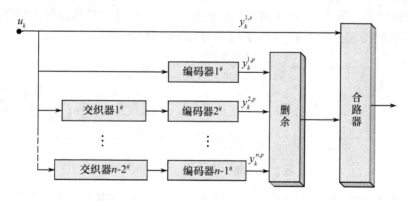

图 2.42 码率为 $1/n$ 的 PCCCTurbo 码编码器

尽管低码率编码器能够为信息传输提供很强的保护,但其带宽效率很低[70]。为了提高带宽效率,通常考虑采用高码率系统,如1/3。图 2.43 给出了码率为 1/3 的 PCCC 编码器。

编码器输出包含直接输出的系统比特 $y_k^{1,s}$,以及两组 RSC 编码器产生的校验比特 $y_k^{1,p}$、$y_k^{2,p}$。这些从每个编码器中分离出来的码率为 1 的输出称为分段。因此,具有码率为 1/3 的 Turbo 码可认为是具有三个分段的并行级联码。用八进制来表示每个分段的生成向量,图 2.43 中的编码器可表示为$(1,5/7,5/7)$码。

图 2.43 中 RSC $1^\#$ 对输入序列进行直接编码,RSC $2^\#$ 对另外一个支路经伪随机

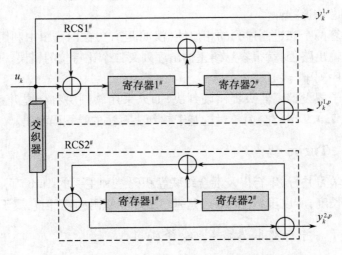

图 2.43　码率为 1/3 的 PCCC 编码器

交织器后的输入序列进行编码。经此处理,产生一个具有大约束长度的随机序列,能更接近香农极限。

在接收端,受序列码长和随机性的限制,不能使用传统的 Viterbi 译码算法进行 Turbo 译码。Turbo 译码通常采用迭代的方式进行,迭代过程由每个码序列的若干译码阶段构成。图 2.44 给出了码率为 1/3 的 PCCC 译码器。

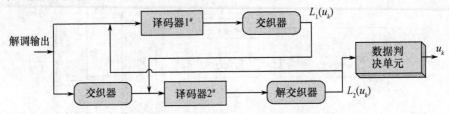

图 2.44　码率为 1/3 的 PCCC 译码器

在每个阶段,码序列都进行单独译码,输出非本征信息 $L(u_k)$ 作为下一阶段后续译码器的先导信息。这个过程一直持续到满足可靠性判决准则为止。

删余

删余是一种当码率与数据源速率和可用带宽冲突时的一种适应性行为。对于图 2.43 中编码器,假设码序列 $y_k^{1,s} = (111)$ 为系统比特,并作为 3bit 的训练输入序列,则 $y_k^{1,p} = (101)$ 为第一个 RSC 编码器的奇偶校验比特流,$y_k^{2,p} = (100)$ 为第二个 RSC 编码器的奇偶校验比特流。如图 2.45 所示,对校验比特进行均匀删余从而得到码率为 1/2 的 PCCC Turbo 码。

删余技术的优点是不会改变译码器译码速率。然而,删余后会丢失一些奇偶校验位,导致系统性能降低。因此是否采用删余技术取决于信道特性[70]。

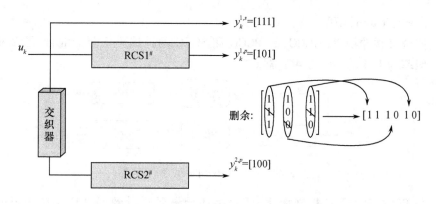

图 2.45　码率为 1/3 的 PCCC Turbo 码删余

2.7.3.2　串行级联卷积码编/译码器

如图 2.46 所示[71]，码率为 1/3 的串行级联卷积码（SCCC）编码器是由两个码率分别为 1/2 和 2/3 的级联编码器组成，中间插入一个交织器。

图 2.46　码率为 1/3 的 SCCC 编码器

SCCC 的编码过程和 PCCC 的略有不同：首先输入序列经过外部编码器进行编码；接着内部编码器对经过交织的外部编码器输出序列进行编码；最后得到的码率为所有分量编码器码率的乘积。

在 BER = 10^{-6}时，码率为 1/2、N = 256 的 SCCC 的功率效率比采用同样码率和交织器的 PCCC 高 1.5dB[72]。但是它放弃了代数方法从而增加了译码复杂度[73]。图 2.47 给出了码率为 1/3 的 SCCC 译码器。

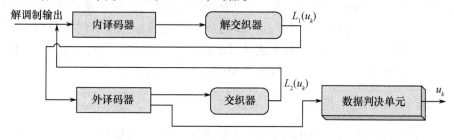

图 2.47　码率为 1/3 的 SCCC 译码器

图 2.47 中的外译码器没有直接使用输入序列，仅仅基于内译码器输出的非本征信息中产生输出。因此，关键问题是如何从外译码器中获取非本征信息并插入到内译码器中作为先导信息。由于译码的复杂性，2.8 节将采用 PCCC 作为 OCD-

MA 系统的 Turbo 编码。

混合级联卷积码(HCCC)是 PCCC 和 SCCC 两种编码机制的混合,图 2.48 给出了码率为 1/4 的 HCCC 编码器。

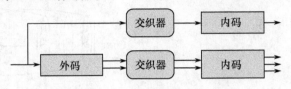

图 2.48　码率为 1/4 的 HCCC 编码器

与 PCCC 和 SCCC 机制相比,低码率和分量延时导致 HCCC 存在明显时延。因此,这种机制仅适用于能容忍时延的超高数据速率系统。

2.7.4　Turbo 译码算法

由于 Turbo 码的传输序列具有随机特性并且约束长度长,其译码要比卷积码复杂得多。为了设计高效的 Turbo 码译码算法,应该研究和分析兼顾误比特率与信噪比的优化及次优化 Turbo 译码算法。Turbo 码作为通信系统的信道编码,其编译码操作都是在电域进行。这里考虑在 BPSK 调制、加性高斯白噪声(AWGN)信道条件下的译码算法的性能。正如 2.7.2 节中讨论的,卷积码采用最大似然(ML)硬判决译码,通过网格图从接收序列中选取具有最小汉明距离的一条路径作为传输码字的 ML 估计。基于这种判决的译码选取幸存路径或竞争路径作为其 ML 解,不提供任何"判决可靠性"信息。因此为了提供一些关于判决可靠性的信息,应该提供"软信息",用这种信息和硬判决一起作为判决度量,这种判决也称为"软判决"[69]。

将软判决应用到 Viterbi 译码器中形成一个具有可靠参数值的译码器,称为"软输出 Viterbi 算法"译码器(SOVA)。与传统 Viterbi 算法相似,要计算 ML 幸存路径的汉明距离,SOVA 仅计算 ML 幸存路径的可靠度值,用于找到最大可能传输信息序列[71]。然而,如果能计算出传输的最大可能信息比特来代替序列,这种判决估测将接近"优化译码"。基于这种目的的算法也称为最大后验概率(MAP)算法[65],为了最小化误比特率,该算法考虑网格图中所有可能路径。

2.7.4.1　迭代译码

由于交织器的存在,Turbo 码不可能获得最大似然解,但可以通过"迭代处理"方法得到一个近似优化解。在 Turbo 码的迭代处理中,每个分量码通过使用来自其他分量码中最新的译码信息进行单独译码,这样能够提升性能。迭代处理可应用于任何类型的译码技术中,因此一个迭代 Turbo 译码器可以由 SOVA 或者 MAP 译码器级联组成[65,67,71,74]。

2.7.4.2 最大后验概率算法

现在全面讨论分析 MAP 算法以及为减少计算量的修正 MAP 算法。

为了最小化误比特率,MAP 算法考虑了所有的可能路径。与先前讨论的其他译码算法相似,首先通过以下步骤导出 MAP 译码算法的度量参数。

对数似然比:t 时刻信息比特值(0 或 1,分别用 $+1$ 和 -1 表示)的出现概率比值,并表示为以 10 为底的对数形式[69,75],即

$$\text{LLR}(u_t) = \lg\left(\frac{P(u_t = +1)}{P(u_t = -1)}\right) \tag{2.73}$$

一个事件的概率和为 1:

$$P(u_t = +1) = 1 - P(u_t = -1) \tag{2.74}$$

根据式(2.74)将对数似然比写为

$$\text{LLR}(u_t) = \lg\left(\frac{P(u_t = +1)}{1 - P(u_t = +1)}\right) \tag{2.75}$$

基本上,根据 LLR 的符号进行硬判决,而其量级用作软判决指标[40]。

2.7.4.3 Turbo 译码中 MAP 算法

在码率为 1/4 的 Turbo 编码系统中,基于 MAP 算法的译码过程可理解为每个信息比特 $u_t = +1$ 和 $u_t = -1$ 的 LLR 后验概率(APP)的迭代改进[69]:

$$\text{LLR}(u_t) = \lg\left(\frac{P(u_t = +1 \mid y_1^N)}{P(u_t = -1 \mid y_1^N)}\right) \tag{2.76}$$

式中:y_1^N 为接收序列$(y_1, y_2, \cdots, y_N)$;$P(u_t = \pm 1)$ 为比特值($+1$ 或者 -1)的后验概率。

每个分量 Turbo 译码器将之前 MAP 译码器(迭代初始阶段)产生的可靠性信息(软信息)作为先导信息,也称为外部信息[75]。外部信息简化了每个分量译码器的输出过程,还用作第二阶段迭代先导输入。基于每次迭代输出,译码器会一直使用软信息直到最终迭代达到终止标准。最终数据比特序列 $\hat{u}_t$ 被判决为译码器最终输出。迭代次数的终止标准主要取决于 SNR。和低 SNR 相比,更高的 SNR 使得收敛更快,迭代次数更少。

数据比特的可靠性信息能够通过下面介绍的 BCJR 算法计算得到。

2.7.4.4 BCJR 算法

根据贝叶斯条件概率理论

$$P(B \mid A) = \frac{P(A, B)}{P(A)} \tag{2.77}$$

则

$$P(u_t = +1 \mid y_1^N) = \frac{P(y_1^N, u_t = +1)}{P(y_1^N)} \qquad (2.78)$$

$$P(u_t = -1 \mid y_1^N) = \frac{P(y_1^N, u_t = -1)}{P(y_1^N)} \qquad (2.79)$$

式(2.76)可重新写为

$$\text{LLR}(u_t) = \lg\left(\frac{P(y_1^N, u_t = +1)}{P(y_1^N, u_t = -1)}\right) \qquad (2.80)$$

式(2.80)中的分子和分母的联合概率可用网格图中初始状态 $\hat{s}$ 和结束状态 s 的信息比特概率取代。图2.49给出了网格图的初始状态和结束状态。

可以看出，$P(y_1^N, u_t = +1)$ 可理解为 $u_t = +1$ 时的 $P(\hat{s}, s, y_1^N)$，表示在网格图中选取上路径的概率。因此式(2.80)可写为[66]

$$\begin{aligned}
\text{LLR}(u_t) &= \lg\left(\frac{P(y_1^N, u_t = +1)}{P(y_1^N, u_t = -1)}\right) \\
&= \lg\frac{\sum\limits_{u_t = +1} P(\hat{s}, s, y_1^N)}{\sum\limits_{u_t = -1} P(\hat{s}, s, y_1^N)} \qquad (2.81)
\end{aligned}$$

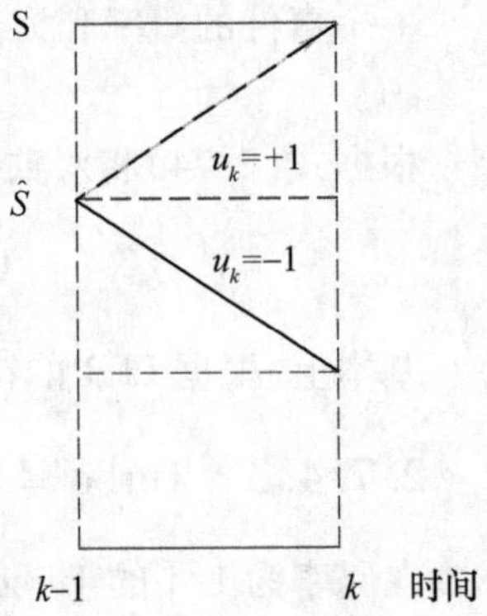

图 2.49　网格图初始
状态和结束状态

为了识别 $\hat{s}$ 和 s，将接收序列 y_1^N 的 N 个比特分成三部分，分别为过去 y_1^{k-1}、现在 y_k 和将来 y_{k+1}^N：

$$P(\hat{s}, s, y_1^N) = P(\hat{s}, s, y_1^{k-1}, y_k, y_{k+1}^N) \qquad (2.82)$$

利用贝叶斯理论：

$$P(A, B \mid C) = P(A \mid C) \cdot P(B \mid A, C) \qquad (2.83)$$

式(2.83)重新表达为

$$P(\hat{s}, s, y_1^{k-1}, y_k, y_{k+1}^N) = P(y_{k+1}^N \mid \hat{s}, s, y_1^{k-1}, y_k) \cdot P(\hat{s}, s, y_1^{k-1}, y_k) \qquad (2.84)$$

根据贝叶斯规则和式(2.84)，假设未来序列仅取决于当前状态 s，则有：

$$P(\hat{s}, s, y_1^{k-1}, y_k, y_{k+1}^N) = P(y_{k+1}^N \mid s) \cdot P(s, y_k \mid \hat{s}, y_1^{k-1}) \cdot P(\hat{s}, y_1^{k-1}) \qquad (2.85)$$

在 MAP 译码理论中，"前向、后向和传输"指标被认为是式(2.85)的三个元素：

前向指标：$\alpha_k(\hat{s}) = P(\hat{s}, y_1^{k-1})$

后向指标：$\beta_{k+1}(s) = P(y_{k+1}^N \mid s)$

传输指标：$\gamma_k(\hat{s}, s) = P(s, y_k \mid \hat{s}, y_1^{k-1})$

前向和后向指标可以通过以下前向和后向递归方程得到：

$$\alpha_k(s) = \sum_{\hat{s}} \alpha_{k-1}(\hat{s}) \cdot \gamma_k(\hat{s}, s) \qquad (2.86)$$

$$\beta_{k+1}(\hat{s}) = \sum_s \beta_k(s) \cdot \gamma_k(\hat{s}, s) \qquad (2.87)$$

则式(2.81)中信息比特的对数似然比重写为

$$LLR(u_t) = \lg \frac{\sum\limits_{(\hat{s},s),u_t=+1} \hat{\alpha}_k(\hat{s}) \gamma_k(\hat{s},s) \hat{\beta}_{k+1}(s)}{\sum\limits_{(\hat{s},s),u_t=-1} \hat{\alpha}_k(\hat{s}) \gamma_k(\hat{s},s) \hat{\beta}_{k+1}(s)} \tag{2.88}$$

式中:$\hat{\alpha}_k(\hat{s})$和$\hat{\beta}_{k+1}(s)$为归一化前向和后向指标,且有[66]

$$\hat{\alpha}_k(\hat{s}) = \frac{\alpha_k(\hat{s})}{\sum\limits_{\hat{s}} \alpha_k(\hat{s})} \tag{2.89}$$

$$\hat{\beta}_{k+1}(s) = \frac{\beta_{k+1}(s)}{\sum\limits_{\hat{s}} \sum\limits_{s} \hat{\alpha}_k(s) \cdot \gamma_{k-1}(s,\hat{s})} \tag{2.90}$$

2.7.4.5　Log‐MAP 算法

MAP 算法由于运算量特别大,所以比较复杂,在对数域进行运算可简化其复杂度。前向、后向和传输指标可采用雅可比对数理论在对数域计算[77]。采用这种方式,式(2.86)和式(2.87)中的乘法运算可用加法运算替代从而节约计算量[78]:

$$\hat{\alpha}_k(s) = \max(\hat{\alpha}_{k-1}(\hat{s}) + \hat{\gamma}_k(\hat{s},s)) \tag{2.91}$$

$$\hat{\beta}_{k+1}(\hat{s}) = \max(\hat{\beta}_k(s) + \hat{\gamma}_k(\hat{s},s)) \tag{2.92}$$

式中:$\hat{\alpha}_k(s)$、$\hat{\beta}_{k+1}(s)$、$\hat{\gamma}_k(\hat{s},s)$分别为前向、后向以及传输指标的对数值。

为了保留原始 MAP 算法,所有的极大化处理需要通过以下修正函数实现:

$$\max(x_1 + x_2) = \max(x_1, x_2) + \lg(1 + e^{-|x_1 - x_2|}) \tag{2.93}$$

则代入新指标,式(2.88)中信息比特的对数似然比可写为[78]

$$\begin{aligned} LLR(u_t) = &\max_{(s,s),u=+1} [\hat{\alpha}_{k-1}(\hat{s}) + \hat{\beta}_k(s) + \hat{\gamma}_k(\hat{s},s)] \\ &- \max_{(s,s),u=+1} [\hat{\alpha}_{k-1}(\hat{s}) + \hat{\beta}_k(s) + \hat{\gamma}_k(\hat{s},s)] \end{aligned} \tag{2.94}$$

同样可以看到,由于在对数域除法运算被减法替代,大大减少了运算量。

2.7.4.6　Max‐Log‐MAP 算法

在 Log‐MAP 算法中,对数项修正了"选择和比较"运算的近似性。在 Max‐Log‐MAP 算法中,由于忽略了式(2.93)中的对数项,会导致存在近似。因此,近似值仅取决于选择和对比运算[75]:

$$\max(x_1 + x_2 + \cdots + x_n) = \max(x_1, x_2, \cdots, x_n) \tag{2.95}$$

由于近似值的存在,相比 Log‐MAP 算法和原始 MAP 算法,Max‐Log‐MAP 算法成为次优性能算法。但与其他优化 MAP 算法相比,也同样考虑在 OCDMA 系统中采用这种算法。因为它存在以下优点:

（1）由于忽略了式（2.93）中的对数项，从式（2.95）中获得信息比特的对数似然值，使得 Max – Log – MAP 算法相对更容易实现。

（2）和原始 MAP 相似，Max – Log – MAP 算法也是通过近似编码的对数似然指标来实现误比特率的最小化。因此与基于计算序列错误概率的算法相比，如下节介绍的 SOVA 算法，Max – Log – MAP 算法能使系统性能得到明显提升。

2.7.4.7　SOVA 算法

2.7.2.2 节中曾提到，在传统（硬）判决 Viterbi 算法中应混合使用软判决指标。在软输出 Viterbi 算法（SOVA）中，虽然竞争路径有可能不是最优路径，但仅考虑网格图中的两条路径。如图 2.50 所示，每次译码迭代只计算每步译码阶段的一条竞争路径。

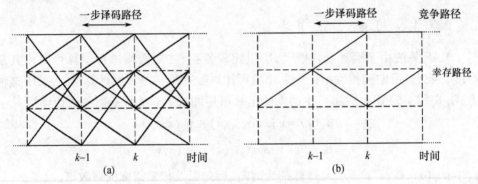

图 2.50　MAP 算法和 SOVA 算法对比
（a）MAP 算法；（b）SOVA 算法。

相对 MAP 算法使比特差错率最小化而言，SOVA 算法使序列差错率最小化，因此 MAP 算法比 SOVA 算法更加精确。

如果为了选择最优的 OCDMA 系统信道编码译码算法，算法分析通常是基于误比特率而不是序列差错概率[67]。

2.8　Turbo 编码 OCDMA

OCDMA 系统的地址码要求码序列由具有良好相关特性的单极性码(0,1)组成。良好的相关特性应包括以下三个方面：

（1）大的码序列自相关峰值，以便更有效地检测有用信号。

（2）小的非同相自相关值，即自相关旁瓣小，以便发射机和接收机同步。

（3）理想或小的码序列间互相关值，能够减少来自其他用户的干扰，即多用户串扰。

码集 $\varphi(N, w, \lambda_a, \lambda_c)$ 是由一组单极性(0,1)序列构成，这些序列的码长为 N，

码重为 w，自相关和互相关值分别为 λ_a、λ_c。对于任意序列 $X,Y \in \varphi$ 和整数 l，其自相关和互相关函数为

$$C_{X,X}(l) = \sum_{n=0}^{N-1} X_n \cdot X_{n+l} = \begin{cases} \lambda_\mathrm{a}, & l = 0 \\ < \lambda_\mathrm{a}, & 0 < l \leq N-1 \end{cases} \tag{2.96}$$

$$C_{X,Y}(l) = \sum_{n=0}^{N-1} X_n \cdot Y_{n+l} \leq \lambda_\mathrm{c}, 0 \leq l \leq N-1 \tag{2.97}$$

为便于分析，选择码重为 1 的重合光正交码（OOC）码族，其非同相自相关值和最大互相关值限定为 1，其相关特性如下：

$$C_{C^k,C^l}(l) = \sum_{n=0}^{N-1} C_n^k \cdot C_{n-i}^l = \begin{cases} w, & k = l, i = 0 \\ \leq 1, & k = l, 1 \leq i \leq N-1 \\ \leq 1, & k \neq l, 1 \leq i \leq N-1 \end{cases} \tag{2.98}$$

正如 2.3 节中讨论的一样，严格优化 OOC 的用户数上界为

$$K = |\varphi| \leq \left\lfloor \frac{N-1}{w(w-1)} \right\rfloor \tag{2.99}$$

简单来说，用户数目就是长度为 N、码重为 w 的可用地址码的最大容许数量。

非相干 OCDMA 采用的主要调制机制有幅移键控（ASK）调制和脉冲位置调制（PPM），其中 ASK 也称为开关键控（OOK）。

在 OOK 机制中，比特"1"代表有码序列传输，而比特"0"代表无传输码序列。图 2.51 给出码元"011"的 OOK 和 PPM 调制对比。

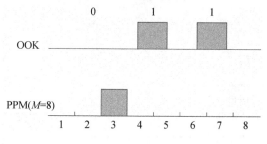

图 2.51　信号"001"的 OOK 和 PPM 调制对比

多进制 PPM 在 OCDMA 系统中对频谱效率有显著提升效果。在这种调制机制中，每个传输码元用 M 个不相交时隙中的一个时隙上的激光脉冲表示。最简单的 $M-$PPM 的 $M=2$，也称为二进制 PPM（BPPM）。在 BPPM 中，一个时间帧仅分为两个时隙。在第一个时隙中传输码序列表示 0，在第二个时隙传输码序列表示 1。如图 2.52 所示的 OCDMA 编码器中，每个时隙就这样被进一步扩展为 N 个码片。

从图 2.51 中可看到，传输码元"011"采用 OOK 传输总共需要两个脉冲来表示，而 PPM 只需要一个脉冲。与 PPM 信号格式相比，虽然 OOK 机制简单易行[79]，但其功率效率很低。如果 OCDMA 系统采用 OOK 调制，不需要知道其扩频码就可

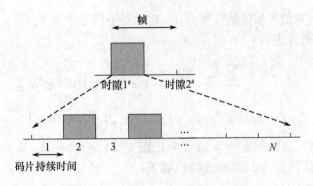

图 2.52　BPPM – OCDMA 信号格式

以很容易地通过简单的功率检测对其实施监听[80,81]。另外,为了支持视频流等高数据速率应用,比特持续时间以及相应码片持续时间必须大幅减少。为了实现这个目的,必须采用超短脉冲,其产生、传输以及检测都很困难[82]。

由于 OCDMA 系统的主要劣势是其频谱效率低,所以可以通过增加时隙数目来提高每个码元的比特数。在 M 进制 PPM OCDMA 系统中,建立一个周期时间帧,共 M 个不相交时隙(每个时隙周期为 T_s),长度为 $\log_2^M$ 比特的传输码元被放置在其中一个时隙上。在图 2.53 中,经 OCDMA 编码器后每个时隙进一步扩展为 N 个周期为 T_c 的码片,其中 N 为 OOC 码长,码长 N 通常称为扩频因子。

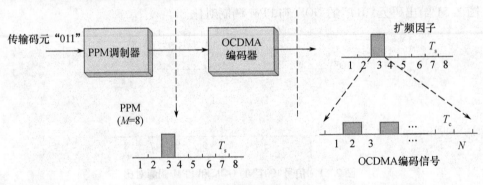

图 2.53　$M = 8$ 的 PPM 信号

2.8.1　Turbo 码 OCDMA 收发器

图 2.54 给出了 Turbo 码 OCDMA 发射机组成框图。下面分别对每个模块进行介绍。

(1) Turbo 编码器:每个用户的信息序列首先进入 Turbo 编码器中(以 2.7.3.1 节中 PCCC 为例)。编码输出序列进入多路复用器中进行并串转换。由于 Turbo 码为纠错码,编码和译码都在电域完成。

(2) 调制器:为了进一步提升性能,码比特流在 OCDMA 编码前首先通过 M –

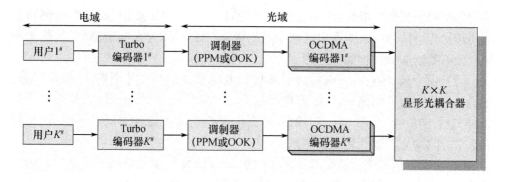

图 2.54　Turbo 码 OCDMA 发射机组成框图

PPM 调制。从图 2.53 可以看出，一帧的持续时间 $T = M \cdot T_s$，由 M 个时隙组成，其中 M 为可能传输信号的数量。例如，对于一个 3bit 的码元，需要 $M = 8(3 = \log_2^8)$ 个时隙来表示该码元。同时，激光器在所选时隙的第一个码片位置发射脉冲[83]。

（3）OCDMA 编码器：将调制器输出脉冲输入到 OCDMA 编码器形成地址码。以时扩码为例，每个宽度为 T_s 的时隙被进一步扩展为 N 个周期为 T_c 的码片，根据这些地址码确定脉冲的相应位置。由于 w 为 OOC 码重，w 个光学抽头延时线根据目标用户的相应 OOC 序列分配脉冲。时域和光域等不同机制的 OCDMA 编码器将会在第 3～5 章中详细介绍。最后不同用户的光信号被耦合后送入到 OCDMA 网络中。

图 2.55 给出了 Turbo 码 OCDMA 接收机组成框图。下面分别对每个模块进行介绍。

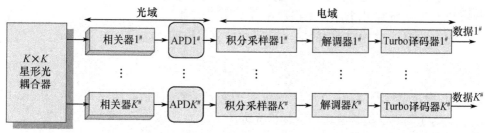

图 2.55　Turbo 码 OCDMA 接收机组成框图

（1）光相关器：接收器收到的信号不仅包含期望用户信息，还包含其他用户信息和背景噪声。因此需要通过由一组光学抽头延时线构成的光相关器对期望用户信息进行提取，在时扩机制下就是将发射机为用户分配的脉冲位置和码序列进行匹配[84]，这样每个接收机利用相同的码序列可以正确解析出自己的信号。如果接收信号和正确的特征序列相关，就能达到自相关峰值；否则，就会受其他用户信号的影响产生较大的互相关值，对输出形成干扰，即 MUI。由于 MUI 对系统性能有相当大的影响，因此光扩频码的设计和选择是一门科学。

（2）雪崩光电二极管：相关器的输出为存在 MUI 的期望信号，光电检测器要将其转化为电信号。这里采用雪崩光电二极管（APD）作为光电检测器，其他类型光电检测器诸如 PIN 也同样适用。

（3）积分采样器：将光电检测器输出的电信号直接对码片周期 T_c 进行积分。为了估计每个时隙的光子计数，采样器在 $t = j \cdot T_s (j = 0, 1, 2, \cdots, 7)$ 时刻采样提取 $M = 8$ 个采样信号，即在 $t = 0, T_s, 2T_s, \cdots, 7T_s$ 时刻。通过这种方式，采样器输出得到每个时隙的光子数并用于检测判决[85]。

（4）解调：从每个时隙得到的光子数被送到 PPM 解调器中用于恢复原始传输码元。与最大似然判决相似，在存在 MUI 情况下，选择每个时隙最大的光子数作为最终传输码元。

（5）Turbo 译码：存在 MUI 的传输码元送入到 Turbo 译码器中来估计和纠正传输比特流的错误，最后得到解码后的信息比特。

2.8.2 未编码 OCDMA 分析

本节将推导未编码 PPM – OCDMA 系统的误比特率的上限。为了分析该系统做如下假设[75,84]：

（1）光通信信道为强度调制。

（2）所有用户的光特性相同。

（3）发射机和接收机正确同步。

（4）码序列为码重为 1 的重合 OOC。

（5）对于所有发射机的光学抽头延时线，光信号速率为常数。

（6）可从所有 K 个用户中提取第一个用户信息。

光电检测器在第 i 时隙的输出可用泊松分布模型描述：

$$Y_i = D_i + \sum_{k=2}^{K} I_i^k + N_i, i \in \{1, 2, \cdots, M\} \tag{2.100}$$

式中：Y_i 为光电检测器在第 i 时隙输出的平均光子数，包括期望用户信号 D_i（如用户 1）、其他用户干扰信号 I_i^k 以及加性光噪声 N_i。

在有些光网络中，对所有时隙的加性光噪声可以忽略不计[84]。然而光通信系统都存在背景光，因此在分析中还需要考虑噪声参数。对于任意 $i, j \in \{1, 2, \cdots, M\}$ 且 $i \neq j$，正确时隙检测概率下界的推导如下：

（1）当 $Y_i > Y_j$ 时，选取码元 i。

（2）当 $Y_i = Y_j$ 时，假设数据码元完全相同，i 和 j 任取其一。

第一个时隙正确判决概率的下界为

$$P_c \geqslant \sum_{i=1}^{M} P_r \{Y_i > Y_1, Y_i > Y_2, \cdots, Y_i > Y_{i-1}, Y_i > Y_{i+1}, \cdots,$$
$$Y_i > Y_M | b_1 = i\} \cdot P_r \{b_1 = 1\} \tag{2.101}$$

式中：$b_t = i$ 为时刻 t 的码元 i。

为得到第一个时隙的光子数，即 $b_1 = 1$，式(2.101)可重写为[75]

$$P_c \geqslant P_r\{Y_i > Y_1, Y_i > Y_2, \cdots, Y_i > Y_{i-1}, Y_i > Y_{i+1}, \cdots, Y_i > Y_M | b_1 = 1\}$$

$$\geqslant \sum_{l_1=0}^{K-1} \sum_{l_2=0}^{K-1-l_1} \cdots \sum_{l_M=0}^{K-1-l_{M-1}} P_{c_1} \cdot P_r\{k = 1\} \tag{2.102}$$

$P_r\{k=1\}$ 可通过 k 的多项分布计算得到，即

$$P_r\{k = 1\} = \frac{1}{M^{K-1}} \cdot \frac{(K-1)!}{l_1! \cdot l_2! \cdots l_M!} \tag{2.103}$$

根据 APD 输出的泊松分布形式，P_{c_1} 为[75]

$$P_{c_1} = \sum_{k=1}^{\infty} \text{POS}(k, K_s + K_b + \lambda_s T_c l_1) \cdot \prod_{j=2}^{M} \left\{ \sum_{i=0}^{k-1} \text{POS}(i, K_b + \lambda_s T_c l_j) \right\}$$

$$\tag{2.104}$$

式中：$\text{POS}(x, y)$ 为泊松质量函数，$\text{POS}(x, y) = y^x \cdot e^{-y}/x!$，$K_s$、$K_b$ 分别为期望信号和噪声的每码元的平均光子数，$K_s = w\lambda_s T_c$，$K_b = w\lambda_b T_c$，其中，w 为码重，λ_s 为 APD 的光子吸收率，它等于 $\eta P/h\nu$（η 为检测器的量子效率，h 为普朗克常量(6.624×10^{-34})，ν 为光频率，P 为平均光功率），λ_b 为由背景噪声和暗电流引起的检测器光子吸收率。

由正确判决概率可得错误概率为

$$P_e = 1 - P_c \tag{2.105}$$

未编码 PPM-OCDMA 系统的误比特率上界(从有下界的 BER 中扣除)为

$$P_E \leqslant \frac{1}{2}\left(\frac{M}{M-1}\right)P_e \tag{2.106}$$

2.8.3 Turbo 编码 OCDMA 分析

本节将导出 Turbo 码 PPM-OCDMA 系统的误比特率上界。除了采用和未编码系统同样的假设，这里假设所有用户采用 2.7.3.1 节介绍的码率为 1/3 的并行级联卷积码作为 Turbo 编译码器。

2.8.3.1 比特差错概率界

正如 2.7.3 节中的介绍，编码器输出的三个比特可表示为一个系统比特 $y_k^{1,s}$（未编码输出）和两个校验比特 $y_k^{1,p}$ 和 $y_k^{2,p}$。这些从每个编码器中输出的码率为 1 的单独输出序列称为码段。每个码段用 $g(x, i, d)$ 表示，其中，x 为路径长度，i 为输入汉明码重，d 为输出汉明码重。图 2.43 给出了码率为 1/3 的 PCCC Turbo 编码器，产生汉明码重为 d_1、d_2 的码段的条件概率为[65,75]

$$P(d_1, d_2 | i) = \frac{g_1(N, i, d_1) \cdot g_2(N, i, d_2)}{\binom{N}{i}} \tag{2.107}$$

式中:N 为信息比特数目;$\binom{N}{i}$ 为汉明码重为 i 的所有码字总数。

由码重为 i 的信息比特序列以及两个码重为 d_1、d_2 的校验比特流产生的码字的数目为

$$T(i,d) = \sum_{d_1=0}^{N}\sum_{d_2=0}^{N} P(d_1,d_2\,|\,i) \tag{2.108}$$

由于期望路径和全零路径在网格图中有 $i+d$ 个比特位置不同,P_{c_1} 应用 P'_{c_1} 代替,其中码字的汉明码重为 $i+d$,则有

$$P'_{c_1} = \sum_{k=1}^{\infty} \mathrm{POS}(k, K_s + K_b + \lambda_s T_c l_1(i+d))$$
$$\cdot \prod_{j=2}^{M}\left\{\sum_{z=0}^{k-1} \mathrm{POS}(z, K_b + \lambda_s T_c l_j(i+d))\right\} \tag{2.109}$$

从式(2.106)、式(2.108)以及式(2.109)可以得到采用($1,5/7,5/7$)Turbo 码的 PPM – OCDMA 系统误比特率上界为

$$P_E = \sum_{i=0}^{N}\sum_{d=0}^{2N} \frac{i}{N} T(i,d) \cdot P'_e \tag{2.110}$$

式中:P'_e 为由式(2.109)中新引入的 P'_{c_1} 计算得到的差错概率。

2.8.3.2 输入/输出权重因子

为了得到如式(2.110)所示的整个系统的误比特率上界,应该对 Turbo 码的码重分布进行分析。码重分布是指由码重为 i 的信息比特序列和码重分别为 d_1 和 d_2 的两个校验比特流生成的码字的数量。图 2.56 给出了 Turbo 码权重分布计算算法[75,84]。

获得码重分布矩阵步骤如下:

(1)交织器大小为 N 时,码字的最大数量为 2^N,对于每个长度为 N 的码字,其汉明码重 i 满足 $0 \le i \le N$,计算并存储该值。

(2)计算校验比特流的汉明码重 d_1 和 d_2,输出总汉明码重 $d = d_1 + d_2$。

(3)由于 $0 \le i \le N$,$0 \le d \le 2N$,定义一个 $(N+1) \times (2N+1)$ 的矩阵,每个元素表示输入汉明码重 i 和校验输出汉明码重 d 时的码字数量:

$$T(i,d) = \begin{bmatrix} T_{(0,0)} & \cdots & T_{(0,2N)} \\ \vdots & & \vdots \\ T_{(N,0)} & \cdots & T_{(N,2N)} \end{bmatrix} \tag{2.111}$$

每个元素的初始值设为 0。为每个输入码字和相应的校验码输出评估其汉明码重。接着矩阵的相应元素增加或继续为 0。该过程要对所有长度为 N 的输入组

94

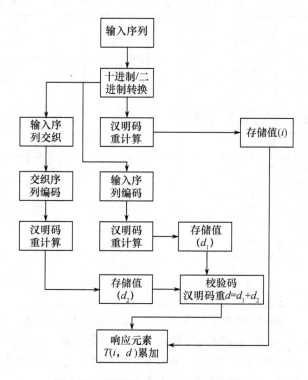

图 2.56 计算 Turbo 码 I/O 权重因子

合进行运算,从而获得表示输入汉明码重和输出汉明码重的矩阵。

问题在于 2^N 是一个庞大的数字,整个过程要花费很长时间,因此整个系统要应用一种算法来实现码重分布计算。为了更好地理解该过程,这里给出对于 $N=5$ 的交织器,如何计算码重分布矩阵 $\boldsymbol{T}(3,d)$ 的元素的例子。

首先将码重分布矩阵 $\boldsymbol{T}(i,d)$ 的所有元素初始设置为 0,即

$$\boldsymbol{T}(i,d) = \begin{bmatrix} 0 & 0 & 0 & 0 & 0 & 0 & 0 & 0 & 0 & 0 & 0 \\ 0 & 0 & 0 & 0 & 0 & 0 & 0 & 0 & 0 & 0 & 0 \\ 0 & 0 & 0 & 0 & 0 & 0 & 0 & 0 & 0 & 0 & 0 \\ 0 & 0 & 0 & 0 & 0 & 0 & 0 & 0 & 0 & 0 & 0 \\ 0 & 0 & 0 & 0 & 0 & 0 & 0 & 0 & 0 & 0 & 0 \\ 0 & 0 & 0 & 0 & 0 & 0 & 0 & 0 & 0 & 0 & 0 \end{bmatrix}_{6 \times 11} \tag{2.112}$$

式中:$0 \leqslant i \leqslant 5$;$0 \leqslant d \leqslant 10$。

考虑 $i=3$ 的可能输入序列,表 2.25 列出了相应的校验比特流。对于 $i=3$ 共有 $\dbinom{5}{3} = \dfrac{5!}{2! \ 3!} = 10$ 个码字。

表 2.25　具有汉明码重 $i=3$ 输入序列的校验比特流

$i=3$ 序号	输入比特	校验 1#	d_1	校验 2#	d_2	d	$T_{(3,d)}$
1	00111	00100	1	01001	2	3	$T(3,3)$
2	01011	01110	1	10010	2	5	$T(3,5)$
3	10011	110101	3	01011	3	6	$T(3,6)$
4	01101	01011	3	11101	4	7	$T(3,7)$
5	11001	10101	3	11111	5	8	$T(3,8)$
6	01110	01001	2	10111	4	6	$T(3,6)$
7	11100	10010	2	11010	3	5	$T(3,5)$
8	11010	10111	4	10101	3	7	$T(3,7)$
9	10110	11101	4	10010	2	6	$T(3,6)$
10	10101	111111	5	00100	1	6	$T(3,6)$

表中最后一列的数据表示码重分布矩阵中第四行的元素。从表 2.25 可以看到,共有四个 $i=3$ 和 $d=6$ 的码字,是具有相同码重的重复码字的最大数量,为 $i=3$ 和 $d=3$ 的只有一个码字,为 $i=3$ 和 $d=5$ 的有两个码字,依此类推。接着按照表 2.25 中得到的数字填充到矩阵 $T(i,d)$ 的相应 0 元素位置,由于 $i=3$ 和 $d=(0,1,2,4,9,10)$ 没有码字,其相应元素保持为 0,即

$$T(i,d) = \begin{bmatrix} 0 & 0 & 0 & 0 & 0 & 0 & 0 & 0 & 0 & 0 & 0 \\ 0 & 0 & 0 & 0 & 0 & 0 & 0 & 0 & 0 & 0 & 0 \\ 0 & 0 & 0 & 0 & 0 & 0 & 0 & 0 & 0 & 0 & 0 \\ 0 & 0 & 0 & 1 & 0 & 2 & 4 & 2 & 1 & 0 & 0 \\ 0 & 0 & 0 & 0 & 0 & 0 & 0 & 0 & 0 & 0 & 0 \\ 0 & 0 & 0 & 0 & 0 & 0 & 0 & 0 & 0 & 0 & 0 \end{bmatrix}_{6 \times 11} \tag{2.113}$$

2.9　总　结

本章回顾了光扩频码,如双极性 M 序列、Gold 码、Walsh 码,单极性光正交码、素数码族以及理想同相互相关值码。对于理想同相互相关值码,介绍并分析了三种代数构造码集,包括平衡不完全区组设计码(BIBD)、修正二次同余码(MQC)和修正跳频码(MFH)。

鉴于理想同相互相关值码能使多用户干扰或波长域拍频噪声明显减少,其在光谱幅度编码 OCDMA 系统中的应用非常重要。用理想同相互相关值码替代 Hadamard 码,系统整体性将得到明显提升。这些码族同样可以应用于同步 OCDMA 系

统中用于抵消多址接入干扰,同时增加系统容量使其支持更多数量的用户。

另外,为了增加 OCDMA 系统的安全性和基数,将时间、空间、极性、相位和波长等多种域和参数进行组合编码来构建多维光编码。由于多维光编码会给系统应用和体系结构带来极大复杂度,因此主要关注二维光扩频码及其编码技术。本章学习和研究了典型的二维光扩频码。

由于光通信链路存在各种噪声和损伤,导致比特值改变从而引起比特差错,因此需要研究前向纠错技术。本章学习和介绍了卷积码和 Turbo 码等编码及其用于信道编码纠错机制的编译码方法和结构。例如,将 Turbo 码应用于采用光正交码和多进制脉冲位置调制的 OCDMA 系统中。据此,推导和分析了未编码和 Turbo 码系统的误比特率界。

此外,本章还学习了不同 Turbo 码编译码方法,如优化译码算法(原始 MAP 算法)、Max – Log – MAP 和 Log – MAP 等近似算法。在接下来的章节中,将会学习扩频码在时域或频域等不同的 OCDMA 系统中的应用,并对其编译码结构进行详细分析。

参 考 文 献

[1] Yin, H. and Richardson, D. J. (2007) *Optical code division multiple access communication networks: theoryand applications.* Tsinghua University Press, Beijing, China and Springer Verlag GmbH, Berlin, Germany.

[2] Dixon, R. C. (1976) *Spread spectrum system.* Wiley – Interscience Publication, USA.

[3] Buehrer, R. M. (2006) *Code division multiple access (CDMA).* Morgan & Claypool Publishers, Colorado, USA.

[4] Chung, F. R. K. , Salehi, J. A. andWei, V. K. (1989) Optical orthogonal codes: design, analysis and application. *IEEE Trans. on Info. Theory*, **35** (3), 595 – 605.

[5] Chung, H. and Kumar, P. (1990) Optical orthogonal codes new bounds and an optimal construction. *IEEE Trans. on Info. Theory*, **36** (4), 886 – 873.

[6] Maric, S. V. (1993) New family of algebraically designed optical orthogonal codes for use in CDMA fiberoptic networks. *Electronics Letters*, **29** (6), 538 – 539.

[7] Liang, W. et al. (2008) A new family of 2D variable – weight optical orthogonal codes for OCDMA systemssupporting multiple QoS and analysis of its performance. *Photonic Network Communications*, **16** (1),53 – 60.

[8] Kwong, W. C. and Yang, G. C. (2004) Multiple – length multiple – wavelength optical orthogonal codesfor optical CDMA systems supporting multirate multimedia services. *J. Selected Areas Comm.* ,**22**(9), 1640 – 1647.

[9] Huang, J. et al. (2005) Multilevel optical CDMA network coding with embedded orthogonal polarizationsto reduce phase noises. In: *ICICS* , Bangkok, Thailand.

[10] Tarhuni, N. et al. (2005) Multiclass optical orthogonal codes for multiservice optical CDMA

networks. *J. Lightw. Technol.* , **24** (2) , 694 – 704.

[11] Gu, F. and Wu, J. (2005) Construction of two – dimensional wavelength/time optical orthogonal codes usingdifference family. *J. Lightw. Technol.* , **23** (11) , 3642 – 3652.

[12] Kwon, H. M. (1994) Optical orthogonal code – division multiple – access system – part i: APD noise andthermal noise. *IEEE Trans on Comm.* , **24** (7) , 2470 – 2479.

[13] Mcyntyre, R. J. (1972) The distribution of gains in uniformly multiplying avalanche photodiodes: Theory. *IEEE Trans. Electron Devices* , ED – 19 (6) , 703 – 713.

[14] Abshire, J. B. (1984) Performance of OOK and low – order PPM modulations in optical communicationswhen using APD – based receivers. *IEEE J. on Comm.* , COM – **32** (10) , 1140 – 1143.

[15] Yang, G. – C. (1994) Performance analysis for synchronization and system on CDMA optical fiber networks. *IEICE Trans. on Comm.* , E77B (10) , 1238 – 1248.

[16] Keshavarzian, A. and Salehi, J. A. (2005) Multiple – shift code acquisition of optical orthogonal codes inoptical CDMA systems. *IEEE Trans on Comm.* , **53** (4) , 687 – 697.

[17] Griner, U. N. and Arnon, S. (2004) A novel bipolar wavelength – time coding scheme for optical CDMAsystems. *IEEE Photonics Tech. Letters* , **16** (1) , 332 – 334.

[18] Hamarsheh, M. M. N. , Shalaby, H. M. H. and Abdullah, M. K. (2005) Design and analysis of dynamiccode division multiple access communication system based on tunable optical filter. *J. Lightw. Technol.* ,23(12) , 3959 – 3965.

[19] Jau, L. L. and Lee, Y. H. (2004) Optical code – division multiplexing systems using Manchester coded Walshcodes. *IEE Optoelectronics* , **151** (2) , 81 86.

[20] Wei, Z. and Ghafouri – Shiraz, H. (2002) Proposal of a novel code for spectral amplitude coding opticalCDMA systems. *IEEE Photonics Tech. Letters* , **14** (3) , 414 – 416.

[21] Weng, C. S. and Wu, J. (2001) Perfect difference codes for synchronous fiber – optic CDMA communicationsystems. *J. Lightw. Technol.* , **19** (2) , 186 – 194.

[22] Yang, G. C. and Kwong, W. C. (1995) Performance analysis of optical CDMA with prime codes. *ElectronicsLetters* , **31** (7) , 569 – 570.

[23] Kwong, W. C. , Perrier, P. A. and Prucnal, P. R. (1991) Performance comparison of asynchronous and synchronouscode – division multiple – access techniques for fiber – optic local area networks. *IEEE Trans. OnComm.* , **39** (11) , 1625 – 1634.

[24] Liu, M. Y. and Tsao, H. W. (2000) Cochannel interference cancellation via employing a reference correlatorfor synchronous optical CDMA system. *J. Microw. & Opt. Tech. Let.* , **25** (6) , 390 – 392.

[25] Zhang, J. G. and Kwong, W. C. (1997) Design of optical code – division multiple – access networks withmodified prime codes. *Electronics Letters* , **33** (3) , 229 – 230.

[26] Liu, F. and Ghafouri – Shiraz, H. (2005) Analysis of PPM – CDMA and OPPM – CDMA communicationsystems with new optical code. *SPIE Proc.* , Shanghai, China, vol. 6021.

[27] Liu, F. , Karbassian, M. M. and Ghafouri – Shiraz, H. (2007) Novel family of prime codes for synchronousoptical CDMA. *J. Optical and Quantum Electronics* , **39** (1) , 79 – 90.

98

[28] Zhang, J. G. , Sharma, A. B. and Kwong, W. C. (2000) Cross – correlation and system performance of modifiedprime codes for all – optical CDMA applications. *J. Opt. A: Pure Appl. Opt.* , **2** (5), L25 – L29.

[29] Liu, M. Y. and Tsao, H. W. (2001) Reduction of multiple access interference for optical CDMA systems. *J. Microw. & Opt. Tech. Let.* , **30** (1), 1 3.

[30] Karbassian, M. M. and Kueppers, F. (2010) Synchronous optical CDMA networks capacity increase usingtransposed modified prime codes. *J. Lightw. Technol.* , **28**(17), 2603 – 2610.

[31] Lin, C. H. *et al* . (2005) Spectral amplitude – coding optical CDMA system using Mach Zehnder interferometers. *J. Lightw. Technol.* , **23** (4), 1543 – 1555.

[32] Murugesan, K. (2004) Performance analysis of low – weight modified prime sequence codes for synchronousoptical CDMA networks. *J. Optical Communications*, **25** (2), 68 – 74.

[33] Zhang, J. G. , Kwong, W. C. and Sharma, A. B. (2000) Effective design of optical fiber code – division multipleaccess networks using the modified prime codes and optical processing. In: *IEEE WCC – ICCT*, Beijing, China.

[34] Kavehrad, M. and Zaccarin, D. (1995) Optical code division – multiplexed systems based on spectral encodingof noncoherent sources. *J. Lightw. Technol.* , **13** (3), 534 – 545.

[35] Smith, E. D. J. , Blaikie, R. J. and Taylor, D. P. (1998) Performance enhancement of spectral – amplitude – codingoptical CDMA using pulse position modulation. *IEEE Trans. on Comm.* , **46** (9), 1176 – 1185.

[36] Zhou, X. *et al* . (2000) Code for spectral amplitude coding optical CDMA systems. *Electronics Letters* ,**36**(8), 728 – 729.

[37] Kostic, Z. and Titlebaum, E. L. (1994) The design and performance analysis for several new classes ofcodes for optical synchronous CDMA and for arbitrary – medium time – hopping synchronous CDMA communicationsystems. *IEEE Trans on Comm.* , **42** (8), 2608 – 2617.

[38] Wei, Z. and H. Ghafouri – Shiraz (2002) Codes for spectral – amplitude – coding optical CDMA systems. *J. Lightw. Technol.* , **20** (8), 1284 – 1291.

[39] Einarsson, G. (1980) Address assignment for a time – frequency – coded spread – spectrum system. *J. of BellSyst. Tech.* , **59** (7), 1241 1255.

[40] Michelson, A. M. and Levesque, A. H. (1985) *Error – control techniques for digital communication*. Wiley – interscience publication.

[41] Anderson, I. (1990) *Combinatorial designs*. Ellis Horwood Limited, New York, USA.

[42] Salehi, J. A. and Brackett, C. A. (1989) Code division multiple – access technique in optical fibernetworks part II: system performance analysis. *IEEE Trans. on Comm.* , **37** (8), 834 – 842.

[43] Wei, Z. , Shalaby, H. M. H. and Ghafouri – Shiraz, H. (2001) Modified quadratic congruence codes forfiber Bragg – grating – based spectral – amplitude – coding optical CDMA systems. *J. Lightw. Technol.* , **19** (9), 1274 – 1281.

[44] Viterbi, A. J. (1995) *CDMA, principles of spreading spectrum communication*. Addison Wesley, Boston, USA.

[45] Corning. com, Corning SMF – 28e optical fiber product information, In: Corning, Inc.

[46] Kim, S. , Yu, K. and Park, N. (2000) A new family of space/wavelength/time spread three – dimensionaloptical code for OCDMA networks. *J. Lightw. Technol.* , **18** (4), 502 – 511.

[47] McGeehan, J. E. et al. (2005) Experimental demonstration of OCDMA transmission using a threedimensional(time—wavelength—polarization) codeset. *J. Lightw. Technol.* , **23** (10), 3282 – 3289.

[48] Yeh, B. C. , Lin, C. H. and Wu, J. (2009) Noncoherent spectral/time/spatial optical CDMA system using 3 – Dperfect difference codes. *J. Lightw. Technol.* , **27** (6), 744 – 759.

[49] Lin, C. L. and Wu, J. (1999) Large capacity ATM switching fabric using three – dimensional optical CDMAtechnology. In: *IEEE Symposium on Computers and Communications.*

[50] Singh, L. and Singh, M. L. (2009) A new family of three – dimensional codes for optical CDMA systemswith differential detection. *Optical Fiber Technology*, **15** (5 – 6), 470 – 476.

[51] Kumar, M. R. , Pathak, S. S. and Chakrabarti, N. B. (2009) Design and analysis of three – dimensional OCDMAcode families. *Opt. Switching and Networking*, **6** (4), 243 – 249.

[52] Kumar, M. R. , Pathak, S. S. and Chakrabarti, N. B. (2009) Design and performance analysis of code familiesfor multidimensional optical CDMA. *IET Communications*, **3** (8), 1311 1320.

[53] Prucnal, P. R. (2005) *Optical code division multiple access: fundamentals and Applications.* *CRC Taylor*& Francis Group, Florida, USA.

[54] Yang, G. C. and Kwong, W. C. (2002) *Prime codes with applications to CDMA: optical and wirelessnetworks.* Artech House.

[55] Wan, S. P. and Hu, Y. (2001) Two – dimensional optical CDMA differential system with prime/OOC codes. *IEEE Photonics Tech. Letters*, **13** (12), 1373 – 1375.

[56] Tancevski, L. and Andonovic, I. (1994) Wavelength hopping/time spreading code division multiple accesssystems. *Electronics Letters*, **30** (17), 1388 – 1390.

[57] Shparlinski, I. (1999) *Finite fields: theory and computation.* Springer, Dordrecht, The Netherlands.

[58] Kwong, W. C. et al. (2005) Multiple – wavelength optical orthogonal codes under prime – sequence permutationsfor optical CDMA. *IEEE Trans on Comm.* , **53** (1), 117 – 123.

[59] Stallings, W. (2004) *Data and computer communications.* Prentice Hall, 7th Edition, New Jersey, USA.

[60] Al – Sammak, A. J. (2002) Encoder circuit for inverse differential Manchester code operating at anyfrequency. *Electronics Letters*, **38** (12), 567 – 568.

[61] Molisch, A. F. (2005) *communications.* John Wiley & Sons, Chichester, England.

[62] Huffman, W. and Pless, V. (2003) *Fundamentals of error – correcting codes.* Cambridge University Press,Cambridge, UK.

[63] Massey, P. C. and Costello Jr. , D. J. (2001) Turbo codes with recursive nonsystematic quick – look – in constituentcodes. In: *IEEE Proc. International Symposium on Information Theory*, Washington DC, USA,pp. 141 (doi: 10. 1109/ISIT. 2001. 936004).

[64] Shamir G. I. and Kai Xie, " Universal Source controlled channel decoding with nonsystematic

quick – look – inturbo codes", *IEEE Transactions on Communications*, **57**, (4), 960 –971.

[65] Valenti, M. (1998) Turbo codes and iterative processing. In: *Proc. IEEE New Zealand Wireless CommunicationsSymposium*, New Zealand.

[66] Schlegel, C. and Perez, L. (1997) *Trellis coding*. IEEE Press, New Jersey, USA.

[67] Dasgupta, U. and Narayanan, K. R. (2001) Parallel decoding of turbo codes using soft output T – algorithms. *IEEE Comm. Letters*, **5** (8), 352 –354.

[68] Viterbi, A. J. (1967) Error bounds for convolutional codes and an asymptotically optimum decoding algorithm. *IEEE Transactions on Information Theory*, **13** (2), 260 –269.

[69] Berrou, C. , Glavieux, A. and Thitimajshima, P. (1993) Near Shannon limit error – correcting coding anddecoding: turbo – codes. In Proc. IEEE International Conference on Communication (ICC).

[70] Marti, S. and Ahmad, M. O. (2008) A bandwidth efficient Turbo coding scheme for VDSL systems. *J. of Circuits, Systems, and Signal Processing*, **27** (5), 563 –597.

[71] Achiba, R. , Mortazavi, M. and Fizell, W. (2000) Turbo code performance and design trade – offs. In: *Proc. IEEE MILCOM* , Los Angeles, USA.

[72] Divsalar, D. and Pollara, F. (1997) Serial and hybrid concatenated codes with applications. In: *Proc. Intl. Symp. Turbo Codes and Appls*, Brest, France.

[73] Forney, G. D. (1966) *Concatenated codes*. MIT Press, Massachusetts, USA.

[74] Le Bidan, R. et al. (2008) Article ID 658042. Reed – Solomon turbo product codes for optical communications:from code optimization to decoder design. *EURASIP Journal on Wireless Communications andNetworking*.

[75] Kim, J. Y. and Poor, H. V. (2001) Turbo – coded optical direct – detection CDMA system with PPM modulation. *J. Lightw. Technol.* , **19** (3), 312 –322.

[76] Bahl, L. et al. (1974) Optimal decoding of linear codes for minimizing symbol error rate. *IEEE Transactionson Information Theory*, **20** (2), 284 –287.

[77] Robertson, P. , Villebrun, E. and Hoeher, P. (1995) A comparison of optimal and sub – optimal MAP decodingalgorithms operating in the Log domain. In: *Proc. ICC* , Seattle, USA.

[78] Talakoub, S. and Shahrrava, B. (2004) A linear Log – MAP algorithm for Turbo decoding over AWGNchannels. In: *Proc. Electro/Information Technology*, Milwaukee, WI, USA.

[79] Farhadi, G. and Jamali, S. H. (2006) Performance analysis of fiber – optic BPPM CDMA systems with singleparity – check product codes. *IEEE Trans on Comm.* , **54** (9), 1643 –1653.

[80] Jiang, Z. , Leaird, D. E. and Weiner, A. M. (2006) Experimental investigation of security issues in OCDMA. In: *OFC*, Anaheim, CA, USA.

[81] Shake, T. H. (2005) Security performance of optical CDMA against eavesdropping. *J. Lightw. Technol.* ,**23**(2), 655 –670.

[82] Arbab, V. R. et al. (2007) Increasing the bit rate in OCDMA systems using pulse position modulationtechniques. *Optics Express*, **15** (19), 12252 –12257.

[83] Bazan, T. M. , Harle, D. and Andonovic, I. (2006) Mitigation of beat noise in time wavelength opticalcode – division multiple – access systems. *J. Lightw. Technol.* , **24** (11), 4215 –

101

4222.

[84] Ohtsuki, T. and Kahn, J. M. (2000) BER performance of Turbo – coded PPM – CDMA systems on opticalfiber. *J. Lightw. Technol.* , **18** (12), 1776 – 1784.

[85] Karbassian, M. M. and H. Ghafouri – Shiraz (2007) Fresh prime codes evaluation for synchronous PPM andOPPM signaling for optical CDMA networks. *J. Lightw. Technol.* , **25** (6), 1422 – 1430.

第3章 OCDMA 综述

3.1 概　　述

近几十年来,由于光纤在"最后一公里"网络中的延伸以及无源光网络(PON)技术在用户接入网中的应用,研究 OCDMA 的热情持续高涨。在 OCDMA 中,一个光码代表一个用户地址,每个发送数据比特都用其表示。光编码是将码字写入光信号以及从光信号中提取码字的过程。尽管第 2 章全面介绍了 OCDMA 中的光编码技术,但 OCDMA 还涉及其他新技术,如接入协议和标签交换技术等。之前对 OCDMA 的介绍仅聚焦于物理层的应用,本章将全面回顾 OCDMA 技术以及现有的网络应用。

3.2　光编码原理

类似于 WDM 用波长区分信道、TDM 用时隙来区分信道,光码分复用(OCDM)是用特定的光码来区分每个通信信道。OCDMA 在数据比特发送前对其进行光学转换实现编码,编码和译码共同构成光学编码的过程。OCDMA 采用分布式的方式、利用光网络技术实现多个网络节点的信道接入。它通过将一个码序列和数据比特在时间域或者波长域相乘来完成编码处理,将两种方式结合就能构建二维编码[1-4],2.6 节对此进行了讨论。采用相位调整的时域编码需要精确相位相干源,一个替代方案是调整光信号的功率而不是相位来实现编码,这种方案通常采用非相干源。在波长域编码中,码序列由承载数据比特的一个独有的波长子集构建。二维编码是将波长选择和时间扩展有机结合。数据比特被编码成不同波长的连续码片,独有的波长序列形成码字。如果不考虑在哪个域中进行编码,编码的过程扩展了数据信号的频谱,正如第 1 章中讨论的扩频概念。值得一提的是,通过判定码片在一个密度光纤矩阵或者多芯光纤中的位置,同样能够在空间域中进行编码[5]。

图 3.1 给出 OCDMA - LAN 结构。从图中可以看出,LAN 的端局中的多个编译码器与各个终端用户进行通信。编码信号被耦合在信道中传输,接收机接收所有编码信号,但只提取预期信号,其他不需要的信号形成噪声,称为多址干扰(MAI)。MAI 是 OCDMA 系统的基本噪声来源,是限制系统性能的重要因素。如

图 3.1 所示,一个完美设计的 OCDMA – LAN 能克服 MAI,无论在什么网络条件下用户都能够成功进行异步通信。

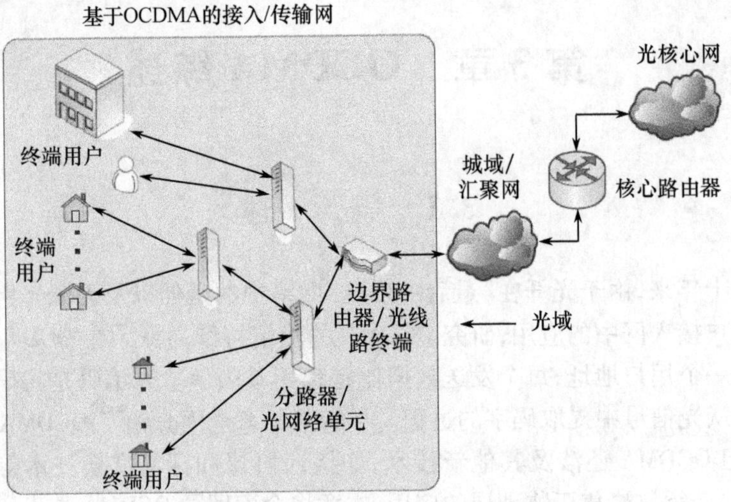

基于OCDMA的接入/传输网

图 3.1   OCDMA – LAN 结构

译码通常基于相关函数,信号与信号相关意味着两个信号相似。相同码字进行相关处理(自相关)得到相关函数的最大值,不同码字进行相关处理(互相关)揭示了两个码字的不同,例如互相关值为 0 表明两个信号正交。因此,CDMA 系统非常需要高自相关且低互相关的码字。用同一码字对编码信号进行译码意味着进行信号的自相关;否则,该过程表示两个不同码字的互相关处理。编码设计的目的是寻找具有高自相关性和低互相关性的码字。特殊传输媒质或器件的使用,对编码设计提出了更多特殊的要求。第 2 章介绍的各种编码就是为了解决这种需求[2,3,6-15]。编码的一个重要特征参数是码长,它在系统设计和安全方面扮演着很重要的角色。

增加码长可以改进码序列间的相关特性,降低误比特率、减少 MAI,从而提升系统性能,但同时降低了系统吞吐量[16-18]。

OCDMA 系统通常以是否采用相干光源或非相干光源进行分类,因为光源类型对于系统代价和性能的影响很大[19]。注意,采用相干光源并不意味一定对码片采用相位而非功率调制。此外,编码可能发生在光纤、平面光波导或光纤外的设备中,编码的位置对系统设计也有很重要的影响[20]。

本书将复用技术(xDM)与多址接入技术(xDMA)区分开,以使整个机制更容易被理解。前者注重传输,后者注重分布式的接入方法。例如,在 OCDMA – over – WDM 网络中,所有节点都需要一个 OCDMA 收发器用于接入,同时每个波长用作 OCDMA 信道的传输媒质。

104

3.3 OCDMA 网络:用户即码字

OCDMA 的基本原理:根据码字和用户的关系进行编码映射,从而实现用户确认或用户寻址。因此,OCDMA 的设计初衷就是实现超高速广播 LAN。

3.3.1 从 LAN 到 PON

实现 LAN 和 PON 的技术主要有 TDMA、WDMA 和副载波多址接入(SC-MA)[21,22]。其中 TDMA 为每个用户动态或静态地分配一个时隙,其当前应用有 ATM – PON 和 EPON 两种形式,第 9 章将会进行详细的介绍。而 WDMA,如 WDM – PON,为每个用户分配一个特定的波长。

TDMA 和 WDMA 的发展都得益于骨干网中成熟的电复用技术及光放大技术。作为 TDMA 的扩展技术,认为 TDMA – WDM 是一种可行方案,能够在多个波长上实现动态带宽分配(DBA)[22]。在 SCMA 中,副载波信道采用电域多路复用,再用光载波调制为复合信号。SCMA 通常用于混合光纤同轴网络承载有线电视信道,SCMA – WDM 也在无线光纤综合网中获得应用。

从网络的角度看,OCDMA 具有三种潜在的优势:首先,OCDMA 能比基于频分复用的 WDMA 提供更多的信道数量;其次,相比于 TDMA,OCDMA 能实现异步传输,从而简化了媒质接入控制;最后,OCDMA 可以通过使用码长和码重可变的编码序列来支持多级多速率业务接入[1,24,25](第 10 章将会介绍)。这些优势的结合使其更具有吸引力。

由于 LAN 多为突发流量模式,因此促进了 OCDMA – LAN 的研究。仅就信道数而言,密集 WDM(DWDM)可能超过 OCDMA,它能为简单应用和 LAN 应用提供充足的信道。然而,接入网环境需要比 LAN 更多的信道、需要采用简单的异步传输及 QoS 区分服务,因此目前 PON 接入网的研究焦点已明显转向 OCDMA。

3.3.2 OCDMA 接入网

OCDMA 一直被视为未来 PON 接入网的一种候选技术,第 9 章将对 PON 进行介绍[22,26 – 32]。

一个设计良好的 OCDMA 接入网能解决信道竞争的问题。换句话说,假设干扰受到控制,上行或者下行方向就可以建立无碰撞无阻塞的异步连接,这对网络来说很重要。下面从网络的角度对 OCDMA 的主要特点进行简要说明:

(1)理想情况下,不需要信道控制机制来避免碰撞或者分配带宽。此外,光网络单元(ONU)不需要向光线路终端(OLT)提交瞬时带宽需求,从而减少了往返时间和时延。

(2)OCDMA 比 TDMA 或 WDMA 支持更多的用户数,尤其是多维 OCDMA 系统,其编码能基于时间、波长、空间和偏振等多个维度[1-3,34,35]。如果 OCDMA 采用接入协议来避免碰撞,可能需要更多的码字。

(3) OCDMA 和 WDMA 一样,能在树形物理结构中提供一个虚拟点对点拓扑。为达到这个目的,WDMA 需要在 ONU 加装一个 WDM 复用器或者波长滤波器,而 OCDMA 只需要配置廉价的功率分配器和相干器,不过这会导致很大的功率损失。

(4) 由于 ONU 的服务等级协议(SLA)要求提供带宽保证,每个新 TDMA 用户或 WDMA 用户都会占用空闲资源,需要重新进行带宽分配。例如,在 TDMA 中每增加一个新用户,OLT 都要运行一次接入控制协议。在 OCDMA 中,一个新用户不会减少其他用户的带宽和分配时间。

(5) 与 WDMA 和 TDMA – WDM 不同,OCDMA 在同样的光传输媒质中能容纳大量的低速率用户。此外,采用多速率 OCDMA 技术,低速和高速信道能共存于相同链路上,能够实现接入流量模式技术,从而避免电的业务疏导,这使得 OCDMA 技术极具有吸引力。

(6) ATM – PON 的设计是基于下行流量远大于上行流量的假设,而 OCDMA 能够支持高速对称流量,并能比 WDMA 容纳更多的网络单元[29]。

因此,强烈建议现在的研究方向从 TDMA 向 WDMA 发展转为从 WDMA 向 OCDMA 发展[36]。在这种迁移路线中,首先应实现 OCDMA 的部分应用,而暂缓完全 OCDMA – PON 的研究。第 9 章将对 OCDMA – PON 方案进行分析。

3.4   OCDMA 技术

文献[11,19,37 – 39]中提出了很多实现 OCDMA 的方法,它们都采用相同的策略来区分数据信道,不是通过波长或时隙,而是将特征谱或者时空码作为特征序列插入到每个信道的比特位中。精心设计的接收机通过码特性检测来区分信道。现在全世界的光纤 LAN 互联还没有实现拓扑优化,因此每种拓扑结构都有其优点和缺点,采用何种拓扑取决于特定的应用[40,41]。

对于强度调制开关键控(OOK)系统,每个用户信息源对激光二极管进行直接调制或采用外部调制器进行间接调制。图 3.2 给出了强度调制 OOK – OCDMA 星形网络。光信号在编码器中进行光编码,将每个比特映射为高速光序列码(码速为码长和数据速率的乘积)。所有在线用户的编码光波经星形耦合器耦合后在网络中广播,这个星形耦合器可以是无源或有源设备。如果光电检测器检测到相关值的峰值,则接收节点的光译码器或匹配滤波器与发送节点实现匹配,而在同一时间、同一网络中使用不同码字的其他用户会引入 MAI。

如果网络采用的编码不能满足特定的互相关特性,MAI 就会高到足以使整个 LAN 瘫痪。影响整个网络性能的因素还有接收机的散弹噪声和热噪声。本书接下来的其他章节将会考虑和分析这些接收机噪声源。应当指出的是,接收信号可

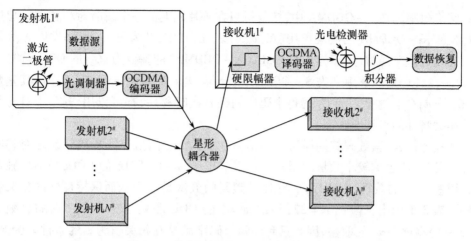

图 3.2   强度调制 OOK - OCDMA 星形网络

能也受到来自光信道的偏振膜色散(PMD)、色散、克尔非线性效应、非线性相位噪声、受激拉曼散射、自发放大辐射(ASE)、线性滤波效应、符号间串扰和线性串扰的影响[39]。

3.4.1   相干及非相干 OCDMA

一般来说,OCDMA 系统可以分为相干机制和非相干机制两类。非相干机制基于强度调制/直接检测(IM - DD),对所有用户叠加的光功率进行非相干直接检测。直接检测使处理过程更简单,并且接收机的成本很低。光电检测器只检测光信号的功率,不检测光信号的瞬时相位变化。因此,非相干信号处理技术只能处理由 0 和 1 构成的特征序列,限制了非相干 OCDMA 系统中能采用的编码类型[39]。在相干 OCDMA 中,光载波的相位信息在解扩过程中非常重要。由于光纤传输的特性以及其非线性效应,相干 OCDMA 接收机会很复杂性而难以实现。然而,由于接收机对 SNR 非常敏感,相干机制的性能明显优于非相干机制,能使整体性能更佳[19,44 - 46]。

根据光信号的编码方式,OCDMA 可分为频域 OCDMA 和时域 OCDMA。下面将对这两种类型进行简要介绍,细节可分别参照第 4 章和第 5 章。首先,时域 OC-DMA 采用超短光脉冲在时域进行编码,如码长为 100、数据速率为 1Gb/s 时,脉冲宽度为 10ps,通过光抽头延时线(OTDL)实现光编码[39]。另外,频域 OCDMA 采用相位和幅度掩模对宽带光信号频谱的相位和强度进行编码[39]。波长跳频码也被视为一种时频码,因为这种编码是在两个维度完成的[39]。

3.4.2   同步及异步 OCDMA

通过对码长、MAI 和地址空间进行折中,同步 OCDMA(S - OCDMA)能极大提

高网络效率。在 S – OCDMA 中,接收机只在码片周期的一个瞬时对相关器输出进行检验,S – OCDMA 的码集可用 (N,w,λ) 表征,其中,N 为码长,w 为码重,λ 为最大互相关值。通常,用于异步 OCDMA(A – OCDMA) 的基数为 $|C_a|$ 的 OOC 码集 C_a $(N,w,\lambda_a,\lambda_c)$,能够用来为 S – OCDMA 设计码集 $C_s(N,w,\max(\lambda_a,\lambda_c))$,其基数 $|C_s| = n|C_a|$,这是因为 C_a 的每个码序列经 n 次时移后,都可以用作 C_s 中具有相同相关特性的特征码序列。

相比而言,素数码族同样可用于 A – OCDMA,然而由于同步机制缺乏时移特性,所以只能容纳较小数量的用户。对于应用于 A – OCDMA 的 OOC,必须单独设置码重("1"的数目)和码序列,并使扩频码的数量足够少从而保持良好的相关特性。表 3.1 列出了帧长 $F = 32$,码重 $w = 4$ 的 OOC 序列[6]。OOC 序列的总数为 $(F-1)/(w^2-w)$ 的取整,因此只允许两个码字满足互相关值为 1 的条件。为此,所有码中两个"1"之间的距离应该不同,见表 3.1 所列。因此,为了增加 OOC 中扩频码的数目,应增加帧长或增加码重。实际应用中,为了产生码重为 7 的 25 个码序列,码长至少要为 1051。因此 OOC 的帧长为第 2 章中介绍的分组填塞修正素数码(GPMPC) 的 30 倍,即 $[(w^2-w)\times 25+1)]/(P^2+2P) = 30$,其中 $P = 7,w = 7$,大大降低了比特速率。当 OOC 码重降低时,其相关特性变差。

表 3.1 帧长 $F = 32$,码重 $w = 4$ 的 OOC 序列

连续"1"之间的码片数	OOC 序列
9,3,15,5	10000000010010000000000000010000
4,7,19,2	10001000001000000000000000000010

在时域 OCDMA 中,信道干扰效应(如 MAI)是固有存在的,当并发在线用户数增加时,期望用户和干扰用户的光脉冲重叠,BER 出现误码平台,因此必须减少干扰用户的脉冲重叠概率来缓解共信道干扰的影响。因为多进制脉冲位置调制(PPM) 中脉冲位置是可变的,所以将调制方式从 OOK 变为 PPM,(虽然还不能彻底消除误码平台) 可以减少脉冲重叠概率,第 5 章中将会对此详细介绍[47-49]。

3.4.3 波长跳频码

通过光纤布拉格光栅(FBG) 能实现快速波长跳频 OCDMA 系统[50-53]。CDMA 的跳频(波长) 采用多重布拉格光栅实现。由于多重布拉格光栅的线性先入先反射的特性,光纤中光栅频率的顺序决定了时间跳频的样式。译码器中光栅频率的顺序正好和编码器中的相反,以便进行匹配滤波操作。图 3.3 给出了 FBG 编译码器原理。波长根据对应扩频码在光纤布拉格光栅中传播和反射,如果入射光波的中心波长等于布拉格波长,就会被 FBG 反射;否则,就直接通过。通过合理地分配 CDMA 编码模式,FBG 的反射光场将形成地址码。为了减少 MAI 的影响,需要采用具有最小互相关特性的编码[11]。这些编码属于单重合码,并具有以下三个

特性:
（1）所有码序列的长度相同。
（2）每个码序列中,每个频率最多使用一次。
（3）任意两个码序列经任意次移位后的最大碰撞数量等于1。

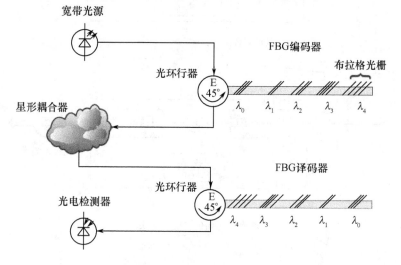

图3.3　FBG编译码器原理

3.4.4　光谱相位编码(SPC)

图3.4(a)给出了 SPC – OCMDA 原理。该系统将信息源调制到超短激光脉冲上,对调制后的短脉冲进行傅里叶变换,将频谱与对应序列码相乘实现 0 或 π 的相移[54,55]。傅里叶变换可以通过如图3.4(b)中所示的光栅和透镜对来实现。

由于采用相位编码,原始超短光脉冲被转化为一个长周期低强度信号。可利用液晶调制器(LCM)将光谱相位设置为最大序列相位[56]。LCM 具有完全可编程的线性阵列和能被驱动电平控制生成 0 或 π 相移的独立像素。利用 LCM 相位掩模板可将分散的脉冲分成 N_c 个频率码片,根据用户的地址序列为每个码片分配一个相移。第4章将会详细分析和讨论该系统。

3.4.5　光谱幅度编码(SAC)

在 SAC – OCDMA 中,根据特征码从宽带光源中选择性地抽取信号的多个频率成分形成编码信号并对其进行传输。相比于 SPC – OCDMA,SAC – OCDMA 采用非相干光源,其成本较低,而在接入网环境下,费用是一个决定性因素,因此 SAC – OCDMA 成为最优选择。

图3.5 为 SAC – OCDMA 系统原理。接收机采用与发射机相同的直接译码滤波器 $A(w)$ 及其补码滤波器 $\overline{A}(w)$ 对输入信号进行译码处理,两个按照平衡结构相

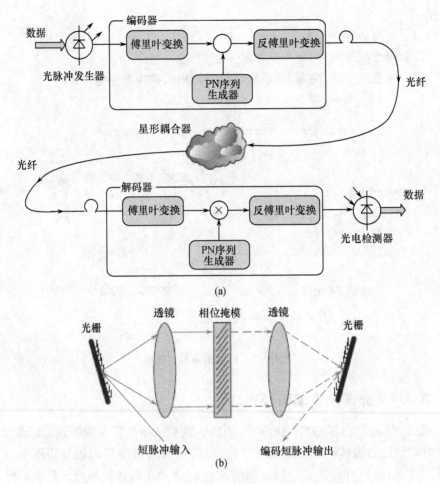

图 3.4　SPC – OCMDA 原理以及光傅里叶变换和 SPC 结构

(a)SPC – OCMDA 原理;(b)光傅里叶变换和 SPC 结构。

连的光电检测器对译码器的输出进行检测。对于一个干扰信号,根据其分配的特征码,一部分光谱成分与直接译码器匹配,其他部分与补码译码器匹配。由于平衡接收机的输出表征了两个光电检测器输出的不同,因此干扰信道将会被抵消,而匹配信道则被解调,也就是说 SAC – OCDMA 系统能消除 MAI。

SAC – OCDMA 能够使用的特征码集包括 M 序列[52]、Hadamard 码[18] 以及修正二次同余码(MQC)[58]。正如第 2 章的介绍,这些码集都可用 (N,w,λ) 表征,其中 N、w 和 λ 分别代表码长,码重和同相互相关值。对于 M 序列,$w = (N+1)/2$,$\lambda = (N+1)/4$;Hadamard 码的码重和同相互相关值分别为 $N/2$ 和 $N/4$;对于 MQC,$\lambda = 1$,对于素数 P,其码长 $N = P^2 + P$,码重 $w = P + 1$。设 $C_d = \{C_d(0),C_d(1),\cdots,C_d(N-1)\}$ 和 $C_k = \{C_k(0),C_k(1),\cdots,C_k(N-1)\}$ 为两个 $(0,1)$ 特征码,其相关特性可表示为

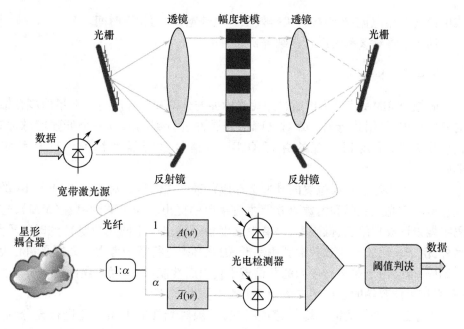

图 3.5 SAC－OCMDA 系统原理

$$C_{C_d C_k} = \sum_{i=0}^{N-1} C_d(i) \cdot C_k(i) = \begin{cases} W, & d = k \\ \lambda, & d \neq k \end{cases} \tag{3.1}$$

$\overline{C}_d$(C_d的补码)和C_k的相关函数为

$$C_{\overline{C}_d C_k} = \sum_{i=0}^{N-1} \overline{C}_d(i) \cdot C_k(i) = W - C_{C_d C_k} = \begin{cases} 0, & d = k \\ W - \lambda, & d \neq k \end{cases} \tag{3.2}$$

为了完全消除 MAI,需要在两个检测器输入端加一个分光比为 $1:\alpha = \lambda/(w - \lambda)$ 的光耦合器,如图 3.5 所示[19]。被平衡接收机抵消的干扰信号($d \neq k$)可写为

$$C_{C_d C_k} - \alpha C_{\overline{C}_d C_k} = 0 \tag{3.3}$$

由于频域编码采用宽带光源,因此光拍频干扰(OBI)或拍频噪声成为影响系统性能的主要因素。OBI 通常发生在光电检测器于同一波长附近同时接收到两个或者更多的光信号时。在相干 SAC－OCDMA 中,解决拍频噪声的一种方法就是在给定比特速率条件下,光扩频码的码重尽可能低,码长尽可能长[11]。

低码重会导致较低的 SNR,这是因为图 3.5 的分光因子 α 令该分支的光功率进一步减少,使接收光功率低,OBI 几乎可以忽略不计。对于高光功率情况,长码长低码重的同相互相关值小,使系统具有较大的 SNR(更好的性能),最终导致 OBI 更低[30]。

在 SPC 和 SAC 扩频码机制中,影响系统性能的另外一个因素是相位感应强度噪声(PIIN),与光电检测器的光生电流的平方成正比,表示为

$$\delta_{\text{PIIN}} = I^2 \cdot B \cdot \tau_c \tag{3.4}$$

式中:I 为光生电流;B 为接收机等效噪声电带宽;τ_c 为相干时间。

第4章将对该系统进行详细分析。

3.4.6 时扩码

时域 OCDMA 信号可以通过超短光脉冲的分割和组合产生。在星形耦合结构的发射机中,采用并行 OTDL 对高峰值光脉冲进行编码形成一个低强度脉冲串。在接收机端,采用相匹配的并行 OTDL 对信号进行强度相关处理从而实现解码[15,49,60]。

脉冲串中位于错误位置的脉冲会形成背景干扰信号。对非相干 OCDMA 的研究直接导致光正交码和素数码族等主流编码的提出。为了减少串扰(MAI),这些码字均设计成长码长、低码重,以减少强度相干输出中不同用户脉冲的时间重叠。另外,由于长码长会导致频谱利用率低,因此必须进行折中考虑。即便是精心设计的编码,也会由于非正交序列的共信道干扰引起性能损伤,因此误比特率通常非常高,系统可能容纳的在线用户数量会非常有限[6,39,48,49,61,62]。

由于近年来带宽需求增长速度极快,必须对光纤的可用带宽进行充分利用。然而,在采用延时线网络的 OCDMA 系统提出之初,人们相信光纤的太比特级通信容量根本不可能被充分利用,甚至认为数千兆比特每秒的速率就非常高了。尽管用光纤来承载信号,但所有的交换和复用都在电域完成,光电(O/E)和电光(E/O)转换都是在终端设备中实现,O/E - E/O 转换成为制约高速复用的瓶颈。因此,随着光子技术的发展,透明光网络中的超快开关、光域复用和信号处理技术变得实用化,时域 OCDMA 也获得广泛关注,用以充分利用光纤的多余带宽和减少网络接口处的电处理开销。第5章中将会对这种技术进行详细分析。

3.5 自由空间和大气 OCDMA

自由空间光(FSO)通信作为"最后一公里"接入瓶颈的有效解决方案,近年来得到越来越多的关注[63]。

一些业务提供商对 FSO 通信非常感兴趣,因为它将自由空间(空气)作为通信信道,天生具有高容量、廉价且无光谱管制(至少目前没有)的优势。这些优势促使一些研究团队开始实验 FSO 的可行性。Nykolak 等人[64]报道了一条 4.4km 的传输速率高达 2.5Gb/s 的 FSO 通信链路。窄光束和精确滤波使 FSO 通信链路更加安全并能够明显减少干扰。

图 3.6(a)给出了自由空间光链路的物理布置。FSO 通信链路的主要问题是大气的不稳定性(如散射和闪烁),障碍和光漂移引起的光视距指向等问题[65]。到目前为止,FSO 通信链路几乎都采用点对点的方式,用作电缆和光纤网的替代延伸。高效光学相位阵列[66]不需要机械转向,可以使用一个无线光发射机同时和几

个接收器进行通信。

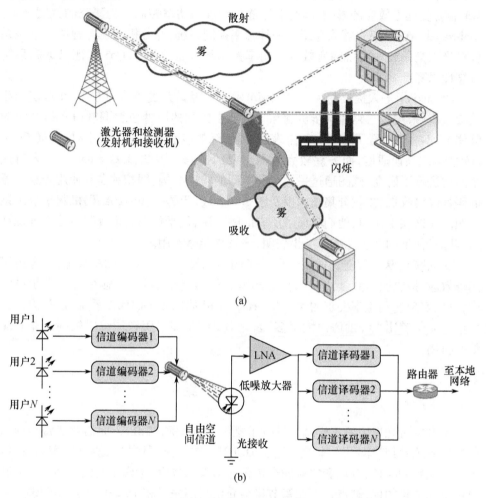

(a)

(b)

图 3.6　自由空间光链路
(a)发射接收机在建筑上位置及噪声；(b)基本自由空间 OCDMA 子系统。

　　无线 Mesh 网作为未来的宽带技术，可为终端用户提供宽带接入，所以极具吸引力。Mesh 网对用户数目和流量具有可扩展性，其网络可靠性随着网络规模的增大而增强[68]。无线光 Mesh 网络将 FSO 通信链路组成无线 Mesh 网，其容量大，具有动态重构和通道保护功能。目前的 RF 技术的容量和 FSO 通信链路是不可比拟的。利用光相位阵列能实现动态自组织的灵活、可重构的收发器结构。

　　具有巨大光带宽的自由空间光链路相对射频和电缆有着固有的优势。然而，除了晴朗的天气外，大气损耗会降低数据通信的可靠性。幸运的是，实验已经证明几乎在所有天气条件下都可以建立低中断率的链路[69]。空气湍流也会影响大气链路，引起接收功率慢衰落，而一些标准分集技术能够抗衰落。空间多输入多输出

(MIMO)分集技术是常见的最有效的解决方案。像射频 CDMA 这样的无线 OCD-MA 容易受远近效应的影响,因此上行链路传输的功率控制成为研究的关键技术。Aminzadeh – Gohari[70] 等人介绍了一种功率控制系统,并分析了在各种情况下该系统对光正交码红外网络的有效性。功率控制算法也可用于 QoS 保证以提高系统可靠性以降低 BER。

Ohtsuki[71] 等人提出将大气 OCDMA 用于短距离无线通信的方法,并对使用相关接收机、采用基于码片同步机制和时隙异步机制的脉冲位置调制(PPM)系统的整体 BER 性能进行了分析。结果表明,当闪烁效应引起的方差很小时,大气 OCD-MA 能实现高速通信,而方差较大时则需要纠错码。因此,Jazayerifar[72] 等人对这个问题进行了研究,试图通过采用各种不同的检测结构,即相关器和使用光放大器的码片级接收机、接收分集技术以及图 3.6(b)所示的一些内部编码机制来解决该问题。在这项工作中,他们考虑了所有的噪声源,用半经典光电计数方法来准确评估实际条件下的系统性能。结果表明,该系统能够实用。

文献[68]从大气链路的概念研究了同步和异步 FSO OCDMA 系统,并考虑了闪烁效应、接收噪声和多用户干扰的影响。值得指出的是,在强衰落的异步系统中,难以实现达到速率要求的 Walsh – Hadamard 码同步 OCDMA 系统,这是因为自由空间光信道比光纤的噪声大很多,因此 OCDMA 多采用频域编码机制而非时域编码机制。

3.6 总　　结

本章仅对光域中的编码基础进行了概要的介绍和讨论,下面的章节将全面探讨这些系统的细节问题。本章讨论了 OCDMA 作为光网络接入协议的潜力,回顾了目前通用的时域、频域和空域的光扩频通信编码技术,考虑了它们应用于光纤和自由空间链路的优、缺点。下面章节将会介绍采用先进相干/非相干调制和多址接入干扰消除技术的多种收发信机结构,并与光接入网络应用一起进行分析和讨论。

参 考 文 献

[1] Liang, W. et al. (2008) A new family of 2D variable – weight optical orthogonal codes for OCD-MA systems supporting multiple QoS and analysis of its performance. *Photonic Network Communications*, **16** (1), 53 – 60.

[2] Griner, U. N. and Arnon, S. (2004) A novel bipolar wavelength time coding scheme for optical CDMA systems. *IEEE Photonics Tech. Letters*, **16** (1), 332 – 334.

[3] Gu, F. and Wu, J. (2005) Construction of two – dimensional wavelength/time optical orthogonal codes using difference family. *J. Lightw. Technol.*, **23** (11), 3642 – 3652.

[4] Teixeira, A. L. J. et al. (2001) All – optical time wavelength code router for optical CDMA net-

works. In: *LEOS*, *The* 14*th Annual Meeting of the IEEE*, San Diego, USA.

[5] Phoel, W. G. and Honig, M. L. (1999) MMSE space – domain interference suppression for multi – rate DSCDMA. In: *Vehicular Technology Conf*, Houston, TX, USA.

[6] Chung, F. R. K. , Salehi, J. A. andWei, V. K. (1989) Optical orthogonal codes: design, analysis and application. *IEEE Trans. on Info. Theory*, **35** (3), 595 605. Optical CDMA Review **129**

[7] Hamarsheh, M. M. N. , Shalaby, H. M. H. and Abdullah, M. K. (2005) Design and analysis of dynamic code division multiple access communication system based on tunable optical filter. *J. Lightw. Technol.* , **23** (12), 3959 – 3965.

[8] Jau, L. L. and Lee, Y. H. (2004) Optical code – division multiplexing systems using Manchester coded Walsh codes. *IEE Optoelectronics*, **151** (2), 81 86.

[9] Liu, F. (2006) Estimation of new – modified prime code in synchronous incoherent CDMA network MPhil Dissertation at School of EECE, University of Birmingham.

[10] Maric, S. V. (1993) New family of algebraically designed optical orthogonal codes for use in CDMA fiber optic networks. *Electronics Letters*, **29** (6), 538 – 539.

[11] Wei, Z. and Ghafouri – Shiraz, H. (2002) Proposal of a novel code for spectral amplitude coding optical CDMA systems. *IEEE Photonics Tech. Letters*, **14** (3), 414 – 416.

[12] Weng, C. S. and Wu, J. (2001) Perfect difference codes for synchronous fiber – optic CDMA communication systems. *J. Lightw. Technol.* , **19** (2), 186 – 194.

[13] Yang, G. C. and Kwong, W. C. (1995) Performance analysis of optical CDMA with prime codes. *Electronics Letters*, **31** (7), 569 – 570.

[14] Kwong, W. C. , Perrier, P. A. and Prucnal, P. R. (1991) Performance comparison of asynchronous and synchronous code – division multiple – access techniques for fiber – optic local area networks. *IEEE Trans. On Comm.* , **39** (11), 1625 – 1634.

[15] Liu, M. Y. and Tsao, H. W. (2000) Co – channel interference cancellation via employing a reference correlator for synchronous optical CDMA system. *J. Microw. & Opt. Tech. Let.* , **25** (6), 390 – 392.

[16] Viterbi, A. J. (1995) *CDMA, principles of spreading spectrum communication*. Addison Wesley, Boston, USA.

[17] Prasad, R. (1996) *CDMA for wireless personal communications*. Artech House, Boston, USA.

[18] Prucnal, P. R. (2005) *Optical code division multiple access: fundamentals and Applications*. CRC Taylor & Francis Group, Florida, USA.

[19] Kavehrad, M. and Zaccarin, D. (1995) Optical code division – multiplexed systems based on spectral encoding of noncoherent sources. *J. Lightw. Technol.* , **13** (3), 534 – 545.

[20] Agraval, G. P. (1992) *Fiber – optic communication systems*. John Wiley & Sons Inc, USA.

[21] Gibson, J. D. (1993) *Principles of digital & analog communications*. Maxwell MacMillan, Canada.

[22] Killat, U. (1996) *Access to B – ISDN via PON – ATM communication in practice*. Wiley Teubner Communications, Chichester, England.

[23] Mestdagh, D. J. G. (1995) *Fundamentals of multi – access optical fiber networks*. Artech House

Inc, Boston, USA.

[24] Kwong, W. C. and Yang, G. C. (2004) Multiple – length multiple – wavelength optical orthogonal codes for optical CDMA systems supporting multirate multimedia services. *J. on Selected Areas in Comm.*, **22** (9), 1640 – 1647.

[25] Lin, J. Y., Jhou, J. S. and Wen, J. H. (2007) Variable – length code construction for incoherent optical CDMA systems. *Optical Fiber Technology*, **12** (2), 180 – 190.

[26] Ohara, K. (2003) Traffic analysis of Ethernet – PON in FTTH trial service. In: *OFC*.

[27] Ahn, B. and Park, Y. (2002) A symmetric – structure CDMA – PON system and its implementation. *IEEE Photonics Tech. Letters*, **14** (9), 1381 1383.

[28] Gupta, G. C. et al. (2007) A simple one – system solution COF – PON for metro/access networks. *J. Lightw. Technol.*, **25** (1), 193 – 200.

[29] Kitayama, K., Wang, X. and Wada, N. (2006) OCDMA over WDM PON solution path to gigabit symmetric FTTH. *J. Lightw. Technol.*, **24** (4), 1654 – 1662.

[30] Yamamoto, F. and Sugie, T. (2000) Reduction of optical beat interference in passive optical networks using CDMA technique. *IEEE Photonics Tech. Letters*, **12** (12), 1710 – 1712.

[31] Zhang, C., Qui, K. and Xu, B. (2007) Passive optical networks based on optical CDMA: design and system analysis. *Chinese Science Bulletin*, **52** (1), 118 – 126.

[32] Kramer, G. (2005) *Ethernet passive optical network*. McGraw – Hill, New York, USA.

[33] Stok, A. and Sargent, E. H. (2002) The role of optical CDMA in access networks. *IEEE Comm. Mag.*, **40** (9), 83 – 87.

[34] Yeh, B. C., Lin, C. H. and Wu, J. (2009) Noncoherent spectral/time/spatial optical CDMA system using 3 – D perfect difference codes. *J. Lightw. Technol.*, **27** (6), 744 – 759.

[35] McGeehan, J. E. et al. (2005) Experimental demonstration of OCDMA transmission using a threedimensional (time wavelength polarization) codeset. *J. Lightw. Technol.*, **23** (10), 3282 – 3289.

[36] Fouli, K. and Maier, M. (2007) OCDMA and optical coding: principles, applications and challenges. *IEEE Comm. Mag.*, **45** (8), 27 – 34.

[37] Yang, C. C. (2008) The application of spectral – amplitude – coding optical CDMA in passive optical networks. *Optical Fiber Technology*, **14** (2), 134 – 142.

[38] Cooper, A. B. et al. (2007) High spectral efficiency phase diversity coherent optical CDMA with low MAI. In: *Lasers and Electro – Optics (CLEO)*, Baltimore, USA.

[39] Azizoghlu, M., Salehi, J. A. and Li, Y. (1992) Optical CDMA via temporal codes. *IEEE Trans on Comm.*, **40** (8), 1162 – 1170.

[40] Gumaste, A. and Zheng, S. (2006) Light – frames: A pragmatic solution to optical packet transport extending the ethernet from LAN to optical networks. *J. Lightw. Technol.*, **24** (10), 3598 – 3615.

[41] Chapman, D. A., Davies, P. A. and Monk, J. (2002) Code – division multiple – access in an optical fiber LAN with amplified bus topology: the SLIM bus. *IEEE Trans on Comm.*, **50** (9), 1405 – 1408.

[42] Shalaby, H. M. H. (2002) Complexities, error probabilities and capacities of optical OOK – CDMA communication systems. *IEEE Trans on Comm.* , **50** (12), 2009 – 2017.

[43] Abshire, J. B. (1984) Performance of OOK and low – order PPM modulations in optical communications when using APD – based receivers. *IEEE J. on Comm.* , COM – **32** (10), 1140 – 1143.

[44] Liu, X. et al. (2004) Tolerance in – band coherent crosstalk of differential phase – shift – keyed signal with balanced detection and FEC. *IEEE Photonics Tech. Letters*, **16** (4), 1209 – 1211.

[45] Foschini, G. J. and Vannucci, G. (1988) Noncoherent detection of coherent lightwave signals corrupted by phase noise. *IEEE Trans on Comm.* , **36** (3), 306 – 314.

[46] Koshi, T. , Kikuchi, K. and Kikuchi, H. (1988) *Coherent optical fiber communications.* KTK Scientific Publisher, Japan.

[47] Shalaby, H. M. H. (1995) Performance analysis of optical synchronous CDMA communication systems with PPM signaling. *IEEE Trans. on Comm.* , **43** (2/3/4), 624 – 634.

[48] Lee, T. S. , Shalaby, H. M. H. and Ghafouri – Shiraz, H. (2001) Interference reduction in synchronous fiber optical PPM – CDMA systems *J. Microw. & Opt. Tech. Let.* , **30** (3), 202 – 205.

[49] Shalaby, H. M. H. (1998) Co – channel interference reduction in optical PPM – CDMA systems. *IEEE Trans. on Comm.* , **46** (6), 799 – 805.

[50] Wang, X. et al. (2005) 10 – user, truly – asynchronous OCDMA experiment with 511 – chip SSFBG en/decoder and SC – based optical thresholder. In: *OFC*, Anaheim, CA, USA.

[51] Yang, C. C. (2006) Optical CDMA – based passive optical network using arrayed – waveguide – grating. In: *IEEE ICC*, *Circuits and Systems*, Istanbul, Turkey.

[52] Huang, J. et al. (2006) Hybrid WDM and optical CDMA implementation with M – sequence coded waveguide grating over fiber – to – the – home network. In: *IEEE ICC*, *Circuits and Systems*, Istanbul, Turkey.

[53] Tsang, W. T. et al. (1993) Control of lasing wavelength in distributed feedback lasers by angling the active stripe with respect to the grating. *IEEE Photonics Tech. Letters*, **5** (9), 978 – 980.

[54] Heritage, J. P. , Salehi, J. A. and Weiner, A. M. (1990) Coherent ultrashort light pulse code – division multiple access communication systems. *J. Lightw. Technol.* , **8** (3), 478 – 491.

[55] Chang, C. C. , Sardesai, H. P. and Weiner, A. M. (1998) Code – division multiple – access encoding and decoding of femtosecond optical pulses over a 2. 5 – km fiber link. *IEEE Photonics Tech. Letters*, **10** (1), 171 – 173.

[56] Weiner, A. M. (1995) Femtosecond optical pulse shaping and processing. *Progress in Quantum Electronics*, **3** (9), p. 161.

[57] Smith, E. D. J. , Blaikie, R. J. and Taylor, D. P. (1998) Performance enhancement of spectral – amplitude – coding optical CDMA using pulse position modulation. *IEEE Trans. on Comm.* , **46** (9), 1176 – 1185.

[58] Wei, Z. and Ghafouri – Shiraz, H. (2002) Codes for spectral – amplitude – coding optical CD-MA systems. *J. Lightw. Technol.*, **20** (8), 1284 – 1291.

[59] Wei, Z., Ghafouri – Shiraz, H. and Shalaby, H. M. H. (2001) Performance analysis of optical spectralamplitude – coding CDMA systems using super – fluorescent fiber source. *IEEE Photonics Tech. Letters*, **13** (8), 887 – 889.

[60] Lin, C. L. and Wu, J. (2000) Channel interference reduction using random Manchester codes for both synchronous and asynchronous fiber – optic CDMA systems. *J. Lightw. Technol.*, **18** (1), 26 – 33.

[61] Salehi, J. A. (1989) Code division multiple – access techniques in optical fiber networks part I: fundamental principles. *IEEE Trans. on Comm.*, **37** (8), 824 – 833.

[62] Salehi, J. A. and Brackett, C. A. (1989) Code division multiple – access technique in optical fiber networks part II: system performance analysis. *IEEE Trans. on Comm.*, **37** (8), 834 – 842.

[63] Willebrand, H. and Clark, G. (2001) Free space optics: a viable last – mile alternative. In: *Proc. SPIEWireless, Mobile Communications*, Beijing, China.

[64] Nykolak, G. et al. (1999) 2.5 Gbit/s free – space optical link over 4.4 km. *Electronics Letters*, **35** (4), 578 – 579.

[65] Arnon, S. (2003) Effects of atmospheric turbulence and building sway on optical wireless – communication systems. *Optics Letters*, **28** (2), 129 – 131.

[66] Dorschner, T. et al. (1996) An optical phased array for lasers. In: *Proc. IEEE Int. Symp. Phased Array Systems and Technology*, Boston, USA.

[67] Schrick, B. and Riezenman, M. (2002) Wireless broadband in a box. *IEEE Spectrum Mag.*, June 38 – 43.

[68] Hamzeh, B. and Kavehrad, M. (2004) OCDMA – coded free – space optical links for wireless optical – mesh networks. *IEEE Trans on Comm.*, **52** (12), 2165 – 2174.

[69] Salehi, J. A. (2007) Emerging OCDMA communication systems and data networks. *J. Optical Networking*, **6** (9), 1138 – 1178.

[70] Aminzadeh – Gohari, A. and Pakravan, M. R. (2006) Analysis of power control for indoor wireless infrared CDMA communication. In: *Proc. IPCCC*, Phoenix, AZ, USA.

[71] Ohtsuki, T. (2003) Performance analysis of atmospheric optical PPM CDMA systems. *J. Lightw. Technol.*, **21** (2), 406 – 411.

[72] Jazayerifar, M. and Salehi, J. A. (2006) Atmospheric optical CDMA communication systems via optical orthogonal codes. *IEEE Trans on Comm.*, **54** (9), 1614 – 1623.

第4章　光谱编码 OCDMA 网络

4.1　概　　述

在第3章中,针对光谱编码系统介绍了不同类型的 OCDMA 方案,以及由透镜、掩模板和栅格组成的各种不同收发器结构。然而正如之前所指出的,这种系统的基本收发器结构过于复杂,因此系统的构建成本过高。

在一个实际 OCDMA 系统中,收发器设计的一个关键是地址可重配能力。3.4.4 节介绍的发射机结构由光栅和掩模组成。这种发射机需要通过机械方式改变振幅掩模,以产生不同的序列。在这种情况下,每个用户都需要一组相同的掩模,因此发射机非常昂贵。

为了克服这些缺点,人们基于现有的光学器件提出多种编/译码器结构。例如,用阵列波导光栅(AWG)构造光谱幅度编码(SAC)OCDMA 系统[1]。本章将讨论使用不同光学器件来实现系统的不同方法。

光纤布拉格光栅(FBG)也用于实现 OCDMA 的编/译码器[2]。文献[3]提出一种由 FBG 构成的相干光谱相位编码器。采用类似的方法,基于适用于 SAC 的修正二次同余码(MQC)和修正跳频(MFH)码,为 SAC 系统设计了发射机和接收机的结构。第2章已对这两种编码进行了详细介绍。

本章在回顾基于 AWG 的系统的基础上,对声光可调光学滤波器(ATOF)[4]、利用 ATOF 实现的 SAC 系统以及基于 FBG 技术的收发器结构进行了讨论,也对地址重配的调谐范围需求和影响比特率的限制因素进行了探讨。考虑到频谱编码方案以及在第2章和第3章介绍的编码特征,对于频谱编码 OCDMA 而言,MQC 和 MFH 编码是最合适和最新的编码方案,因此本章将对它们进行着重分析和讨论。

4.2　光谱幅度编码方案

4.2.1　阵列波导光栅

阵列波导光栅(AWG)通过平面波导技术制成,可以实现以下功能(图4.1):

(1) AWG 可以利用一个输入波导(端口)输入多通道(多波长)信号,并将该信号分离成不同的波长信号输出至不同端口。

（2）AWG 可以将不同输入端口的不同波长的多个输入合波至同一个端口输出。

（3）AWG 光路可逆。

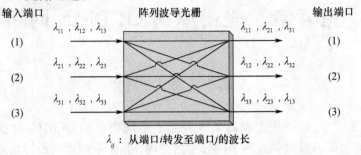

λ_{ij}：从端口 i 转发至端口 j 的波长

图 4.1　AWG 功能

通常在波分复用（WDM）光通信系统中，AWG 用作复用/解复用器。典型 AWG 的处理波长间隔为 0.8nm（100GHz）。实验室已有 64 个输入和 64 个输出的器件，而 16 通道的产品早已市场化。目前商用产品每个通道插入损耗小于 3dB，与其他具有类似功能的器件相比毫不逊色。

基于 AWG 技术的 SAC – OCDMA 系统如图 4.2 所示。在该系统中，AWG 用作分光器，来自信号源的宽带脉冲通过 AWG 后被分成多个光谱分量。所需的光谱分量被耦合至另一个的 AWG 中，不需要的分量则消除（由镜面反射或通过黑色掩膜吸收）。在接收器端，根据地址码将三个 AWG 连接起来。如果采用 Hadamard 码，一半的光谱分量（由第一个 AWG 分离）被送往一个 AWG，而其余的被送往另外一个 AWG。来自其他用户不需要的脉冲会在两个光电检测器导致等量的多用户干扰（MUI）。因此，通过平衡检测能恢复期望数据。在这种结构中，可以机械式改变掩膜分布来实现发送器的地址重配。另一种地址重配方法是在编码器中两个 AWG 之间插入液晶掩膜（LCM）。在这种情况下，地址序列可以由受电信号控制的 LCM 的重新排列来灵活配置。

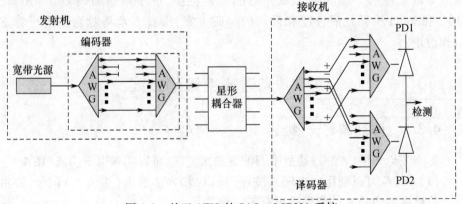

图 4.2　基于 AWG 的 SAC – OCDMA 系统

120

4.2.2 声光可调滤波器

声光可调滤波器(ATOF)的基本原理是利用声波和光波的相互作用实现滤波。在 LiNbO₃ 光子集成电路中,单模光波导与环绕它的声波导(宽度约 100μm)相集成。由于双折射光偏振模式(TE 模式和 TM 模式)的传播常数有所不同,通过施加一个与两个偏振模式的节拍波长相同波长的声波,这两种模式之间就会发生的相互转换,如光会从 TE 模式转换为 TM 模式。双折射与波长相关,通过施加一个单频电信号到这种装置中,会观察到只有一个光波长发生变换。假设换能器(声波发射器)与吸收器之间具有恒定的声波功率,滤波器的特性为 sinc 函数(依据矩形的傅里叶变换),声波功率和电驱动信号的电压决定了转换率。为了实现 100% 的转换率,需要大约 100mV 的电压(为可用于第一通信窗口 800 ~ 900nm 的滤波器)。当继续增加电压超过 100% 转化点时,将导致反向转换为输入偏振模式。

在 ATOF 中,如果输入偏振模式是 TE,输出端也用 TE 模式滤波,则 ATOF 为带通滤波器。如果输入 TE 偏振光波,输出端以 TM 模式滤波,则 ATOF 为带阻滤波器。

声波发射器的线性特性允许同时使用多个(多于 100 个)驱动频率,其上限由换能器的最大施加电压确定。通过选择适当的驱动频率和电压,几乎可以实现所有的滤波函数。光谱分辨率由 ATOF 上的声波交互长度来确定(在第一通信窗口,几厘米的交互长度能实现几十纳米的分辨率)。此外,通过改变多个驱动频率的电压,可以平坦高斯功率谱的频谱。因此,作为光谱编码器,ATOF 具有以下重要特性:

(1)滤波器结构由电驱动信号的频谱选择来确定。

(2)可在同一时间使用约 100 种频率,使长序列传输成为可能。

(3)毫瓦级的低驱动功率。

(4)通过简单地调整驱动电压,实现超辐射二极管(SLD)频谱的平坦化。

(5)使用不同偏振滤波器实现带通和带阻滤波器(或利用偏振分离器在两个输出端实现相反功能)。

(6)只使用一个波导,没有任何自由空间光学元件,能实现插入损耗最小化。

(7)滤波器的尺寸为厘米级。

(8)滤波器功能可在几微秒内改变。

ATOF 的缺点是必须采用永久驱动信号,并且双折射具有温度依赖性。

图 4.3 为基于 ATOF 的 SAC – OCDMA 系统。在这种结构中,ATOF 用来实现数据流的编/译码。电码序列发生器的输出激活和预期地址码相对应的声波。在发射机端,仅使用一个 TM 模式或 TE 模式的 ATOF 输出,而在接收器端,利用 TM 模式和 TE 模式的两个反向输出实现平衡检测,以消除多用户干扰的影响。因为

每个 ATOF 的输出都要求使用偏振滤波器,所以不可避免地带来 3dB 插入损耗。在这种结构中,地址重配可以很容易地通过改变电码序列发生器的输出来实现。这种重配方法非常灵活,因为地址码和器件的内部连接之间没有任何关系(和 AWG 方案一样)。因此通过这种结构,无需改变硬件连接就能得到任何所需的码字。

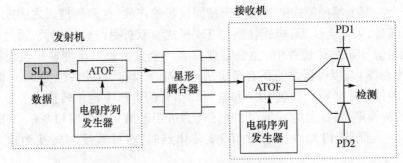

图 4.3　基于 ATOF 的 SAC – OCDMA 系统

4.2.3　光纤布拉格光栅

光纤布拉格光栅(FBG)的制造技术目前已经非常成熟,光栅器件在光通信网络和传感器领域有许多应用。对于光通信,光纤布拉格光栅的吸引力在于通过啁啾效应可以补偿光纤链路的色散,从而提高数据传输速率和增加传输距离。

光栅是指材料中的周期性结构或扰动。材料的这种变化使不同波长的光向特定方向反射或透射。FBG 是在光纤内构造的光栅,因此它具有很多优点,如成本低、损耗小(波长为 1.55μm 时,损耗约为 0.1dB)、易耦合、对偏振不敏感、低温度系数和包装简单。光纤光栅是通过光致折变过程[5]制作的一种窄带反射滤波器。这项技术是基于掺锗石英光纤的高光敏性,将光纤暴露于 244nm 的紫外线辐射,造成折射率的变化。这样的光致光栅已经证明能处理 100GHz 和更低的光学带宽[6]。当多波长信号遇到光栅,相位与布拉格反射条件相匹配的波长不会透射,而是反射回来。

光致折变光栅的折射率表示为沿纤芯变化的均匀正弦调制:

$$n(z) = n_{core} + \delta_n \left[1 + \cos \frac{2\pi \cdot z}{\Lambda} \right] \tag{4.1}$$

式中:z 为光纤轴的方向;Λ 为干涉图案的周期(光栅周期);n_{core} 为纤芯折射率,δ_n 为折射率的光致变化。

当满足布拉格条件时,产生光栅的最大反射率 R,存在一个反射波长[7]:

$$\lambda_{Bragg} = 2\Lambda n_{eff} \tag{4.2}$$

式中:n_{eff} 为纤芯的模式有效折射率。

在此波长上,长度为 L 的光栅的峰值反射率 R_{max} 以及耦合系数 κ 可以表示为[7]

$$R_{\max} = \tanh^2(\kappa L) \tag{4.3}$$

具有最大反射率的光谱全带宽为[7]

$$\Delta \lambda = \frac{\lambda_{\mathrm{Bragg}}^2}{\pi n_{\mathrm{eff}} L}[(\kappa L)^2 + \pi^2]^{1/2} \tag{4.4}$$

此外,半高全宽(FWHM)带宽的近似值为[7]:

$$\Delta \lambda_{\mathrm{FWHM}} \approx \lambda_{\mathrm{Bragg}} \cdot s \cdot \left[\left(\frac{\delta_{\mathrm{n}}}{2 n_{\mathrm{core}}} \right)^2 + \left(\frac{\Lambda}{L} \right)^2 \right]^{1/2} \tag{4.5}$$

式中:$0.5 \leqslant s \leqslant 1$,$s \approx 1$ 对应于接近 100% 反射率的强光栅,$s \approx 0.5$ 为弱光栅。

对于整个纤芯的均匀正弦调制折射率,耦合系数由下式给出[7,8]:

$$\kappa = \frac{\pi \cdot \delta_{\mathrm{n}} \cdot \eta}{\lambda_{\mathrm{Bragg}}} \tag{4.6}$$

式中:η 为光纤纤芯中光功率的比率。假定纤芯中光栅是均匀的,则 η 可以近似为[9]

$$\eta \approx 1 - V^{-2} \tag{4.7}$$

其中:V 为光纤的归一化频率,是阶跃型光纤的特性参数,定义为

$$V = \frac{2\pi}{\lambda} \cdot a \cdot \mathrm{NA} = \frac{2\pi}{\lambda} \cdot a \cdot \sqrt{n_{\mathrm{core}}^2 - n_{\mathrm{cladding}}^2} \tag{4.8}$$

其中:λ 为真空波长;a 为纤芯半径;NA 为数值孔径;n_{core} 为纤芯折射率,n_{cladding} 为包层折射率。

与归一化频率 V 相关的光纤特性有:

(1) $V \leqslant 2.405$ 时,光纤仅支持一个模式,称为单模光纤。

(2) $V > 2.405$ 时,光纤称为多模光纤。

V 较大时,阶跃型光纤支持的模式数量 M 近似为[9]

$$M \approx \frac{4}{\pi^2} V^2 \tag{4.9}$$

式(4.9)还可以近似为 $M \approx V^2/2$。

(3) 单模光纤(SMF)的限制因子(纤芯光功率与总光功率之比)是 V 的函数。当 V 为 1 和 2 时,限制因子分别是为 7% 和 70%。因此,大多数光纤传输系统中的单模光纤都设计在 $2 < V < 2.4$ 的范围内工作。

(4) 低 V 值使得光纤对微弯损耗非常敏感,并使包层吸收损耗增大。然而,较高的 V 值可能会增加纤芯或纤芯和包层界面的散射损耗。

对于某些类型的光子晶体光纤,可以定义有效归一化频率,其中 n_{cladding} 替换为有效包层折射率。采用与阶跃型光纤相同的公式可以计算单模光纤截止波长、模式半径和熔接损耗等参数。对于非均匀或非正弦指数分布的光栅则需要更精确的计算。

当一个宽带脉冲输入到一组光纤布拉格光栅中时,由于与 $A(\omega)$ 对应的频谱

123

分量被反射掉,光栅组另一端输出与 $\overline{A(\omega)}$ 对应的所有互补分量,如图 4.4 所示。反射光可认为是经过延迟补偿的频谱编码脉冲,而透射光是它的补码。

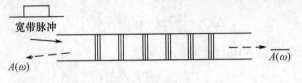

图 4.4 FBG 组

图 4.5 和图 4.6 给出了基于光纤布拉格光栅组、修正二次同余码(MQC)或修正跳频码(MFH)编码的发射器和接收器结构。在第 2 章已分别对 MQC 和 MFH 进行了介绍,对于 SAC – OCDMA, P 是素数。在图 4.6 示出的接收器中,第一个 FBG 组的上端输出直接用作相关互补码 $R(\omega)\overline{A_k(\omega)}$,其中 $R(\omega)$ 为接收信号, $\overline{A_k(\omega)}$ 为接收机地址序列的补码。

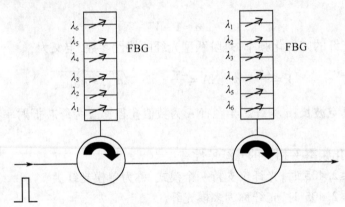

图 4.5 发射器结构

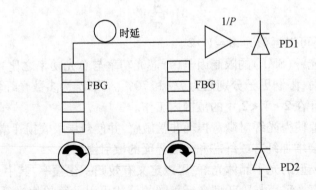

图 4.6 接收器结构

当发送数据比特"1"时,来自宽谱热辐光源的光脉冲被发送到编码器;当数据比特为"0"时,不发送光脉冲。光脉冲通过第一组光纤光栅时相应频谱分量被反射。为了实现目标地址码的重配,编码器的所有光栅都是可调谐的,这意味着每个光栅的反射光谱分量的中心波长可以改变。发射机的第二组 FBG 用于补偿第一组 FBG 对不同谱分量的往返延迟,使所有反射分量都具有相同的时间延迟,从而被再次组合到一个脉冲中。在地址重配时,不仅需要调整发射机的第一组光栅,也要相应地调整第二组。在接收机中,与接收地址序列相对应,每个光栅是固定的。当采用固定同相互相关编码时,利用平衡检测可消除 MUI。

应指出的是,在这种系统中没有必要精确地分割光源光谱。因为每个发射脉冲是由光纤光栅的反射而生成,只要接收器的光栅能反射大部分原始频谱编码脉冲的功率,接收机就可以准确恢复数据。一个厘米尺寸的光栅就能很容易地实现这个过程。

与 MQC 和 MFH 编码相结合,发射器和接收器的结构具有如下优势:

(1) MQC 和 MFH 码的码重比 Hadamard 码要低得多。由于与码字序列脉冲相对应,一个光栅反射一个频谱分量,码重低,则发射器和接收器所需的光栅数量显著减少,很容易构建一对发射器和接收器。如果按上述结构实现 Hadamard 码,则需要大量光栅,使系统复杂和昂贵。

(2) 新编码序列中的元素可分为若干子序列,并且每个子序列只包含一个"1"。这个特性使之能更容易地通过光栅调谐实现地址重配。在这种情况下,光栅的可调谐范围成为限制地址重配的主要因素。正如 4.3.3 节所述,如果使用新构建的编码,每个光栅仅需在编码总带宽(TEB)的 $1/(P+1)$ 范围内调谐,TEB 对应每个编码序列的总长度。因此,每个光栅所需的可调谐范围显著减小。

(3) 在接收器端,可以有效地利用所有的接收光功率,因为光栅组两端的输出都被用于互补解码过程。

4.3 系 统 指 标

4.3.1 调谐范围

光栅的调谐可以通过采用压电装置或温度调节来拉伸光纤实现。当采用 MQC 和 MFH 码时,每个光栅所需的可调谐光谱范围等于总使用带宽的 $1/(P+1)$ (参见第 2 章)。因此,使用 MQC 和 MFH 码能大大减少每个光栅的调谐范围。一个光栅的可调谐线宽范围 $\Delta\lambda_s = 0.8\lambda\Delta L/L$,其中 L 为光栅长度,ΔL 为其拉伸变化[11]。令 $\Delta L/L = 0.005$,工作波长 $\lambda = 1550\text{nm}$,则可调谐线宽范围 $\Delta\lambda_s = 6.2\text{nm}$。由于每个编码器中有 $P+1$ 个光栅,若 $P=5$,则可用线宽为 37nm。另外,若总的线宽为 30nm,$\Delta L/L$ 将降低到 0.004。因此,MQC 和 MFH 码的应用使编码器重配更容易实现。

4.3.2　比特率上限

在基于 FBG 的编/译码结构中,FBG 组的长度不再限制比特率[11]。这是因为经过延迟补偿后,每个频谱分量的延时相同。因此比特率主要受限于两个因素:一是宽带热辐光源的最大调制速率;二是用于平衡检测的光电检测器的带宽。显然,若采用外部调制,就可显著减小第一个因素的影响。

4.3.3　基于耦合器的低成本结构

在图 4.5 和图 4.6 中所示的发射机与接收机结构中,和 FBG 同时使用环形器能在输入端口及输出端口之间提供很好的隔离度。如果要求不高,可以使用低成本的耦合器替换环形器[12]。图 4.7 和图 4.8 分别给出了使用耦合器的发射机与接收机结构。这种结构的一个主要缺点是耦合器的高损耗。例如在图 4.7 中,输入脉冲首先耦合到第一组光栅的上臂,然后反射光谱分量被同样的 2 × 2 耦合器反馈耦合,并送到另一个耦合器中进行第二次处理。

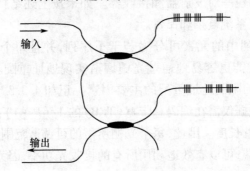

图 4.7　编码器结构(P = 5)

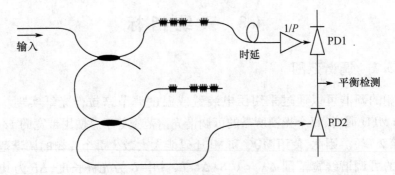

图 4.8　采用耦合器的译码器结构

当使用具有固定同相互相关性的编码序列(如 M 序列或 Hadamard 码)时,SAC - OCDMA 系统具有完全消除 MUI 的潜力。然而,由于这种系统使用宽带热辐光源,自发辐射引起的相位感应强度噪声(PIIN)会严重影响系统的性能。已经

126

证明 PIIN 的影响与光电流的平方成正比,因此不能简单地通过增加接收光功率来提高性能[13]。

为了抑制这种效应,文献[14]利用区组设计理论引入编码 $\left(\dfrac{q^{m+1}-1}{q-1}, \dfrac{q^m-1}{q-1}, \dfrac{q^{m-1}-1}{q-1} \right)$,第 2 章已对这种编码的构建方法进行了介绍。经研究,发现使用这种编码能有效抑制强度噪声,从而得到较高的信噪比。相比 M 序列和 Hadamard 码,这种编码高信噪比的原因是较高的自相关值与固定同相互相关值之比。在第 2 章中,给出了 SNR 的表达式,图示了采用 MQC 和 MFH 编码的系统的高斯近似性能结果,从中能看出使用这些新编码所带来的性能提升。本章将会详细分析采用 MQC 编码的 SAC - OCDMA 系统,而 MFH 编码也能得到类似的性能改进。

基于这些编码和 4.3.3 节所述的发射器/接收器对,通过高斯近似,并且考虑到强度噪声、散弹噪声和热噪声,对 SAC - OCDMA 系统进行了分析。由于使用 MQC 码,相对于使用 Hadamard 码的系统,系统性能有了显著提高。高斯近似只有在并发用户数很大时才精确,此时可以应用中心极限定理。但只有几个并发用户时,系统性能将取决于 PIIN 的精确概率分布。之前已指出,当考虑强度噪声和散弹噪声时,到达光子数服从负二项式(NB)分布[15]。如果只有一个在线用户,相对于高斯近似,由于光电子数量满足负二项分布,其较低的概率拖尾[16]会带来较低的误码率。Tasshi Dennis[17]已对这一结果进行了实验验证。本章基于 NB 分布对系统进行了分析,并且和高斯分布的结果进行了比较,证明高斯近似可以给出和NB 分布同样的精确估计,特别是在用户数量较大时。

4.3.4 接收机噪声

当 SAC 系统采用 PIN 二极管时,接收器噪声源包括散弹噪声、热噪声和暗电流噪声。暗电流噪声是指没有光输入时产生的噪声。这种噪声是接收机 PIN 光电二极管(PIN - PD)的不完善引起的,可以通过制造工艺的完善而改善。散弹噪声也称为量化噪声,来自入射光的量子波动,通常用泊松过程为其建模。热噪声产生在光电转换之后,由电子的热相互作用导致,其统计服从高斯分布。散弹噪声的影响为 $\langle i_{\text{sh}}^2 \rangle = 2eIB$,其中 e 为电子电荷,I 为平均光生电流,B 为接收机的噪声等效电带宽;热噪声的影响为 $\langle i_{\text{th}}^2 \rangle = 4K_{\text{B}}T_{\text{n}}B/R_{\text{L}}$,其中 K_{B} 为玻耳兹曼常数,T_{n} 为接收机的噪声温度,R_{L} 为接收机的负载电阻。

当非相干光混合在一起入射到光电检测器中,光场的相位噪声会在光电检测器的输出端引起一个强度噪声项,称为相位感应强度噪声。对来自一个热辐光源的光进行检测,假设检测器空间相干,光检测器电流方差为[10]

$$\langle i^2 \rangle = 2eIB + I^2(1 + P_{\text{D}}^2)B\tau_{\text{c}} + 4K_{\text{B}}T_{\text{n}}B/R_{\text{L}} \tag{4.10}$$

式中:τ_{c} 为光源的相干时间;P_{D} 为光源的偏振度[15]。

式(4.10)中第一项来源于散弹噪声,第二项表示 PIIN 的效果,第三项代表热噪声。

如果 $G(\nu)$ 为热辐光源的单边带功率谱密度,则其相干时间为

$$\tau_c = \frac{\int_0^\infty G^2(\nu)\,\mathrm{d}\nu}{\left[\int_0^\infty G(\nu)\,\mathrm{d}\nu\right]^2} \tag{4.11}$$

强度噪声完全可用一个伽马分布近似。为了更精确起见,基础的光电子数的统计信息,包括散弹噪声和强度噪声满足负二项式分布。当光带宽与最大电带宽之比趋向无穷时,伽马分布和 NB 分布都趋近高斯分布[15]。

4.4 高斯近似分析

4.4.1 最优阈值

通信系统中的噪声通常假定为服从高斯分布的随机变量,其概率密度函数(PDF)为

$$p(x) = \frac{1}{\sqrt{2\pi\sigma^2}} e^{-(x-\mu)^2/2\sigma^2} \tag{4.12}$$

式中:μ 为平均值;σ^2 为变量 x 的方差。

在数字通信系统中,只有"0"和"1"两种信号模式。当为"0"时,可以认为接收到的信号是均值 μ_0 和标准偏差 σ_0 的高斯变量。当为"1"时,可认为接收到的信号是均值 μ_1 和标准偏差 σ_1 的高斯变量,如图 4.9 所示。对于任意判决阈值,"0"信号模式情况下的 BER(记为 $P_e(0)$)对应 PDF 曲线(μ_0, σ_0)在阈值线右侧下的面积;而"1"信号模式的 BER(记为 $P_e(1)$)对应 PDF 曲线(μ_1, σ_1)在阈值线左侧下的面积。如果发送"1"和"0"的概率分别是 $P(1)$、$P(0)$,则总的 BER 为

$$P_e = P(0)P_e(0) + P(1)P_e(1) \tag{4.13}$$

假定"0"和"1"的概率相等,则有

$$P_e = \frac{1}{2}\left[P_e(0) + P_e(1)\right] \tag{4.14}$$

在这种情况下,最优阈值位于 $P_e(0) = P_e(1)$ 处,总的 BER 对应于图 4.9 中的阴影区域的面积。最佳阈值的线性近似为

$$\mathrm{Th}_{\mathrm{sub-optimal}} = \frac{\mu_1\sigma_0 - \mu_0\sigma_1}{\sigma_1 + \sigma_0} \tag{4.15}$$

4.4.2 信噪比和误码率

信噪比是模拟通信系统中的一个重要参数。由于所有的数字信号最终以模拟

波形发送,所以判决后的 BER 和接收模拟波形的 SNR 之间存在一定关系。SNR 由下式定义[10]:

$$\mathrm{SNR} = \frac{(\mu_1 - \mu_0)^2}{(\sigma_1^2 + \sigma_0^2)/2} \tag{4.16}$$

当 $\sigma_1^2 = \sigma_0^2 = \sigma^2$ 时,式(4.16)变为

$$\mathrm{SNR} = \frac{(\mu_1 - \mu_0)^2}{\sigma^2} \tag{4.17}$$

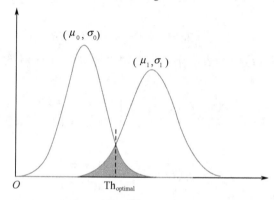

图 4.9　高斯近似的最优阈值

假设接收信号服从高斯分布,因此 $\mathrm{Th_{optimal}} = (\mu_1 + \mu_0)/2$,则 BER 为[10,18]

$$P_e(0) = P_e(1) = \frac{1}{\sqrt{2\pi}\sigma} \int_{\mathrm{Th_{optimal}}}^{\infty} e^{-(x-\mu_0)^2/2\sigma^2} dx = \frac{1}{\sqrt{2\pi}} \int_{\frac{\mathrm{Th_{optimal}}-\mu_0}{\sigma}}^{\infty} e^{-t^2/2} dt \tag{4.18}$$

通过定义

$$Q(x) = \frac{1}{\sqrt{2\pi}} \int_x^{\infty} e^{-t^2/2} dt, \mathrm{erfc}(x) = \frac{1}{\sqrt{\pi}} \int_x^{\infty} e^{-t^2/2} dt$$

则最终误码率为

$$P_e = [P_e(0) + P_e(1)]/2 = Q\left(\frac{\mathrm{Th_{optimal}} - \mu_0}{\sigma}\right) = Q\left(\frac{\mu_1 - \mu_0}{2\sigma}\right) \tag{4.19}$$

或[10,19,20]

$$P_e = \frac{1}{2}\mathrm{erfc}\left(\frac{\mu_1 - \mu_0}{\sqrt{8}\sigma}\right) = \frac{1}{2}\mathrm{erfc}\left(\sqrt{\frac{\mathrm{SNR}}{8}}\right) \tag{4.20}$$

4.4.3　高斯性能分析

为了简化系统的数学分析,考虑以下假设条件:

(1) 每个光源是理想的非偏振光源($P_D = 0$),带宽($\nu_0 - \Delta\nu/2, \nu_0 + \Delta\nu/2$)上的频谱是平坦,其中 ν_0 为中心光学频率, $\Delta\nu$ 为以 Hz 为单位的光源带宽。

（2）每个功率频谱分量具有相同的光谱宽度。

（3）每个用户在接收器端功率相等。

（4）每个用户的比特流同步。

基于 MQC 和 MFH 编码以及 FBG 技术，4.3.3 节已经介绍了发射机和接收机结构，并且对其优点进行了讨论。本节将考虑光接收机的强度噪声、散弹噪声和热噪声，通过高斯近似来分析系统，接收器的暗电流效应被忽略。

根据式(4.10)，检测一个理想的非偏振热光源($P_\mathrm{D}=0$)产生的光电流的方差为

$$\langle i^2 \rangle = 2eIB + I^2 B\tau_\mathrm{c} + 4K_\mathrm{B}T_\mathrm{n}B/R_\mathrm{L} \tag{4.21}$$

如果 $c_k(i)$ 和 $\bar{c}_k(i)$ 分别表示第 k 个 MQC 编码序列的第 i 个元素及其补码，则码字相关属性为

$$\sum_{i=1}^{N} c_k(i)c_l(i) = \begin{cases} p+1, k=l \\ 1, k \neq l \end{cases} \tag{4.22}$$

则有

$$\sum_{i=1}^{N} c_k(i)\bar{c}_l(i) = \begin{cases} 0, k=l \\ p, k \neq l \end{cases} \tag{4.23}$$

基于上述假设，下面使用高斯近似来分析系统性能。接收的光信号的功率谱密度为[10]

$$r(\nu) = \frac{P_\mathrm{sr}}{\Delta\nu}\sum_{k=1}^{K} d_k \sum_{i=1}^{N} c_k(i) \left\{ u\left[\nu-\nu_0-\frac{\Delta\nu}{2N}(-N+2i-2)\right] \right.$$
$$\left. -u\left[\nu-\nu_0-\frac{\Delta\nu}{2N}(-N+2i)\right] \right\} \tag{4.24}$$

式中：P_sr 为接收器端接收到的信号功率（如果传输系统和星形耦合器的损耗为 ξ，源脉冲功率为 P_0，则接收信号功率为 ξP_0）；K 为在线用户数量，$K \leqslant P^2$（P 为素数）；N 为 MQC 码长，$N=P^2+P$；d_k 为第 k 个用户的数据比特，为"1"或0；$u(t)$ 为单位阶跃函数：

$$u(t) = \begin{cases} 1, & t \geqslant 0 \\ 0, & t < 0 \end{cases} \tag{4.25}$$

因此，图 4.6 中第 l 个接收机的光检测器 PD1 和 PD2 在一个比特周期内的功率谱密度为[10]

$$G_1(\nu) = \frac{1}{P}\frac{P_\mathrm{sr}}{\Delta\nu}\sum_{k=1}^{K} d_k \sum_{i=1}^{N} c_k(i)\bar{c}_l(i) \left\{ u\left[\nu-\nu_0-\frac{\Delta\nu}{2N}(-N+2i-2)\right] \right.$$
$$\left. -u\left[\nu-\nu_0-\frac{\Delta\nu}{2N}(-N+2i)\right] \right\} \tag{4.26}$$

$$G_2(\nu) = \frac{P_\mathrm{sr}}{\Delta\nu}\sum_{k=1}^{K} d_k \sum_{i=1}^{N} c_k(i)c_l(i) \left\{ u\left[\nu-\nu_0-\frac{\Delta\nu}{2N}(-N+2i-2)\right] \right.$$

$$-u\Big[\nu - \nu_0 - \frac{\Delta\nu}{2N}(-N + 2i)\Big]\Big\} \tag{4.27}$$

则有

$$\int_0^\infty G_1(\nu)\,\mathrm{d}\nu = \frac{1}{P}\frac{P_{\mathrm{sr}}}{\Delta\nu}\sum_{k=1,k\neq l}^K\Big[P\frac{\Delta\nu}{N}d_k\Big] = \frac{P_{\mathrm{sr}}}{N}\sum_{k=1,k\neq l}^K d_k \tag{4.28}$$

$$\int_0^\infty G_2(\nu)\,\mathrm{d}\nu = \frac{P_{\mathrm{sr}}}{\Delta\nu}\Big\{(P+1)d_l\frac{\Delta\nu}{N} + \sum_{k=1,k\neq l}^K\Big[\frac{\Delta\nu}{N}d_k\Big]\Big\}$$

$$= \frac{P_{\mathrm{sr}}}{N}(P+1)d_l + \frac{P_{\mathrm{sr}}}{N}\sum_{k=1,k\neq l}^K d_k \tag{4.29}$$

为了计算式(4.28)和式(4.29)中 $G_1^2(\nu)$、$G_2^2(\nu)$ 的积分,首先考虑接收到的叠加信号的频谱密度函数 $G'(\nu)$,如图4.10所示,其中 $a(i)$ 是宽度为 $(\Delta\nu/N)$ 的第 i 个频谱时隙的振幅。

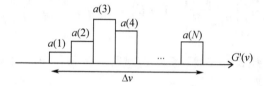

图 4.10　接收信号 $r(\nu)$ 的谱密度图示

$G'(\nu)$ 的积分为[10]

$$\int_0^\infty G'^2(\nu)\,\mathrm{d}\nu = \frac{\Delta\nu}{N}\sum_{i=1}^N a^2(i) \tag{4.30}$$

因此,根据式(4.22)和式(4.23)描述的编码特性,可得

$$\int_0^\infty G_1^2(\nu)\,\mathrm{d}\nu = \frac{1}{P^2}\frac{P_{\mathrm{sr}}}{N\Delta\nu}\sum_{i=1}^N\Big\{\bar{c}_l(i)\cdot\Big[\sum_{k=1}^K d_k c_k(i)\Big]\cdot\Big[\sum_{m=1}^K d_m c_m(i)\Big]\Big\} \tag{4.31}$$

$$\int_0^\infty G_2^2(\nu)\,\mathrm{d}\nu = \frac{P_{\mathrm{sr}}}{N\Delta\nu}\sum_{i=1}^N\Big\{c_l(i)\cdot\Big[\sum_{k=1}^K d_k c_k(i)\Big]\cdot\Big[\sum_{m=1}^K d_m c_m(i)\Big]\Big\} \tag{4.32}$$

式中:d_k 为第 k 个用户的数据比特,为"1"或"0"。

因此,光生电流为

$$I = I_2 - I_1 = \Re\int_0^\infty G_2(\nu)\,\mathrm{d}\nu - \Re\int_0^\infty G_1(\nu)\,\mathrm{d}\nu = \Re\frac{P_{\mathrm{sr}}}{P}d_l \tag{4.33}$$

式中:$\Re$ 为光检测器的响应度,且有

$$\Re = \eta e/(h\nu_{\mathrm{c}})$$

其中:η 为量子效率;e 为电子电荷;h 为普朗克常数量;ν_{c} 为原始宽带光脉冲的中心频率。

因为 PD1 和 PD2 的噪声是独立的,所以光生电流的噪声功率为[10,18-22]

$$\langle I^2\rangle = \langle I_1^2\rangle + \langle I_2^2\rangle + \langle I_{\mathrm{th}}^2\rangle = 2eB(I_1 + I_2) + BI_1^2\tau_{\mathrm{c1}} + BI_2^2\tau_{\mathrm{c2}} + 4K_{\mathrm{B}}T_{\mathrm{n}}B/R_{\mathrm{L}}$$

$$\tag{4.34}$$

因此有

$$\langle I^2 \rangle = 2eB\Re \left(\int_0^\infty G_1(\nu) \, d\nu + \int_0^\infty G_2(\nu) \, d\nu \right)$$
$$+ B\Re^2 \int_0^\infty G_1^2(\nu) \, d\nu + B\Re^2 \int_0^\infty G_2^2(\nu) \, d\nu + 4K_B T_n B/R_L \qquad (4.35)$$

当所有用户传输比特"1",利用平均值 $\sum\limits_{k=1}^{K} c_k(i) \approx K/P$ 及编码相关性质,可得噪声功率[10,18],即

$$\langle I^2 \rangle = \frac{B\Re^2 P_{sr}^2 K}{\Delta\nu(P+1)P^2} \left(\frac{K-1}{P} + P + K \right) + 2eB\Re P_{sr} \left(\frac{P-1+2K}{P^2+P} \right) + 4K_B T_n B/R_L$$

$$(4.36)$$

注意到,在任何时间每个用户发送比特"1"的概率为50%,上述公式变为

$$\langle I^2 \rangle \approx \frac{B\Re^2 P_{sr}^2 K}{2\Delta\nu(P+1)P^2} \left(\frac{K-1}{P} + P + K \right) + eB\Re P_{sr} \left(\frac{P-1+2K}{P^2+P} \right) + 4K_B T_n B/R_L$$

$$(4.37)$$

根据式(4.37)和式(4.33),考虑强度噪声、散弹噪声和热噪声的相互作用,可以得到平均信噪比为

$$\mathrm{SNR} = \frac{(I_2 - I_1)^2}{\langle I^2 \rangle}$$

$$= \frac{\Re^2 P_{sr}^2/P^2}{B\Re^2 P_{sr}^2 K[(K-1)/P + P + K]/[2\Delta\nu(P+1)P^2]} \qquad (4.38)$$
$$+ eB\Re P_{sr}(P-1+2K)/(P^2+P) + 4K_B T_n B/R_L$$

通过高斯近似,可得 BER 为[10]

$$P_e = \frac{1}{2}\mathrm{erfc}(\sqrt{\mathrm{SNR}/8}) \qquad (4.39)$$

4.4.4 数值结果分析

本节的讨论和分析是基于文献[10]的结果。图 4.11 分别给出了构造 MQC 码的素数 P 为 7、11 和 13 的情况下,并发用户数和信噪比之间的关系。分析中所用参数见表 4.1 所列。为了进行比较,图 4.11 还给出了使用 Hadmard 编码的系统(具有相同的脉冲功率和光带宽)的 SNR 曲线。在图 4.11 中,每个用户的接收信号功率为 −10dBm,认为强度噪声是主要噪声源。应当指出的是,图中的 SNR 值均为平均值,并且每个曲线的终点位于并发用户数与编码基数相同的点上。可以看出,当接收信号功率高时,MQC 码会带来更大的 SNR。当素数 P 比较大时,不仅容纳的并发用户数明显增多,而且 SNR 更大。因此,MQC 码可以有效地抑制强度噪声的影响,从而带来更好的性能。之所以造成这种抑制,是因为在同样码长条件下,MQC 码比 Hadamard 码有更低的同相互相关性。尽管 MQC 码的码重比 Had-

132

amard 码低,具有更低的自相关性,但它的同相自相关 – 互相关比率仍然较大。然而考虑其他噪声源后,这种较低的自相关性会导致性能下降,尤其是在低信号功率时。对此本节后面会进行讨论和分析。

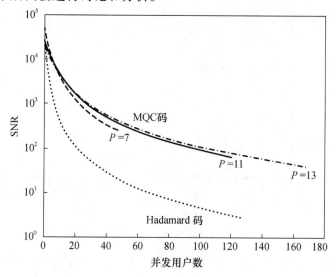

图 4.11　当 $P_{sr} = -10\mathrm{dBm}$ 时,SNR 相对并发用户数的变化关系

表 4.1　计算中使用的典型参数

参数名称	参数值
PD 量子效率 η	0.6
热辐光源线宽 $\Delta v/\mathrm{THz}$	3.75
工作波长 $\lambda_0/\mu\mathrm{m}$	1.55
电带宽 B/MHz	80
数据比特速率 $R_b/(\mathrm{Mb/s})$	155
接收机噪声温度 T_r/K	300
接收机负载电阻 R_L/Ω	1030

图 4.12 显示了当 $P_{sr} = -10\mathrm{dBm}$ 时,BER 随并发用户数的变化。为了便于比较,图 4.12 还给出了之前 Hadmard 编码系统的 BER 变化。在之前的系统中,由于在数据比特为"0"时也发送一个脉冲,计算的 BER 的公式变为 $P_e = \dfrac{1}{2}\mathrm{erfc}$($\sqrt{\mathrm{SNR}/2}$)。从图中明显看出,与使用 Hadmard 编码的系统相比,使用 MQC 码的系统具有低得多的 BER。例如,在 BER $= 10^{-9}$ 的条件下,Hadmard 编码系统只能支持大约 38 用户,而使用 MQC 码的系统在 $P = 11$ 时,可以支持大约 80 个并发用户;$P = 13$ 时,多于 86 个用户;当 $P = 7$ 时,可能的用户数量仅受码字数量的限制(可用码字序列数量等于 49)。

133

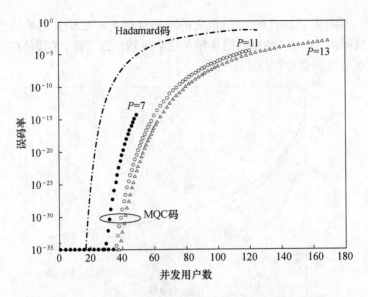

图 4.12　当 P_{sr} = -10dBm 时,BER 随并发用户数的变化

　　图 4.13 给出了 P = 7,且并发用户数为 49 时,BER 随接收信号功率 P_{sr} 的变化。图中实线表示考虑了强度噪声、散弹噪声和热噪声影响的 BER,虚线表示只考虑强度噪声和散弹噪声影响的 BER 性能,点线表示只考虑强度噪声和热噪声影响的 BER 性能。图 4.13 表明,当 P_{sr} 很大时,散弹噪声和热噪声相对于强度噪声都小到可以忽略,因此后者成为主要的系统性能限制因素。然而,当 P_{sr} 比较小时,强度噪声的影响变为最小,热噪声成为限制系统性能的主要因素。图 4.13 还表明,相对于散弹噪声,热噪声对系统性能影响要大得多。

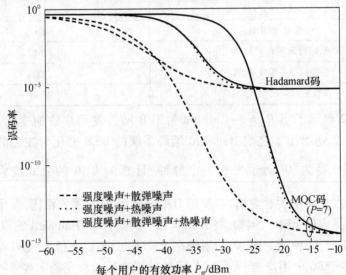

图 4.13　当 P = 7,且用户数满载时,BER 随接收信号功率 P_{sr} 的变化

134

图 4.14 为并发用户数为 49, P 为 7、11 和 13 时, BER 随 P_{sr} 的变化。作为比较, 也给出了 Hadamard 码系统的性能。图 4.15 给出针对不同的 P_{sr} 值, BER 随并发用户数 K 的变化。在图 4.14 和图 4.15 中, 均考虑了强度噪声、散弹噪声和热噪声源的影响。

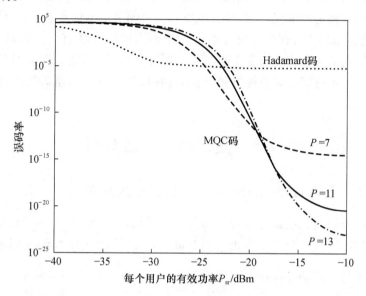

图 4.14　当 $K=49$, 并且考虑强度、散弹和热噪声时, BER 随接收信号功率 P_{sr} 的变化

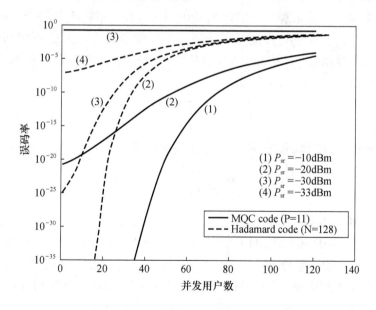

图 4.15　在变化的 P_{sr} 条件下, BER 随并发用户数的变化

该图的结果表明, 当 $P_{sr} < -25$dBm 时, Hadamard 码系统比 MQC 码系统的性

能更好。这是因为,较大的素数 P 会导致发射机产生较大的功率损失($=1/P$),因此散弹噪声和热噪声会严重影响系统性能,特别是当 P_{sr} 不够大时。而 Hadamard 编码的功率损耗只有 $1/2$,且与码字的长度无关。

如果使用有 $P+1$ 个可调谐激光器的阵列时,即使是 MQC 编码器也可以提供大的光功率。在这种情况下,各激光器所需的可调谐范围仅是总光带宽的 $1/(P+1)$ 。和热辐光源一样,这种方法不会对功率谱密度的形状有任何限制,并且可以自由地增加光学编码带宽以获得更高的信噪比。因此,虽然相同波长的重叠光脉冲间的相干干扰可能会导致性能降低,但这种以激光阵列为基础的系统可以提供更好的性能。

4.5　负二项式方法分析

4.5.1　采用 Hadamard 编码的负二项式分布

本节将采用负二项式分布分析如图 4.16 所示的系统,并与高斯近似方法所得到的结果加以比较。分析中系统采用 Hadamard 编码和互补编译码方案。

4.5.1.1　Hadamard 编码特性

正如第 2 章的介绍,Hadamard 编码是通过选择一个 Hadamard 矩阵的行向量作为码字来实现。由元素"1"和"0"构成的 Hadamard 矩阵 M_n 是一个 $n \times n$ 矩阵(n 为偶数),其任何行向量与其他行向量都有 $N/2$ 个位置上的元素不相同。如果矩阵中一个行向量都由"0"构成,则其他的行向量只能包含 $N/2$ 个 0 和 $N/2$ 个 1。例如,当 $N=2$ 时,Hadamard 矩阵为

$$M_2 = \begin{bmatrix} 0 & 0 \\ 0 & 1 \end{bmatrix} \tag{4.40}$$

Hadamard 矩阵 M_{2n} 可由 M_n 按照以下方法构成:

$$M_{2n} = \begin{bmatrix} M_n & M_n \\ M_n & \overline{M_n} \end{bmatrix} \tag{4.41}$$

式中: $\overline{M_n}$ 为 M_n 的互补矩阵。

因此,式(4.40)和式(4.41)可用于码长 $N = 2^m$ (m 为正整数)的 Hadamard 编码。应该注意的是,尽管 Hadamard 编码可能有其他块长度,但它们不是线性的。通常会从码集中删去全"0"行向量,因此由 $N \times N$ Hadamard 矩阵构成的 Hadamard 编码的数量为 $N-1$ 。如果一个单极性 Hadamard 编码由元素 $(0,1)$ 构成,码长为 N ,编码数量为 $N-1$, $c_n(i)$ 表示第 n 个 Hadamard 编码序列的第 i 个元素,则任意两个码序列的同相相关函数为

$$\sum_{i=1}^{N} c_l(i) c_m(i) = \begin{cases} N/2, m = l \\ N/4, m \neq l \end{cases} \qquad (4.42)$$

因此有

$$\sum_{i=1}^{N} c_l(i) \bar{c}_m(i) = \begin{cases} 0, m = l \\ N/4, m \neq l \end{cases} \qquad (4.43)$$

式中：$m, l \in \{2, 3, 4, \cdots, N\}$。

4.5.1.2 系统描述

SAC－OCDMA 系统互补编/译码结构框图如图 4.16 所示。数据比特为"1"时，从超荧光光源（SFS）发射的宽谱脉冲进入 PSD 波形为 $A(\nu)$ 的光谱编码器，数据比特为"0"时，宽谱脉冲则切换到 PSD 为 $\bar{A}(\nu)$ 的互补编码器。

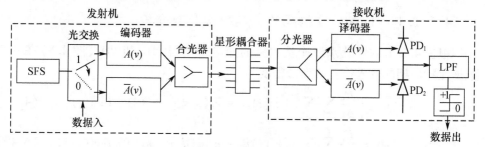

图 4.16 SAC－OCDMA 系统互补编/译码结构框图

通过 2×1 合光器后，编码光脉冲被送往星形耦合器，在这里来自所有用户的光信号被耦合到一起。接收端，耦合信号被分成相等的两部分，每部分信号各输入一个译码器。接收器中两个译码器也互补，具有与发射机编码器相同的函数。根据 Hadamard 编码特性，来自干扰用户的信号在上、下两个译码器中将产生相同的多用户干涉，因此平衡检测能恢复预期信号。低通滤波器用来恢复原始数据流。采用 Hadamard 序列 c_n 表示预期地址，则 $A(\nu)$ 和 $\bar{A}(\nu)$ 为

$$A(\nu) = \sum_{i=1}^{N} c_n(i) \left\{ u \left[\nu - \nu_0 - \frac{\Delta\nu}{2N}(-N + 2i - 2) \right] - u \left[\nu - \nu_0 - \frac{\Delta\nu}{2N}(-N + 2i) \right] \right\}$$

$$(4.44)$$

$$\bar{A}(\nu) = \sum_{i=1}^{N} \bar{c}_n(i) \left\{ u \left[\nu - \nu_0 - \frac{\Delta\nu}{2N}(-N + 2i - 2) \right] - u \left[\nu - \nu_0 - \frac{\Delta\nu}{2N}(-N + 2i) \right] \right\}$$

$$(4.45)$$

式中：$\Delta\nu$ 为编码带宽；ν_0 为中心频率；$u(\nu)$ 为单位阶跃函数。

4.5.1.3 Hadamard 编码的负二项式分布

宽带热辐光源（SFS、SLD、LED 等）的发光机理是自发辐射，发射光包含所有

137

相位成分,因此其发光强度服从负指数分布[15]。考虑到随机强度波和泊松光子到达过程,实际到达图 4.16 中光检测器 PD1 或 PD2 的计数光子服从 NB 分布,其概率质量函数为[15]

$$P_r(\Lambda = k) = \frac{\Gamma(k+M)}{\Gamma(k+1)\Gamma(M)}\left(\frac{E(\Lambda)}{M+E(\Lambda)}\right)^k\left(\frac{M}{M+E(\Lambda)}\right)^M \tag{4.46}$$

式中:Λ 为代表到达光子数的随机变量(从 0 到无穷);M 为宽带热辐光源的自由度;$\Gamma(k)$ 为变量 k 的伽马函数, $\Gamma(k)=(k=1)!$;$E(\Lambda)$ 为到达光子数的平均值。

该分布的方差为

$$\sigma_\Lambda^2 = E(\Lambda) + E^2(\Lambda)/M \tag{4.47}$$

当数据比特周期 $T \gg \tau_c(\tau_c$ 为相干时间,见式(4.11))时,偏振热辐光源的自由度 $M = U$,理想非偏振热辐光源的自由度 $M = 2U$,$U \approx T/\tau_c$。

4.5.1.4 Hadamard 编码的负二项式分布分析

根据 4.3 节的假设,第 l 个接收机的光电检测器 PD1 和 PD2(图 4.8)在一个数据比特周期的输入信号功率谱密度为

$$G_1(\nu) = \frac{P_s}{\Delta\nu}\sum_{k=1}^{K}\sum_{i=1}^{N}\{[c_k(i)d_k + \bar{c}_k(i)\bar{d}_k] \cdot c_l(i) \cdot \mathrm{rect}(i)\} \tag{4.48}$$

$$G_2(\nu) = \frac{P_s}{\Delta\nu}\sum_{k=1}^{K}\sum_{i=1}^{N}\{[c_k(i)d_k + \bar{c}_k(i)\bar{d}_k] \cdot \bar{c}_l(i) \cdot \mathrm{rect}(i)\} \tag{4.49}$$

式中:K 为并发用户数;d_k 为第 k 个用户发送的数据比特("0"或者"1");$\bar{d}_k$ 为互补信号;P_s 为接收机中经过 1×2 分光器后单个用户的接收信号功率;函数 $\mathrm{rect}(i)$ 为

$$\mathrm{rect}(i) = u\left[\nu - \nu_0 - \frac{\Delta\nu}{2N}(-N+2i-2)\right] - u\left[\nu - \nu_0 - \frac{\Delta\nu}{2N}(-N+2i)\right] \tag{4.50}$$

代入相关函数式(4.42)和式(4.43),则有

$$\int_0^\infty G_1(\nu)\mathrm{d}\nu = \frac{P_s}{4}(K - 1 + 2d_l) \tag{4.51}$$

$$\int_0^\infty G_2(\nu)\mathrm{d}\nu = \frac{P_s}{4}(K - 1 + 2\bar{d}_l) \tag{4.52}$$

$$\int_0^\infty G_1^2(\nu)\mathrm{d}\nu = \frac{P_s^2}{N\Delta\nu}\sum_{i=1}^{N}\left\{c_l(i) \cdot \left[\sum_{k=1}^{K}d_k c_k(i)\right] \cdot \left[\sum_{m=1}^{K}d_m c_m(i)\right]\right\} \tag{4.53}$$

$$\int_0^\infty G_2^2(\nu)\mathrm{d}\nu = \frac{P_s^2}{N\Delta\nu}\sum_{i=1}^{N}\left\{\bar{c}_l(i) \cdot \left[\sum_{k=1}^{K}d_k c_k(i)\right] \cdot \left[\sum_{m=1}^{K}d_m c_m(i)\right]\right\} \tag{4.54}$$

利用编码相关特性以及近似处理 $\sum_{m=1}^{K}d_m c_m(i) \approx K/2$,式(4.53)和式(4.54)变为

$$\int_0^\infty G_1^2(\nu)\mathrm{d}\nu = \frac{P_s^2}{N\Delta\nu}\frac{K}{2}\left[d_l\frac{N}{2} + (k-1)\frac{N}{4}\right] = \frac{P_s^2}{8\Delta\nu}K(K - 1 + 2d_l) \tag{4.55}$$

138

$$\int_0^\infty G_2^2(\nu)\,\mathrm{d}\nu = \frac{P_s^2}{8\Delta\nu}K(K-1+2\bar{d}_l) \tag{4.56}$$

当并发用户数 $K > 1$ 时,第 l 个接收机中光检测器 PD1 和 PD2(图 4.8)输入信号的相干时间为

$$\tau_{c1} = \frac{K(K-1+2d_l)/8\Delta\nu}{(K-1+2d_l)^2/16} = \frac{2K}{(K-1+2d_l)\Delta\nu} \tag{4.57}$$

$$\tau_{c2} = \frac{K(K-1+2\bar{d}_l)/8\Delta\nu}{(K-1+2\bar{d}_l)^2/16} = \frac{2K}{(K-1+2\bar{d}_l)\Delta\nu} \tag{4.58}$$

令 k_1、k_2 分别表示到达光检测器 PD1 和 PD2 的光子数量,均服从负二项式分布特性,其平均值分别为 $E(k_1)$ 和 $E(k_2)$,自由度分别为 M_1 和 M_2。根据 Hadamard 码的相关性,当接收数据比特为"1"时,k_1 和 k_2 的平均值为

$$E[k_1] = P_s T/2hf + (K-1)P_s T/4hf = (K+1)P_s T/4hf \tag{4.59}$$

$$E[k_2] = (K-1)P_s T/4hf \tag{4.60}$$

式中:h 为普朗克常量;f 为光源频率;T 为数据比特周期。

对于 k_1,自由度 $M_1 = 2T/\tau_{c1}$,对于 k_2,自由度 $M_2 = 2T/\tau_{c2}$,τ_{c1}、τ_{c2} 可分别由式(4.57)和式(4.58)获得。因此,无论接收"0"码还是"1"码都可以得到负二项式分布的两个参数,从而算出概率质量函数。

平衡检测后产生电子的数量 $k_{e1} = \eta(k_1 - k_2) = \eta k_{d1}$,其中 η 为光电检测器的量子效率,并有 $k_{d1} = k_1 - k_2$。因为采用的阈值为 0,在分析误码率时量子效率的影响可忽略不计。下面假设 $\eta = 1$ 且只有唯一的随机变量 k_{d1},则其概率为

$$P[k_{d1} = k] = \sum_{i=-\infty}^{\infty}\{P[k_1 = i+k]\cdot P[k_2 = i]\} \tag{4.61}$$

式中:$P[k_1]$、$P[k_2]$ 可通过式(4.46)获得。为了用式(4.61)计算误码率,需要做如下定义:设随机变量 ξ,其概率向量 $\boldsymbol{P}_\xi$ 定义为 $\boldsymbol{P}_\xi = \{\cdots a_{i-1}, a_i, a_{i+1}, \cdots\}$,$a_i$ 表示 $\xi = i$ 的概率,即 $a_i = P[k = i]$;假设 $\boldsymbol{P}_{k1}$、$\boldsymbol{P}_{k2}$ 和 $\boldsymbol{P}_{d1}$ 分别表示 k_1、k_2 和 k_{d1} 的概率向量,$\mathrm{inv}(\boldsymbol{P}_{k2})$ 为 $\boldsymbol{P}_{k2}$ 的逆序列,即 $\mathrm{inv}(\boldsymbol{P}_{k2}) = \{\cdots a_{k2,i+1}, a_{k2,i}, a_{k2,i-1}, \cdots\}$,其中 $a_{k2,i} = P[k_2 = i]$。如果 $\mathrm{conv}(x, y)$ 代表序列 x 和 y 的卷积,则式(4.61)转化为

$$\boldsymbol{P}_{d1} = \mathrm{conv}[\boldsymbol{P}_{k1}, \mathrm{inv}(\boldsymbol{P}_{k2})] \tag{4.62}$$

因此当数据比特为"1"时,BER 为

$$P_{e1} = \left\{\sum_{i=-\infty}^{-1} P[k_{d1} = i]\right\} + P[k_{d1} = 0]/2 \tag{4.63}$$

当数据比特为"0"时,通过交换式(4.62)中的 $\boldsymbol{P}_{k1}$ 和 $\boldsymbol{P}_{k2}$,能够计算出误码率 P_{e2}。假设发送"1"和"0"等概,则总误码率 $P_e = (P_{e1} + P_{e2})/2$,因为 $P_{e1} = P_{e2}$,所以 $P_e = P_{e1}$。这意味着总误码率可以通过式(4.63)获得。

当用户数 $K = 1$ 时,即没有其他在线用户,如果数据比特为"1",则 PD1 的相干时间为

$$\tau_{\mathrm{c1}} = \frac{(P_{\mathrm{s}}/\Delta\nu)^2 (N/2)(\Delta\nu/N)}{[(P_{\mathrm{s}}/\Delta\nu)(N/2)(\Delta\nu/N)]^2} = \frac{2}{\Delta\nu} \tag{4.64}$$

且 $E[k_1] = P_{\mathrm{s}}T/2hf$。在 PD2 中无光功率存在,则误码率为

$$P_{\mathrm{e1}} = \left\{ \sum_{i=-\infty}^{-1} P[k_1 = i] \right\} + P[k_1 = 0]/2 \tag{4.65}$$

当数据比特为"0"时,能获得同样按照式(4.65)表示的 BER。

4.5.1.5 数值结果分析

在误码率计算中,需要考虑相位感应强度噪声和散射噪声的影响。由于这种影响微乎其微,所以可以假设当 $|k - E[\Lambda]| \geqslant 4\sigma_\Lambda$ 时, $\mathrm{P_r}(\Lambda = k) = 0$。系统工作波长为 1550nm,数据比特速率为 622Mb/s,编码带宽为 3.75THz(相当于 30nm 谱线宽度),假设量子效率为 1。

图 4.17 比较了在 NB 分布(点)和高斯分布(线)的情况下,当接收信号功率分别为 $-27\mathrm{dBm}$、$-40\mathrm{dBm}$、$-52\mathrm{dBm}$ 时,误码率随并发用户数的变化。正如所预期的那样,两种情况的误码率都随着并发用户数量 K 的增加而增加。在分光器输出的单用户信号功率 P_{s} 一定的情况下,当 K 较小时,NB 分布的误码率明显低于高斯近似分布的误码率,其原因是假设当 $|k - E[\Lambda]| \geqslant 4\sigma_\Lambda$ 时, $\mathrm{P_r}(\Lambda = k) = 0$。相应的,当增大概率计算范围时,误码率逼近对应的高斯曲线,即假设当 $|k - E(\Lambda)| \geqslant \nu\sigma_\Lambda$ 且 $\nu > 4$ 时, $\mathrm{P_r}(\Lambda = k) = 0$。

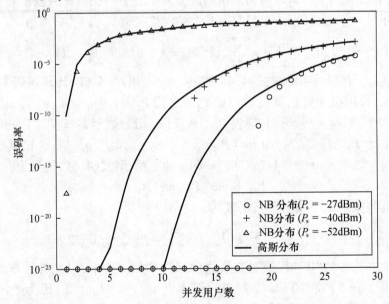

图 4.17 NB 分布(点)和高斯分布(线)情况下误码率关于并发用户数的变化关系

然而当用户数增大时,两种方法的计算结果非常接近。例如当 $P_{\mathrm{sr}} = -27\mathrm{dBm}$

且 $K > 20$ 时,在图 4.17 中两种方法的曲线几乎一致。

4.5.2 MQC 编码的 NB 分布

本节将分析基于离散 NB 分布且用户地址选用 MQC 编码的 SAC – OCDMA 系统的性能,并与高斯近似的结果加以比较。分析表明,当干扰用户数增加时,NB方法计算的误码率与高斯近似计算结果几乎相同。而只有一个在线用户时,NB分布方法可以给出更精确的性能估算。需要注意的是在以下分析中只考虑了强度噪声和散弹噪声。

4.5.2.1 系统描述

应用 MQC 编码的 SAC – OCDMA 系统结构框图如图 4.18 所示,发射机的宽带热辐光源(BTS)的输出为强度调制信号。当数据比特为"1"时,BTS 发送信号进入光谱编码器,宽带脉冲的 PSD 的波形用 $A(v)$ 表示,它由预期 MQC 编码序列决定。数据比特为"0"时,BTS 关闭,因此无发送信号。编码光脉冲被送往星形耦合器,所有用户的光信号耦合后送往对端。在对端,每个接收器把耦合信号分成两路相等的光信号。

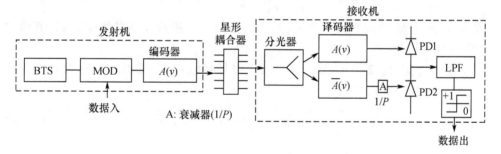

图 4.18 应用 MQC 编码的 SAC – OCDMA 系统结构框图

两路光信号分别输入到译码器。两个译码器互补,其配置基于接收地址序列,可以帮助接收机恢复预期信号。然后经过平衡检测和低通滤波器(LPF)的处理,原始数据得以恢复。在此系统中,因为 MQC 编码具有完美的同相相关性,不仅可以抵消多用户干涉,还可以抑制相位感应强度噪声的影响。

4.5.2.2 MQC 编码性能

如第 2 章所述,MQC 编码是基于素数 P 构造的 $(0,1)$ 序列。如果 $c_n(i)$ 表示第 n 个编码序列的第 i 个元素,且 $\bar{c}_n(i)$ 表示它的补码,则任意两个 MQC 序列的同相相关函数为

$$\sum_{i=1}^{N} c_l(i) c_m(i) = \begin{cases} P + 1, & m = l \\ 1, & m \neq l \end{cases} \quad (4.66)$$

式中：$m,l \in \{1,2,3,\cdots,N\}$，$N$ 为 MQC 码的码长，$N = P^2 + P$。

因此有

$$\sum_{i=1}^{N} c_l(i)\bar{c}_m(i) = \begin{cases} 0, & m = l \\ P, & m \neq l \end{cases} \tag{4.67}$$

4.5.2.3　性能分析

若 MQC 序列 c_n 为预期地址码，$A(\nu)$ 和它的互补 $\bar{A}(\nu)$ 为

$$A(\nu) = \sum_{i=1}^{N} c_n(i)\mathrm{rect}(i) \tag{4.68}$$

$$\bar{A}(\nu) = \sum_{i=1}^{N} \bar{c}_n(i)\mathrm{rect}(i) \tag{4.69}$$

式中函数 $\mathrm{rect}(i)$ 由式（4.50）给出。根据图 4.18，第一个接收器中的 PD1 和 PD2 在一个数据比特周期的输出 PSD 分别为

$$G_1(\nu) = \frac{P_{\mathrm{sr}}}{\Delta\nu}d_1\sum_{i=1}^{N}c_1(i)\mathrm{rect}(i) + \frac{P_{\mathrm{sr}}}{\Delta\nu}\sum_{k=2}^{K+1}\sum_{i=1}^{N}c_k(i)c_1(i)\mathrm{rect}(i) \tag{4.70}$$

$$G_2(\nu) = \frac{1}{P}\frac{P_{\mathrm{sr}}}{\Delta\nu}\sum_{k=2}^{K+1}\sum_{i=1}^{N}c_k(i)\bar{c}_1(i)\mathrm{rect}(i) \tag{4.71}$$

式中：K 为发送"1"的在线干扰用户数；d_1 为第一个用户发送的数据比特，其值为"0"或"1"。

令 P_s 表示 1×2 分光器后单个用户信号接收功率，根据编码相关特性和式（4.66）和式（4.67），可得

$$\int_0^{\infty} G_1(\nu)\mathrm{d}\nu = \frac{P_s}{N}\left[K + (P+1)d_1\right] \tag{4.72}$$

$$\int_0^{\infty} G_2(\nu)\mathrm{d}\nu = \frac{KP_s}{N} \tag{4.73}$$

$$\int_0^{\infty} G_1^2(\nu)\mathrm{d}\nu = \frac{P_s^2}{N\Delta\nu}\sum_{i=1}^{N}\left\{c_1(i)\cdot\left[\sum_{k=1}^{K+1}c_k(i)\right]\cdot\left[\sum_{m=1}^{K+1}c_m(i)\right]\right\} \tag{4.74}$$

$$\int_0^{\infty} G_2^2(\nu)\mathrm{d}\nu = \frac{1}{P}\frac{P_s^2}{N\Delta\nu}\sum_{i=1}^{N}\left\{\bar{c}_1(i)\cdot\left[\sum_{k=1}^{K+1}c_k(i)\right]\cdot\left[\sum_{m=1}^{K+1}c_m(i)\right]\right\} \tag{4.75}$$

运用近似处理 $\sum_{m=1}^{K}c_m(i) \approx K/P$ 以及编码特性，式（4.74）和式（4.75）变为

$$\int_0^{\infty} G_1^2(\nu)\mathrm{d}\nu = \frac{P_s^2}{N\Delta\nu}\frac{K+1}{P}\left[K + (P+1)d_1\right] \tag{4.76}$$

$$\int_0^{\infty} G_2^2(\nu)\mathrm{d}\nu = \frac{P_s}{N\Delta\nu}\frac{K+1}{P}K \tag{4.77}$$

因此，当干扰用户数 $K > 0$ 时，输入第一个接收器的 PD1 和 PD2 的热辐射光的相干时间为

142

$$\tau_{c1} = \frac{N(K+1)}{P\Delta\nu[K+(P+1)d_1]} \tag{4.78}$$

$$\tau_{c2} = \frac{N(K+1)}{P^2\Delta\nu K} \tag{4.79}$$

令 k_1、k_2 分别表示到达光检测器 PD1 和 PD2 的光子数量,均服从负二项式分布,其平均值分别为 $E(k_1)$ 和 $E(k_2)$,自由度分别为 M_1 和 M_2。根据 MQC 码相关性,当接收数据比特为"1"时,k_1 和 k_2 的均值为

$$E[k_1] = d_1 P_s T/Phf + KP_s T/Nhf = [K+(P+1)d_1]P_s T/Nhf \tag{4.80}$$

$$E[k_2] = KP_s T/Nhf \tag{4.81}$$

式中:h 为普朗克常量;f 为光源频率;T 为数据比特周期。

对于 k_1,自由度 $M_1 = 2T/\tau_{c1}$,对于 k_2,自由度 $M_2 = 2T/\tau_{c2}$,其中 τ_{c1}、τ_{c2} 分别由式(4.78)和式(4.79)获得。因此,两个 PD 到达光子的概率分布可分别由 $P[k_1]$、$P[k_2]$ 表示和获得。

平衡检测产生的电子数量 $k_{e1} = \eta(k_1 - k_2) = \eta k_{d1}$,其中 η 为光电检测器的量子效率,$k_{d1} = k_1 - k_2$。为了简单起见,分析误码率时量子效率的影响忽略不计。下面假设 $\eta = 1$ 且只考虑随机变量 k_{d1},则 k_{d1} 的概率为

$$P[k_{d1} = k] = \sum_{i=-\infty}^{\infty} \{P[k_1 = i+k] \cdot P[k_2 = i]\} \tag{4.82}$$

采用与上节相同的方法和定义,可将式(4.82)转化为

$$P_{d1} = \text{conv}[\overline{P}_{k1}, \text{inv}(\overline{P}_{k2})] \tag{4.83}$$

给定一个阈值:

$$\text{Th} = \frac{1}{2}\left(\int_0^\infty G_2(\nu)\,d\nu - \int_0^\infty G_1(\nu)\,d\nu\right) = \frac{P_s}{2P} \tag{4.84}$$

则数据比特为"1"时,误码率为

$$P_{e1} = \left\{\sum_{i=-\infty}^{\text{Th}-1} P[k_{d1} = i]\right\} P[k_{d1} = \text{Th}]/2 \tag{4.85}$$

当数据比特为"0"时,同样可以计算出误码率 P_{e2}。在这种情况下,光子的平均值 $E[k_1] = E[k_2] = KP_s T/Nhf$,误码率为

$$P_{e2} = \left\{\sum_{i=\text{Th}}^{\infty} P[k_{d1} = i]\right\} + P[k_{d1} = \text{Th}]/2 \tag{4.86}$$

假设发送数据比特"1"和"0"的概率相等,则总误码率为

$$P_e = (P_{e1} + P_{e2})/2 \tag{4.87}$$

当只有一个用户($K=0$)时,如果发送数据为"1",则 PD1 的相干时间为

$$\tau_{c1} = \frac{(P_s/\Delta\nu)^2(N/P)(\Delta\nu/N)}{[(P_s/\Delta\nu)(N/P)(\Delta\nu/N)]^2} = \frac{P}{\Delta\nu} \tag{4.88}$$

考虑到 $E[k_1] = P_s T/Phf$ 以及在 PD2 中不存在光功率,误码率为

$$P_{e1} = \left\{ \sum_{i=0}^{\text{Th}-1} P[\,k_1 = i\,] \right\} + P[\,k_1 = \text{Th}\,]/2 \qquad (4.89)$$

因为当数据比特为"0"时,不会收到如何信息,自然也不会发生差错,则总误码率可以用 $P_e = P_{e1}/2$ 表示。

4.5.2.4 数值结果分析

在计算误码率时,需要考虑基于 NB 分布的 PIIN 和散弹噪声的影响。由于这种影响很小,可以假设当 $|k - E[\Lambda]| \geq 12\sigma_\Lambda$ 时,$\Pr(\Lambda = k) = 0$。系统工作波长为 1550nm,数据比特速率为 622Mb/s,编码带宽为 3.75 THz(相当于 30nm 谱线宽度),量子效率为 1。

图 4.19 对比了在 NB 分布和高斯近似两种情况下,当 $P = 7$,分光器输出的接收信号功率 P_s 分别为 -22dBm、-35dBm、-42dBm 时,误码率随干扰用户数的变化。可以发现,这两种情况下的误码率均随当前干扰用户数 K 的增加而增加。在只有一个用户、不同 P_s 的条件下,对两种方法的误码率进行比较,其结果列在表 4.2 中。通过比较发现,在这种情况下,NB 分布的误码率更准确,低于高斯近似。

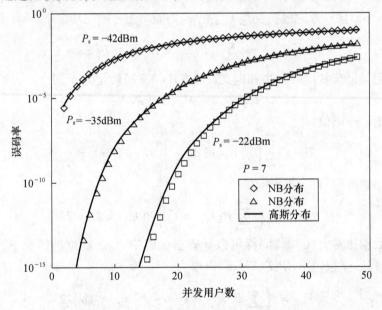

图 4.19　$P = 7$ 时,误码率关于高斯分布(线)和 NB 分布(其他)干扰用户数的变化关系

表 4.2　单用户误码率比较

	$P_s = -40$dBm	$P_s = -50$dBm	$P_s = -60$dBm
NB 分布	1.6×10^{-13}	3.9×10^{-3}	1.0×10^{-1}
高斯分布	9.7×10^{-11}	1.7×10^{-2}	2.4×10^{-1}

144

图 4.20 比较了 P 分别为 5 和 13 的情况下，P_s 为 $-35\mathrm{dBm}$ 时，误码率随并发用户数的变化。从图中可以观察到，误码率随 P 值的增加而提高，这是由于编码长度以及网络容量的增加。显然，当增加并发用户数量时，多用户干扰会降低整体性能，进而导致误码率升高。

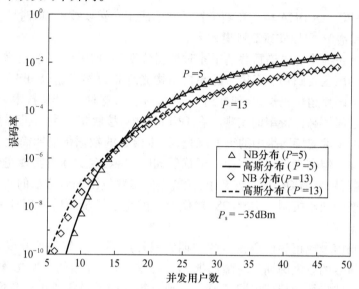

图 4.20　当 $P_{sr} = -35\mathrm{dBm}$ 时，误码率关于高斯分布（线）和 NB 分布（其他）干扰用户数的变化关系

从图 4.19 和图 4.20 可以看出：当 $K > 0$ 时，两种方法得到的 BER 结果几乎相同；当 $K = 0$ 时，NB 分布可以获得更精确的误码率。

4.6　光谱相位编码方案

通过介绍多种编码方案和技术，已经从理论上分析了整个 SAC - OCDMA 系统的性能。还有一种编码方案是光谱相位编码（SPC）OCDMA，本节将简要介绍这种方案及其最新进展。

文献[24,25]分别从频域和时域相位编码方案对 OCDMA 性能进行了理论分析，但尚不清楚是否有相关理论性能比较的报道。这些方案有如下共同特征：

（1）都分析 MUI 的消除能力。MUI 包括时域干扰（信号在时间上重叠）和频域干扰（拍频噪声）[24]。理论分析都充分考虑这两种类型的干扰，时域重叠干扰一般更为严重。通常使用 MUI 指代两种类型干扰。

（2）在给定编码长度的情况下，误码性能随在线用户数的增加而降低。因此，需要通过软限幅在用户数量和误码率之间进行折中。

（3）码长和相关值等编码参量在总体系统性能中发挥重要作用。对于给定的在线用户数,长编码可更好地抑制干扰,显著降低差错率。同样,对于给定的误码率,长编码使网络能容纳更多的在线用户。然而,增加编码长度会使编/译码器的结构更复杂、降低频谱效率和增加能耗。显然,在性能、复杂度和效率之间有一个折中。

(4) SPC – OCDMA 也需要纠错技术和编码用户转换技术(即时域完全异步和频域完全重叠)[26] 以实现高频谱效率。

一个真正异步和光谱重叠的千兆时扩相位编码 OCDMA 系统已得到验证[27]。该系统的实用主要归功于运用了超晶格结构光纤布拉格光栅(SSFBG)编译码器,实现了 511 码片超长码长,合理抑制了干扰。但是,这种 SSFBG 技术无法编程,且超长码长阻碍了高比特率的实现。在 OCDMA 中,接收机和发射机都存在同步问题。CDMA 技术支持网络中的突发流量,异步模式的数据传输能简化和分散网络控制和管理。但在充分抑制多用户干扰的同时,很难在实际中实现完全异步。因此,在很多两用户的 OCDMA 方案中,尤其是大多数应用 SPC 方法的研究中都采用了某种程度的同步机制。文献[28]对低速率的完全异步两用户 SPC – OCDMA 系统进行了验证。

未编码信号或正确译码信号的周期为码片周期 t_{chip},编码信号或未正确译码的伪噪声信号的更大周期为时隙周期 t_{slot}。文献[26]介绍的 SPC 方案中,伪随机噪声信号个体特征的特征周期等于 t_{chip},独立特征的数量等于编码长度 $t_{slot}/t_{chip}=N$。在完全异步的系统中,任意用户在一个比特周期内任意时间发送信号,不需要用户之间的协调。而一个同步接收机需要光时钟恢复以实现定时精度高于 t_{chip} 的门控。为了解决这一问题,人们提出时隙级同步的概念,放宽了同步的定时要求。时隙级同步是指将用户的传输时间控制在时隙周期 t_{slot} 的时间范围内,而不需要码片级的时间控制[29,30]。基于不同级别的同步需求可以对 OCDMA 进行分类。在发射机中,时隙级(t_{slot})和码片级(t_{chip})的完全异步被区分开来。在接收器中,依据是否要求采用超快电门控或光门控实现码片级(t_{chip})精度的时钟恢复来区分是异步还是同步检测。在 SPC – OCDMA 同步门控的实际应用中,对于多个重叠的SPC – OCDMA 用户,如何实现真正的时钟恢复仍然是一个挑战。因此,在异步检测中应用了一种自门控方法,该方法通过非线性光学方法实现门控,避免了 OCDMA 的时钟恢复问题。

速率为 10Gb/s 的四用户可编程 SPC OCDMA 系统配置如图 4.21 所示[26]。该系统采用主动锁模光纤激光器作为脉冲激光源,配合色散渐减光纤孤子压缩产生频率为 10GHz、中心波长为 1542nm、脉宽为 0.4ps 的近变换极限脉冲。采用速率为 10Gb/s、图案为 $2^{23}-1$ 的伪随机二进制序列(PRBS)数据流对该脉冲进行编码。三个用户的调制超短脉冲输入到光耦合傅里叶变换脉冲整形器中进行光源频谱的相位编码[31]。接收机的译码器是建立在脉冲整形器和一个超灵敏非线性光强鉴频器的基础上,该鉴频器基于周期性极化铌酸锂(PPLN)波导的二次谐波产

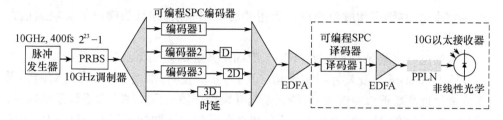

图 4.21   四用户可编程 SPC OCDMA 系统配置

生。接收机包括实现用户信道选择的光纤耦合傅里叶变换脉冲整形器、光放大器、实现非线性鉴频功能[32]的尾纤式高灵敏度 PPLN 波导芯片、3dB 带宽为 7.5GHz 与二次谐波工作波长为 0.77μm 的 10Gb/s 以太光电检测器。

　　SPC 编/译码采用光纤耦合傅里叶变换脉冲整形器实现超短脉冲的整形。光源的频谱相位编码通过嵌入一个 2×128 像素的液晶调制(LCM)阵列实现,LCM 的每个像素点都可以通过独立电控制实现分辨率为 12bit、范围为 2π 的任意相移[29,30]。因此,由离散频率成分组成的短输入脉冲通过光栅产生水平衍射,其相位受 LCM 控制。目前,还有包括 AWG[1]和环形谐振器[33]等其他类型的光谱相位编/译码器件。

　　这种频谱相位编码 OCDMA 方案具有完全可编程性,但必须使用相对较短的编码(典型码长为 31)。因此在实验中,为了获得更好的误码率性能,通常需要某种形式的定时同步。除了可编程性,SPC 还简化了编码转换。在 OCDMA 网络中多个用户共享同一信道,由于编码空间有限,分配给用户的编码可能在另一个节点已经被使用。编码转换或随机访问协议(RAP)是避免重复编码的解决方案,即用其他未使用的编码对一个已编码用户进行重新编码。因此,RAP 是一种提高用户数量的有效算法。同时通过编码重用,RAP 也能减少 OCDMA 网络中所需的编码数量。在时域编码[34,35]或二维时间/波长编码[36]的研究中,全光 CDMA 系统随机访问协议已经得到应用。然而,人们已考虑采用复杂的短码长(4~8 码片)非线性光学处理方案,尽管编码转换器还不支持动态重构。

4.7   总　　结

　　本章介绍了采用不同技术和收发器结构的光谱编码 OCDMA 方案,对频谱幅度编码 OCDMA 系统进行了详细的分析,考虑了当光子到达遵循泊松行为时,光电探测器中的光子数量呈高斯和 NB 两种统计分布的情况。在考虑强度噪声、散弹噪声和热噪声影响情况下,对采用 MQC 编码和 Hadamard 编码的系统性能进行了研究。研究表明,像 MQC 编码这样具有更灵活码长和相关约束的扩频码能更有效地抑制相位感应强度噪声并显著提高总体系统性能。当接收机接收到的单一用户信号功率 P_{sr} 足够高时,相位感应强度噪声是限制系统性能的主要因素。然而,当

P_{sr}不够高时,热噪声和散弹噪声成为主要的限制因素,并且热噪声的影响远远大于散弹噪声。

本章也对离散 NB 分布的 SAC - OCDMA 系统的误码率进行了分析。在分析中运用 Hadamard 码及其补码实现编/译码。分析表明,采用 NB 分布得到的误码率非常接近高斯近似的误码率,特别是当并发用户数量巨大时。考虑到系统容量,通常有大量的在线用户,因此 NB 分布和高斯近似方法同样可以对 SAC - OCDMA 系统的容量提供一个准确的评估。在分析中,也可采用修正二次同余码作为用户地址码。分析表明:当存在干扰用户时,即 $K > 0$,NB 分布和高斯近似方法会得到几乎相同的误比特率结果;当没有干扰参与时,即 $K = 0$,基于 NB 分布的方法可以给出更精确的性能估计。

本章还介绍了频谱相位编码 OCDMA 系统的最近进展,包括 10Gb/s 多用户系统实验和多点网络所需的编码转换。显然,OCDMA 依然是全世界在相关专业领域内的重点研究方向,特别是其在光接入网络中的应用以及光信号处理技术的发展。未来的研究重点还有:一是系统的复杂性和成本控制,包括宽带光源、编/译码器件、检测系统和多用户 OCDMA 系统定时控制的简化;二是多用户 OCDMA 系统的总体系统性能改善,包括增加用户数量和降低误码率。

参 考 文 献

[1] Tsuda, H. et al . (1999) Photonic spectral encoder/decoder using an arrayed - waveguide grating for coherent optical code division multiplexing. In:Proc. WDM Components, Trends in Optics and Photonics , San Diego, USA.

[2] Wang, S. Y. et al . (2006) The experimental demonstration of MW - OCDMA system based on FBG en/decoder. In:SPIE , 6025, 60251A.

[3] Yan, M. et al . (2008) En/decoder for spectral phase - coded OCDMA system based on amplitude sampled FBG. IEEE Photonics Tech. Letters, 20 (10), 88 - 90.

[4] Hinkov, I. et al . (1995) Feasibility of optical CDMA using spectral encoding by acoustically tunable optical filters. Electronics Letters, 31 (5), 384 - 386.

[5] Laakkonena, P. , Kuittinen, M. and Turunena, J. (2001) Coated phase masks for proximity printing of Bragg gratings. Optics Communications, 192 (3 - 6), 153 - 159.

[6] Li, H. et al . (2006) Optimization of a continuous phaseonly sampling for high channel - count fiber Bragg gratings. Optics Express, 14 (8), 3152 - 3160.

[7] Othonos, A. and Kalli, K. (1999) Fiber Bragg gratings:fundamentals and applications in telecommunications and sensing . Artech House, Boston, USA.

[8] Cherin, A. H. (1983) An introduction to optical fibres . McGraw - Hill, USA.

[9] Keiser, G. (1983) Optical fiber communications. McGraw - Hill, USA.

[10] Wei, Z. , Shalaby, H. M. H. and Ghafouri - Shiraz, H. (2001) Modified quadratic congruence codes for fiber Bragg - grating - based spectral - amplitude - coding optical CDMA systems. J.

Lightw. Technol. , 19 (9), 1274 – 1281.

[11] Fathallah, H. , Rusch, L. A. and LaRochelle, S. (1999) Passive optical fast frequency – hop CDMA communication system. J. Lightw. Technol. , 17 (3), 397 – 405.

[12] Huang, J. F. and Hsu, D. Z. (2000) Fiber – grating – based optical CDMA spectral coding with nearly orthogonal m – sequence codes. IEEE Photonics Tech. Letters, 12 (9), 1252 – 1254.

[13] Smith, E. D. J. , Blaikie, R. J. and Taylor, D. P. (1998) Performance enhancement of spectral – amplitude – coding optical CDMA using pulse position modulation. IEEE Trans. on Comm. , 46 (9), 1176 – 1185.

[14] Zhou, X. et al . (2000) Code for spectral amplitude coding optical CDMA systems. Electronics Letters,36 (8), 728 – 729.

[15] Goodman, J. W. (2000) Statistical optics. New York: Wiley.

[16] Nguyen, L. , Young, J. F. and Aazhang, B. (1996) Photoelectric current distribution and bit error rate in optical communication systems using a superfluorescent fiber source. J. Lightw. Technol. , 14 (6), 1455 – 1466.

[17] Dennis, T. and Young, J. F. (1999) Measurements of BER performance for bipolar encoding of an SFS. J. Lightw. Technol. , 17 (9), 1542 – 1546.

[18] Wei, Z. , Ghafouri – Shiraz, H. and Shalaby, H. M. H. (2001) Performance analysis of optical spectral – amplitude – coding CDMA systems using super – fluorescent fiber source. IEEE Photonics Tech. Letters, 13 (8), 887 – 889.

[19] Wei, Z. and Ghafouri – Shiraz, H. (2002) IP transmission over spectral – amplitude – coding CDMA links. J. Microw. & Opt. Tech. Let. , 33 (2), 140 – 142.

[20] Wei, Z. and Ghafouri – Shiraz, H. (2002) IP routing by an optical spectral – amplitude – coding CDMA network. IEE Proc. Communications, 149 (5), 265 – 269.

[21] Wei, Z. and Ghafouri – Shiraz, H. (2002) Proposal of a novel code for spectral amplitude coding optical CDMA systems IEEE Photonics Tech. Letters, 14 (3), 414 – 416.

[22] Wei, Z. and Ghafouri – Shiraz, H. (2002) Codes for spectral – amplitude – coding optical CDMA systems. J. Lightw. Technol. , 20 (8), 1284 – 1291.

[23] Prucnal, P. R. (2005) Optical code division multiple access: fundamentals and Applications . CRC Taylor & Francis Group, Florida, USA.

[24] Heritage, J. P. , Salehi, J. A. and Weiner, A. M. (1990) Coherent ultrashort light pulse code – division multiple access communication systems. J. Lightw. Technol. , 8 (3), 478 – 491.

[25] Wang, X. and Kitayama, K. (2004) Analysis of beat noise in coherent and incoherent time – spreading OCDMA. J. Lightw. Technol. , 22 (10), 2226 – 2235.

[26] Weiner, A. M. , Jiang, Z. and Leaird, D. E. (2007) Spectrally phase – coded O – CDMA. J. Optical Networking,6 (6), 728 – 755.

[27] Wang, X. et al . (2005) 10 – user, truly – asynchronous OCDMA experiment with 511 – chip SSFBG en/decoder and SC – based optical thresholder. In: OFC , Anaheim, CA, USA.

[28] Shen, S. et al . (2000) Bit error rate performance of ultrashort – pulse optical CDMA detection

149

under multiaccess interference. Electronics Letters, 36 (21), 1795 – 1797.

[29] Jiang, Z. et al. (2005) Four – user, 10 Gb/s spectrally phase coded O – CDMA system oper- ating at 30 fJ/bit. IEEE Photonics Tech. Letters, 17 (3), 705 – 707.

[30] Jiang, Z. et al. (2005) Four – user, 2. 5 – Gb/s, spectrally coded OCDMA system demonstra- tion using low – power nonlinear processing. J. Lightw. Technol., 23 (1), 143 – 158.

[31] Weiner, A. M. (1995) Femtosecond optical pulse shaping and processing. Progress in Quantum Electronics ,3 (9), 161.

[32] Parameswaran, K. R. et al. (2002) Highly efficient second – harmonic generation in buried waveguides formed by annealed and reverse proton exchange in periodically poled lithium nio- bate. Optics Letters, 27 (3), 179 – 181.

[33] Agarwal, A. et al. (2006) Spectrally efficient six – user coherent OCDMA system using recon- figurable integrated ring resonator circuits. IEEE Photonics Tech. Letters, 18 (18), 1952 – 1954.

[34] Kitayama, K., Wada, N. and Sotobayashi, H. (2000) Architectural considerations for photon- ic IP router based on upon optical code correlation. J. Lightw. Technol., 18 (12), 1834 – 1844.

[35] Kamath, P., Touch, J. D. and Bannister, J. A. (2004) The need for medium access control in optical CDMA networks. In: IEEE InfoCom, Hong Kong.

[36] Gurkan, D. et al. (2003) All – optical wavelength and time 2 – D code converter for dynami- cally reconfigurable O – CDMA networks using a PPLN waveguide. In: OFC, CA, USA.

第 5 章　时域非相干 OCDMA 网络

5.1　概　　述

开关键控(OOK)和脉冲位置调制(PPM)是非相干 OCDMA 网络中应用最广泛的调制方式。如果系统主要受制于平均功率而非码片时间,那么 PPM 作为一种能量效率高的调制方式将优于 OOK[1]。然而,在实际 OCDMA 系统中,码片时间非常重要,而功率则成为移动和个人设备的关键因素。本章将继续分析曼彻斯特码,这种编码能提升 OCDMA 系统的性能。在下面的分析中将假设多址接入干扰(MAI)为 OCDMA 系统的主要噪声。

本章将分析采用 PPM 的非相干同步 OCDMA 系统及其发射机和接收机结构,分析并给出采用组填塞修正素数码(GPMPC)时系统的误比特率(BER),这种扩频编码已在 2.4.5 节中介绍过。

如果 PPM – OCDMA 系统缺乏干扰消除机制,MAI 会随着在线用户的增加迅速增加,所以系统可靠性会随着并发用户的增加而降低。增加重数 M 和素数 P 能帮助改进整体系统性能,但是一直提高 M 和 P 是不现实的,M 和 P 的增加势必会增大系统复杂度。如果能减少或者消除 MAI,系统性能将会显著提升,网络就能容纳更多的在线用户。因此本章将研究采用曼彻斯特编码并具有 MAI 消除机制的系统。同时,为了验证 GPMPC 性能,将其与第 2 章中介绍过的 n – MPC 和 MPC 等编码的性能进行比较,以便于理解。

尽管 PPM 是一种功率效率高的调制方式,但由于需要扩展带宽,所以并不能达到很高的吞吐量[2]。近年来,人们开始关注重叠脉冲位置调制(OPPM),在非相干光信道中,它是传统 PPM 的一种替代信号格式。OPPM 可以看成是 PPM 的一种,它允许脉冲位置重叠。5.10 节将会讨论在固定时隙分配不需扩展带宽的情况下,OPPM 系统如何获取比 PPM 系统更高的吞吐量。此外,OPPM 依然保留了 PPM 功率效率高和实现简单的优点。

同样,本章对采用 GPMPC 的同步 OPPM – OCDMA 系统及其信号格式进行分析。接着详细分析不同结构的收发信机模型的 BER 性能,并介绍和分析 OPPM – OCDMA 网络的基于 GPMPC 特性的 MAI 消除技术,而传统技术一般是在 OCDMA 相关器前后使用硬限幅器来消除接收机的平台干扰效应[3]。因为曼彻斯特编码能进一步提升系统性能,所以在 OPPM – OCDMA 收发信机中应用这种编码以减少码元间串扰。由于允许重叠,OPPM – OCDMA 接收机在同步时刻存在自干扰,因此在整个过程中同样需要考虑自干扰效应。本章数值结果分析的前提是假设主要噪声源为 MAI,且忽略不计发光二极管暗电流噪声和热噪声。最后,讨论和评估 OPPM – OCDMA 和 PPM – OCDMA 网络的吞吐量。

5.2　PPM – OCDMA 信号

多进制 PPM – OCDMA 信号帧结构如图 5.1 所示。一帧持续时间为 T 秒,包含 M 个时隙,每个时隙长度为 τ,则 $T = M \cdot \tau$。一个 GPMPC 序列包含 $P^2 + 2P$(P 为素数)个码片,码片持续时间为 T_c。每个码元用一串光脉冲表示,并放在 M 个相邻时隙中的某一个时隙中。因此,对于多进制 PPM – OCDMA 通信系统,在一个码元帧 T 内有 M 个可能的脉冲位置。在一帧内,每个用户只允许占用 M 个码元中的一个。预分配的特征扩频序列可用于区分不同的用户,也可用于传输帧中的相同符号。当用户要进行码元传输时,期望用户对应的扩频序列会占用该相应时隙。为了更好地进行扩频,长度为 L_c 的扩频序列必须精确放入到时隙 τ(也称为扩频间隔)中,则有 $\tau = T_c \cdot L_c$。

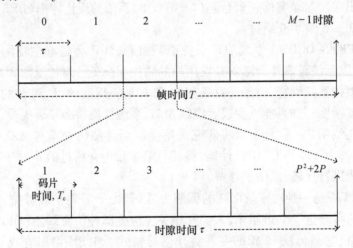

图 5.1　采用 GPMPC 的 M 进制 PPM – OCDMA 信号帧结构

5.3　PPM – OCDMA 收发信机结构

5.3.1　PPM – OCDMA 发射机结构

5.3.1.1　简单发射机

图 5.2 为非相干 PPM – OCDMA 发射机结构,包含信源、光 PPM 和 OCDMA 编

码器[4]。下面,分别介绍发射机各个模块的主要功能。

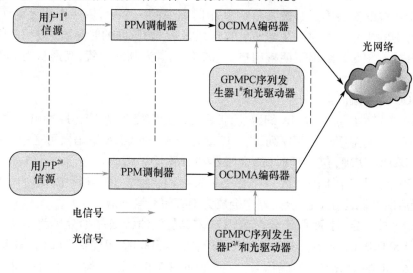

图 5.2 非相干 PPM – OCDMA 发射机结构

1)信源

信源的总数取决于可用码字的总数(码基数),用户总数中在线用户数为 N,且每个用户持续传输数据。图 5.3 中的系统采用 $P=3$、$M=3$ 的 GPMPC 信号,则最大在线用户数 $P^2=9$。假设 $2^{\#}$ 期望用户在时隙 0 发送数据,$6^{\#}$ 用户在时隙 1 发送数据,$8^{\#}$ 用户在时隙 2 发送数据。

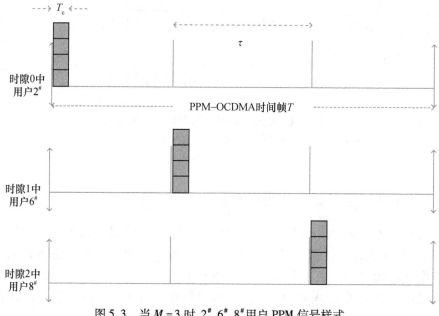

图 5.3 当 $M=3$ 时,$2^{\#}$、$6^{\#}$、$8^{\#}$ 用户 PPM 信号样式

2）PPM 调制器

每个信源的输出码元都被调制到 M 个时隙中的一个中,用一个宽度为 T_c、且有特定时延的激光脉冲生成又高又窄的光 PPM 信号,脉冲的时延取决于用户数据符号的振幅。图 5.3 给出了期望用户 2#、6#、8# 的激光脉冲位置,其形状为 PPM 编码器输出波形。

3）OCDMA 编码器

光 PPM 信号经过 OCDMA 编码器,扩展为码片宽度 T_c 的窄光脉冲串。这个窄光脉冲串就是期望用户扩频序列,为 GPMPC 序列。OCDMA 编码器可通过光抽头延时线(OTDL)实现,包括延时器、合路器和分路器。编码器包含一个 $1:w$ 分路器,w 为码重(码字中 1 的个数);接着是延时线,其延时与扩频码中"1"的位置相对应;最后所有脉冲在 $w:1$ 合路器中合成为 OCDMA 编码信号。

除非另外指定,下面假定分配给用户 2#、6#、8# 的特征序列分别为 $C_{0,0}$ = 100 100 100 100 010、$C_{1,0}$ = 100 010 001 001 010、$C_{2,0}$ = 100 001 010 010 001。图 5.4 为用户 2#、6#、8# 的 OCDMA 编码信号,它们是如图 5.5 所示的编码器的输出信号。图 5.6 为图 5.2 所示光网络接入点处的合路信号,该信号可以通过星形耦合器接入到光网络中。从图 5.6 可以清楚地看出这些信号发生交叠且会引起干扰。

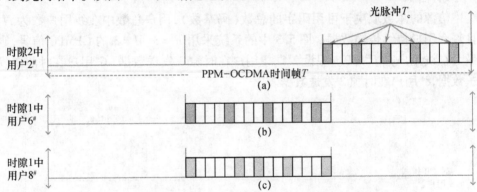

图 5.4　三进制 PPM – OCDMA 信号模型
(a) $C_{0,0}$ = 100 100 100 100 010; (b) $C_{1,0}$ = 100 010 001 001 010;
(c) $C_{2,0}$ = 100 001 010 010 001。

5.3.1.2　基于 MAI 消除的发射机

具有干扰消除功能的 PPM – CDMA 系统发射机模型与图 5.2 中的模型相似,唯一的区别是系统可容纳用户数由 P^2 变为 $P^2 - P$。由于每组编码的最后一个序列被预留给接收机的参考相关器使用,所以不能分配给任何一个用户。假设系统中有 N 个在线用户,且每个用户持续发送数据,则空余用户总数为 $P^2 - P - N$。

154

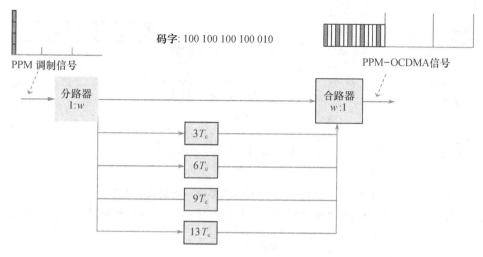

图 5.5　以 100 100 100 100 010 为特征码的 OTDL 编码示例

图 5.6　光信道中 PPM－OCDMA 合成信号示例

5.3.1.3　基于 MAI 消除和曼彻斯特编码的发射机

曼彻斯特编码是数据通信编码方式的一种,其特征:①数据和时钟信号共同构成一个单独的自同步数据流;②每个编码比特在比特周期中间都有一个跳变;③跳变方向取决于比特是 0 还是 1;④前半部分为真实比特值,后半部分为真实比特值的补码。因此,曼彻斯特编码规则:如果原始数据为逻辑 0,那么在一个周期中从 0 跳变为 1;如果原始数据为逻辑 1,那么在一个周期中从 1 跳变为 0。因此,也可用归零码表示曼彻斯特码,包括归零(RZ)和非归零(NRZ)两种信号格式[5-7]。

分析中,定义前半和后半时间周期都可用来表示真实比特值,这样曼彻斯特编码就被分配给系统中不同的用户,即全部用户中的前一半用户(P 组用户中的前 $(P+1)/2$ 组)使用前半个码片间隔 $[0,T_c/2]$ 传输数据,而剩余的 $(P-1)/2$ 组用户使用后半个码片间隔。这种编码机制保证两组用户不会相互干扰,从而减少了多用户干扰[7]。

根据图 5.4 和图 5.6 中的 $M=3$ 的信号模型,图 5.7 和图 5.8 给出了曼彻斯特编码系统的信号格式。用户 2# 和 6# 的扩频序列 $C_{0,0}$ 和 $C_{1,0}$ 占用前半个码片间隔,而用户 8# 的扩频序列 $C_{2,0}$ 占用后半个码片间隔。从图 5.8 中可以看出信号无重叠,不会引起干扰。需注意图中的码序列是任意选取的。

155

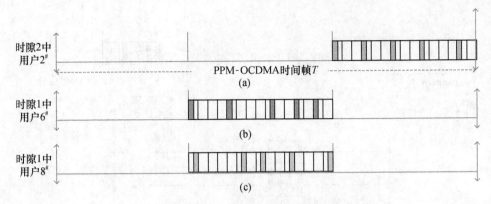

图 5.7　三进制 PPM – OCDMA 曼彻斯特编码信号模型

（a）$C_{0,0}$ = 100 100 100 100 010；（b）$C_{1,0}$ = 100 010 001 001 010；（c）$C_{2,0}$ = 100 001 010 010 001。

图 5.8　光信道中曼彻斯特编码 PPM – OCDMA 合成信号示例

5.3.2　PPM – OCDMA 接收机结构

5.3.2.1　简单接收机

图 5.9 给出了没有干扰消除和曼彻斯特编码的非相干 PPM – OCDMA 接收机模型。

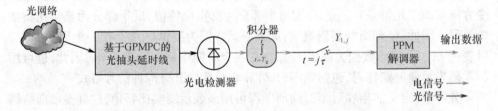

图 5.9　非相干 PPM – OCDMA 接收机模型

每个模块的主要功能如下：

1）光抽头延时线

从光纤中接收到的 PPM – OCDMA 信号包括所有用户的信息和噪声，通过 OTDL能实现该信号与其自身的扩频序列的相关处理。OTDL 可以被当作光匹配滤波器,如图 5.5 所示,扩频序列中"1"码的标记位置决定了 OTDL 的结构。信号延时量不仅取决于扩频序列,而且与码片间隔中标记位置有关。相关扩频序列和

156

发射机预分配的序列相同,如果输入信号编码地址正确,光匹配滤波器的输出就会达到自相关峰值,否则会生成较小的互相关值。

2）光电检测器

光电检测器将解复用光信号转换成电信号,信号强度与光子数和光波强度成正比。

3）积分器

积分器在整个码片持续时间 T_c 内进行积分,而对积分信号的采样只发生在每个 $j \cdot \tau$ 时刻,其中 $j \in \{1, 2, \cdots, M\}$。需要注意的是,直接检测 PPM – OCDMA 系统在每个时隙结束时都要进行同步。信号采样发生在码片的最后位置,从而覆盖整个扩频码长,准确计算出时间帧 T 内扩频时隙 τ 中的最大自相关值。

4）PPM 检测器

经过积分器处理后,要对每个时隙的光子数进行判决。M 进制信号通过 PPM 解码器,并进行比对。具有最大光子数的时隙被判定为真实比特值。

5.3.2.2　基于 MAI 消除的接收机

图 5.10 所示为基于 MAI 消除的非相干 PPM – OCDMA 接收机模型。

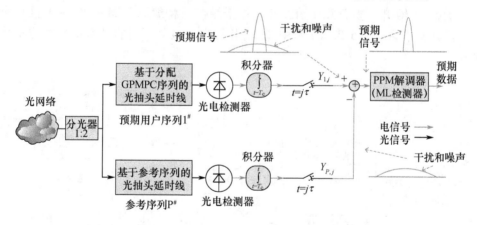

图 5.10　基于 MAI 消除的非相干 PPM – OCDMA 接收机模型

文献[8]提出了基于 MPC 纠错特性的 MAI 消除技术,这里采用 GPMPC 扩频码替代 MPC 实现相同功能。其主要思想是首先预留一个码字以提供干扰估计,然后将估计干扰从光电探测器输出信号中除去。

从图 5.10 中可以看出,由期望数据、MAI 以及噪声构成的接收信号首先被一个 1:2 分光器分成两个相同信号,然后反馈到两个光匹配滤波器中,上部分为主分支,用于提取有用信号,下部分为参考分支,用于估计 MAI。主分支输入信号与对应的扩频序列进行相关处理,而参考分支信号与参考扩频序列进行相关操作,这个参考序列就是发送时每组预留的最后一个序列。期望用户扩频序列的标记位置决定了主分支 OTDL 的结构,同样参考序列的标记位置决定了参考分支 OTDL 的结构。实际应用中,由于每个光电检测器的输出服从泊松分布,且所有分支都有相同的光纤损耗和散射,并假设两个分支的光电检测器具有相同的特性,因此 MAI 和散射噪声、热噪声和放大自发辐射(ASE)等噪声均会在两个分支的信号抵消后消除。如果输入信号地址编码正确,则光匹配滤波器的输出自相关达到峰值;否则,生成互相关峰值。此外,由于 GPMPC 的相关特性,检测器得到相关值差异会非常显著。

所有的相关输出都会通过光电检测器转换成电信号。积分器工作在整个码片持续时间 T_c 内,并只在每个 $j \cdot \tau$ 时刻对积分信号进行采样,其中 $j \in \{1,2,\cdots,M\}$,采样位置为码片位置的最后。

基于 GPMPC 的相关特性,参考分支中的光子数 $Y_{p,j}$ 仅由 MAI 组成,和主分支的干扰一样。通过在 $j \cdot \tau$ 时刻将光子数 $Y_{p,j}$ 从主分支的光子数 $Y_{1,j}$ 中减去,就能实现 MAI 消除。M 个这样的抵消信号通过 PPM 解码器并进行对比,具有最大输出的时隙(对应一个特定符号)即为真实发送比特值。

5.3.2.3　基于 MAI 消除和曼彻斯特编码的接收机

图 5.11 给出了基于 MAI 消除的非相干曼彻斯特编码 PPM – OCDMA 接收机模型。其基本原理和 5.3.2.2 节中基本相同,唯一显著不同的是其积分器的积分区间。

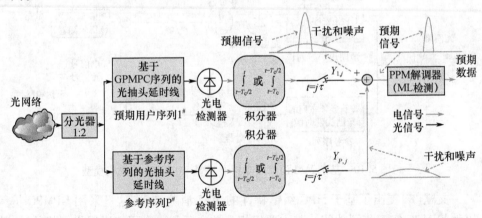

图 5.11　基于 MAI 消除的非相干曼彻斯特编码 PPM – OCDMA 接收机模型

组 1 到组 $(P+1)/2$ 的用户电信号(经光电检测器后)将会对主分支和参考分支的前半码片间隔进行积分,同时剩余的 $(P-1)/2$ 到 P 组用户在后半码片间隔积分。在图 5.11 中,积分器的积分区间从 $t-T_c$ 到 $t-T_c/2$,表示前半码片间隔,从 $t-T_c/2$ 到 t,表示后半码片间隔。对积分信号的采样只在每个时刻 $j \cdot \tau$ 进行,其中 $j \in \{1,2,\cdots,M\}$。

158

5.4 PPM – OCDMA 性能分析

本节对如图 5.2 所示的基于 GPMPC 扩频码、素数为 P、重数为 M 的网络进行分析。由于所有可用序列码数为 P^2，则用户总数也为 P^2。假设 P^2 中有 N 个用户是在线的，其他空闲，定义一个随机变量 $\gamma_n (n \in \{1,2,\cdots,P\})$ 如下：

$$\gamma_n = \begin{cases} 1, & \text{用户 } n^{\#} \text{激活} \\ 0 & \text{用户 } n^{\#} \text{空闲} \end{cases} \tag{5.1}$$

则有 $\sum\limits_{n=1}^{P^2} \gamma_n = N$。

5.4.1 简单接收机分析

假设用户 $2^{\#}$ 为期望用户。如果随机变量 T 表示第一组在线用户的数目，变量 t 是 T 的具体取值，则有

$$T = \sum_{n=1}^{P^2} \gamma_n \tag{5.2}$$

设对于任意 $t \in \{t_{\min}, t_{\min+1}, \cdots, t_{\max}\}$ 用户 $2^{\#}$ 都为在线状态，其中 $t_{\min} = \max(N + P - P^2, 1)$，$t_{\max} = \min(N, P)$，则 T 的概率分布为[9]

$$P_T(t) = \frac{\begin{pmatrix} P^2 - P \\ N - t \end{pmatrix} \cdot \begin{pmatrix} P - 1 \\ t - 1 \end{pmatrix}}{\begin{pmatrix} P^2 - 1 \\ N - 1 \end{pmatrix}} \tag{5.3}$$

式中：$C_b^a = \begin{pmatrix} a \\ b \end{pmatrix} = \dfrac{a!}{(a-b)! \cdot b!}$，表示从 a 中任选 b 的组合数。

设用户 $n^{\#}$ 采集的光子数用泊松随机向量 $\boldsymbol{Y}_n(Y_{n,0}, Y_{n,1}, \cdots, Y_{n,M-1})$ 表示。Q 为每个脉冲的平均光子数，$Q = \mu \cdot \ln M / (P + 2)$，$\mu$ 为接收信号功率参数[10]。定义一个 M 项干扰随机向量 $\boldsymbol{k} = (k_0, k_1, \cdots, k_{M-1})^T$，其中随机变量 k_j 表示时隙 j 中的光干扰脉冲数目。向量 $\boldsymbol{u} = (u_0, u_1, \cdots, u_{M-1})^T$ 为向量 $\boldsymbol{k}$ 的具体取值。设 $T = t$，$\boldsymbol{k}$ 为多项式随机向量，则其概率为

$$P_{k|T}(u_0, u_1, \cdots, u_{M-1} | t) = \frac{1}{M^{N-t}} \cdot \frac{(N-t)!}{u_0! \cdot u_1! \cdot \cdots \cdot u_{M-1}!} \tag{5.4}$$

式中：$\sum\limits_{j=0}^{M-1} u_j = N - t$。

误比特率的下限取决于 PPM 调制机制[11]，即

$$P_b = \frac{M}{2(M-1)} \sum_{t=t_{\min}}^{t_{\max}} P_E \cdot P_T(t) \tag{5.5}$$

159

令 $Q \to \infty$，根据 GPMPC 特性，修正后的下限 BER 为[11]

$$P_{\mathrm{E}} \geqslant \sum_{u_1 = P+3}^{N-t} \binom{N-t}{u_1} \frac{1}{M^{u_1}} \cdot \left(1 - \frac{1}{M}\right)^{N-t-u_1} \cdot \sum_{u_0}^{\min(u_1-P-3,\, N-t-u_1)} \binom{N-t-u_1}{u_0}$$

$$\cdot \frac{1}{(M-1)^{u_0}} \cdot \left(1 - \frac{1}{M-1}\right)^{N-t-u_0-u_1} + 0.5 \sum_{u_1=P+2}^{\frac{N-t+P+2}{2}} \binom{N-t}{u_1} \frac{1}{M^{u_1}}$$

$$\cdot \left(1 - \frac{1}{M}\right)^{N-t-u_1} \cdot \binom{N-t-u_1}{u_1-P-2} \cdot \frac{1}{(M-1)^{u_1-P-2}} \cdot \left(1 - \frac{1}{M-1}\right)^{N-t-2u_1+P+2}$$

$$(5.6)$$

5.4.2　基于 MAI 消除和曼彻斯特编码的接收机分析

正如之前讨论的，每组编码的最后一个序列被预留作为参考序列，因此参考序列码的总数为 P。那么整个可用扩频序列数为 $P^2 - P$，空闲用户数为 $P^2 - P - N$。在这个系统中，对于任意 $t \in \{t_{\min}, t_{\min+1}, \cdots, t_{\max}\}$ 式(5.3)可改写为

$$P_{\mathrm{T}}^1(t) = \frac{\binom{P^2-2P+1}{N-t} \cdot \binom{P-2}{t-1}}{\binom{P^2-P-1}{N-1}} \tag{5.7}$$

式中

$$t_{\min} = \max(N+2P-P^2-1, 1), \quad t_{\max} = \min(N, P-1)$$

对于如图 5.11 所示的基于曼彻斯特编码的干扰消除模型，将从组 2 到 $(P+1)/2$ 的在线用户数定义为一个新变量 R。如果用 r 表示 R 的具体取值，设 $T=t$，任意 $r \in \{r_{\min}, r_{\min+1}, \cdots, r_{\max}\}$ 的概率可写为

$$P_{\mathrm{R|T}}(r|t) = \frac{\binom{\frac{P^2-2P+1}{2}}{r} \cdot \binom{\frac{P^2-2P+1}{2}}{N-t-r}}{\binom{P^2-2P+1}{N-1}} \tag{5.8}$$

式中[4]

$$r_{\min} = \max\left(0, N-t-\frac{P^2-2P+1}{2}\right), \quad r_{\max} = \min\left(\frac{P^2-2P+1}{2}, N-t\right)$$

设 $T=t, R=r$，则干扰向量 $\boldsymbol{k}$ 的概率为

$$P_{\boldsymbol{k}|(\mathrm{R,T})}(u_0, u_1, \cdots, u_{M-1}|t,r) = \frac{1}{M^r} \cdot \frac{r!}{u_0! \cdot u_1! \cdot \cdots \cdot u_{M-1}!} \tag{5.9}$$

基于 PPM 调制方式的误比特率上限为

$$P_{\mathrm{b}} = \frac{M}{2(M-1)} \sum_{t=t_{\min}}^{t_{\max}} \sum_{r=r_{\min}}^{r_{\max}} P_{\mathrm{E}} \cdot P_{\mathrm{R|(t,r)}} \cdot P_{\mathrm{T}}^1(t) \tag{5.10}$$

根据 GPMPC 码，上限 BER 可修正为

$$P_{\mathrm{E}} \leqslant (M-1) \sum_{u_1=0}^{r} \binom{r}{u_1} \cdot \left(\frac{1}{M}\right)^{u_1} \cdot \left(1-\frac{1}{M}\right)^{r-u_1} \cdot \sum_{u_0=0}^{r-u_1} \binom{r-u_1}{u_0}$$

$$\cdot \left(\frac{1}{M-1}\right)^{u_0} \cdot \left(1-\frac{1}{M-1}\right)^{r-u_0-u_1} \cdot \exp\left(-Q \cdot \frac{(P+2)^2}{4(P+2+u_0+u_1)}\right) \quad (5.11)$$

特别要注意的是，如果 $Q \rightarrow \infty$ ，则 $P_{\mathrm{E}} = 0$ 。

5.4.3 基于 MAI 消除的接收机分析

只具有 MAI 消除功能的系统和 5.4.2 节中讨论的结构非常相似。该系统的积分器工作在整个码片时间而不是半个码片，MAI 的累积来自组 2 到组 P 的用户。根据式(5.5)的 BER 概率公式，上限 BER 可表示为

$$P_{\mathrm{b}} = \frac{M}{2(M-1)} \sum_{t=t_{\min}}^{t_{\max}} P_{\mathrm{E}} \cdot P_{\mathrm{T}}^1(t) \quad (5.12)$$

根据 GPMPC 编码进行修正后错误概率为

$$P_{\mathrm{E}} \leqslant (M-1) \sum_{u_1=0}^{N-t} \binom{N-t}{u_1} \cdot \left(\frac{1}{M}\right)^{u_1} \cdot \left(1-\frac{1}{M}\right)^{N-t-u_1} \cdot \sum_{u_0=0}^{N-t-u_1} \binom{N-t-u_1}{u_0}$$

$$\cdot \left(\frac{1}{M-1}\right)^{u_0} \cdot \left(1-\frac{1}{M-1}\right)^{N-t-u_0-u_1} \cdot \exp\left(-Q \cdot \frac{(P+2)^2}{4(P+2+u_0+u_1)}\right) \quad (5.13)$$

5.5 结果讨论

本节将 GPMPC 应用到三种不同的光接收机结构中，并对每种接收机的整体性能进行详细讨论分析。这三种光接收机分别为简单接收机、MAI 消除接收机、曼彻斯特编码 MAI 消除接收机。为了对比 GPMPC 性能，同时分析了应用 MPC 和 n – MPC(第 2 章已介绍)的三种接收机结构的性能。因此，当采用 GPMPC 时，式(5.3)～式(5.6)用于分析简单接收机的性能，式(5.7)、式(5.12)、式(5.13)用于分析只有 MAI 消除接收机的性能，式(5.7)～式(5.11)用于分析曼彻斯特编码 MAI 消除接收机的性能。采用 n – MPC 和 MPC 的相关公式可分别在文献[9,12]中得到。

5.5.1 BER 与接收信号功率

图 5.12 给出了所有三种码字在三种接收机结构下的 BER 性能相对每脉冲接收平均光子数 μ 的变化曲线，μ 正比于接收信号功率。分析中假设为满负载通信模式，这意味着在线用户数 $N = P^2 - P$ 。素数 $P = 11$ ，重数 $M = 8$ ，则总在线用户数

$N = 110$。考虑简单接收机的 BER 下界,当 $\mu = \infty$（相当于高功率情况）,BER 下界为常数,如图 5.12 所示。很明显,接收功率越高,其 BER 就越低。为了使分析更明显,给出了 BER $= 10^{-9}$ 的参考线。

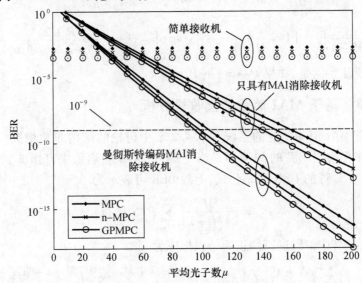

图 5.12 $M = 8$、$P = 11$、$N = 110$ 时,不同编码条件下 PPM – OCDMA 接收机性能关于光子数 μ 的曲线

如图 5.12 所示,当 $\mu = 100$,得到简单接收机的误比特率下界分别为 1.5×10^{-3}（MPC）、7.2×10^{-4}（n – MPC）及 3.3×10^{-4}（GPMPC）,这是最低误比特率。同样具有 MAI 消除的误比特率上界分别为 1.7×10^{-6}（MPC）、7.1×10^{-7}（n – MPC）及 3×10^{-7}（GPMPC）。进而得到具有 MAI 消除的曼彻斯特编码接收机的误比特率上边界分别为 2.2×10^{-9}（MPC）、1×10^{-9}（n – MPC）及 2.8×10^{-10}（GPMPC）。以上的结果表明 GPMPC 的性能相当好。

随着 μ 的增加,光功率增加。因此,PPM 脉冲中的"1"和"0"的区分度将更明显。仿真结果还表明,与没有 MAI 消除的系统相比,MAI 消除显著提升了整体性能。

可以看出,对于较小的接收信号功率（$\mu < 40$）MAI 消除并没有优势。此外,将曼彻斯特编码应用于 PPM – OCDMA 系统能进一步提升 BER 性能。

图 5.13 还给出了在更高 PPM 调制重数（$M = 16$）下的性能分析。明显可以看出,在更高重数和较少的接收功率条件下能得到更低的 BER。更高的重数能提供更多的脉冲位置用于扩展容量,不过这也限制了系统复杂度。

5.5.2 BER 与在线用户数

图 5.14 给出了 $\mu = 100$,$P = 11$,$M = 8$ 时,不同编码机制条件下的不同接收机

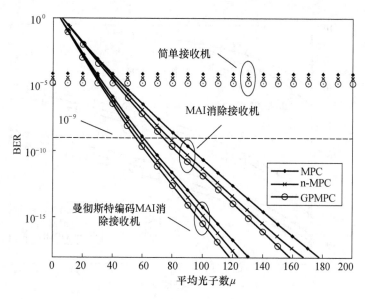

图 5.13 $P = 11$、$M = 16$、$N = 110$ 时,不同编码条件下 PPM – OCDMA
接收机性能关于光子数 μ 的曲线

的 BER 关于在线用户数目的变化性能曲线。分析中,仅具有 MAI 消除以及同时
使用曼彻斯特编码和 MAI 消除的接收机的 BER 上界都是在 $\mu = 100$ 条件下进行考
虑分析,而简单接收机的 BER 下界是在 $\mu = \infty$(极高接收功率)条件下获得,且只
考虑 n – MPC 和 GPMPC。结果表明 GPMPC 能够容纳更多的用户数。从图 5.14
可以得到此结论,当 $N = 60$ 时,使用 n – MPC 的简单接收机误比特率为 1.1×10^{-3},采用 GPMPC 则为 4.4×10^{-4}。然而简单接收机支持的用户数不能超过 60
个,因为此时 BER 非常高(BER ≈ 1)。

从图 5.14 中可进一步看出,具有 MAI 消除功能的接收机的误码性能显著提
升。使用 n – MPC 且具有 MAI 消除功能的接收机的误码率为 1.77×10^{-9},而使用
GPMPC 的为 6.6×10^{-10}。采用曼彻斯特码的接收机无论采用何种编码机制其性
能都得到极大提高,BER $< 10^{-11}$,不过相比之下,在各种编码中还是 GPMPC 的性
能最好。

可以看出,三种接收机的误比特率都是随着用户数的增加而增加的,原因是随
着用户的增加干扰也在增加。干扰消除器可以有效地消除 MAI 并提升 BER 性
能。还可以看出,在采用干扰消除的基础上采用曼彻斯特编码 BER 性能会更好。
从图 5.14 还可以看出,在这种给定条件下,由于干扰的增加,简单接收机不能够支
持超过 60 个用户。

如图 5.15 所示,当重数增加($M = 16$)时,接收机也出现同样的结果,图中同样
用 BER = 10^{-9} 作为参考线。较高的重数会使系统实现困难。可以发现,当系统设
计限制了重数,曼彻斯特编码提供的增益可以弥补该损失。

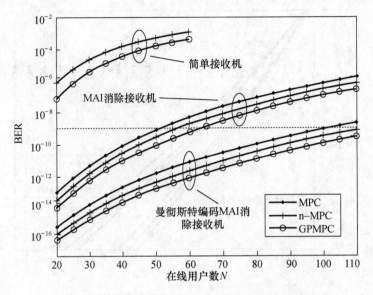

图 5.14 $\mu = 100$、$P = 11$、$M = 8$ 时，不同编码机制条件下
不同接收机的 BER 关于在线用户数目变化的性能曲线

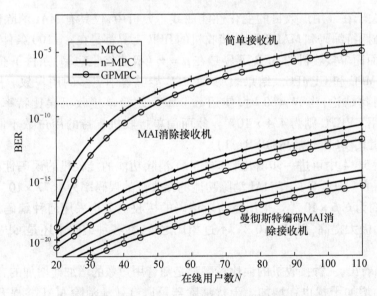

图 5.15 $\mu = 100$、$P = 11$、$M = 16$ 时，不同编码条件
下 PPM - OCDMA 接收机性能关于在线用户数的曲线

5.5.3 BER 与素数

图 5.16 对基于 MAI 消除接收机和基于曼彻斯特编码 MAI 消除接收机的 BER
性能进行了比较，给出误码性能随素数 P 的变化曲线。由于这两种接收机的性能

164

比简单接收机好很多，所以只给出 MAI 消除接收机和曼彻斯特编码 MAI 消除接收机的结果。分析中，在满负载条件下对接收机进行评估，即 $N = P^2 - P, M = 8$ 以及 $\mu = 100$。可以明显看出，采用 GPMPC 相比其他编码机制具有较低的 BER，尤其是在 P 小的时候。

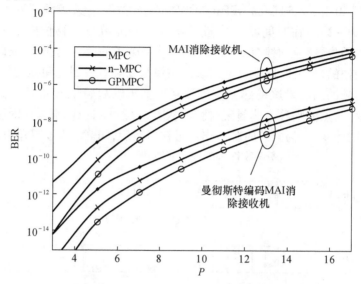

图 5.16 $\mu = 100$、$N = P^2 - P$、$M = 8$ 时，不同编码条件下
PPM – OCDMA 接收机性能关于素数 P 的曲线

现在观察不同编码机制条件下不同接收机的 BER 性能。当 $P = 13$ 时，基于 MAI 消除接收机的误码率分别为 8.6×10^{-6}（MPC）、4.3×10^{-6}（n – MPC）及 2.1×10^{-6}（GPMPC）。基于曼彻斯特编码 MAI 消除接收机的性能改善更加明显，误码率分别为 1.1×10^{-8}（MPC）、4.9×10^{-9}（n – MPC）及 2.1×10^{-9}（GPMPC）。

从前面图中的结果已经看出，随着重数的增加整体性能会提高，但实际上，高重数要求更精确的时隙，从而限制系统实现；并且受电路的限制，时隙数不能随意增加。因此，当不能增加重数时，曼彻斯特编码将会是增强系统性能的最好选择，尽管需要付出网络带宽的代价。

5.6 OPPM – OCDMA 信号

本节将研究基于重叠 PPM（OPPM）信号的 OCDMA 收发信机。M 进制 OPPM 调制可以设置 M 个时隙，这 M 个时隙构成一个时长为 T 的 OPPM 调制帧。调制信号在时隙长度为 τ 的扩频间隔中扩展，该间隔再被分为 P 个长度为 τ/P 的子间隔，其中 P 为素数。任意两个相邻扩频间隔允许有 $(M - \gamma) \cdot \tau$ 的重叠，其中 $\gamma = \{1, 2, \cdots, M\}$，称为重叠指数[13]。为了对光 OPPM 信号进行编码，长度为 L 的扩频

165

序列(以 GPMPC 为例,$L = P^2 + P$)必须被精确地适配到时隙 τ 中,因此 τ/P 可以恰好等于码片时间 T_c。对于一个封装信号,时间帧必须满足以下条件:

$$T = M\tau = \frac{M}{\gamma}L \cdot T_c \tag{5.14}$$

图 5.17 给出了八进制的 OPPM – OCDMA 信号格式,其扩频序列为 $C_{0,0}$,$\gamma = 5$($\gamma = L/P = P + 2$)。在时间帧 T 内进行不同子间隔数量的移位能形成不同的时隙。假设初始位置表示时隙 0,将该时隙右移一个子间隔为时隙 1,依此类推。当移位到时间帧的最后,时隙就分成两块。右块被封装后放到时间帧的起始位置,左块放到时间帧的最后。这种部分信号被封装置于帧起始位置的时隙称为封装时隙,没有这种特点的则称为非封装时隙。从图 5.17 中可以明显看出时隙 0 ~ 3 为非封装时隙,时隙 4 ~ 7 为封装时隙。当信号被封装后,OPPM 信号同样为扩频序列。

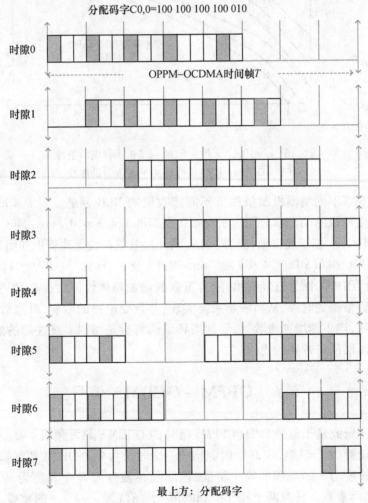

图 5.17 $\gamma = 5$、$M = 8$、特征码为 100 100 100 100 010 的 OPPM – OCDMA 信号

166

5.7 OPPM 收发信机结构

5.7.1 OPPM – OCDMA 发射机结构

5.7.1.1 简单发射机

图 5.18 为非相干 OPPM – OCDMA 网络发射机结构,由信源、OPPM 调制器和 OCDMA 编码器组成[11]。每个模块的主要功能和前面介绍的 PPM – OCDMA 网络发射机模型相似。

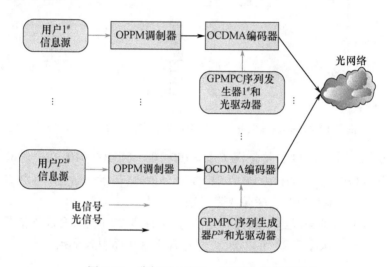

图 5.18 非相干 OPPM – OCDMA 发射机结构

1）信源

信源提供承载用户数据的光脉冲。信源的总数取决于可用序列总数 P^2,其中 N 个用户为在线用户。如图 5.18 所示,对于 $P = 3$ 和 $M = 8$ 的 GPMPC,最大在线用户数 $P^2 = 9$。

2）OPPM 调制器

OPPM 调制器接收各个数据流,产生宽度为 T_c 的尖锐激光脉冲,并进行延时生成 M 进制 OPPM 信号。时延取决于信源输出的数据符号的振幅。在图 5.19 中,光 OPPM 调制器分别将用户 2#、5# 和 7# 调制在时隙 0、2 和 4 中传输。

3）OCDMA 编码器

OCDMA 编码器对调制器的输出信号进行编码,在扩频时间间隔 τ 内按照特征序列码将其扩展为码片宽度为 T_c 的短激光脉冲串。图 5.20(a)、(b) 分别给出了未封装和封装信号的光抽头延时线(OTDL)和 OCDMA 编码器的结构。

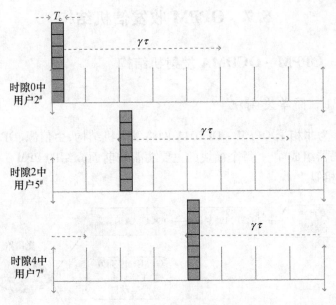

图 5.19　$P = 3$、$\gamma = 5$、$M = 3$ 时，用户 $2^{\#}$、$5^{\#}$ 和 $7^{\#}$ 的 OPPM 信号

以图 5.21 为例，用户 $2^{\#}$ 特征码 $C_{0,0} = 100\ 100\ 100\ 100\ 010$，在时隙 0 发送数据；用户 $5^{\#}$ 特征码 $C_{1,2} = 001\ 100\ 010\ 010\ 100$，在时隙 2 发送数据；用户 $7^{\#}$ 特征码 $C_{2,1} = 001\ 010\ 100\ 100\ 010$，在时隙 4 发送数据。

最后所有的信号合成到一起构成光信号，如图 5.22 所示，合成光信号经光信道传送给接收机。从图 5.22 可以看出，信号有交叠从而引起干扰。

5.7.1.2　基于 MAI 消除的发射机

基于干扰消除的 OPPM - OCDMA 发射机模型和图 5.18 中讨论的相似。每个 GPMPC 码组的最后一个扩频序列同样保留为接收机的参考序列，那么总的可用特征码变成 $P^2 - P$ 个。假设网络中在线用户数为 N，每个用户连续发送 M 进制数据符号，那么系统的空闲用户数为 $P^2 - P - N$。

5.7.1.3　基于 MAI 消除和曼彻斯特编码的发射机

尽管引入曼彻斯特编码增大了系统带宽，但可以进一步提升系统性能。如前面所述，从组 1 到组 $(P + 1)/2$ 的前半部分用户被分配到前半个码片间隔 $[0, T_c/2]$ 传输数据；剩余的用户被分配到后半个码片间隔 $[T_c/2, T_c]$ 传输数据。这种方式可以保证两个组不会互相干扰，帮助减少不同组用户间的 MAI。为了与图 5.21 和图 5.22 中的 $\gamma = 5$、$M = 8$ 信号模型做比较，图 5.23 和图 5.24 给出基于曼彻斯特编码和 MAI 消除发射机的信号模型。用户 $2^{\#}$ 的扩频序列 $C_{0,0}$ 分配到前半码片间

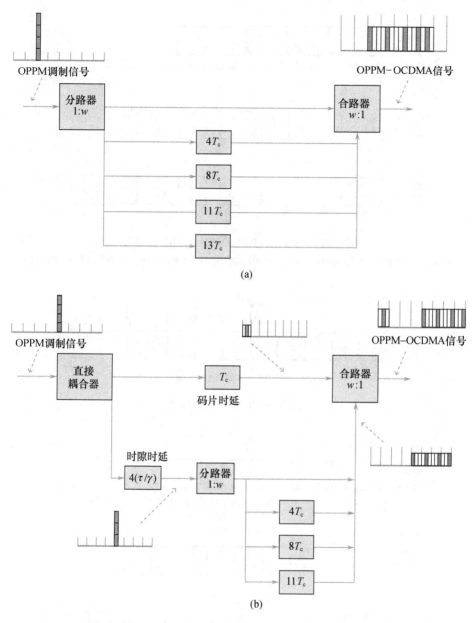

图 5.20 OCDMA 编码器,特征码 $C_{1,0} = 100\ 010\ 001\ 001\ 010$

（a）未封装信号；（b）封装信号。

隔,用户 5# 和 7# 的扩频序列 $C_{2,1}$ 和 $C_{1,2}$ 分配到后半码片间隔。需注意信号可以采用归零码(RZ)或者非归零码(NRZ)。从图 5.24 的例子还是可以看出存在交叠,因此为用户设计和分配曼彻斯特码非常重要。

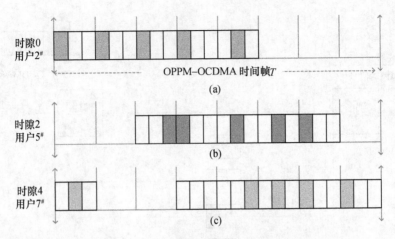

图 5.21 $\gamma = 5$、$M = 8$ 时,OPPM – OCDMA 信号

(a) $C_{0,0} = 100\ 100\ 100\ 100\ 010$;(b) $C_{1,2} = 001\ 100\ 010\ 010\ 100$;(c) $C_{2,1} = 001\ 010\ 100\ 100\ 010$。

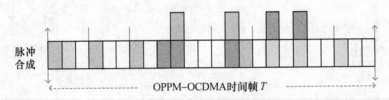

图 5.22 光信道中 OPPM – OCDMA 的合成信号

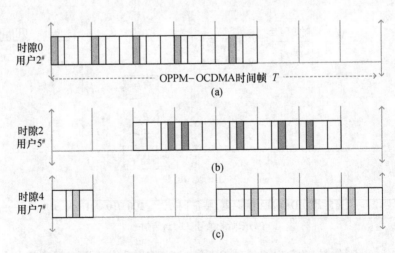

图 5.23 曼彻斯特编码 OPPM – OCDMA 信号样式

(a) $C_{0,0} = 100\ 100\ 100\ 100\ 010$;(b) $C_{1,2} = 001\ 100\ 010\ 010\ 100$;(c) $C_{2,1} = 001\ 010\ 100\ 100\ 010$。

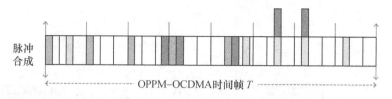

图 5.24 曼彻斯特编码 OPPM – OCDMA 信号在光信道中的合成

5.7.2 OPPM – OCDMA 接收机结构

5.7.2.1 简单接收机

图 5.25 为非相干 OPPM – OCDMA 接收机结构[13]。

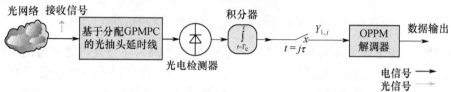

图 5.25 非相干 OPPM – OCDMA 接收机结构

1）光抽头延时线（OTDL）

作为光相关器的 OTDL[4]将来自 N 个在线用户的接收信号与特征扩频序列进行相关处理。扩频序列的标记位置决定了 OTDL 的结构。延时数量不仅取决于扩频序列,还取决于图 5.20 所示编码过程中码片间隔内的标记位置。如果地址码和光相关器的扩频码字相同,那么光相关器输出为自相关峰值,否则得到互相关值,信号被进一步扩展。

2）光电检测器

光电检测器将相关器的输出信号转换为电信号。电信号与采集的光子数和光波强度成正比。

3）OPPM 解调器

该部件对积分器输出的码片时间内采集光子数进行进一步的解调,基于最大似然检测规则对时隙内信号功率进行提取,解调获得最终数据。

5.7.2.2 基于 MAI 消除的接收机

本节的 MAI 消除技术和 5.3.2.2 节中介绍的相似,从每个 GPMPC 组中预留一个序列作为参考序列用于 MAI 噪声估计,将估计干扰从光电检测器输出的信号中减去。图 5.26 为基于 MAI 消除的非相干 OPPM – OCDMA 接收机结构。

接收到的信号包括期望信号、MAI 和噪声,被送入一个 1×2 的分光器中分成两个相同的信号。与 PPM – OCDMA 类似,接收模型上半部分为主分支用于提取

171

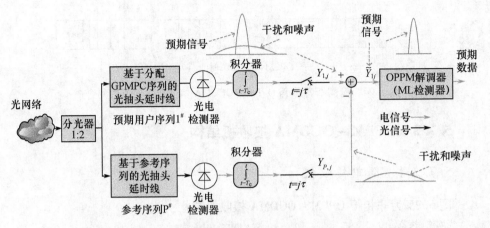

图 5.26　基于 MAI 消除的非相干 OPPM – OCDMA 接收机结构

期望数据,而下半部分为参考分支用于估计 MAI 噪声。主分支信号和与期望用户相同的特征序列进行相关处理,参考分支信号与参考序列进行相关处理,其中参考序列为每组初始预留的最后一个序列。如果输入信号采用正确地址码编码,那么 OTDL 输出为自相关峰值;否则,得到互相关值。在光电检测器中,光信号转换成电信号,电信号将在整个码片持续时间内进行积分,并在每个比特间隔进行同步,在每个时隙中每个标记位置的最后进行采样。根据 GPMPC 的相关特性,参考分支的光子数 $Y_{p,j}$ 主要包括 MAI,通过接收信号与参考序列相关处理产生互相关值。如图 5.26 中,主分支中的光子数 $Y_{1,j}$ 包括期望信号和 MAI。

干扰消除就是将 $Y_{p,j}$ 从 $Y_{1,j}$ 中减去。实际应用中,由于光电检测器的输出服从泊松分布,分支中的光电检测器也具有相同特性(图 5.26),MAI 和散弹噪声,热噪声等噪声经抵消后都被消除。紧接着所有输出的干扰消除信号通过基于最大似然检测的判决单元,从 M 个间隔中选出具有最大功率的间隔作为最终结果。

5.7.2.3　基于 MAI 消除和曼彻斯特编码的接收机

图 5.27 为基于 MAI 消除和曼彻斯特编码的非相干 OPPM – OCDMA 接收机结构。

除了积分范围不同外,基于曼彻斯特编码和 MAI 消除的接收机中每个模块的主要功能和只有干扰消除的接收机相同。

首先光信号经过光电检测器转化为电信号,接着不同分组的电信号在前半码片时间或后半码片时间进行积分。在主分支和参考分支中,组 1 到组 $(P+1)/2$ 的在线用户在前半码片间隔 $[t-T_c,t-T_c/2]$ 进行积分,剩余的 $(P-1)/2$ 到 P 组的用户在后半码片间隔 $[t-T_c/2,t]$ 积分。最后在每个子间隔末尾对积分信号进行采样。

172

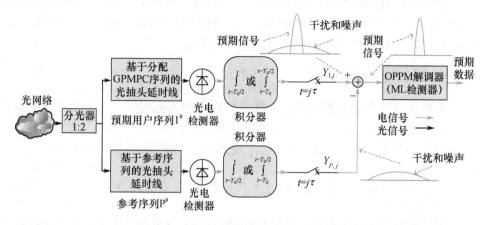

图 5.27　基于 MAI 消除和曼彻斯特编码的非相干 OPPM – OCDMA 接收机结构

5.8　OPPM – OCDMA 性能分析

本节将对采用 GPMPC 的非相干 OPPM – OCDMA 系统的接收机误码性能进行分析。定义接收机的采集光子数为随机泊松向量 $\boldsymbol{Y}_{1,j}$，其中 $j \in \{0,1,2,\cdots,M-1\}$。$\boldsymbol{Y}_{1,j}$ 包含期望用户信号和其他用户引入的干扰两部分。对于每个 $i \neq j$，如果 $Y_{1,i} > Y_{1,j}$，i 则为真。$S_{1,i} = 1$ 表示期望用户，例如用户 $1^\#$，在时隙 i 传输信号。则差错概率为

$$P[E \mid i] = \mathrm{Pr}\{Y_{1,j} \geq Y_{1,i}, j \neq i \mid S_{1,i} = 1\} \qquad (5.15)$$

因此

$$P[E] = \mathrm{Pr}\{Y_{1,j} \geq Y_{1,0}, j \neq 0 \mid S_{1,0} = 1\} \qquad (5.16)$$

那么基于 M 进制调制格式的 BER 为[9]

$$P_{\mathrm{b}} = \frac{M}{2(M-1)} P_{\mathrm{E}} \qquad (5.17)$$

5.8.1　简单接收机分析

令码集基数为 P^2，假设 P^2 中有 N 个在线用户，则空闲用户为 $P^2 - N$ 个。设随机变量 T 表示第一组的在线用户数，t 为其实现值。对于任意 $t \in \{t_{\min}, t_{\min+1}, \cdots, t_{\max}\}$，其中 $t_{\min} = \max(N + P - P^2, 1)$，$t_{\max} = \min(N, P)$，$T$ 的概率密度函数（PDF）为

$$P_T(t) = \frac{\dbinom{P^2 - P}{N - t} \cdot \dbinom{P - 1}{t - 1}}{\dbinom{P^2 - 1}{N - 1}} \qquad (5.18)$$

由于不同用户给用户 1# 带来的干扰不同,假设用户 1# 采用第一组序列码进行编码,为进一步分析,将 N 个在线用户分成两组:第一组在线用户采用和期望用户同一组的特征码;其他用户采用其他组的特征码。

5.8.1.1　来自第一组用户的干扰

用随机变量 H 表示第一组的干扰用户数,h 为其实现值。由于允许符号重叠,M 个时隙中有 $\kappa = |M - \gamma|$ 个干扰时隙(如图 5.21 所示,当 $M = 8$,重叠指数 $\gamma = 5$),给用户 1# 引入第一组用户带来的干扰,则第一组干扰的条件 PDF 为

$$P_{H \mid T}(h \mid t) = \binom{t-1}{h} \cdot \left(\frac{\kappa}{M}\right)^h \left(1 - \frac{\kappa}{M}\right)^{t-1-h}, h \in \{0,1,\cdots,t-1\} \quad (5.19)$$

当干扰特征码相对期望用户的码字循环左移(或者循环右移)$j \cdot P$ 个码片,则带给期望用户的干扰脉冲数为 j 或者 $\gamma - j$,其中 $j \in \{1,2,3,\cdots,\gamma\}$[13]。用 L 表示第一组用户引起的干扰脉冲数,l 为 L 的具体值。则 L 的条件 PDF 为

$$P_{L \mid HT}(l \mid h,t) = \frac{1}{\kappa^h} \quad (5.20)$$

式中:$l \in \{l_{\min}, l_{\min+1}, \cdots, l_{\max}\}$,$l_{\min} = \sum_{j=1}^{h} \min(\gamma - j, j)$,$l_{\max} = \sum_{j=1}^{h} \max(\gamma - j, j)$,换而言之

$$l = l_{\min} + \left\lfloor \frac{l_{\max} - l_{\min}}{\kappa^h} \times \rho \right\rfloor \quad (5.21)$$

其中:$\rho \in \{1,\cdots,\kappa^h\}$,$\lfloor x \rfloor$ 为 x 的取整值。

5.8.1.2　来自其他用户的干扰

其他用户对期望用户引入干扰脉冲的概率为 γ/M(γ 为重叠系数)。用随机变量 U 表示非第一组的干扰用户数,u 为其实现值。则 U 的条件 PDF 可写为

$$P_{U \mid T}(u \mid t) = \binom{N-t}{u} \cdot \left(\frac{\gamma}{M}\right)^u \left(1 - \frac{\gamma}{M}\right)^{N-t-u}, u \in \{0,1,\cdots,N-t\} \quad (5.22)$$

则基于干扰和调制方式,P_E 为

$$\begin{aligned}
P_E &= P_e\{Y_{1,j} \geq Y_{1,0}, j \neq 0 \mid S_{1,0} = 1, T = t, U = u, H = h\} \cdot P(H = h) \\
&\quad \cdot P(U = u) \cdot P(T = t) \\
&\geq (M-1) \cdot P_e\{Y_{1,1} \geq Y_{1,0} \mid S_{1,0} = 1, T = t, U = u, H = h\} \cdot P(H = h) \\
&\quad \cdot P(U = u) \cdot P(T = t) \\
&= (M-1) \cdot P_1 \cdot P_{L \mid HT} \cdot P_{H \mid T}(h \mid t) \cdot P_{U \mid T}(u \mid t) \cdot P_T(t) \quad (5.23)
\end{aligned}$$

其中 P_1 定义为[2]

$$P_1 = \sum_{y_1}^{\infty} \mathrm{e}^{-Q(u-1)} \cdot \frac{[Q \cdot (u-1)]^{y_1}}{y_1!} \cdot \sum_{y_0}^{y_1} \mathrm{e}^{-Q(u+P+2)} \cdot \frac{[Q \cdot (u+P+2)]^{y_0}}{y_0!}$$

(5.24)

式中:Q 为每个脉冲的平均光子数,$Q = \mu \cdot \log \dfrac{M}{P+2}$[10]。

根据调制方式和上述干扰分析,最终 BER 可表示为

$$P_b = \frac{M}{2} \sum_{t_{\min}}^{t_{\max}} \sum_{u=0}^{N-t} \sum_{h=0}^{t-1} \sum_{\rho=0}^{2^h} P_1 \cdot P_{L|HT} \cdot P_{H|T} \cdot P_{U|T} \cdot P_T$$

(5.25)

5.8.2　基于 MAI 消除的接收机分析

正如前面提到的,每组编码中最后一个序列预留作为参考序列,因此参考序列的总数为 P,整个可用扩频序列为 $P^2 - P$,空闲用户数为 $P^2 - P - N$。这种情况下,对于任意 $t \in \{t_{\min}, t_{\min+1}, \cdots, t_{\max}\}$,其中 $t_{\min} = \max(N + 2P - P^2 - 1, 1)$,$t_{\max} = \min(N, P-1)$,式(5.18)可写为

$$P_T^1(t) = \frac{\binom{P^2 - 2P + 1}{N-t} \cdot \binom{P-2}{t-1}}{\binom{P^2 - P - 1}{N-1}}$$

(5.26)

用一个泊松随机向量 Y_1 表示从主分支采集的光子数,用 Y_P 表示从参考分支采集的光子数。定义向量 $\widetilde{Y}_1 = Y_1 - Y_P$,因此可得[2]

$$P_E = \Pr\{\widetilde{Y}_{1,j} \geqslant \widetilde{Y}_{1,0}, j \neq 0 \,|\, S_{1,0} = 1\}$$

$$\geqslant (M-1) \cdot \Pr\{\widetilde{Y}_{1,1} \geqslant \widetilde{Y}_{1,0} \,|\, S_{1,0} = 1, T = t, U = u, H = h\} \cdot P(H = h)$$
$$\quad \cdot P(U = u) \cdot P(T = t)$$
$$= (M-1) \cdot P_1 \cdot P_{L|HT} \cdot P_{H|T}(h|t) \cdot P_{U|T}(u|t) \cdot P_T^1(t) \qquad (5.27)$$

式中

$$P_1 \leqslant \exp\left[-Q \frac{(P+2)^2}{4(P+2+2u+l)} \right]$$

则基于干扰分析和调制方式的 BER 可写为

$$P_b = \frac{M}{2} \sum_{t_{\min}}^{t_{\max}} \sum_{u=0}^{N-t} \sum_{h=0}^{t-1} \sum_{\rho=0}^{2^h} \exp\left[-Q \frac{(P+2)^2}{4(P+2+2u+l)} \right] \cdot P_{L|HT} \cdot P_{H|T} \cdot P_{U|T} \cdot P_T^1$$

(5.28)

5.8.3　基于 MAI 消除和曼彻斯特编码的接收机分析

在图 5.27 给出的基于 MAI 消除曼彻斯特编码接收机中,定义新随机变量 W

表示从组 2 到 $(P+1)/2$ 的在线用户数。变量 w 为其实现值,对于任意 $w \in \{w_{\min}, w_{\min+1}, \cdots, w_{\max}\}$,其条件 PDF 写为

$$P_{W|T}(w|t) = \frac{\dbinom{\frac{(P^2-2P-1)}{2}}{w} \cdot \dbinom{\frac{(P^2-2P+1)}{2}}{N-t-w}}{\dbinom{P^2-2P+1}{N-t}} \tag{5.29}$$

式中

$$w_{\min} = \max\{0, N-t-(P^2-2P+1)/2\}, w_{\max} = \min\{N-t, (P^2-2P+1)/2\}$$

则非第一组干扰 U 的条件 PDF 为

$$P_{U|T}^1(u|t) = \binom{w}{u} \cdot \left(\frac{\gamma}{M}\right)^u \cdot \left(1-\frac{\gamma}{M}\right)^{w-u}, u \in \{0,1,\cdots,N-t\} \tag{5.30}$$

基于调制方式和干扰分析,BER 表达式为

$$P_b = \frac{M}{2} \sum_{t_{\min}}^{t_{\max}} \sum_{w_{\min}}^{w_{\max}} \sum_{u=0}^{N-t} \sum_{h=0}^{t-1} \sum_{\rho=0}^{2^h} \exp\left[-Q\frac{(P+2)^2}{4(P+2+2u+l)}\right]$$
$$\cdot P_{L|HT} \cdot P_{H|T} \cdot P_{U|T}^1 \cdot P_T^1 \tag{5.31}$$

5.8.4 自干扰分析

由于同步是在码序列的最后一个码片实现,因此码序列的不完全正交性会增加自干扰。本节主要研究同步非相干 OPPM - OCDMA 接收机的自干扰(SI)效应。SI 和 MAI 是接收机中影响系统性能的主要因素。根据式(5.17),BER 为

$$P_b = \frac{M}{2(M-1)} P_E \tag{5.32}$$

5.8.4.1 简单接收机 SI 分析

设随机泊松向量 $Y_{1,j}$ 表示接收机 1# 采集的光子数, $j \in \{0,1,\cdots,M-1\}$。对于每个 $i \neq j$,如果 $Y_{1,i} > Y_{1,j}$,索引 i 定义为真值 1。$S_{1,i}=1$ 表示用户 1# 在时隙 i 传输数据。当扩频序列发生移位,SI 的概率 $q=1/P^2$。因此如前面所讨论的,错误概率为

$$P_E = P_1 \cdot P\{T=t\} \cdot P\{U=u\} \cdot P\{H=h\} \tag{5.33}$$

式中:$P\{T=t\}$,$P\{U=u\}$ 和 $P\{H=h\}$ 已经在 5.8.1 节~5.8.3 节中给出。

则 P_1 的 PDF 为

$$P_1 = \sum_{j=0}^{M-1} \Pr\{Y_{1,j} \geq Y_{1,0}, j \neq 0 | S_{1,0}=1, T=t, U=u, H=h, L=l\}$$

176

$$\leqslant (M - \gamma) \cdot \Pr\{Y_{1,1} \geqslant Y_{1,0} | S_{1,0} = 1, T = t, U = u, H = h, L = l, v_0 = 0\}$$

$$+ \sum_{j=1}^{\gamma-1} \Pr\{Y_{1,j} \geqslant Y_{1,0} | S_{1,0} = 1, T = t, U = u, H = h, L = l, v_j = k_j\}$$

$$(5.34)$$

对于任意 $j \in \{0, 1, \cdots, M-1\}$，$v_j \in \{0, 1\}$ 表示由于期望用户在时隙 0 传输数据给时隙 j 引入的 SI 脉冲数。对上述 P_1 表达式的第一项，由于 $v_0 = 0$，$\Pr = [v_0 = 0] = 0$，不会存在自干扰；而第二项表示剩余的 $\gamma - 1$ 个干扰时隙引入的实际 SI[14]。这些干扰时隙对于时隙 0 的干扰概率 $\Pr\{v_j = 1\} > 0$。因此，P_1 可表达为

$$P_1 = (M - \gamma) \cdot \Pr\{Y_{1,1} > Y_{1,0} | S_{1,0} = 1, T = t, U = u, H = h, L = l, v_1 = 0\}$$

$$+ (\gamma - 1) \cdot q \cdot \Pr\{Y_{1,j} > Y_{1,0} | S_{1,0} = 1, T = t, U = u, H = h, L = l, v_1 = 1\}$$

$$+ (\gamma - 1) \cdot (1 - q) \cdot \Pr\{Y_{1,j} > Y_{1,0} | S_{1,0} = 1, T = t, U = u, H = h, L = l, v_1 = 1\}$$

$$= (M - \gamma) \cdot \Pr_1 + (\gamma - 1) \cdot q \cdot \Pr_2 + (\gamma - 1) \cdot (1 - q) \cdot \Pr_1$$

$$= (M - 1) \cdot \Pr_1 + (\gamma - 1) \cdot q \cdot (\Pr_2 - \Pr_1) \qquad (5.35)$$

式中

$$\Pr_1 = \Pr\{Y_{1,1} > Y_{1,0} | S_{1,0} = 1, T = t, U = u, H = h, L = l, v_1 = 0\}$$

$$= \sum_{y_1=0}^{\infty} e^{-Q(u+l)} \cdot \frac{[Q \cdot (u+l)]^{y_1}}{y_1!} \cdot \sum_{y_0=0}^{y_1} e^{-Q(u+P+2)} \cdot \frac{[Q \cdot (u+P+2)]^{y_0}}{y_0!}$$

$$(5.36)$$

$$\Pr_2 = \Pr\{Y_{1,1} > Y_{1,0} | S_{1,0} = 1, T = t, U = u, H = h, L = l, v_1 = 1\}$$

$$= \sum_{y_1=0}^{\infty} e^{-Q(u+l+1)} \cdot \frac{[Q \cdot (u+l+1)]^{y_1}}{y_1!} \cdot \sum_{y_0=0}^{y_1} e^{-Q(u+P+2)} \cdot \frac{[Q \cdot (u+P+2)]^{y_0}}{y_0!}$$

$$(5.37)$$

因此，错误概率为

$$P_b = \frac{M}{2(M-1)} P_E$$

$$= \frac{M}{2(M-1)} P_1 \cdot P\{T = t\} \cdot P\{U = u\} \cdot P\{H = h\}$$

$$= \frac{M}{2(M-1)} \sum_{t_{min}}^{t_{max}} \sum_{u=0}^{N-t} \sum_{h=0}^{t-1} \sum_{\rho=0}^{k^h} [(M-1) \cdot \Pr_1 + (\gamma - 1) \cdot q \cdot (\Pr_2 - \Pr_1)]$$

$$\cdot P_{L|HT} \cdot P_{H|T} \cdot P_{U|T} \cdot P_T \qquad (5.38)$$

5.8.4.2 基于 MAI 消除的接收机 SI 分析

由于 GPMPC 码组的最后一个特征码被预留作为参考序列，可用扩频码序列

总数变为 $P^2 - P$。因此，在接收机端自干扰的概率变为 $q = 1/(P^2 - P)$。用泊松随机向量 Y_1 表示主分支采集的光子数，Y_P 表示参考分支采集的光子数。定义向量 $\tilde{Y}_1 = Y_1 - Y_P$，错误概率为

$$P_E = \sum_{j=0}^{M-1} \Pr\{\tilde{Y}_{1,1} > \tilde{Y}_{1,i}, j \neq i \mid S_{1,i} = 1, T = t, U = u, H = h, L = l\}$$

$$\cdot P(H = h) \cdot P(U = u) \cdot P(T = t)$$

$$\leqslant \sum_{j=0}^{M-1} \Pr\{\tilde{Y}_{1,1} > \tilde{Y}_{1,0}, \quad j \neq 0 \mid S_{1,0} = 1, T = t, U = u, H = h, L = l\}$$

$$\cdot P(H = h) \cdot P(U = u) \cdot P(T = t) \tag{5.39}$$

通过进一步分析，可得

$$P_E = \sum_{j=0}^{M-1} \Pr\{\tilde{Y}_{1,1} > \tilde{Y}_{1,0}, j \neq 0 \mid S_{1,0} = 1, T = t, U = u, H = h, L = l\}$$

$$\leqslant (M - \gamma) \cdot \Pr\{\tilde{Y}_{1,1} > \tilde{Y}_{1,0}, j \neq 0 \mid S_{1,0} = 1, T = t, U = u, H = h, L = l, v_1 = 0\}$$

$$+ (\gamma - 1) \cdot q \cdot \Pr\{\tilde{Y}_{1,1} > \tilde{Y}_{1,0}, j \neq 0 \mid S_{1,0} = 1, T = t, U = u, H = h, L = l, v_1 = 1\}$$

$$+ (\gamma - 1) \cdot (1 - q) \cdot \Pr\{\tilde{Y}_{1,1} > \tilde{Y}_{1,0}, j \neq 0 \mid S_{1,0} = 1, T = t, U = u, H = h, L = l, v_1 = 0\}$$

$$= (M - \gamma) \cdot \Pr_1^1 + (\gamma - 1) \cdot q \cdot \Pr_2^1 + (\gamma - 1) \cdot (1 - q) \cdot \Pr_1^1$$

$$= (M - (\gamma + 1) \cdot q) \cdot \Pr_1^1 + (\gamma - 1) \cdot q \cdot \Pr_2^1 \tag{5.40}$$

最后一个不等式的右项表明 $M - 1 - (\gamma - 1)$ 时隙不会给时隙 0 带来 SI，其中

$$\Pr_1^1 = \Pr\{\tilde{Y}_{1,1} > \tilde{Y}_{1,0}, j \neq 0 \mid S_{1,0} = 1, T = t, U = u, H = h, L = l, v_1 = 0\} \tag{5.41}$$

$$\Pr_2^1 = \Pr\{\tilde{Y}_{1,1} > \tilde{Y}_{1,0}, j \neq 0 \mid S_{1,0} = 1, T = t, U = u, H = h, L = l, v_1 = 1\} \tag{5.42}$$

由于时隙是均匀分布的，这些概率均相同，因此定义

$$\theta(u, t) = \Pr_2^1 = \Pr_1^1$$

$$= \Pr\{\tilde{Y}_{1,1} > \tilde{Y}_{1,0}, j \neq 0 \mid S_{1,0} = 1, T = t, U = u, H = h, L = l, v_1 = 1\}$$

$$\tag{5.43}$$

通过使用切尔诺夫界[4]理论对计算进一步简化，可得到：

$$\theta(u, t) = \Pr\{Y_{1,1} - Y_{P,1} > Y_{1,0} - Y_{P,0} \mid S_{1,0} = 1, T = t, U = u, H = h, L = l, v_1 = 1\}$$

$$\leqslant E[z^{[Y_{1,1} - Y_{P,1} - Y_{1,0} + Y_{P,0}]} \mid S_{1,0} = 1, T = t, U = u, H = h, L = l, v_1 = 1] \tag{5.44}$$

式中：$E[\cdot]$ 为条件期望运算；z 为干扰时隙数，$z > 1$。

对 $\theta(u, t)$ 进行自然对数运算，期望值可写为

178

$$\ln\theta(u,t) \leqslant Q \cdot (u+l+1) \cdot (z-1) - Q \cdot (u+1) \cdot (1-z^{-1})$$
$$- Q \cdot (P+2+u) \cdot (1-z^{-1}) - Q \cdot u \cdot (1-z) \tag{5.45}$$

设 $z-1=\delta,\delta>0$ 且为整数,得到 $1-z^{-1} \leqslant 1$,而 $\delta-\delta^2 \leqslant 0$。则考虑新边界,得到下界为[2]

$$1-z^{-1} \geqslant \delta-\delta^2 \tag{5.46}$$

将式(5.46)代入式(5.45),可得

$$\ln\theta(u,t) = Q \cdot (u+l+1) \cdot \delta - Q \cdot (u+1) \cdot (\delta-\delta^2)$$
$$- Q \cdot (P+2+u) \cdot (\delta-\delta^2) - Q \cdot u \cdot (-\delta)$$
$$= Q(2u+l+P+2)\delta^2 - Q(P+2)\delta \tag{5.47}$$

通过对式(5.47)进行最小化处理,得到关于 δ 的公式为

$$\delta = \frac{P+2}{2(2u+l+P+2)} \tag{5.48}$$

因此,将式(5.48)代入式(5.47),可得

$$\ln\theta(u,t) = Q(2u+l+P+2)\left(\frac{P+2}{2(2u+l+P+l)}\right)^2$$
$$- Q(P+2)\frac{P+2}{2(2u+l+P+l)} \tag{5.49}$$

将式(5.49)还原为指数形式为

$$\theta(u,t) \leqslant \exp\left[-Q\frac{(P+2)^2}{4(P+2+2u+l)}\right] \tag{5.50}$$

因此

$$\mathrm{Pr}_2^1 = \theta(u,t) \leqslant \exp\left[-Q\frac{(P+2)^2}{4(P+2+2u+l)}\right] \tag{5.51}$$

同样,对 Pr_1^1 有

$$\mathrm{Pr}_1^1 \leqslant \exp\left[-Q\frac{(P+2)^2}{4(P+2+2u+l)}\right] \tag{5.52}$$

因此,有 MAI 和 SI 的接收机的 BER 上界为

$$P_b = \frac{M}{2(M-1)}P_E$$
$$= \frac{M}{2(M-1)}P_1 \cdot P\{T=t\} \cdot P\{U=u\} \cdot P\{H=h\}$$
$$= \frac{M}{2}\sum_{t=t_{\min}}^{t_{\max}}\sum_{u=0}^{N-t}\sum_{h=0}^{t-1}\sum_{\rho=0}^{kh}\left[\mathrm{Pr}_1^1 + (\gamma-1) \cdot q \cdot (\mathrm{Pr}_2^1 - \mathrm{Pr}_1^1)\right]$$
$$\cdot P_{L|HT} \cdot P_{H|T} \cdot P_{U|T} \cdot P_T^1 \tag{5.53}$$

式(5.53)中各个概率已在 5.8.2 节和 5.8.3 节中给出。

5.8.4.3 基于 MAI 消除和曼彻斯特编码接收机 SI 分析

这种接收机和前面讨论的基于 MAI 接收机非常相似,唯一的区别是这里将在线用户分成了两组,可以参考 5.8.3 节,则考虑了 MAI 和 SI 的 BER 上界为

$$P_{\mathrm{b}} = \frac{M}{2} \sum_{t=t_{\min}}^{t_{\max}} \sum_{w=w_{\min}}^{w_{\max}} \sum_{u=0}^{N-t} \sum_{h=0}^{t-1} \sum_{\rho=0}^{kh} \left[\mathrm{Pr}_1^1 + (\gamma - 1) \cdot q \cdot (\mathrm{Pr}_2^1 - \mathrm{Pr}_1^1) \right]$$
$$\cdot P_{L|HT} \cdot P_{H|T} \cdot P_{U|T}^1 \cdot P_{W|T} \cdot P_T^1 \qquad (5.54)$$

5.9 结 果 讨 论

本节将基于上述分析给出三种接收机的性能分析。为更好地理解仿真结果,将对最近提出的几种素数码族的性能进行详细对比分析。非相干 OPPM – OCD-MA 系统中 n – MPC 的性能分析参见文献[12]。从两种情况对接收机性能进行验证:一是仅有 MAI;二是同时有 MAI 和 SI。

5.9.1 基于 MAI 的接收机 BER 性能

本节讨论分析三种接收机结构的整体性能:简单接收机;MAI 消除接收机;基于曼彻斯特编码 MAI 消除接收机。本节都是基于 MAI 为主要的降质干扰因素而给出的结果。

图 5.28 给出了非相干 OPPM – OCDMA 简单接收机分别采用 GPMPC、n – MPC 和 MPC 时误比特率(BER)随每脉冲平均光子数 μ 的变化关系。素数 P 和在线用户数设为 7、42(满负载),分别研究了重数 M 为 8、16 的两种情况。图 5.28 清楚表明,当 μ 增加时系统性能更好;由于 GPMPC 的相关特性好,其性能比其他编码要好。从中还可以看出,重数在改进系统性能中起着重要的作用,但它也增加了系统结构的复杂度。例如,对于 $\mu = 70$,$M = 16$,n – MPC 的误比特率为 0.0081,MPC 为 0.0094,GPMPC 为 0.0065。

图 5.29 给出了给定条件下采用 GPMPC、MPC 和 n – MPC 的简单接收机的 BER 性能随在线用户数的变化关系。

从图中可看出,随着用户数目的增加,由于干扰增强,BER 随之增加,使系统性能得不到保障。同时在接收机性能中重数扮演一个重要角色。但通过图 5.28 和图 5.29 可以看出,与光纤通信系统误码率为 10^{-9} 的最低要求相比,这种性能指标太低,因此有必要采用干扰消除技术。

为了验证其他接收机,我们仅评估了 GPMPC 和 n – MPC 码族的性能,由于 MPC 比 n – MPC 性能明显差,这里不做考虑[12]。同样将 BER = 10^{-9} 画在图中作为

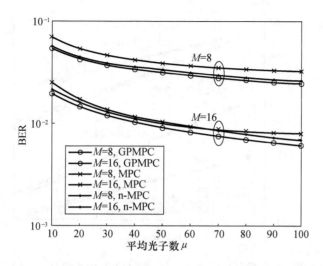

图 5.28 只考虑 MAI 影响,$P = 7$、$N = 42$、M 为 8 和 16 时,不同编码
条件下 OPPM – OCDMA 接收机性能关于光子数 μ 的变化曲线

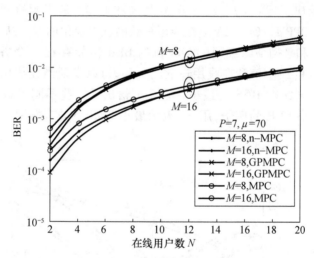

图 5.29 只考虑 MAI 影响,$P = 7$、$\mu = 70$、M 为 8 和 16 时,
不同编码条件下 OPPM – OCDMA 接收机性能关于在线用户数 N 的变化曲线

参考线。

图 5.30 给出了 BER 性能随平均光子数的变化。分析中素数 P 和在线用户数 N 分别为 11、110(满负载)。由于平均光子数 μ 直接正比于信号功率,那么随着信号功率增加,BER 随之减少。图 5.30 清楚地给出了仿真结果,基于 MAI 消除的接收机与基于 MAI 消除和曼彻斯特编码的接收机性能也在图中与简单接收机性能进行对比。结果表明,通过优化 μ 和 M 可以提供更加可靠的通信链路。

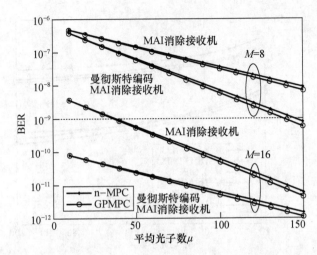

图 5.30　只考虑 MAI 影响, $P = 11$、$N = 110$、M 为 8 和 16 时, 不同编码
条件下基于 MAI 消除的 OPPM – OCDMA 接收机性能关于平均光子数 μ 的变化曲线

图 5.31 给出了当 $P = 7$、$\mu = 100$、M 为 8 和 16 时, 基于 MAI 消除和曼彻斯特编码的非相干 OPPM – OCDMA 随在线用户数的性能变化曲线。从图中可以看出, 基于 MAI 消除和曼彻斯特编码的接收机的 BER 性能存在一个谷值(最小值)。通过研究 BER 的最小值和在线用户数的关系, 可以发现当在线用户数为最大用户数的 50% ~ 60% 时 BER 为最小。表 5.1 给出了一些不同素数 P 条件下不同扩频编码的最小 BER 的例子, 用 N_{eff} 表示最小 BER 下的有效用户数, N_{Full} 表示总用户数。

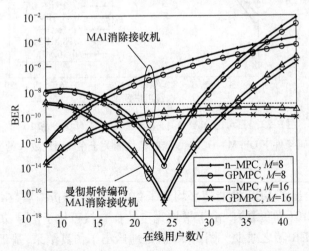

图 5.31　只考虑 MAI 影响, $P = 7$、$\mu = 100$、M 为 8 和 16 时, 不同编码条件下
基于 MAI 消除的 OPPM – OCDMA 接收机性能关于在线用户数 N 的变化曲线

表 5.1　只考虑 MAI 影响,采用曼彻斯特编码和 MAI 消除时,$M = 16$ 和 $\mu = 100$,
不同在线用户数条件下接收机的最小 BER

P	n - MPC 下最小 BER	GPMPC 下最小 BER	N_{eff}	N_{Full}	$(N_{\text{eff}}/N_{\text{Full}})\%$
5	1.84×10^{-12}	8.51×10^{-13}	12	20	60
7	9.26×10^{-17}	3.46×10^{-17}	24	42	57.1
11	6.85×10^{-22}	4.8×10^{-22}	60	120	50
13	5.17×10^{-27}	3.25×10^{-27}	84	156	53.8
17	6.23×10^{-35}	7.23×10^{-36}	140	272	51.47

据此,如果在接入网中将最大支持在线用户数设置为总用户数的 55%(平均 N_{eff}),那么收发信机的性能将明显提高。然而由于网络设计应用的建设投入大,当前网络通常将最大支持在线用户数设置为总用户数的 10% ～20%[15]。

通过比较不同 N_{eff} 的 BER 值,可以看出其差异明显,能用来补偿网络容量的损失。

此外,重数 M 对改善 BER 性能的效果是独立的,但由于精确同步和切换设计的要求导致应用难度大。从图 5.30 和图 5.31 给出的性能结果可以看出,在给定条件下,尤其采用 GPMPC 时,增加 M 在改善整体性能的同时还能使网络容量得到恢复。

5.9.2　基于 MAI 和 SI 的接收机 BER 性能

本节将讨论同时考虑多址接入干扰和自干扰情况下接收机性能随在线用户数 N 和每脉冲平均光子数 μ 的变化。很明显,由于干扰增强,简单接收机性能下降严重,所以对以下两种接收机的研究非常重要:MAI 消除接收机和曼彻斯特编码 MAI 消除接收机。本节对不同接收机的性能评估是基于 5.8.4 节对采用 GPMPC 的系统的分析。

图 5.32 给出了当 $P = 11$、$N = 110$(满负载)、M 为 8 和 16 时接收机 BER 性能随每脉冲平均光子数的变化曲线。可以看出,接收功率越高,通信越可靠。最开始两种编码的性能都非常好,随 μ 增加 BER 减少。

可以看出,通过调整系统容量亦或功耗,两种扩频码的 BER 差异会发生变化。这就意味着,如果支持更多用户或降低功耗,采用 GPMPC 和采用 n - MPC 的接收机性能相当。

例如,$\mu = 50$ 时的 GPMPC 接收机 BER 和 $\mu = 55$ 时的 n - MPC 接收机 BER 相同。此外,根据图 5.32 中结果,当 $M = 16$、$\mu = 100$ 时,GPMPC 的 BER 为 1.8×10^{-10},而 n - MPC 为 2.9×10^{-10},这时 n - MPC 的误码率是 GPMPC 的 1.6 倍。

正如前面所讨论的,增加重数因子 M 可以在一个时隙内提供更多的位置用于

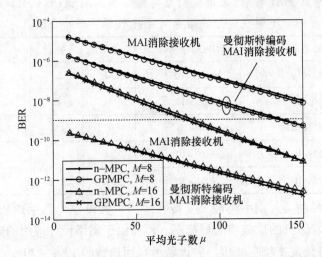

图 5.32　考虑 MAI 和 SI 的影响，$P=11$、$N=110$、M 为 8 和 16 时，
不同编码条件下的 OPPM – OCDMA 接收机性能关于平均光子数的变化曲线

容纳更多的用户信号。图 5.32 清楚地表明了通过采用大的重数因子可以达到更好的性能。然而，大的重数会带来系统应用复杂度的提升，因此采用曼彻斯特编码来增加信号的复用数和提升系统容量是一个明智的选择。

图 5.33 给出了 $P=7$、$\mu=100$、M 为 8 和 16 时，非相干 OPPM – OCDMA 系统 BER 性能随在线用户数的变化曲线。这里可以看到和图 5.31 相似的最小 BER 谷值。有效用户数 N_{eff} 表示基于曼彻斯特编码 MAI 消除接收机最小误码率发生的位置。表 5.2 给出了不同素数值 P 条件下 N_{eff} 的一些例子。

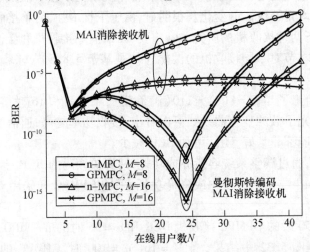

图 5.33　考虑 MAI 和 SI 的影响，$P=7$、$\mu=100$、M 为 8 和 16 时，不同编码
条件下 OPPM – OCDMA 接收机性能关于在线用户数 N 的变化曲线

表 5.2　考虑 MAI 和 SI 的影响，$M = 16$ 和 $\mu = 100$ 时，
不同在线用户数条件下的最小 BER

P	n – MPC 下最小 BER	GPMPC 下最小 BER	N_{eff}	N_{Full}	$(N_{\mathrm{eff}}/N_{\mathrm{Full}})\%$
5	8.6×10^{-12}	1.2×10^{-12}	12	20	60
7	3.3×10^{-16}	1.3×10^{-16}	24	42	57.1
11	6.9×10^{-20}	4.5×10^{-20}	60	120	50
13	5.3×10^{-25}	3.1×10^{-25}	84	156	53.84

可以看出，随着在线用户的增加，干扰增加。很明显，在合理的误码率条件下接收机不能支持更大数量的用户。相比 n – MPC，尤其是采用了曼彻斯特编码和MAI 消除的情况下，GPMPC 的性能更优。例如，在图 5.33 中，对于基于曼彻斯特编码 MAI 消除的接收机，当 $M = 8$ 且在线用户数为 N_{eff} 时，采用 n – MPC 的接收机的 BER 为 9.8×10^{-13}，而 GPMPC 为 3.7×10^{-13}，性能有 62% 的提升。

5.8.1 节中仅考虑 MAI，5.8.4 节中同时考虑了 MAI 和 SI，将两种情况下接收机的误码率进行对比，可以明显看出自干扰对系统性能的影响比较大。

5.10　吞吐量分析

实际应用中，评估 OCDMA 系统性能的一个重要参数为数据速率。对一个给定用户，吞吐量就是用户每秒发送的信息量。

5.10.1　OPPM – OCDMA 吞吐量

参考 5.2 节，每个 M 进制时间帧的持续时间为 T，码片持续时间为 T_{c}。扩频序列长度 L 必须与时隙 τ 精确匹配，使 $\tau = LT_{\mathrm{c}}$。OPPM – OCDMA 系统的吞吐量 $R_{\mathrm{T-OPPM}}$ 定义为每个时隙传输的数据包[2,14]：

$$R_{\mathrm{T-OPPM}} = \frac{\ln M}{T} = \frac{\ln M}{M \dfrac{\tau}{\gamma}} = \frac{\gamma \ln M}{MLT_{\mathrm{c}}} \tag{5.55}$$

式中：γ 为重叠指数。

由于脉冲宽度 T_{c} 是固定值，因此定义每个脉冲宽度产生的吞吐量为

$$R_{\mathrm{O-OPPM}} = R_{\mathrm{T-OPPM}} \cdot T_{\mathrm{c}} = \frac{\gamma \ln M}{MLT_{\mathrm{c}}} \cdot T_{\mathrm{c}} = \frac{\gamma \ln M}{ML} \tag{5.56}$$

上述公式表明，对于固定脉冲宽度 T_{c}，脉宽吞吐量乘积 $R_{\mathrm{O-OPPM}}$ 和吞吐量 $R_{\mathrm{T-OPPM}}$ 成正比。另外，定义用户吞吐量乘积 NR 为用户数和 $R_{\mathrm{O-OPPM}}$ 的乘积：

$$NR_{\mathrm{OPPM}} = N \cdot R_{\mathrm{O-OPPM}} = N \cdot \frac{\gamma \ln M}{ML} \tag{5.57}$$

NR 为信道中所有用户传输速率总和的度量。实际应用中，更关注当误码率

低于特定阈值时系统能达到最大吞吐量。因此,在约束条件 $P_b \leqslant \varepsilon$ 下,其中 ε 为 BER 参考值,例如 10^{-9},令参数 γ、M 和 L 均可调以优化吞吐量,则可得

$$
\begin{cases}
R_{\text{O-OPPM,max}} = \max\limits_{\substack{\gamma, M, L \\ P_b \leqslant \varepsilon}} R_{\text{O-OPPM}} \\
NR_{\text{OPPM,max}} = \max\limits_{\substack{\gamma, M, L \\ P_b \leqslant \varepsilon}} NR_{\text{OPPM}}
\end{cases}
\tag{5.58}
$$

5.10.2 PPM – OCDMA 吞吐量

对于给定条件下的非相干 PPM – OCDMA 收发信机,其吞吐量为[14]

$$
R_{\text{T-PPM}} = \frac{\ln M}{T} = \frac{\ln M}{M\tau} = \frac{\ln M}{MLT_c}
\tag{5.59}
$$

PPM – OCDMA 系统的脉宽吞吐量乘积为

$$
R_{\text{O-PPM}} = R_{\text{T-PPM}} \cdot T_c = \frac{\ln M}{MLT_c} \cdot T_c = \frac{\ln M}{ML}
\tag{5.60}
$$

同样,在 PPM – OCDMA 收发信机中,用户吞吐量乘积为

$$
NR_{\text{PPM}} = N \cdot R_{\text{O-PPM}} = N \cdot \frac{\ln M}{ML}
\tag{5.61}
$$

分别考虑在 PPM – OCDMA 和 OPPM – OCDMA 系统采用 GPMPC,脉宽吞吐量乘积可重写为

$$
R_{\text{O-OPPM}} = \frac{\gamma \ln M}{ML} = \frac{(P+2) \cdot \ln M}{M \cdot (P^2 + 2P)}
\tag{5.62}
$$

$$
R_{\text{O-PPM}} = \frac{\ln M}{ML} = \frac{\ln M}{M \cdot (P^2 + 2P)}
\tag{5.63}
$$

则用户吞吐量乘积为

$$
NR_{\text{OPPM}} = N \cdot \frac{\gamma \ln M}{ML} = \frac{N \cdot (P+2) \cdot \ln M}{M \cdot (P^2 + 2P)}
\tag{5.64}
$$

$$
NR_{\text{PPM}} = N \cdot \frac{\ln M}{ML} = \frac{N \cdot \ln M}{M \cdot (P^2 + 2P)}
\tag{5.65}
$$

式(5.63)和式(5.64)表明,在给定条件下 OPPM 系统吞吐量比 PPM 高 $P+2$(即 γ)倍。换句话说,OPPM 不需要像 PPM 一样进行带宽扩展就能提供更高的吞吐量。因此,如果由于器件原因或带宽限制导致带宽增加困难或者不可能,通过引入重叠指数就能提供更大的吞吐量,此时信号是在多个时隙中扩展,而不再像 PPM 调制中那样只在一个时隙中扩展。带宽扩展通常代价高且复杂,OPPM 系统的重叠指数特性为系统容量增加带来很大的益处。

5.11 小 结

GPMPC 作为最先进的素数码扩频码非常适用于同步非相干 OCDMA 系统,本

186

章将其应用于脉冲位置调制和重叠脉冲位置调制 OCDMA 网络中。分析和评估了三类收发信机:简单收发信机;MAI 消除收发信机;曼彻斯特编码 MAI 消除收发信机。曼彻斯特编码可看作是一种归零信号格式,因此接收机的分析包括归零信号和非归零信号。推导了第一种接收机的 BER 下界以及第二种和第三种接收机的 BER 上界。分析中假设 MAI 为主要噪声,忽略背景噪声和光电二极管暗电流噪声,但是考虑了自干扰。

结果表明,采用合适编码的基于多址接入干扰消除的接收机能够容纳更多用户,同时能保持低 BER 和功耗。分析结果还表明,曼彻斯特编码在提高干扰消除效果方面发挥了很重要的作用,然而需注意的是曼彻斯特编码通常需要带宽扩展。另外,为了克服这种限制,还分析了重叠 PPM 信号,OPPM 的重叠指数特性在没有带宽扩展情况下能够提升系统容量。

参 考 文 献

[1] Shalaby, H. M. H. (2002) Complexities, error probabilities and capacities of optical OOK – CDMA communication systems. *IEEE Trans on Comm.*, **50** (12), 2009 – 2017.

[2] Shalaby, H. M. H. (1999) Direct – detection optical overlapping PPM – CDMA communication systems with double optical hard – limiters. *J. Lightw. Technol.*, **17** (7), 1158 – 1165.

[3] Ohtsuki, T. (1999) Performance analysis of direct – detection optical CDMA systems with optical hard – limiter using equal – weight orthogonal signaling. *IEICE Trans. Comm.*, E**82** – B (3), 512 520.

[4] Lee, T. S., Shalaby, H. M. H. and Ghafouri – Shiraz, H. (2001) Interference reduction in synchronous fiber optical PPM – CDMA systems *J. Microw. Opt. Tech. Let.*, **30** (3), 202 – 205.

[5] Ghafouri – Shiraz, H., Karbassian, M. M. and Liu, F. (2007) Multiple access interference cancellation in Manchester – coded synchronous optical PPM – CDMA network. *J. Optical Quantum Electronics*, **39** (9), 723 – 734.

[6] Jau, L. L. and Lee, Y. H. (2004) Optical code – division multiplexing systems using Manchester – coded Walsh codes. *IEE Optoelectronics*, **151** (2), 81 86.

[7] Lin, C. L. and Wu, J. (2000) Channel interference reduction using random Manchester codes for both synchronous and asynchronous fiber – optic CDMA systems. *J. Lightw. Technol.*, **18** (1), 26 – 33.

[8] Liu, M. Y. and Tsao, H. W. (2000) Cochannel interference cancellation via employing a reference correlator for synchronous optical CDMA system. *J. Microw. Opt. Tech. Let.*, **25** (6), 390 392.

[9] Shalaby, H. M. H. (1995) Performance analysis of optical synchronous CDMA communication systems with PPM signaling. *IEEE Trans. Comm.*, **43** (2/3/4), 624 634.

[10] Shalaby, H. M. H. (1998) Chip – level detection in optical code division multiple access. *J. Lightw. Technol.*, **16** (6), 1077 – 1087.

[11] Shalaby, H. M. H. (1998) Cochannel interference reduction in optical PPM – CDMA systems. *IEEE Trans. Comm.* , **46** (6), 799 – 805.

[12] Liu, F. and Ghafouri – Shiraz, H. (2005) Analysis of PPM – CDMA and OPPM – CDMA communication systems with new optical code. In: *SPIE Proc.* , vol. 6021.

[13] Shalaby, H. M. H. (1999) A performance analysis of optical overlapping PPM – CDMA communication systems. *J. Lightw. Technol.* , **19** (2), 426 – 433.

[14] Karbassian, M. M. and Ghafouri – Shiraz, H. (2007) Fresh prime codes evaluation for synchronous PPM and OPPM signaling for optical CDMA networks. *J. Lightw. Technol.* , **25** (6), 1422 – 1430.

[15] Mestdagh, D. J. G. (1995) *Fundamentals of multiaccess optical fiber networks.* Artech House Inc, Boston, USA.

第6章 时域相干 OCDMA 网络

6.1 概　述

目前,由于时域相干扩频 OCDMA 性能优于非相干方案,因此引起了广泛关注。该方案采用由光纤布拉格光栅[1]和阵列波导光栅[2]构成的超级结构实现直接时间扩频,或是通过空间光调制实现光谱相位编码时间扩频[3]。将 CDMA 应用于光纤通信系统的方法有很多,其中最常用的是直接检测双极性码,如 Gold 序列[4],以及单极性素数码。尤其是后者,在第 2 章介绍过这种码字具有灵活的码长和部分正交的特性。为了保持{0,1}码的低功率特性,本章将采用单极性信号和相干二进制相移键控(BPSK)调制。由于采用素数码的系统的容量受伪随机(PN)序列的最大可实现比特率的限制,因此这里重点关注最大码片速率为 10Gchip/s 以及期望速率为数百兆比特每秒的序列,这也就意味着扩频序列的长度被限制在数百码片每比特的数量级。

本章将对采用组填塞修正素数码(GPMPC)(2.4.5 节)的相干零差和外差 OCDMA 系统的信噪比(SNR)进行分析,并介绍两种相位调制方法:一种使用马赫 - 曾德尔干涉仪(MZI)作为外部相位调制器,另一种利用分布式反馈(DFB)激光二极管的驱动电流来实现注入锁相调制,这两种方法都可以采用双平衡检测来实现解调。本章还评估了采用注入锁相调制[4]时,范围为 ±0.42π 的有限相位偏移对光码分多址系统所造成的性能损伤。此外,本章分析了外差检测相干 BPSK – OCDMA 以及可用于外差检测的外相位调制方法。在上述分析中,在考虑接收机噪声以及多址接入干扰(MAI)情况下,对与并发在线用户数量相对应的系统 SNR 进行了深入研究。

6.2　零差相干 BPSK – OCDMA 结构

本节介绍相干 BPSK 光码分多址网络的体系结构。在如图 6.1 所示的基于外相位调制的相干光码分多址系统中,首先对输出数据进行 BPSK 编码,在电域中产生同相和正交相位(IQ)信号;然后将 BPSK 编码信号作为驱动,将 MZI 作为外部相位调制器对光波进行相位调制(文献[5]对于采用外部 MZI 调制器的方式进行了验证),最后采用 GPMPC 序列对信号进行 CDMA 编码,星形耦合器对信号复用后通过星形无源光网络(SPON)进行传输。这意味着光载波可以重用,并通过不同扩频码进行区分。在如图 6.1 所示的预期接收机中实现一个逆过程,将 MZI 作为解调器,利用与发送端一样的 GPMPC 序列对接收信号进行解调。参照第 2 章中介绍的 GPMPC 的相关特性,接收信号乘以相同的扩频码将完成信号解扩,得到有效的接收信号;而乘以不同的扩频码时,信号频谱将进一步扩散,从而从有用信号中除去。实际上,一般会对接收信号进行滤波以抑制接收频带以外的串扰,并通过双平衡机制对预期解调信号和微小的同信道干扰(通过解扩减少)进行光电检测,以去除噪声和直流(DC)分量,从而可靠地检测 IQ 信号。

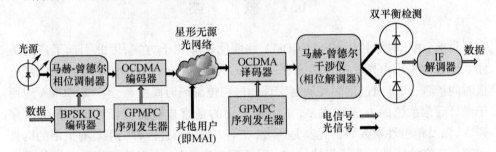

图 6.1   基于 MZI 相位调制的零差相干 BPSK – OCDMA 收发器

图 6.2 给出了通过注入锁相 DFB 激光二极管实现相位调制的相干 OCDMA 系统。该系统使用两个高质量电流驱动 DFB 激光二极管,一个作为发射机光源,另一个作为接收机的本地振荡源。通过控制发射机内的 DFB 激光器的注入电流对信号进行相位调制。

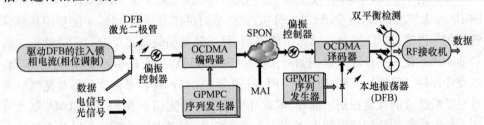

图 6.2   基于注入锁相分布反馈激光器的零差相干 BPSK – OCDMA 收发器

接着,通过分配 GPMPC 序列对光信号进行 CDMA 编码,然后在网络上传输。在接收端,将接收到的 CDMA 信号与同步本地振荡信号进行相干合成。在 CDMA 检测过程中,与 GPMPC 地址码相同的接收信号(预期接收机的预期数据)被解扩,同时采用其他序列编码的信号(即 MAI)会被进一步扩散削弱。然后对该相干混光信号进行双平衡检测,检测器的电输出会保留相应的相位信息。所产生的双极性电信号被合成在一个比特周期内,并将结果与阈值相比较形成基于最大似然(ML)估计的最终比特估计值。

如果采用 MZI 调制器实现相位调制,码片速率可以提高到最大值 10Gchip/s。相比之下,由于相位偏移的限制[4,6-9],利用注入电流进行相位调制的方式仅可以达到最大值 1Gchip/s,显著制约了系统的整体性能。

6.2.1 MZI 相位调制分析

如图 6.1 所示,采用相干检测可以提取光载波的相位信息。双平衡检测器可用于估计和去除基带信号中的直流分量[8,10]。通过增加本地振荡器的功率,接收器将工作在散弹噪声限制情况下,此时暗电流和接收器的热噪声干扰可忽略不计。

为获得双平衡检测器(图 6.2)的输出表达式,设 K 为在线用户数量,$S_i(t-\tau_i)$ 为第 i 个用户的特征序列,其中 τ_i 为第 i 个用户与期望用户(如用户 1#)之间的相对时延。采用 GPMPC 扩频序列,且假设所有用户都具有相同的极化方式及平均功率 $\hat{S}_i$。设 $C_i(t)$ 为分段常值函数,即数据比特和第 i 个用户的码序列的比特值在时间 t 的乘积。第 i 个用户的初始相位偏移量 θ_i 是一个在 $(0,2\pi)$ 间均匀分布的随机变量。

假设 $C_i(t)$ 为 0 或 1(两个比特值的乘积),并用其对光波进行相位调制。由于 $C_i(t)$ 出现在相位参数中表征光波相移,因此接收信号为

$$s(t) = \sqrt{2}\,\hat{S}\sum_{i=1}^{K}\cos(\omega_c t + C_i(t)(\pi/2) + \theta_i) \qquad (6.1)$$

本地振荡器也利用期望用户的扩频序列 $S_1(t)$ 进行相位调制,$S_1(t)$ 是当 $i=1$ 以及 $\tau_i=0$ 时,$S_i(t-\tau_i)$ 的取值,也同样表现为相位幅角的变化。因此,本地振荡器信号为

$$l(t) = \sqrt{2}\,\hat{L}\sum_{i=1}^{K}\cos(\omega_c t + S_1(t)(\pi/2) + \theta_{LO}) \qquad (6.2)$$

式中:θ_{LO} 为本地振荡器的初始相位偏移。

接收端 $l(t)$ 以及 $s(t)$ 的乘积为

$$l(t)s(t) = 2\hat{L}\hat{S}\sum_{i=1}^{K}\cos(\omega_c t + S_1(t)(\pi/2) + \theta_{LO})\cos(\omega_c t + C_i(t)(\pi/2) + \theta_i)$$

$$(6.3)$$

因此

$$l(t)s(t) = 2\hat{L}\hat{S}\sum_{i=1}^{K}\left[\begin{array}{l}\dfrac{1}{2}\cos[\omega_c t + S_1(t)(\pi/2) + \theta_{LO} + \omega_c t + C_i(t)(\pi/2) + \theta_i] \\[2mm] + \dfrac{1}{2}\cos[\omega_c t + S_1(t)(\pi/2) + \theta_{LO} - \omega_c t - C_i(t)(\pi/2) - \theta_i]\end{array}\right]$$

$$(6.4)$$

双检测后的输出为

$$\Re\, l(t)s(t) = \Re\,\hat{L}\hat{S}\sum_{i=1}^{K}\cos[(S_1(t) - C_i(t))\cdot(\pi/2) + \theta_{LO} - \theta_i] \qquad (6.5)$$

191

其中,高频谱分量 $2\omega_0$ 在检测过程中被滤除。式中:$\mathfrak{R}$ 为光电探测器的响应值 $\mathfrak{R} = \eta e/h\nu$,$\eta$ 为各检测器的量子效率,h 为普朗克常量,e 为电子基本电荷,ν 为光波频率。

假设本地振荡器跟踪期望用户的相位,因此 $\theta_{LO} = \theta_1 = 0$。如上所述,当本地振荡器功率相对较高时,接收器工作在散弹噪声限制下,其噪声的单边功率谱密度为

$$N_0 = 2\mathfrak{R}\hat{L}^2 \tag{6.6}$$

在一个比特周期 T 上对式(6.5)给出的检测器输出进行积分,得到:

$$
\begin{aligned}
S_{\text{out}} &= \mathfrak{R}\sum_{i=1}^{K}\int_0^T l(t)s(t)\mathrm{d}t + \sqrt{N_0}\int_0^T n(t)\mathrm{d}t \\
&= \mathfrak{R}\hat{L}\hat{S}b_0^1 T + \sqrt{\mathfrak{R}T}\cdot\hat{L} + \mathfrak{R}\hat{L}\hat{S}\sum_{i=2}^{K}\left[b_{-1}^i R_{i,1}(\tau_i) + b_0^i \hat{R}_{i,1}(\tau_i)\right]\cos\theta_i
\end{aligned}
\tag{6.7}
$$

式中:b_0^1 为被检测的信息比特;b_{-1}^i、b_0^i 为第 i 个用户前后比特的重叠部分;连续时间偏相关函数 $R_{i,j}(\tau)$、$\hat{R}_{i,j}(\tau)$ 定义为:

$$
\begin{cases}
R_{i,j}(\tau) = \displaystyle\int_0^\tau s_i(t-\tau)s_j(t)\mathrm{d}t \\
\hat{R}_{i,j}(\tau) = \displaystyle\int_\tau^T s_i(t-\tau)s_j(t)\mathrm{d}t
\end{cases}
\tag{6.8}
$$

其中,$\tau = \tau_i - \tau_j$ 以及 $\tau_1 = 0$。假定式(6.7)中的噪声 $n(t)$ 服从高斯分布且具有零均值和单位方差[4],所有数据比特独立且等概,延迟时间独立且在一个比特周期中均匀分布。式(6.7)中的第一项对应于期望用户,第二项对应的是加性高斯白噪声(AWGN),第三项是合理数量在线用户[4]条件下的具有正态分布的多用户干扰(MAI)。

最后,可以推导得到 K 个在线用户条件下,采用 MZI 的相干零差 BPSK - OCD-MA 的信噪比为

$$
\text{SNR}(K) = \frac{\mathfrak{R}^2\hat{L}^2\hat{S}^2 T^2}{\mathfrak{R}^2\hat{L}^2\hat{S}^2 T^2\dfrac{K-1}{3N} + \mathfrak{R}T\hat{L}^2} = \frac{1}{\dfrac{K-1}{3N} + \dfrac{1}{\mathfrak{R}\hat{S}^2 T}}
\tag{6.9}
$$

注意,在式(6.9)中,分子包含期望用户的信号功率(式(6.7)),分母包括 MAI 及噪声。噪声项是明确的,来自式(6.6)和式(6.7)。对于式(6.7)给出的 MAI 分量,求和项的各分量作为互相关值,其方差功率为 $T^2/3N$[4,7,8],其中 N 为特征序列的长度。另外,求和运算重复 $K-1$ 次得到 $(K-1)T^2/3N$,式(6.9)分母的第一项即表示 MAI。

对于单独用户,有

$$\mathrm{SNR}(1) = \Re\,\hat{S}^2 T = E_\mathrm{b}/N_0$$

式中:E_b 为 1bit 信号所携带的能量。

对应的具有高斯噪声干扰的 BPSK 信号的比特误码率可表示为

$$\mathrm{BER_{BPSK}}(K) = Q(\sqrt{2 \times \mathrm{SNR}(K)}) = \frac{1}{2}\mathrm{erfc}\,\sqrt{\mathrm{SNR}(K)} \tag{6.10}$$

式中:$Q(x)$、$\mathrm{erfc}(x)$ 分别为 Q 函数以及互补误差函数,且有

$$Q(x) = \frac{1}{\sqrt{2\pi}}\int_x^\infty \exp\left(\frac{-u^2}{2}\right)\mathrm{d}u = \frac{1}{2}\left[1 - \mathrm{erf}\left(\frac{x}{\sqrt{2}}\right)\right] \tag{6.11}$$

图 6.3 给出了采用 GPMPC 序列的单个用户的比特误码率与信噪比的关系。分析中采用 511 码片的 Gold 序列,以及 $P = 23$ 的 GPMPC 序列[1-3,7,12]。如前所述,如果采用非常高的码片速率,同时保持足够高的比特速率,那么扩频序列的长度选择就会受到一定程度的限制。

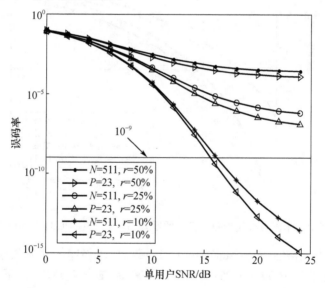

图 6.3　基于 MZI 的零差 BPSK – OCDMA 的误码性能关于单个用户 SNR 的变化曲线

因为 Gold 序列的长度 $N = 2^n - 1$,其中 n 为奇数,设 $n = 9$,即序列长度为 511。而对于 GPMPC 序列,P 选择为 23 或 29,则对应码长为 575 及 899($N = P^2 + 2P$)。同样,在图 6.3 中标注 10^{-9} 的 BER 阈值参考。

图 6.3 中的参数 r 表示不同的编码方案中,通信系统的总在线用户数占总用户数的百分比,其变化范围为 10% ~ 50%。例如,采用 $P = 23$ 的 GPMPC 序列时,若单个用户的信噪比为 15dB,10% 的用户(53 个用户)的 BER 可以达到 4×10^{-10};同时,采用 511 位的 Gold 序列时,10% 的用户(50 用户)的 BER 为 1.3×10^{-9}。因

此,对于一个给定的 r,当信号功率增加时,系统的 BER 减小。然而,当 r 值很高时,由于 MAI 的增加,系统的 BER 反而降低。此外,在不同条件下,使用 GPMPC序列扩频的系统的性能将超过采用 Gold 序列的系统。

图 6.4 给出了在不同的单用户 SNR($E_b N$)条件下系统性能关于在线用户数的变化,并比较了分别采用 $P = 23$ 的 GPMPC 序列和 511 位 Gold 序列的系统性能。该图清楚地表明:①随着单用户 SNR 的增加,误码率将逐渐减少;②系统整体性能受 MAI 的限制;③与采用 Gold 序列的系统相比,采用 GPMPC 序列的系统可容纳更多的在线用户。例如,对于 $E_b N = 16$dB 的 GPMPC 扩频系统,在 BER $\leqslant 10^{-9}$的误码率条件下,可以同时容纳的最大在线用户数为 55,而在 Gold 序列扩频系统中减少到 45。

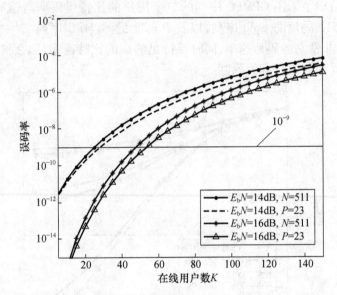

图 6.4　不同在线用户数条件下的零差 MZI BPSK – OCDMA 误码性能

目前,为了保持数据速率的有效性和编码器/译码器的功率效率,选择的扩频序列长度需要低于 1000,$P = 29$(即码长为 899)就属于此范围,但下一步将采用的GOLD 序列长度是 1023。

6.2.2　注入锁相 DFB 相位调制分析

前面章节研究了具有积分器和双平衡结构的相干检测中的匹配滤波,其中积分器输出的基带电信号由解扩信号、AWGN 和 MAI 构成。在零差检测中,本地振荡器的工作频率与载波频率相同,因而输出的电信号为基带信号。这里,根据图6.2 所示的结构来讨论利用 DFB 激光器,通过驱动电流注入锁相的方式来实现相位调制的方法。

为了检测调制过程中的相位限制效应,对 DFB 激光二极管的注入电流进行调制,以完成相位变化限制在 $\pm 0.42\pi$ 的 PSK 信号调制[4],其调制速率为 1Gchip/s。在接收端,该信号被另外一个被用作本地振荡器的注入锁相 DFB 激光器解调,如图 6.2 所示。因为它不能继续采用注入锁相的方式跟踪期望用户的初始相位偏移,所以采用了其他跟踪方法,因此 $\theta_1 = \theta_{LO} = 0$,由于 $\pm 0.42\pi = \pm \pi/2 \mp 0.08\pi$,则接收的信号为

$$s(t) = \sqrt{2}\,\hat{S}\sum_{i=1}^{K}\cos(\omega_c t + C_i(t)(\pi/2 - 0.08\pi) + \theta_i) \qquad (6.12)$$

本振信号为

$$l(t) = \sqrt{2}\,\hat{L}\sum_{i=1}^{K}\cos(\omega_c t + S_1(t)(\pi/2 - 0.08\pi) + \theta_{LO}) \qquad (6.13)$$

这些条件下的双平衡检测器输出为

$$\Re\, l(t)s(t) = 2\Re\,\hat{L}\hat{S}\sum_{i=1}^{K}\cos((S_1(t) - C_i(t))(\pi/2 - 0.08\pi) + \theta_{LO} - \theta_i)$$

$$= \Re\,\hat{L}\hat{S}\sin^2(0.08\pi)\sum_{i}^{K}\cos(\theta_{LO} - \theta_i)$$

$$+ \Re\,\hat{L}\hat{S}\cos^2(0.08\pi)\sum_{i}^{K}\cos((S_1(t) - C_i(t))(\pi/2) + \theta_i)$$

$$+ \Re\,\hat{L}\hat{S}\sin(0.16\pi)\sum_{i}^{K}\sin((S_1(t) - C_i(t))(\pi/2) + \theta_i)$$

$$(6.14)$$

由于相位限制,双平衡检测器的输出端出现两个新的分量。式(6.14)中的第一项为直流成分,可以通过双平衡检测器除去。式(6.14)的最后一项包含两种编码差值的加权和(本质上是一个新的伪随机码)。加权和的大小被伪随机码的总和所限制,与第二项相比,由于码长相对在线用户数非常大($N \gg K$),因而该部分可忽略不计。因此,输出可以由第二项以及式(6.15)所示的加性噪声[4,8,9]近似得到。在一个比特周期 T 上对第二项和加性噪声进行积分,输出信号为

$$S_{out} = \Re\,\hat{L}\hat{S}\cos^2(0.08\pi)\sum_{i}^{K}\int_0^T\cos((S_1(t) - C_i(t))\pi/2 + \theta_i)\mathrm{d}t + \sqrt{N_0}\int_0^T n(t)\mathrm{d}t$$

$$= \Re\,\hat{L}\hat{S}b_0^1 T\cos^2 0.08\pi + \sqrt{\Re\,T}\,\hat{L}$$

$$+ \Re\,\hat{L}\hat{S}\cos^2 0.08\pi\sum_{i=2}^{K}\left[b_{-1}^i R_{i,1}(\tau_i) + b_0^i \hat{R}_{i,1}(\tau_i)\right]\cos\theta_i \qquad (6.15)$$

195

对 MAI 采用相同的高斯近似,SNR 为

$$SNR(K) = \frac{(\mathfrak{R}\cos^2 0.08\pi)^2\,\hat{L}^2\,\hat{S}^2 T^2}{(\mathfrak{R}\cos^2 0.08\pi)^2\,\hat{L}^2\,\hat{S}^2 T^2\,\dfrac{K-1}{3N} + \mathfrak{R}\,T\,\hat{L}^2} = \frac{1}{\dfrac{K-1}{3N} + \dfrac{1}{\mathfrak{R}\,\hat{S}^2 T\cos^4 0.08\pi}}$$

(6.16)

比较式(6.9)和式(6.16),它们之间唯一的区别是式(6.16)多一个余弦项。由此可知,通过注入锁相的方法实现的相位偏移会导致 $\cos^4 0.08\pi$ 的功率损耗,近似于单用户的 SNR 有 1.2dB 的损耗($10\log\vartheta$,其中 $\vartheta = 0.42\pi$,为相位偏移[6])。由于编码器和译码器都有相位限制,因此在每个发射机和接收机中每个用户有 0.6dB 的功率损失。

图 6.5 给出当 $r = 10\%$ 且 $P = 23$(53 个用户)时,两种不同调制方式下 BER 关于单个用户 SNR 的变化。由于对相位偏差和码元速率没有严格限制,所以外部相位调制系统的性能优于其他系统。此外,对于任何给定的 BER,两个图之间的差异都如预期一样为 1.2dB。

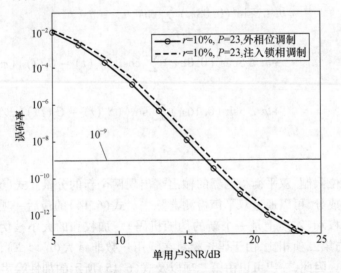

图 6.5　不同相位调制条件下,零差 BPSK - OCDMA 系统的
BER 关于单用户 SNR,$E_b N$ 的变化曲线

图 6.6 还比较了当 $E_b N = 16$dB 及 $P = 23$ 时,这两种方法的性能关于在线用户数 K 的变化。外部调制意味着显著的性能提升,特别是在线用户数较少的情况。如图 6.6 所示,当 BER = 10^{-9} 时,采用 GPMPC 和 MZI 的系统支持的用户数量为 55,而采用注入锁相相位调制方法的系统只能容纳 50 个用户,即系统容量降低了 10%。

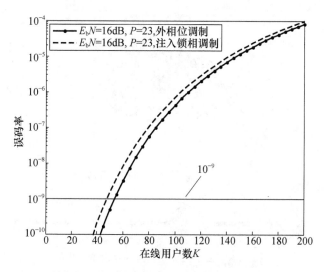

图 6.6　不同相位调制条件下，零差 BPSK – OCDMA 系统的
BER 关于不同用户数 K 的变化曲线

6.3　相干外差 BPSK – OCDMA 架构

本节将研究采用 GPMPC 的相干外差 BPSK – OCDMA 结构，并将它与常用的采用 Gold 序列的结构进行比较。作为参考配置，考虑将星形无源光网络（SPON）作为基本网络结构，该结构采用 BPSK 调制的 Z 型发射机和接收机，如图 6.7 所示。每个输入比特采用 GPMPC 序列编码，将其作为目的地址。

设 x_i 为识别第 i 个接收机的 GPMPC 序列，将构成 GPMPC 序列的每个"1"和"0"称为"码片"。BPSK 机制满足以下规则：根据传输数据为"1"或"0"，选择传输 x_i 或者$\bar{x}_i$，其中$\bar{x}_i$ 是对 x_i 的取反。

接着将来自所有发射机的信号叠加到一起，广播给每个接收机。接收机将接收到的信号与对应的素数码序列（地址码）进行相关运算，如果是预期接收信号，会产生一个相关值峰，其他所有的信号则被解码为干扰噪声。因此，多个不同发射机同时发送，并成功寻址到不同的接收机是可以实现的。因为不同组的 GPMPC 序列之间的互相关值不为 0（但是可以低至 1），干扰信号将会降低接收机的噪声容限。

扩频和解扩可以直接在光域采用由输入数据和 PN 序列驱动的铌酸锂晶体相位调制器来实现[14]。解扩之后，再对接收信号进行外差检测，并依据其调制方式进行判决处理（如最大似然判决）。该系统的框图如图 6.8 所示。

因为采用了扩频，系统的最大速率受限于电子电路产生编码序列的速度，所以可以考虑采用 MZI 作为外部相位调制器。这种方式可以达到很高的码片速率限

197

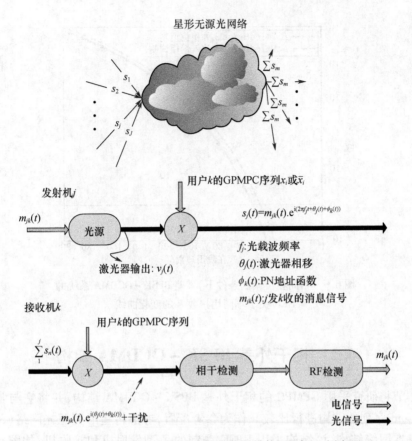

图 6.7 相干 BPSK – OCDMA 收发信机结构(用户 j→用户 k)

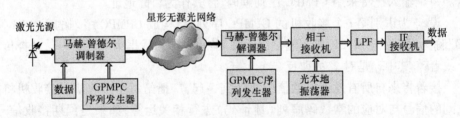

图 6.8 相干 BPSK – OCDMA 系统收发信机结构

制(如 100Gchip/s),从而使高速(数百兆比特每秒)传输成为可能。因此扩频序列的长度限制为数百位(少于 1000)。显然同步网络(所有的收发信机位同步)能允许较多的并发用户数。

如图 6.9 所示,在每一个码片周期 T_c 内,根据目标地址的伪随机比特序列(即 GPMPC)对调制信号的相位进行伪随机改变,从而实现扩频。在接收机端进行解扩使用完全相同的伪噪声(PN)序列来消除扩频过程中所产生的相位变化,从而得到接收信号。解扩之后,可得到与未扩频之前相同的信号。如上所述,扩频和解扩可以直接在光信号上通过使用铌酸锂晶体相位调制器完成。为了正确地解扩,接收端的 PN 序列必须与发送端完全同步,图6.7 详细展示了信号从用户 j 到用户 k 的传输过程。同步及载波频率捕获均须在发起呼叫的过程中实现。但本章不对其做进一步讨论,而重点研究在多用户在线的条件下的系统性能。

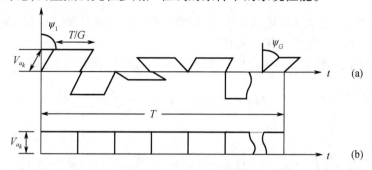

图6.9 采用 PN 序列脉冲的直接相位调制
(a) PN 编码后;(b) PN 编码前。

6.3.1 MZI 相位调制分析

下面研究用户对 $j{\rightarrow}k$ 在"透明传输信道"传输的情况,这个信道中其他用户的通信构成背景噪声。此处使用复数形式表示信号,因此,设 ν_j 为第 j 个发射器的激光输出,此时信号尚未与 GPMPC 序列相乘进行扩频(图6.7),其目标接收机为第 k 个接收机,则有

$$\nu_j(t) = u_j(t)\,e^{i\omega_j t} \tag{6.17}$$

式中:$u_j(t)$ 为调制信号(激光驱动信号);ω_j 为光角频率,$\omega_j = 2\pi f_j$。

设 $\{a_k(t)\}\big|_{k=1}^{J}$ 表示 J 个接收机的地址码集,与 GPMPC 码集相同。需要注意的是,码片周期 T_c 将码元周期 T 均匀分割,$G = T/T_c$ 称为扩频处理增益。则有

$$a_k(t) = \sum_{l=1}^{N} e^{i\phi_{lk}} h(t - lT_c) \tag{6.18}$$

$$h(t) = \begin{cases} 1, & 0 \leqslant t \leqslant T_c \\ 0, & \text{其他} \end{cases} \tag{6.19}$$

其傅里叶变换为

$$H(w) = 2T_c e^{-i\omega T_c/2} \frac{\sin(\omega T_c/2)}{\omega T_c/2} \tag{6.20}$$

虽然相位变化对于通信双方是已知的,但出于分析的目的,可以将它们视为随机变量。序列 $\{\phi_{lk}\}$ 中的相位可认为是在区间 $[-\pi,\pi)$ 上独立同分布的随机变量,其中 $1 < l < N$ 且 $1 \leqslant k \leqslant J$。应当指出的是,$\forall k{:}1 \leqslant k \leqslant J$,有 $a_k(t) \cdot a_k^*(t) = 1$,且 $\forall k{:}1 \leqslant k \leqslant J, a_k(t) \cdot a_{k'}^*(t)(k \neq k')$ 与 $a_k(t)$ 统计相同。对所有 J 个信号进行相

199

加,可得

$$\gamma = \sum_{m=1}^{J} u_m(t) \cdot \mathrm{e}^{\mathrm{i}\omega_m t} \cdot \mathrm{a}^{(m,k)}(t) \tag{6.21}$$

式中:$\{a^{(m,k)}\}_{m,k=1}^{J}$ 意味着整数 $1 \sim J$ 的任意排列;$a^{(m,k)}$ 表示通信双方,即第 m 个发送器正在与第 k 个接收器进行通信。

假定每个接收机均可接收到 γ,则在第 k 个接收器获取的发射角频率为

$$\sum_{m=1}^{J} u_m(t) \mathrm{e}^{\mathrm{i}(\omega_m-\omega_j)t} \cdot \mathrm{a}^{(m,k)}(t) \cdot a_k^*(t) = u_j(t) + \sum_{m=1}^{J}{}^{j} \mathrm{e}^{\mathrm{i}(\omega_m-\omega_j)t} \cdot u_m(t) \cdot b_m(t) \tag{6.22}$$

式中:$\sum^{j}$ 表示不包含第 j 项,且 $\forall m: 1 \le m \le J$,集合 $b_m(t)$ 是集合 $a_m(t)$ 的统计独立的副本。接收信号 $u_j(t)$ 是不变的,加性噪声为

$$\sum_{m=1}^{J} \mathrm{j}\mathrm{e}^{\mathrm{i}(\omega_m-\omega_j)t} \cdot u_m(t) \cdot b_m(t) \tag{6.23}$$

下面研究量化的背景噪声电平。设任意码元时间中预期脉冲的连续随机相位为 $\psi_n, n \in \{1, 2, \cdots, G\}$,常见干扰的对应相位为 $\phi_n, n \in \{1, 2, \cdots, G\}$。假设预期传输信号中的干扰用频率 $f_l(\omega_l = 2\pi f_l)$ 代替。若第 L 个发送器发送为"1",则从 L 支路引入不必要的干扰,在码元周期结束的位置进行匹配滤波之后,可得

$$i_l = \frac{2}{T} \sum_{n=1}^{G} \int_{(n-1)T/G}^{nT/G} \mathrm{e}^{\mathrm{i}(\phi_n-\psi_n)} \mathrm{e}^{\mathrm{i}\omega_l t} \mathrm{d}t = \frac{2}{G} \sum_{N=1}^{G} \mathrm{e}^{\mathrm{i}\zeta_n} \frac{\sin(\omega_l T/2G)}{\omega_l T/2G} \tag{6.24}$$

式中:$\xi_n = \phi_n - \psi_n$,与 ϕ_n 和 ψ_n 具有相同的分布。

根据中心极限定理[14],对于较大的 G 值,式(6.24)的右侧服从高斯分布。因此,如果 g_l 表示具有单位方差的复高斯变量,可以认为式(6.24)右侧的分布近似于下面的变量:

$$x_l = 2G^{-1/2} \big[\sin(\omega_l t/2G)/(\omega_l t/2G) \big] g_l \tag{6.25}$$

下面介绍 BPSK 调制的主要原则。假设第 L 个信号来自于预期用户,根据图 6.8 对信号采用外差检测,乘法器后的接收机输出既包含无关光信号也包含所需的中频(IF)信号,该信号可通过滤波器获得。IF 信号电平正比于输入信号的相移,两种状态之间的相位差越高,接收机的两个输出电平之间的差值就越大。IF 接收机在变量 $Z(T)$[13-16] 的中频信号电平的基础上做出判决(图6.8),$Z(T)$ 为

$$Z(T) = \frac{\Re}{2N} \Big[Nd_i + \sum_{i=1, i \ne l}^{K} d_i X_{li} \Big] + n_{\mathrm{B}}(T) \tag{6.26}$$

式中:K 为同时传输信号的数量;N 为 PN 序列(GPMPC)的码长;d_i 为第 i 个发射机数据的比特位;$n_{\mathrm{B}}(t)$ 为采样基带高斯噪声;X_{li} 为第 i 个和第 l 个发射机对应的 GPMPC 序列之间的互相关随机变量。

如果定义新的随机变量 W 为

$$W = \sum_{i=1, i\neq l}^{K} d_i X_{li} \qquad (6.27)$$

则其概率密度函数(PDF)可以由随机变量 X_{li} 的 PDF 获得。根据 GPMPC 的相关特性(见 2.4.5 节),其相位互相关值 $\lambda_c \leq 2$,因此位于相同或不同组群的其他用户将给期望用户带来干扰。互相关值的大小取决于编码是否处于同一码组群,并且决定了干扰的程度。零互相关值意味着编码之间是正交的,没有干扰。互相关值为 1 或 2 将导致期望用户和 $P^2 - P$ 个用户之间的干扰,其中 P^2 为总的码序列数量,$P - 1$ 是与期望用户处于同一编码群组的用户的数量,再考虑到期望用户自己,所以干扰用户数为 $P^2 - P - 1 + 1 = P^2 - P$。因此互相关值在干扰用户之间是均匀分布的,则 W 的 PDF 为

$$P(W = i) = \frac{i}{P^2 - P} \qquad (6.28)$$

式中:$P(W = i)$ 为 $w = i$(在线用户数)的概率。

基于式(6.28),BER 可以表示为并发在线用户数 K 的函数[14,15],即

$$\mathrm{BER}_K = \frac{1}{2} \sum_{i=0}^{W_m} \mathrm{erfc}\left[\frac{N - i}{N} \cdot \sqrt{r}\right] \cdot P(W = i) \qquad (6.29)$$

式中:W_m 为取决于在线用户数的随机变量的最大值;W 为干扰;r 为信噪比,且有

$$r = \frac{E_b}{N_0} = \frac{\eta P_r}{2hfB_{IF}} \qquad (6.30)$$

式中:η 为光电检测器的量子效率,$\eta = 0.9$;P_r 为接收信号功率;h 为普朗克常量;f 为光波频率($\lambda = 1.55\,\mu m$);B_{IF} 为中频带宽。

为尽量减少激光器的相位噪声或啁啾,图 6.8 中的中频接收机带宽应严格大于匹配滤波器(LPF)的带宽,LPF 的噪声带宽几乎等于比特速率。由于加大匹配滤波器的带宽能避免相位噪声,所以中频带宽应至少等于 LPF 的带宽。然而,由于端到端的滤波器具有附加的噪声系数,这种方法本身就增加了噪声电平。因此在实际应用中,忽略相位噪声损伤的情况下,中频接收机的带宽通常相当于比特率(几百兆赫或吉赫)的 10% ~ 25%[12,15,17,18]。

基于以上分析,对 BPSK 光码分多址收发器的性能(BER)进行评价。图 6.10 给出了分别采用 $P = 23$ 的 GPMPC 码及 511 位 Gold 序列时,接收信号功率分别为 $P_r = -30\mathrm{dBm}$ 及 $P_r = -25\mathrm{dBm}$ 条件下,接收机 BER 随并发在线用户数 K 的变化。图 6.10 同样标出了目标 BER 阈值(10^{-9})。在一般情况下,接收信号功率 P_r(或 SNR)越高,系统性能会越好(即 BER 更低)。当 $P_r = -30\mathrm{dBm}$,$P = 23$(SNR = 13dB)时,在误码阈值条件下,系统可容纳的并最大发用户数可以达到 $K_c = 240$(约占用户总量 529 的 45%)。当 $P_r = -25\mathrm{dBm}$(SNR = 16dB 和 $K_c = 310$)时,这个比

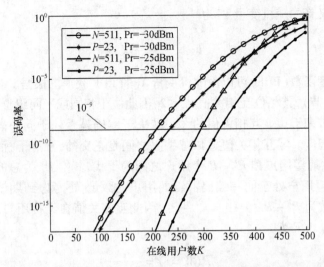

图 6.10　外差 BPSK – OCDMA 误码性能关于并发在线用户数 K 的变化曲线

例上升到 59%。当采用 511 位 Gold 序列，P_r 为 – 30 或 – 25dBm 时，系统最少能够同时容纳的用户数 K_c 分别为 220（约用户总量 511 的 43%）和 300（约用户总量 511 的 57%）。该值取决于 BER = 10^{-9} 条件下的系统接收功率 P_r（或 SNR）。为了进一步分析，研究特定数量用户的 BER，例如 $K = 240$ 和 P_r = – 30dBm 的情况。采用 GPMPC 时，接收器的 BER = 1.4×10^{-9}，而采用 Gold 码时，接收器的 BER = 3.2×10^{-8}，这表明采用 GPMPC 的接收机的 BER 性能明显优于采用 Gold 序列的接收机。

　　图 6.11 显示了不同在线用户数（用户总数的 30% 和 50%）时，系统 BER 随接收信号功率 P_r 的变化情况。正如预期的那样，P_r（或 SNR）越高，接收效果越好。分析中分别采用 $P = 23$ 的 GPMPC 和 511 位 Gold 序列，并假设占用户总数 30% 和

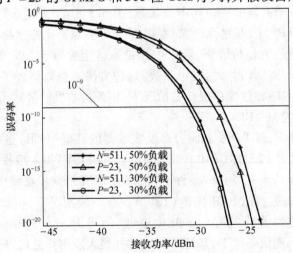

图 6.11　外差 BPSK – OCDMA 误码性能关于接收功率 P_r 的变化曲线

202

50% 的用户正在进行通信。如图 6.11 所示,用户负载为 30% 和 50% 情况下,为满足 BER $= 10^{-9}$ 的要求,系统接收功率 P_r 应分别为 -30dBm 和 -27dBm。换句话说,当网络流量低时,较小的 SNR 就可以保持较低的 BER。此外 GPMPC 的性能明显优于 Gold 序列。例如,接收功率为 -27.45dBm 时,$P = 23$ 的 GPMPC 对应的误码率为 7.8×10^{-11},而 511 位 Gold 序列对应的误码率为 2.3×10^{-9},明显 GPMPC 的性能更佳。

6.4　总　结

本章对采用素数码(GPMPC)和相干双平衡检测机制的零差 OCDMA 系统和外差 OCDMA 系统进行了分析。应注意的是,这种分析对于具有相似相关特性的编码序列也同样适用。零差机制可以通过采用 MZI 进行外相位调制实现,也可以通过对 DFB 激光二极管的驱动电流进行注入锁相的方法实现。分析结果表明,该分析也适用于具有相同的相关特性的编码。因此,考虑到编码长度的灵活性和系统容纳在线用户的数量,单极性码的性能要优于传统双极性码。但是,注入锁相方法只能产生有限相偏,这给系统实现带来难题。首先,需要单独的相位跟踪,因为系统无法在相位调制的同时实现相位跟踪;其次,检测器的输出端会有直流偏流,需要对其进行估计和去除;最后,系统会有等效于 1.2 dB 信号损伤的 BER 劣化。收发信机的整体性能表明,相对于传统双极 Gold 序列来说,采用单极性码的系统的功效更高,网络容量更大。总体来说,对于 OCDMA 网络,相干方法是一种很好的长距离高速传输解决方案。

参 考 文 献

[1] Wang, X. et al. (2005) 10 – user, truly asynchronous OCDMA experiment with 511 – chip SSF-BG en/decoder and SC – based optical thresholder. In: *OFC*, Anaheim, CA, USA.

[2] Wang, X. et al. (2005) Demonstration of 12 – user, 10.71 Gbps truly asynchronous OCDMA using FEC and a pair of multiport optical – encoder/encoders. In: *ECOC*, Glasgow, UK.

[3] Jiang, Z. et al. (2005) Four – User, 2.5 – Gb/s, spectrally coded OCDMA system demonstration using lowpower nonlinear processing. *J. Lightw. Technol.*, **23**(1), 143 – 158.

[4] Ayadi, F. and Rusch, L. A. (1997) Coherent optical CDMA with limited phase excursion. *IEEE Comm. Letters*, **1**(1), 28 – 30.

[5] Gnauck, A. H. (2003) 40 – Gb/s RZ – differential phase shift keyed transmission. In: *OFC*, San Diego, USA.

[6] Karbassian, M. M. and Ghafouri – Shiraz, H. (2008) Study of phase modulations with dual – balanced detection in coherent homodyne optical CDMA network. *J. Lightw. Technol.*, **26**(16), 2840 – 2847.

[7] Wang, X. et al. (2006) Coherent OCDMA system using DPSK data format with balanced detection IEEE Photonics Tech. *Letters*, **18**(7), 826 – 828.

[8] Liu, X. et al. (2004) Tolerance in – band coherent crosstalk of differential phase – shift – keyed signal with balanced detection and FEC. *IEEE Photonics Tech. Letters*, **16**(4), 1209 – 1211.

[9] Karbassian, M. M. and Ghafouri – Shiraz, H. (2007) Phase – modulations analyses in coherent homodyne optical CDMA network using a novel prime code family. In: *WCE (ICEEE)*, London, UK.

[10] Karbassian, M. M. and Ghafouri – Shiraz, H. (2008) Performance analysis of unipolar code in different phase modulations in coherent homodyne optical CDMA. *IAENG Engineering Letters*, **16**(1), 50 – 55.

[11] Proakis, J. G. (1995) *Digital communications*. McGraw – Hill, New York, USA.

[12] Wang, X. et al. (2006) Demonstration of DPSK – OCDMA with balanced detection to improve MAI and beat noise tolerance in OCDMA systems. In: *OFC*, Anaheim, CA, USA.

[13] Karbassian, M. M. and Ghafouri – Shiraz, H. (2007) Performance analysis of heterodyne detected coherent optical CDMA using a novel prime code family. *J. Lightw. Technol.*, **25**(10), 3028 – 3034.

[14] Benedetto, S. and Olmo, G. (1991) Performance evaluation of coherent code division multiple access. *Electronics Letters*, **27**(22), 2000 – 2002.

[15] Huang, W., Andonovic, I. and Tur, M. (1998) Decision – directed PLL for coherent optical pulse CDMA system in the presence of multiuser interference, laser phase noise, and shot noise. *J. Lightw. Technol.*, **16**(10), 1786 – 1794.

[16] Karbassian, M. M. and Ghafouri – Shiraz, H. (2008) Evaluation of coherent homodyne and heterodyne optical CDMA structures. *J. Optical and Quantum Electronics*, **40**(7), 513 – 524.

[17] Foschini, G. J. and Vannucci, G. (1988) Noncoherent detection of coherent lightwave signals corrupted by phase noise. *IEEE Trans on Comm.*, **36**(3), 306 – 314.

[18] Wang, X. and Kitayama, K. (2004) Analysis of beat noise in coherent and incoherent time – spreading OCDMA. *J. Lightw. Technol.*, **22**(10), 2226 – 2235.

第7章 时域相干非相干混合 OCDMA 网络

7.1 概　述

在常规的光码分多址系统中,每个时隙按照分配给用户的地址码划分为(0, 1)码片序列(码长扩展)。数据采用 OOK[1] 或 PPM[2] 方式,被调制到每个分配时隙中特定码片的光脉冲上。

在光码分多址编码器中,通过光抽头延迟线(OTDL)对调制信号进行扩展,然后实现复用,最后进行发送。也就是说,在时域中将时隙的第一个码片的输出光脉冲扩展为与扩频码中的"1"对应的若干码片。用户发送的光脉冲序列在星形无源光网络(SPON)耦合器中进行复用后通过光纤传输到目的节点(FTTx)。在接收机中,为了获得接收信号中的期望信号,需要对接收信号进行解扩,该过程是在含有一个带逆抽头系数的 OTDL 的解相关器中实现的。在时隙中最后一个码片对光脉冲进行合并,然后在解调器中根据调制方式提取所需数据。

如前所述,在非相干 OCDMA 系统中,当并发在线用户数增加时,信道干扰也会增加。另外,在 OOK 和 PPM 等不同调制方式下的接收机多址干扰(MAI)消除技术已经得到广泛的研究。当采用 OOK 调制时,因为参考信号包含期望用户的信号成分,所以多址干扰无法完全消除[1]。本章将分析一种参考信号不包含期望信号分量的干扰消除技术。

Y. Gamachi 等人[3] 提出了一种多进制 FSK – OCDMA,并指出在 M 进制 PPM 中,因为每个符号被分配给 M 个现有时隙中对应的 1 个时隙,所以增加符号数量 M 可以降低脉冲重叠的概率。此外,在 WDMA 传输中,给每个用户分配了两个波长,一个用于上行链路,另一个用于下行链路。因此网络中用户越多,需要的波长就越多。在 M 进制 FSK – OCDMA 中,通过 M 进制信源编码,为所有用户数据(符号)的 $\log_2 M$ 个编码比特对应分配 M 个频率(波长)。这将使网络拥有更高的频谱效率,无需波长分配和使用更少的波长[4]。

由于每帧中的时隙数量与符号数量相互独立,那么当符号数量增加时,FSK 的数据速率就不会下降。若一帧中的时隙数量为 γ(对应于可调激光器的重复指数),那么 M 进制 FSK 的数据速率则比 M 进制 PPM 高出 M/γ 倍($\gamma < M$)。此外,当 M 进制 PPM 的干扰概率为 $1/M$ 时,M 进制 FSK 的干扰概率为 $1/M\gamma$,因此,采用 FSK 调制可降低干扰概率。然而,K. Iversen 等人[4] 研究了采用 OOC 作为扩频码

的非相干 FSK - OCDMA,结果表明该系统的用户数量是受限的。鉴于研究人员已对不带干扰消除机制的系统进行了大量的分析和研究[4-7],本章主要关注带有 MAI 消除的收发机,并且,本书的一部分贡献就是对于 MAI 消除技术的研究。下面对采用组填塞修正素数码(GPMPC)(见 2.4.5 节)的带有 MAI 消除技术的多进制 FSK - OCDMA 系统进行介绍,并对该系统的误码率(BER)性能进行分析。

7.2 相干发射机和非相干接收机

本节将研究和推导带有干扰消除的 FSK - OCDMA 系统的 BER,干扰消除器的参考信号不携带期望信号成分。

M 进制 FSK 调制将 M 个波长对应分配给 M 个符号,而 M 进制 PPM 调制是将相应的时隙分配给 M 个符号。图 7.1 为 $M=4$ 的 M 进制 FSK 调制脉冲序列,其波长分别为 λ_0、λ_1、λ_2 和 λ_3,分别表示 2bit 的信息 00、01、10 和 11。γ 为重复指数,它对应可调激光器产生的两个相邻发送光脉冲之间的时隙数量,如图 7.1 所示。光源则考虑采用重复频率为 100 GHz 的阶跃可调锁模激光器[8]。这种激光器能以 100GHz 的速度对多个波长进行阶跃切换,从而实现 M 进制 FSK 调制。如图 7.2 所示,由于 CDMA 编码模块采用了无源 OTDL,使得以 100GHz 速度进行 CDMA 编

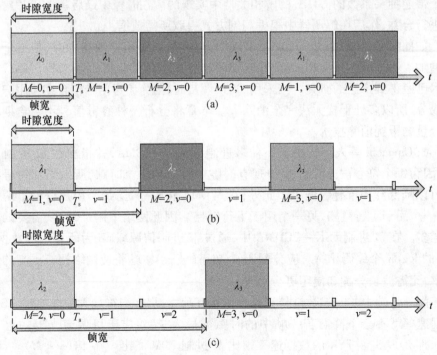

图 7.1 $M=4$ 时的多进制 FSK 调制脉冲序列(T_s 为时隙时间)

(a)$M=4$,$\gamma=1$;(b)$M=4$,$\gamma=2$;(c)$M=4$,$\gamma=3$。

码成为可能[9]。

7.4 节研究表明,当符号数量 M 为常数且 γ 较小时($M>\gamma$),若网络吞吐量增加,信道干扰也会增加。

此外,尽管每帧中的时隙间隔防止了同相相关函数引起的干扰,从而降低了信道干扰,但是若 γ 增加,比特率会降低。

图 7.2 为 FSK – OCDMA 发射机结构。其中,每帧由 γ 个时隙构成,每个时隙包含 $P^2 + P$(码长)个码片。当 $\gamma > 1$ 时,将从帧中 γ 个时隙中选择一个进行数据传输,之后的数据则在随后的帧中的同一个时隙发送。如图 7.1 所示,数据被携带在每帧中的期望时隙中,然后送往如图 7.2 所示的可调激光编码器中进行编码。可调激光器发射与时隙中码片位置相对应的光脉冲波长,而不会发射其他波长的光脉冲。光脉冲通过 CDMA 编码器中的 OTDL 扩展到与扩展码中的"1"对应的多个码片位置上。然后,该期望用户信号与其他用户信号由星形无源光网络(SPON)耦合到一起后进行发送。

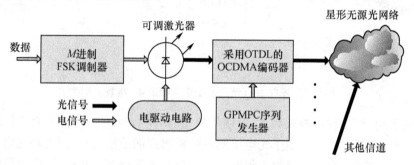

图 7.2　FSK – OCDMA 发射机结构

7.2.1　干扰消除技术

带有 MAI 消除的 FSK – OCDMA 系统与 5.3.2.2 节介绍的带干扰消除的 PPM 系统相似,两者的主要不同之处:FSK – OCDMA 系统中,只将一个不包含期望用户数据分量的 GPMPC 序列用作参考信号,通过在每个波长中从期望用户的接收信号中扣除参考信号来实现 MAI 消除,因此,只有一个参考信号用于消除来自所有用户的干扰。此时,FSK – OCDMA 系统的用户数量增加为 $P^2 - 1$ 个,而第 5 章提到的 PPM 系统支持的用户数量为 $P^2 - P$ 个。由于系统仅采用了 1 个参考信号而不是 P 个,所以系统运行速度更快,同时由于参考支路只需要 1 个 OTDL 而不是 P 个,系统接收机结构也更简单。

这里将第一组的第一个扩频码序列分配给期望用户(U_1),并将第 P 个扩频码作为参考信号,主支路和参考支路的光相关器分别为 OC_1 和 OC_P。图 7.3 为带有 MAI 消除的 FSK – OCDMA 接收机结构。该接收机使用阵列波导光栅(AWG)将经 SPON 传输的 M 个波长的接收信号解复用,非相干分离为不同波长的 M 个信号[10]。假设使用的是理想 AWG,相邻波长之间没有干扰(串话干扰)。如图 7.3 所示,接收信号的 M 个波长被分离后再分为两路分别送入 OC_1 和 OC_P。其中,假设携带用户 U_1 数据的波长为 λ_0,且处于时隙 0 中。时隙 0 的波长仅与其他用户数据中相同的波长信号之间产生干扰,干扰值对应所分配的扩频码之间的互相关值。因此,其他时隙中分配给用户 $U_1\lambda_0$ 既包含用户 U_1 的数据分量也包含干扰分量。由于主支路既产生数据也产生干扰和噪声,而参考支路仅产生干扰和噪声,因此,干扰和噪声通过减去用户 U_1 在所有时隙中的参考信号即可去除。理想情况下,只有用户 U_1 的波长为 λ_0 的信号分量处于时隙 0,并且其他时隙中没有该用户的信号分量。

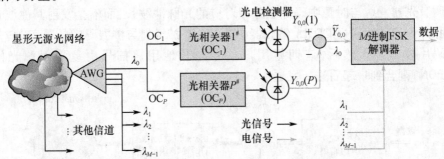

图 7.3 带有 MAI 消除的 FSK – OCDMA 接收机结构

由于用户 U_1 仅有波长为 λ_0 的信号分量,则所有时隙中没有其他波长的信号分量。但在实际情况中,由于光电检测器的输出遵循泊松过程,而支路光电检测器具有同样的特性,会给信号引入相同的热噪声和散弹噪声。相应地,可以假设这些噪声经过抵消也被消除。OC_1 和 OC_P 输出的时隙 v 中波长为 λ_m 的光信号通过光电检测器转换成电信号,OC_1 和 OC_P 的输出信号分别表示为 $Y_{m,v}(1)$,$Y_{m,v}(P)$,$m \in \{0,\cdots,\gamma-1\}$,如图 7.3 所示。由于只关注时隙 0,且分配给用户 U_1 的波长为 λ_0,因此 $m=0$,$v=0$。当每个波长的干扰信号被消除后,极大似然(ML)检测器将选择其中功率最强的信号,则 M 进制 FSK 检测单元将会获取相应数据。

7.3 具有多址干扰消除的收发信机分析

本节将分析推导采用 GPMPC 编码并具有多址干扰消除的 FSK – OCDMA 系统的 BER 表达式。分析是基于单极性扩频码,并假设光检测器的 I/O 特性符合泊松过程,即光子数服从泊松分布。时隙 v、波长为 λ_m 的期望用户信号和参考信号经过光电检测后的信号功率 $Y_{m,v}(i)$,$i \in \{1,P\}$(图 7.3)为

$$Y_{m,v}(i) = Z_{m,v}(i) + I_{m,v}(i), \quad m \in \{0,1,\cdots,M-1\}, v \in \{0,1,\cdots,\gamma-1\}$$

$$(7.1)$$

式中:$Z_{m,v}(i)$ 为用户信号(数据)功率;$I_{m,v}(i)$ 为干扰信号功率。

由于参考信号由参考序列(第 P 个序列)乘以所接收的信号得到,因此 $Z_{m,v}(P)$ 成分为 0(无数据)。另外,由于同一群组中的所有用户收到等量的其他群组用户干扰,而没有来自于同一群组的干扰,因此 $I_{m,v}(1)$ 与 $I_{m,v}(P)$ 相等。这里假设 U_1 在时隙 $1(v=0)$ 发送 $\lambda_0(M=0)$ 的光脉冲,如图 7.1 所示。

由于 GPMPC 序列用作特征码,因此同一群组中第 1 个和第 x 个用户之间的互相关值 $C_{1,x}=0$。因此,第一群组中的 R 个用户$(0 \le R \le P-2)$不会影响第 1 个用户的光子计数。因此,随机变量 R 的概率密度函数(PDF)由下式给出[3]:

$$\Pr\{R=r\} = \frac{\dbinom{P^2-2P+1}{K-r}\dbinom{P-2}{r-1}}{\dbinom{P^2-P+1}{K-1}} \quad (7.2)$$

式中:$r \in \{r_{\min}, \cdots, r_{\max}\}$,$r_{\max}=\min(K,P-1)$ 且 $r_{\min}=\max(1,K-(P-1)^2)$。

这里 K 是指并发在线用户的数量。定义随机变量 $\kappa_{m,v}$ 为第一组之外的其他群组中在第 v 时隙具有波长为 λ_m 的脉冲的用户数。$l_{m,v}$ 用户在时隙 v 具有波长 λ_m 的脉冲的概率为 $1/M\gamma$,无脉冲的概率为 $1-1/M\gamma$(二项式分布)。则 $\kappa_{m,v}$ 的概率密度函数为

$$\Pr\{\kappa_{m,v}=l_{m,v} \mid R=r\} = \dbinom{K-r}{l_{m,v}}\left(\frac{1}{\gamma M}\right)^{l_{m,v}}\left(1-\frac{1}{\gamma M}\right)^{K-r-l_{m,v}} \quad (7.3)$$

当 U_1 在时隙 v 具有波长 λ_m 的光脉冲时$(b_{m,v}^1=\{m,v\})$,则随机变量 $Z_{m,v}(i)$,$i \in \{1,P\}$ 的期望值为

$$\overline{Z}_{m,v}(i) = \begin{cases} \dfrac{(P+2)QT_c}{2}, & b_{m,v}^1=\{m,v\} \\ 0, & \text{其他} \end{cases} \quad (7.4)$$

式中:T_c 为码片周期。

如果考虑光纤的衰减系数 α,则每个脉冲接收光子计数的平均数目 Q 为[11]

$$Q = \frac{\xi P_W}{hf}\frac{e^{-\alpha L}}{P+2} \approx \frac{\mu \ln M}{P+2} \quad (7.5)$$

其中 $\xi \cdot P_W \cdot e^{-\alpha L}=P_r$ 是接收信号功率,P_W 为每个符号的发送峰值功率;ξ 为光电检测器的量子效率;h 为普朗克常量;f 为光频率;L 为光纤长度;μ 为每个脉冲的平均光子数,$\mu=P_r/(h \cdot f \cdot \ln M)$[2,12]。这些参数的实验值见表 7.1。随机变量 $I_{m,v}(i)$,$i \in \{1,P\}$ 的期望值为

$$\overline{I}_{m,v}(i) = l_{m,v}QT_c \quad (7.6)$$

从式(7.4)和式(7.6)可知,$Y_{m,v}(i)$,$i \in \{1, P\}$ 的期望值为

$$\overline{Y}_{m,v}(i) = \begin{cases} \dfrac{(P+2+l_{m,v})QT_c}{2}, & b_{m,v}^1 = \{m,v\} \\ \dfrac{l_{m,v}QT_c}{2}, & \text{其他} \end{cases} \qquad (7.7)$$

为了消除干扰,从 U_1 信号中减去参考信号,如上所述,既然两个光检测器具有相同的特性,信号中存在着相同的散弹噪声,就可以相互抵消。抵消后的信号为

$$\hat{Y}_{m,v} = \overline{Y}_{m,v}(1) - \overline{Y}_{m,v}(P) \qquad (7.8)$$

表 7.1 链路参数

参　　　数	参　数　值
波长 λ_0/nm	1550
PD 量子效率 ξ	0.8
线性光纤损耗系数 α/(dB·km^{-1})	0.2
码片速率 $1/T_c$/(Gchips·s^{-1})	100
光纤长度 L/km	10

因为 U_1 在时隙 0 具有波长 λ_0 的光脉冲,当 $\hat{Y}_{j,0}(1) \geqslant \hat{Y}_{0,0}(1)$ $(j \neq 0)$ 时会发生符号差错。设 P_E 为符号差错率,则 BER(P_b) 为[3,13]

$$P_b \leqslant \frac{M}{2(M-1)} \cdot \sum_{r=r_{\min}}^{r_{\max}} P_E \cdot \Pr\{R = r\} \qquad (7.9)$$

式中

$$\begin{aligned}
P_E &= \sum_{j=0}^{M-1} \Pr\{\hat{Y}_{j,0} \geqslant \hat{Y}_{0,0} \,|\, R = r, \kappa_{0,0} = l_{0,0}, \cdots, \kappa_{M-1,0} = l_{M-1,0}, b_{m,v}^1 = \{0,0\}\} \\
&\quad \times \Pr\{\kappa_{0,0} = l_{0,0}, \kappa_{1,0} = l_{1,0}, b_{m,v}^1 = \{0,0\} \,|\, R = r\} \\
&\leqslant (M-1) \sum_{l_{0,0}}^{K-r} \sum_{l_{1,0}}^{K-r-l_{0,0}} \Pr\{\hat{Y}_{1,0} \geqslant \hat{Y}_{0,0} \,|\, R = r, \kappa_{0,0} = l_{0,0}, \kappa_{1,0} = l_{1,0}, b_{m,v}^1 = \{0,0\}\} \\
&\quad \times \Pr\{\kappa_{0,0} = l_{0,0}, \kappa_{1,0} = l_{1,0}, b_{m,v}^1 = \{0,0\} \,|\, R = r\} \\
&\leqslant \sum_{l_{0,0}}^{K-r} \sum_{l_{1,0}}^{K-r-l_{0,0}} \Pr\{\kappa_{0,0} = l_{0,0}, \kappa_{1,0} = l_{1,0} \,|\, R = r\} \times \Phi(r, l_{m,0}) \qquad (7.10)
\end{aligned}$$

且有

$$\Phi(r, l_{m,0}) = (M-1) \cdot \Pr\{\hat{Y}_{1,0} \geqslant \hat{Y}_{0,0} \,|\, R = r, \kappa_{0,0} = l_{0,0}, \kappa_{1,0} = l_{1,0}, b_{m,v}^1 = \{0,0\}\} \qquad (7.11)$$

210

$\Phi(r, l_{m,0})$ 的上界为[3]

$$\Phi(r, l_{m,0}) \leqslant (M-1) \cdot \mathrm{E}\left[z^{\overline{Y}_{1,0}(1) - \overline{Y}_{1,0}(P) \geqslant \overline{Y}_{0,0}(1) - \overline{Y}_{0,0}(P)} \mid R = r,\right.$$
$$\left. \kappa_{0,0} = l_{0,0}, \kappa_{1,0} = l_{1,0}, b_{m,v}^1 = \{0,0\}\right] \qquad (7.12)$$

式中：z 为时隙 0 的干扰光脉冲数量，$z > 1$ 且为整数，$\mathrm{E}[\ \cdot\ ]$ 为期望。

利用 Chernoff 边界，$\Phi(r, l_{m,0})$ 可表示为[3]

$$\ln\Phi(r, l_{m,0}) \leqslant -\ln(M-1) - \overline{Y}_{1,0}(1)(1-z)\overline{Y}_{1,0}(P)(1-z^{-1}) - \overline{Y}_{0,0}(1)(1-z^{-1})$$
$$- \overline{Y}_{0,0}(P)(1-z) + \overline{Z}_{0,0}(1)(1-z) \qquad (7.13)$$

设 $z - 1 = \rho (\rho > 0$ 且为整数$)$，可得 $1 - z^{-1} \leqslant 1$，且 $\rho - \rho^2 \leqslant 0$，从而通过考虑新的边界，获得下界方程[3]：

$$1 - z^{-1} \geqslant \rho - \rho^2 \qquad (7.14)$$

将式(7.4)、式(7.7)及式(7.14)代入式(7.13)，可得

$$\ln\Phi(r, l_{m,0}) \leqslant -\ln(M-1) - \left(\frac{(P+2+l_{1,0})QT_c}{2}\right)(-\rho) - \left(\frac{l_{0,0}QT_c}{2}\right)(\rho - \rho^2)$$
$$- \left(\frac{(P+2+l_{1,0})QT_c}{2}\right)(\rho - \rho^2) - \left(\frac{l_{0,0}QT_c}{2}\right)(-\rho) + \left(\frac{(P+2)QT_c}{2}\right)(-\rho)$$
$$(7.15)$$

则有

$$\ln\Phi(r, l_{m,0}) \leqslant -\ln(M-1) + \left(\frac{(P+2+l_{1,0}+l_{0,0})QT_c}{2}\right)\rho^2 - \left(\frac{(P+2)QT_c}{2}\right)\rho$$
$$(7.16)$$

方程右侧求关于 ρ 的最小值，可得

$$\rho = \frac{P+2}{P+2+l_{0,0}+l_{1,0}} \qquad (7.17)$$

将 ρ 代入式(7.16)，可得到 $\Phi(r, l_{m,0})$ 的上界为

$$\Phi(r, l_{m,0}) \leqslant (M-1)\exp\left\{-\frac{Q(P+2)^2}{4(P+2+l_{0,0}+l_{1,0})}\right\} \qquad (7.18)$$

式(7.10)中的符号差错概率 P_{E} 的上界可重新写为

$$P_{\mathrm{E}} \leqslant (M-1) \cdot \sum_{l_{0,0}=0}^{K-r} \sum_{l_{0,0}=0}^{K-r-l_{0,0}} \mathrm{Pr}\left\{\kappa_{0,0} = l_{0,0}, \kappa_{1,0} = l_{1,0}, b_{m,v}^1 = \{0,0\} \mid R = r\right\}$$
$$\cdot \exp\left\{-\frac{Q(P+2)^2}{4(P+2+l_{0,0}+l_{1,0})}\right\} \qquad (7.19)$$

将式(7.3)代入式(7.19)，然后将式(7.3)和新的式(7.19)代入式(7.9)，可推导得到差错概率 P_{b} 的上界(其取决于在线用户数 K)

$$P_{\mathrm{b}} \leqslant \frac{M}{2} \sum_{r_{\min}}^{r_{\max}} \sum_{l_{0,0}=0}^{K-r} \sum_{l_{0,0}=0}^{K-r-l_{0,0}} \binom{K-r-l_{0,0}}{l_{1,0}} \left(\frac{1}{\gamma M}\right)^{l_{1,0}} \left(1 - \frac{1}{\gamma M}\right)^{K-r-l_{0,0}-l_{1,0}}$$

$$\cdot \exp\left\{-\frac{\rho}{2} \frac{Q(P+2)}{2}\right\} \times \binom{K-r}{l_{0,0}} \left(\frac{1}{\gamma M}\right)^{l_{0,0}} \left(1 - \frac{1}{\gamma M}\right)^{K-r-l_{0,0}}$$

$$\times \frac{\binom{P^2-2P+1}{K-r}\binom{P-2}{r-1}}{\binom{P^2-P-1}{K-1}} \tag{7.20}$$

7.4　仿真结果和吞吐量分析

在本节中,根据前面所述的基本理论,对具有干扰消除的 FSK 光码分多址接收机的 BER 进行讨论。仿真中采用的链路参数见表 7.1 所列,且结果将与采用 GPMPC 扩频码的 PPM 光码分多址系统进行比较(见第 5 章)。

图 7.4 为具有干扰消除的 FSK 及 PPM 系统的 BER 与脉冲中平均光子数 μ 的关系曲线。在分析中,假设所有的干扰用户均在线,即系统满负载,其中 $P = 13$, $M = 8$,γ 为 1、2、3(图中 γ 由 j 表示)。很明显,由于在较低平均脉冲光子数 μ 下,BER 达到了参考限 10^{-9} 的要求,所以 FSK – OCDMA 系统比 PPM 结构更具有功率效率。另外,重复指数 γ 还能提升 FSK 光码分多址的性能,如当 $\mu = 100$ 时,对于 γ 为 1、2、3,FSK 的 BER 分别为 1.6×10^{-7}、2.1×10^{-9}、4.7×10^{-11},而 PPM 方案的误码率为 2.2×10^{-6}。

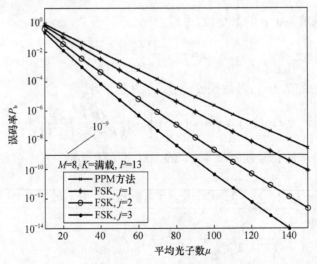

图 7.4　MAI 消除 PPM 和 FSK – OCDMA 收发信机 BER 性能
关于每脉冲光子数 μ 的变化曲线

图 7.5 为 FSK 和 PPM 接收机的 BER 与在线用户数 K 之间的关系曲线。对于较高的重复指数 γ，FSK 方案明显优于 PPM 方案。仿真结果表明，混合 FSK 方案（相干调制和非相干解调）可以更好地缓解多用户干扰。如前所述，在 PPM 系统中，期望信号的光脉冲可以与任何其他用户的脉冲重叠，其概率为 $1/M$，而对于 FSK 方案，相应的概率将因参数 γ 而减少 $(1/(\gamma \cdot M))$。

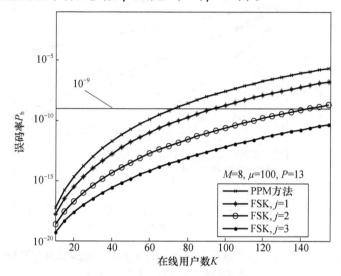

图 7.5　MAI 消除 PPM 和 FSK 收发信机 BER 性能关于并发用户数 K 的变化曲线

如图 7.4 和图 7.5 所示，当重复指数 γ 很大时，脉冲重叠的概率减小且性能提高。其原因是在 PPM 方案中，时域中时隙（对应于符号数）数目的增加可使干扰的概率被降低。与此相反，FSK 方案中降低干扰概率的方式为同时增加波长数量（对应于符号数）和重复指数。当码片速率一定时，为了减少 PPM 方案的干扰概率，需要增加时隙的数目，这会导致较大的帧长和较低的比特率。

在 FSK 方案中，帧长只取决于重复指数（图 7.1），它小于 M。另外，从图 7.5 可以看出，系统的容量随着重复指数的增加而增加。

相比 PPM 系统，FSK 系统通过增加波长数量 M，可用更短的帧长进一步降低干扰概率，相应地，FSK 可以达到更高的比特速率。采用 GPMPC 扩展码的 FSK 及 PPM 系统的比特率为[3,12]

$$R_b = \frac{\log_2^M}{\gamma T_c(P^2+2P)}, \quad \text{M 进制 FSK－OCDMA} \tag{7.21}$$

$$R_b = \frac{\log_2^M}{M T_c(P^2+2P)}, \quad \text{M 进制 PPM－OCDMA} \tag{7.22}$$

此外，FSK 的比特速率会随着重复指数的增加而降低。例如，对于 $P=7$，$M=8$ 的 FSK 系统，γ 为 2、3 时对应的数据速率分别是 2.381Gb/s、1.587Gb/s，而对应的 PPM 系统比特率为 0.595Gb/s。换句话说，$R_{b-FSK}/R_{b-PPM}=M/\gamma$，其中 $M>\gamma$。

对于 FSK 及 PPM 系统,BER 作为符号数 M 及素数 P 的函数,图 7.6 和图 7.7 分别给出了其关于 μ 的变化。其中假定所有的用户为在线用户。结果表明,在 FSK 系统中,随着符号数 (M) 的增加,BER 降低且比特率增加,然而在 PPM 系统中,BER 得到了改善但比特率降低。随着符号数的增加,干扰概率降低,系统性能得到了改善。

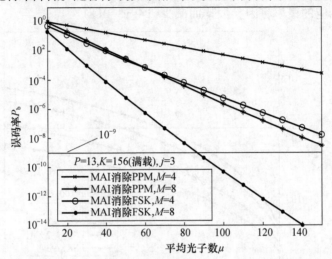

图 7.6　不同 M 值条件下,MAI 消除 PPM 和 FSK 收发信机 BER 性能
关于每脉冲光子数 μ 的变化曲线

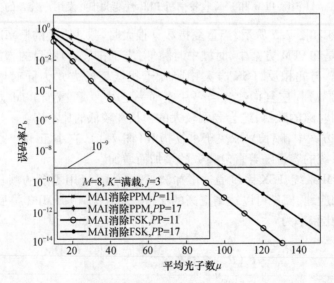

图 7.7　不同 P 值条件下,MAI 消除 PPM 和 FSK 收发信机 BER 性能
关于每脉冲光子数 μ 的变化曲线

对于比特率,FSK 方案中符号数与帧的长度是相互独立的,而 PPM 的帧长度会随符号数量的增加而增加。从图 7.7 中可以看出,当 P 增大时,由于干扰用户数

214

量的增加,其性能会劣化,并且随着帧长的增加,码长增加从而导致比特率的降低。但是,可通过采用更大的素数 P 来增加 FSK 和 PPM 系统的在线用户数量。

图 7.8 为在不同的 M 条件下,具有 MAI 消除的不同接收机的 BER 与并发在线用户数 K 之间的关系曲线。该图表明,网络容量可通过增加 FSK 和 PPM 系统的 M 来提高。

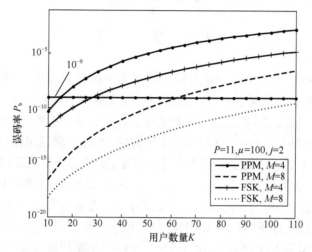

图 7.8　不同 M 值条件下,MAI 消除 PPM 和 FSK 收发信机 BER 性能
关于并发用户数 K 的变化曲线

很明显,FSK 系统的性能更优。例如,若 55 个用户(当 $P = 11$ 时,为总用户量的 50%)在线,当 M 为 4、8 时,FSK 系统的误码率分别为 1.2×10^{-7}、4.2×10^{-13},而对应的 PPM 系统则为 2×10^{-5}、2.7×10^{-10}。图 7.9 为在不同的每脉冲光子平

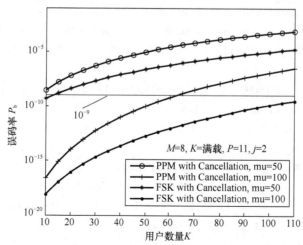

图 7.9　不同每脉冲平均光子数 μ 条件下,MAI 消除 PPM 和 FSK 收
发信机 BER 性能关于并发用户数 K 的变化曲线

均数目 μ 条件下,具有 MAI 消除的不同接收机的 BER 与并发在线用户数 K 之间的关系曲线。从图中可看出,若采用更高的接收功率,能提高 SNR 使误码率降低,从而使数据接收更为可靠,并且能增加网络容量。简单来说,当 $\mu = 100$,系统 $BER = 10^{-9}$ 条件下,PPM – OCDMA 网络的用户容量为 65 个,而 FSK – OCDMA 网络则可容纳全部用户(当 $P = 11$ 时,用户容量为 110)。

7.5 总 结

本章详细分析了利用编码相关特性的新型干扰消除技术,该技术简化了同步 M 进制 FSK – OCDMA 网络的接收机结构。在介绍接收机结构时,对采用阵列波导光栅的相干 FSK 调制和非相干解调进行了研究。对于扩展码,考虑采用 GPMPC 序列,参考信号则由其中一个 GPMPC 序列构成,干扰消除通过从期望用户的接收信号中减去参考信号来实现。采用这样的方法,使带有干扰消除的 FSK – OCDMA 系统相比现有的带有干扰消除的 PPM – OCDMA 系统具有更好的性能(更低的 BER,更高的比特率)。此外,仿真结果表明,FSK 机制具有较高的功率效率,并且在比特率一定的条件下,FSK – OCDMA 网络能容纳更多的并发在线用户且保持较低的误码率。但值得注意的是,由于 FSK – OCDMA 系统需要采用可调激光器,其系统结构较 PPM – OCDMA 系统复杂。

参 考 文 献

[1] Shalaby, H. M. H. (2002) Complexities, error probabilities and capacities of optical OOK – CDMA communicationsystems. IEEE Trans Comm. , 50(12), 2009 – 2017.

[2] Karbassian, M. M. and Ghafouri – Shiraz, H. (2007) Fresh prime codes evaluation for synchronous PPM andOPPM signaling for optical CDMA networks. J. Lightw. Technol. , 25(6), 1422 – 1430.

[3] Gamachi, Y. et al. (2000) An optical synchronous M – ary FSK/CDMA system using interference canceller. J. Electro. Comm. in Japan, 83(9), 20 – 32.

[4] Iversen, K. et al. (1996) M – ary FSK signalling for incoherent all – optical CDMA networks. In: IEEEGlobeCom, London, UK.

[5] Iversen, K. , Kuhwald, T. and Jugl, E. (1997) Ulm – Germany. D2 – ary signalling for incoherent all – opticalCDMA systems. In: IEEE ISIT Conf, Ulm, Germany.

[6] Shalaby, H. M. H. (1995) Performance analysis of optical synchronous CDMA communication systems withPPM signaling. IEEE Trans. Comm. , 43(2/3/4), 624 – 634.

[7] Karbassian, M. M. and Ghafouri – Shiraz, H. (2008) Novel channel interference reduction in optical synchronousFSK – CDMA networks using a data – free reference. J. Lightw. Technol. , 26(8), 977 – 985.

[8] Lemieux, J. F. et al. (1999) Step – tunable(100GHz) hybrid laser based on Vernier effect between Fabry – Perotcavity and sampled fibre Bragg grating. Electronics Letters, 35(11),904 – 906.

[9] Schröder, J. et al. (2006) Passively mode – locked Raman fiber laser with 100GHz repetition rate. OpticsLetters, 31(23), 3489 – 3491.

[10] Yang, C. C. (2006) Optical CDMA – based passive optical network using arrayed – waveguide – grating. In:IEEE ICC, Circuits and Systems, Istanbul, Turkey.

[11] Shalaby, H. M. H. (1998) Chip – level detection in optical code division multiple access. J. Lightw. Technol. ,16(6), 1077 – 1087.

[12] Shalaby, H. M. H. (1998) Cochannel interference reduction in optical PPM – CDMA systems. IEEE Trans. Comm. , 46(6), 799 – 805.

[13] Karbassian, M. M. and Ghafouri – Shiraz, H. (2008) Frequency – shift keying optical code – division multipleaccesssystem with novel interference cancellation. J. Microw. Opt. Technol. Letters, 50(4), 883 – 885.

第 8 章　偏振调制 OCDMA

8.1　概　述

偏振移位键控(PolSK)是唯一利用光的矢量性质的调制方式。与频移键控(FSK)相似,它是一种多进制信号传输方式,但与 FSK 不同的是,PolSK 信号与比特速率相同的等效幅移键控(ASK)的频谱相同[1]。

当偏振光在单模光纤(SMF)中传输时,波导双折射会引起偏振态(SOP)的改变。然而,光纤双折射仅导致光波偏振星座在庞加莱球上的刚性旋转[2]。换而言之,在庞加莱球中,尽管每个信号点都发生偏移,但用斯托克斯参量描述的信号点之间的空间关系保持不变,因此信息不会被破坏。为了补偿星座旋转,需要进行某些形式的处理:在光的层面,可进行偏振控制和跟踪;在电的层面,可在判决处理中进行数字信号处理(DSP)[3]。为了实现 PolSK 检测以避免光学双折射补偿,需要采用能提取入射光波的斯托克斯参量的接收机[4]。提取斯托克斯参量的接收机一般分为两部分:光学前端,完成输入电场的探测并在光电检测器的输出端产生电流;电前端,生成与光生电流成比例的斯托克斯参量。在文献[5;6]中,因为利用偏振能使通信信道翻倍,所以考虑采用偏振扩展码来增加可容纳用户的数量。然而,这里在偏振调制中采用信号星座作为信息载体,利用光波的矢量特性对数据编码。

本章将介绍一种新型非相干 PolSK – OCDMA 接收机,它采用光相关器,即光学抽头延迟线(OTDL)来简化体系结构,相比文献[6 – 8]介绍的直接探测(DD)PolSK,这种方式能极大提升系统性能。这种 PolSK – OCDMA 收发机虽然需要偏振控制器(下面会介绍它非常适合二进制传输),但不要求干涉仪的稳定性和复杂的数字信号处理。二进制传输的性能比强度调制/直接检测(峰值光功率)等其他类型 PolSK 或者等效的相移键控(PSK)调制高出近 3dB[9,10]。因此,对于这种收发器结构,考虑采用二进制 PolSK。

最初,偏振移位键控的理论分析大多结合相干检测(CD)进行[10,11]。对 CD – PolSK 的早期研究表明:①光纤双折射不损伤偏振编码的信息,尤其是误码率不太受影响[10];②接收机必须进行双折射补偿,但可在光电检测后的判决阶段进行[11];③二进制 PolSK 具有 40 光子/bit 的量子极限灵敏度[6],而相干 ASK 需要 80 光子/bit(峰值)[12];④PolSK 系统对相位噪声非常不敏感[3,5,13-15];⑤对多进制 PolSK 而言,当每个码元传输 3bit 或者更多时,量子极限(散弹噪声极限)的性能甚

218

至比差分 PSK 好[9]。

直接检测光码分多址技术（DD－OCDMA）受多址干扰（MAI）的固有影响，需要通过消除技术或者高阶调制来估计和消除 MAI。近年来，光子技术（如超高速激光器、光电探测器和掺铒光纤放大器）取得长足进步，使直接检测系统有可能接近相干检测系统的灵敏度性能。直接检测方案具有系统结构简单、成本效率好、不太受激光相位噪声的影响、对自相位调制和交叉相位调制等光纤非线效应不敏感等特性，很多学术研究团体和厂商的兴趣都已从相干检测方案转向恒定功率包络的直接检测方案[16-18]。

FSK 对相位噪声很敏感，但功率效率高。所以，需要开发一种先进的调制方案以综合 FSK 和 PolSK 的优点。FSK－OCDMA 系统的优点已在第 7 章中做了讨论，文献[12,19,20]也对混合频率偏振移位键控调制（F－PolSK）在光传输中的优点进行了介绍。

本章还提出并分析了一种基于二维多进制混合 F－PolSK 调制的 OCDMA 收发机的新型设计结构，该结构结合了频率调制和偏振调制。这项技术增加了调制信号点在庞加莱球上的距离，从而减少了所需传输功率[10]，但由于使用了多个调制频率而提出更高的传输带宽要求。分析中假设信号受光纤放大自发辐射噪声、电子接收机噪声（热噪声）、光电检测器散弹噪声、多址干扰（主要因素）的影响而劣化。此外，强度调制系统很容易被窃听，即使对编码一无所知，也很容易通过简单的功率探测达到目的，而利用先进的二维调制方式（F－PolSK）可以显著地提高安全性。

8.2　光偏振移位键控

8.2.1　偏振调制理论

偏振移位键控传输通过编码将信息映射到由斯托克斯参量空间信号点构成的星座中。通常，每一个信号点对应着一个给定的偏振态（SOP）和一个给定的光功率。如果只调制光波的偏振而不调制功率，则所有的信号点依旧位于庞加莱球中。图 8.1 给出这种信号星座的例子。本章将限于等功率信号点星座的讨论。

全偏振光波的偏振态可用斯托克斯参量描述。考虑垂直于传播轴 z 的参考平面（x,y），该平面中的电磁场 E 可表示为[2]

$$E = E_x x + E_y y \tag{8.1}$$

式中

$$E_x = a_x(x,y)\,e^{j(\omega t + \phi_x(t))}$$
$$E_y = a_y(x,y)\,e^{j(\omega t + \phi_y(t))}$$

其中：ω 为光角频率；a_x、a_y 分别为 x 分量和 y 分量的幅度；ϕ_x、ϕ_y 分别为 x 分量和

y 分量的相位。

斯托克斯参量为

$$\begin{cases} S_1 = a_x^2 - a_y^2 \\ S_2 = 2a_x a_y \cos\delta \\ S_3 = 2a_x a_y \sin\delta \end{cases} \qquad (8.2)$$

式中:$\delta = \phi_x - \phi_y$。

为了标记的简单性,下面的分析将省略上述参量的时间依赖性。

在经典光学中,一般采用式(8.1)右边量的平均值来定义斯托克斯参量的瞬时值。第 4 个斯托克斯参量定义为

$$S_0 = a_x^2 + a_y^2 = \sqrt{S_1^2 + S_2^2 + S_3^2} \qquad (8.3)$$

表示沿 z 轴方向传播的总电磁场功率密度。

S_i 也能用三维向量空间(S_1, S_2, S_3)表示,称为斯托克斯空间。具有相同功率密度 S 的波位于一个半径为 S_0 的球上,称为庞加莱球,不同信号星座的庞加莱球如图 8.1 所示。

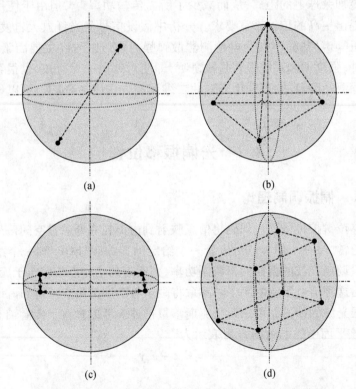

(a)

(b)

(c)

(d)

图 8.1　刻画在庞加莱球上的多进制 PolSK 信号点星座

(a)2 - PolSK;(b)四面体顶点上的 4 - PolSK;

(c)庞加莱球最大圆上的 4 - PolSK;(d)立方体顶点上的 8 - PolSK。

正交偏振态表示为哈密顿标量乘的形式为

$$[\boldsymbol{E}_1 \cdot \boldsymbol{E}_2^*] = a_{1x}(x,y) \cdot a_{2x}^*(x,y) \cdot a_{1y}(x,y) \cdot a_{2y}^*(x,y) \cdot e^{j(\omega t + \phi_1)} \cdot e^{j(\omega t + \phi_2)}$$

(8.4)

斯托克斯空间表示方法的一个基本特征是正交偏振态映射到庞加莱球上为相对的两个点[2]。

全偏振光波沿 z 轴传播时偏振度保持不变,其偏振态的一般变换可描述如下。令 $\boldsymbol{E}$ 和 $\boldsymbol{E}'$ 分别为变换(调制)前后的电磁场矢量,其相应分量为

$$\begin{cases} E_x(t) = a_x(t) e^{j(\omega t + \phi_x)} & E_x'(t) = a_x'(t) e^{j(\omega t + \phi_x')} \\ E_y(t) = a_y(t) e^{j(\omega t + \phi_y)} & E_y'(t) = a_y'(t) e^{j(\omega t + \phi_y')} \end{cases}$$

(8.5)

式中:a_x、a_x' 和 a_y、a_y' 分别为变换前后 x 分量和 y 分量的幅值;ϕ_x、ϕ_x' 和 ϕ_y、ϕ_y' 分别为变换前后 x 分量和 y 分量的相位。

电场向量为

$$\begin{cases} \boldsymbol{E}(t) = E_x(t)\boldsymbol{x} + E_y(t)\boldsymbol{y} \\ \boldsymbol{E}'(t) = E_x'(t)\boldsymbol{x}' + E_y'(t)\boldsymbol{y}' \end{cases}$$

(8.6)

式中:$\boldsymbol{x}$、$\boldsymbol{y}$ 和 $\boldsymbol{x}'$、$\boldsymbol{y}'$ 分别为变换前后的横向参考坐标轴(垂直于传播方向)。所以有

$$\begin{bmatrix} E_x'(t) \\ E_y'(t) \end{bmatrix} = \boldsymbol{Q} \begin{bmatrix} E_x(t) \\ E_y(t) \end{bmatrix}$$

(8.7)

式中:$\boldsymbol{Q}$ 为具有单位行列式的复数琼斯矩阵。

琼斯矩阵子集称为双折射或旋光矩阵集,它不仅携带有偏振度信息,而且携带变换前相互正交的两个正交场(依据哈密顿标量积[2])的额外特性[3]。这类矩阵是具有单位行列式的复数幺正矩阵。在本章中 $\boldsymbol{J}_j$ 特指 $\boldsymbol{Q} = [\boldsymbol{J}_0 \ \cdots \ \boldsymbol{J}_j \ \cdots \ \boldsymbol{J}_{k-1}]$ 的子集。

利用琼斯记号可用向量描述场 $\boldsymbol{J} = [E_x \quad E_y]^T$,归一化光束强度使得 $|E_x|^2 + |E_y|^2 = 1$。如果 $\boldsymbol{J}_1$ 和 $\boldsymbol{J}_2$ 描述的两个偏振态的内积为零,即

$$\boldsymbol{J}_1^H \cdot \boldsymbol{J}_2 = E_{1x}^* \cdot E_{2x} + E_{1y}^* \cdot E_{2y} = 0$$

则两个偏振态正交,其中 H 为哈密顿算符。任何一个偏振态乘以 Mueller 矩阵可以变换为另一个偏振态,偏振态处理所需的 Mueller 矩阵参见文献[2,10]。

8.2.2 激光器相位噪声

光通信系统,特别是相干系统的传输容量取决于发射器和本地振荡器中激光器的光谱发射能力。带宽越窄,最大比特率就越高,最大无中继传输距离就越长。在理想激光器中,发送光功率只由受激辐射产生,即无自发辐射发生,所以理想单模激光器发送单一波长的真单色光。单个理想激光器的功率谱密度(发送谱)如图 8.2(a)所示。激光器噪声由自发辐射引起,这在激光束中是不可避免的。

在气体激光器中,自发辐射主要是由温度变化和外部机械扰动引起的激光器反射镜的本地波动所致。由于自发辐射会产生幅值和相位时变,所以激光器发射谱被显著展宽,如图 8.2(b) 所示。激光器相位噪声是光相干通信性能劣化的主要因素。

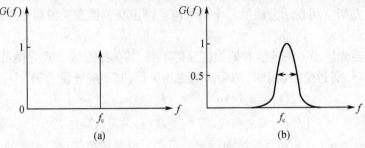

图 8.2　单模激光器的发送谱
(a)理想;(b)实际。

激光器相位噪声的影响可通过减小激光线宽来降低,具体实现可采用如下光源:分布式反馈(DFB)激光器、分布式布拉格(DBR)激光器、外腔激光器、光反射激光器和耦合腔激光器[21,22]。除了采用与激光源相关的物理方法外,还可以采用各种系统设计技术,如纠错码[23],以减少激光器相位噪声的影响。

8.2.3　自相位调制

在大容量长距离通信系统中,考虑到光信噪比(OSNR)和接收器灵敏度,对功率的需求随着比特速率的提高而增加。当系统的比特率非常高,光纤输入功率增加到 5mW 以上时,光纤不能再看作线性传输媒质,更准确的模型应考虑非线性霍耳效应。霍耳效应是由折射率随光功率变化引起的[24],会产生自相位调制(SPM)现象[1,4,12],它可用光纤有效折射率 n 随光强 I 的非线性变化描述:

$$n(\omega, I) = n_0(\omega) + n_2 I \tag{8.8}$$

式中:$n_0(\omega)$ 为线性折射率;n_2 为霍耳系数,在石英光纤中约为 3.2×10^{-16} cm^2/W[2]。

$n(\omega, I)$ 决定的传播常数为

$$\beta(\omega, I) = \frac{\omega n(\omega, I)}{c} \tag{8.9}$$

当光强 $I(t)$ 被调制时,传播常数随着时间变化。瞬时光频率为 $\mathrm{d}\omega/\mathrm{d}t$,与传播常数的时间微分成正比,脉冲的光强变化会产生新的频率分量,因此自相位调制展宽了光谱,限制了最大比特率。

8.2.4　偏振波动

偏振波动是造成相干光通信性能劣化的第二个主要原因。当偏振光通过单模光纤发送时,由于信道双折射的影响,偏振输入态只能保持几米的距离[25]。所谓

双折射是指光纤对于特定的一对正交偏振态表现出微小的折射率差异,使得偏振输出态不同于偏振输入态。接收场的偏振波动会导致光电二极管的电流波动,这可能完全破坏检测信号。

可以考虑采用偏振控制、偏振分集、偏振扰动、数据感生偏振转换(DIPS)和保偏光纤技术处理相干系统中的偏振波动问题。

8.2.4.1 偏振控制

偏振控制需要采用有源器件对偏振态进行转换[26,27],图 8.3 为偏振控制的光通信系统。注意,只要能跟上偏振波动的速度,偏振控制器件的速度可以比比特速率慢很多。使用最早和最广泛的是基于光纤挤压器的偏振控制器[28],然而光纤挤压器笨重而不实用,机械偏振控制器的其他类型有高双折射光纤拉伸器和旋转光纤曲柄,而更可行的是具有低成本和高可靠性潜力的集成光学偏振控制器[28]。

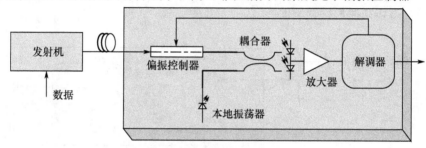

图 8.3 偏振控制光通信系统

8.2.4.2 偏振分集

如图 8.4 所示的偏振分集光通信系统,将光信号分解为两个正交偏振部分,分别进行独立接收和解调,解调之后再合并。使用偏振分集有望缓解以下四个问题:

(1)接收机的有限带宽;

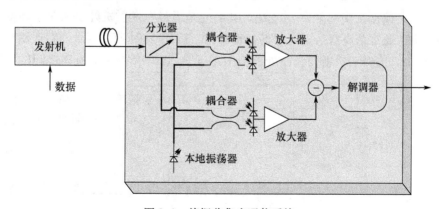

图 8.4 偏振分集光通信系统

(2) 发射机和本地振荡器激光的相位噪声；

(3) 本地振荡器的有限调谐范围；

(4) 接收信号的偏振波动。

偏振分集方法相对偏振控制方法的灵敏度损失为 0.39 ~ 0.7dB[26]。偏振分集方法由 Okoshi 提出[29]，是目前最常用的偏振处理方法。

8.2.4.3　偏振扰动

偏振扰动光通信系统如图 8.5 所示，该方法以比比特率更快的速度对偏振进行加扰。然而据报道，与偏振分集方法相比，该技术降低了偏振灵敏度[26,28]。这项技术的主要缺点如下：

(1) 给系统引入 3 ~ 5dB 代价；

(2) 展宽了光谱的中间频谱；

(3) 需要快速偏振调制器。

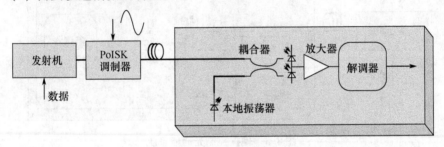

图 8.5　偏振扰动光通信系统

8.2.4.4　数据感生偏振转换

数据感生偏振转换(DIPS)光通信系统如图 8.6 所示，这种技术结合了偏振转换与宽偏移 FSK 调制。在发射机处，空号"0"以某种偏振态的频率 f_0 发送，传号"1"以与之偏振正交的频率 f_1 发送。其实现是通过在发射机处以相对于高双折射介质主轴(通常是高双折射光纤的传输轴)的 45°角发射 FSK 信号。对于给定频率间隔 $f_1 - f_0$，选择双折射使输出处的偏振态正交，且两个频率偏振态之间的正交性

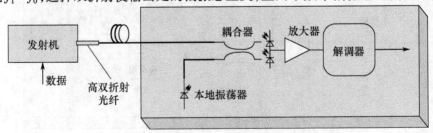

图 8.6　数据偏振转换光通信系统

在传输中基本不受影响。在接收机处,信号由单个平衡相干接收机检测,并用双滤波 FSK 解调器或延迟线解调器解调。这种技术的主要优点是相比其他偏振处理方法有较低的成本和较低的系统复杂性[28]。

8.2.4.5 保偏光纤

保偏光纤是偏振波动最简单的解决方案。保偏光纤是单模光纤,通过设计刻意引入大量的双折射使得小的随机双折射波动不会显著地影响光偏振态。尽管这种解决偏振匹配问题的方案简单,但是保偏光纤生产困难、价格昂贵,与标准单模光纤相比损耗更高,并且保偏光纤难以对接,而最重要的是几乎所有已安装的光纤都是标准单模光纤。通常,保偏光纤仅用于将本地振荡器的光传输到偏振控制器或混合偏振分集,或用于数据偏振转换场合。

8.2.5 偏振相关损耗

光器件的偏振相关损耗(PDL)是指器件在所有可能偏振态下的峰–峰插入损耗或增益(dB)。PDL 也称为偏振灵敏度、偏振相关增益(PDG)或消光比(对于光偏振器),定义为

$$PDL_{dB} = 10\log\frac{P_{max}}{P_{min}} \tag{8.10}$$

某些器件设计时追求最大 PDL,例如,线性光偏振器必须具有高 PDL,以便将非偏振光转换为线性偏振光。通过偏振器,只有一个方向的线偏光不会被衰减,未对准取向的偏振光由于偏振器的 PDL 而衰减。在其他情况中,任何数量的 PDL 都是累赘。例如,在长途电信系统中,放大段中继距离越长,成本效益就更高,而传输距离的计算部分依赖于保证发送光功率。单个器件的 PDL 随机组合在一起会使系统功率发生很大的波动,从而导致功率预算困难、需要增加设计余量和降低保证性能。本章后面还将讨论长距离传输的问题。

8.3 PolSK – OCDMA 收发信机结构

8.3.1 信号及系统配置

二进制 PolSK 星座由庞加莱球上的两个相对的极点组成。若这两个极点所在的直径与某一个斯托克斯轴重合,则一个斯托克斯参量就足以实现信号的无损解调[4]。如图 8.7 所示的接收机模型只提取一个斯托克斯参量,因此它仅适用于二进制系统。该模型的光电前端非常简单,但是需要一个光偏振控制器才能确保其二进制星座轴与接收机输入端的斯托克斯参量轴一致。在接收机输入端还设置了光滤波器以减少接收 ASE 噪声。由于理论和实践的原因(如为减小激光器相位噪

声或啁啾噪声），该滤波器的带宽 B_0 应当比匹配滤波器的带宽宽，而匹配滤波器的噪声带宽与码元速率相等[1]。在图 8.7 中，为了降低高带宽的宽带滤波器及电噪声引入的代价，系统在信号偏振解调后设置了一个紧凑型低通滤波器（LPF），这种技术广泛应用于放大强度调制系统中[12]。该 LPF 滤波器是一个积分清零滤波器，其积分时间为 T_s（码元周期），带宽 $B_{el} = 1/T_s$。对于二进制系统来说，比特周期与码元周期是一致的，但是此处每一个比特都进行了码片周期为 T_c 的 CDMA 调制。

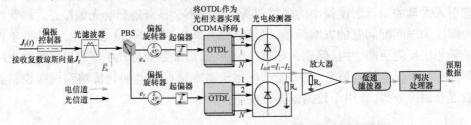

图 8.7　采用 OTDL 的非相干 PolSK – OCDMA 接收机结构

如果用复包络来表示带通信号，则发射机输出端的电场（图 8.8）为

$$E_t = \sqrt{2P_t} \begin{pmatrix} e_x \\ e_y \end{pmatrix} \tag{8.11}$$

式中：P_t 为耦合到光纤中的发送光功率；e_x、e_y 分别为信号的正交线偏振归一化向量，有 $|e_x|^2 + |e_y|^2 = 1$，e_x 和 e_y 构成了如图 8.8 所示的发射机的琼斯向量，并由其派生出斯托克斯参量 $S = (S_1, S_2, S_3)$，满足等式 $|S|^2 = 1$。斯托克斯空间向量 S 表示从原点指向点 (S_1, S_2, S_3) 的向量。

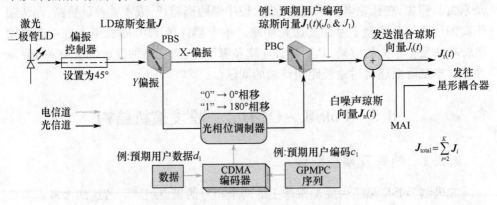

图 8.8　非相干 PolSK – OCDMA 发射机结构

图 8.7 所示的接收机光滤波器的输出信号为

$$E_r = \sqrt{2P_r} \begin{pmatrix} e_x \\ e_y \end{pmatrix} + \begin{pmatrix} n_x \\ n_y \end{pmatrix} \tag{8.12}$$

226

式中：P_r 为接收功率；n_x、n_y 为与滤波器 ASE 噪声相对应的复高斯随机变量。

噪声方差为

$$\sigma_{\text{ASE}}^2 = 2N_0 B_0 \tag{8.13}$$

式中：N_0 为 ASE 白噪声的功率谱密度（PSD）；B_0 为光滤波器带宽。

这里采用复包络会造成明显的 ASE 噪声加倍，同时有用信号的功率也会加倍，因此 OSNR 并没有下降。如图 8.7 所示，信号 E_r 通过偏振分束器（PBS）后被分为两个线偏振光 $\hat{x}$ 和 $\hat{y}$，随后通过 OTDL 进行 CDMA 解调并进行光电检测，其相应的输出电流为

$$\begin{cases} I_x = \mathfrak{R} P_r \cdot |e_x|^2 \\ I_y = \mathfrak{R} P_r \cdot |e_y|^2 \end{cases} \tag{8.14}$$

式中：$\mathfrak{R}$ 为 PD 的响应度，$\mathfrak{R} = e\eta/hf$，η 为 PD 的量子效率（$\eta = 0.9$），h 为普朗克常量，f 为光频率（$\lambda = 1.55\mu m$）。

因此，放大器之后的 LPF 的输入电流为

$$I_{\text{diff}} = \mathfrak{R} P_r (|e_x|^2 - |e_y|^2) \tag{8.15}$$

其与斯托克斯参量 S_1 成正比。如前所述，由于只提取一个斯托克斯参量，大大简化了接收机结构。如图 8.7 所示，假设光电检测器的内部负载与电放大器的输入电阻 R_c 相匹配，则积分清零 LPF 的输出为

$$I = \mathfrak{R} P_r (|e_x|^2 - |e_y|^2) * h_{\text{LP}}(t) + n_{\text{LP}}(t) \tag{8.16}$$

式中：$h_{\text{LP}}(t)$ 为 LPF 的脉冲响应；$n_{\text{LP}}(t)$ 为接收噪声电流的零均值高斯随机变量。噪声方差为

$$\sigma_{\text{LP}}^2 = \frac{2kT}{R_c} B_{\text{el}} F \tag{8.17}$$

式中：F 为电放大器的噪声；T 为热力学温度；k 为玻耳兹曼常数。

除温度以外，接收机的基本电特征参数为比率 F/R_c。需要注意的是，如果给每个光电检测器后设置一个放大器，则检测电流的热噪声功率将加倍。假设低通滤波器的带宽很大，足以避免相位噪声到幅度噪声的转换，则在从电流中提取斯托克斯参量的非线性接收机阶段（图 8.7 中的判决处理器）就能清除相位噪声。唯一的副作用是通过低通滤波器后噪声带宽会展宽，这种损伤通过采用后检测滤波器能完全恢复，这和在 ASK 或 FSK 中采用的方法一样[9,10]。

8.3.2 PolSK – OCDMA 接收机的判决阈值分析

在 PolSK 中，一个偏振分量相对另一个偏振分量的角度会在两个角度之间切换，从而将二进制数据比特映射到两个琼斯向量上。

图 8.8 为非相干 PolSK – OCDMA 发射机结构。其光源是具有完全偏振态的高相干激光器，如果采用非偏振光源，则需要在激光器后加设一个起偏器。首先，

光束通过偏振控制器产生一个 45°的偏振角,在该偏振态上激光器的相位噪声最小,且起偏器、偏振控制器和旋转器的偏振匹配也非常简单[8,14,31]。接着,光波经 PBS 分束后在 PolSK 调制器内进行偏振态编码,输入光的偏振态在两个正交态之间进行切换,即在相位调制器中对其中一个方向的偏振光根据外部提供的编码进行每比特 N 次的 0°和 180°的相移,从而实现光信号的 CDMA 扩频。然后,PolSK-OCDMA 调制信号在偏振合束器(PBC)中实现合路。如图 8.8 所示,对于 K 个用户的系统,以第一路用户为期望用户,则第 i 个用户的偏振态编码信号为

$$J_i(t) = \begin{cases} J_0, & d_i(t) \oplus c_i(t) = 0 \\ J_1, & d_i(t) \oplus c_i(t) = 1 \end{cases} \tag{8.18}$$

其中:d_i 为有 D 个比特(码元周期为 T_s 的数据的长度)的数据信号,$d_i(t) = \sum_{j=0}^{D-1} d_{i,j} \cdot u_T(t - jT_s)$,其中 $u_T(t)$ 为脉宽为 T 的矩形脉冲;$c_i(t) = \sum_{j=0}^{N-1} c_{i,j} \cdot u_T(t - jT_c)$ 为有 N 个码片(码片周期为 T_c 的编码的长度)的编码序列,且 $d_i(t), c_i(t) \in \{0,1\}$;"$\oplus$"表示信号相关操作。

发射光为 45°的线偏振光,则有

$$J_0 = \frac{1}{\sqrt{2}}[1 \quad 1]^T, J_1 = \frac{1}{\sqrt{2}}[-1 \quad 1]^T$$

即

$$Q = [J_0 \quad J_1] = \frac{1}{\sqrt{2}} \begin{bmatrix} 1 & -1 \\ 1 & 1 \end{bmatrix} \tag{8.19}$$

当偏振调制信号在单模光纤中经过 L 公里的传输后,会伴随衰减、色散、偏振旋转以及光纤非线性效应的发生。偏振旋转可以通过偏振跟踪和控制系统进行补偿[32],该系统也能同时抑制偏振模色散(PMD),但是这样会使系统复杂度和成本增高。实际上,如图 8.7 所示,在接收机端采用偏振控制器、旋转器以及起偏器对偏振态旋转进行补偿,以确保接收信号和接收机光分量具有相同的偏振态参考轴。因此,可以得到接收信号的琼斯向量 $J_r(t)$,该向量为发射机产生的期望用户数据 $J_1(t)$、来自其他用户的多用户干扰 $\sum_{i=2}^{K} J_i(t)$ 以及加性高斯白噪声(AWGN)的和:

$$J_r(t) = \begin{bmatrix} E_{rx} \\ E_{ry} \end{bmatrix} = J_1(t) + \sum_{i=2}^{K} J_i(t) + J_n(t) \tag{8.20}$$

式中:$J_n(t)$ 为 AWGN 的复数琼斯向量,$J_n(t) = [E_{nx} \quad E_{ny}]^T$。

在图 8.7 中,首先假设接收的混合信号经 PBS 实现无损分束;然后两路信号通过偏振旋转器进行 45°的旋转以实现输出光束的偏振角与起偏器轴向的对准;起偏器仅允许与其轴向相匹配的光束通过,从而起到偏振滤波器的作用;接着,通

过 OTDL 对信号进行光学相关,OTDL 被调谐至期望用户地址码以实现 CDMA 编码信号的解扩(OCDMA 译码器)。

上下两路信号分别用$(\,\cdot\,)^0$和$(\,\cdot\,)^1$表示。因此,PBS 输出端上下两路的琼斯向量可表示为

$$J_{PBS}^z(t) = \begin{bmatrix} E_{rx} \\ |E_{ry}|\exp[\,j(\arg(E_{ry}) + x_z\pi)\,] \end{bmatrix} \tag{8.21}$$

式中:$z \in \{0,1\}$表示上或下路信号,且有 $x_0 = c_1, x_1 = \bar{c}_1(c_1$ 的补码);$\arg(\,\cdot\,)$为 E_{ry} 的相位。

琼斯向量被送往旋转器,旋转器的琼斯向量函数为

$$J_R^z(t) = \frac{1}{\sqrt{2}}\begin{bmatrix} 1 & 1 \\ -1 & 1 \end{bmatrix} \cdot J_{PBS}^z(t) \tag{8.22}$$

起偏器(偏振滤波器)只输出与琼斯向量的第一项对应的 x 轴方向偏振光,并且只允许具有分配偏振态的信号通过,于是有

$$J_P^z(t) = \begin{bmatrix} E_{Rx}^z & 0 \end{bmatrix}^T \tag{8.23}$$

每个起偏器的输出为

$$J_P^z(t) = E_{Rx}^z = \frac{1}{\sqrt{2}}\{E_{rx} + |E_{ry}| \cdot \exp[\,j(\arg(E_{ry}) + x_z\pi)\,]\} \tag{8.24}$$

起偏器判决变量为

$$D^z = |E_{Rx}^z|^2 = E_{Rx}^z \cdot E_{Rx}^{*z} \tag{8.25}$$

替换后可得

$$D^z = \frac{1}{2}\{E_{rx} + |E_{ry}|\exp[\,j(\arg(E_{ry}) + x_z\pi)\,]\}$$

$$\times \{E_{rx}^* + |E_{ry}|\exp[\,-j(\arg(E_{ry}) + x_z\pi)\,]\} \tag{8.26}$$

即

$$D^z = \frac{|E_{rx}|^2 + |E_{ry}|^2}{2} + |E_{rx}| \cdot |E_{ry}| \cdot \cos(\phi + x_z\pi) \tag{8.27}$$

式中

$$\phi = \arg(E_{ry}) - \arg(E_{rx})$$

判决变量 D 为上、下两路信号输出的差,即

$$D = \int_0^{T_s} |E_{Rx}^1|^2 dt - \int_0^{T_s} |E_{Rx}^0|^2 dt = \int_0^{T_s} (D^1 - D^0) dt \tag{8.28}$$

为了能够从调制信号中提取最终的比特值,定义判决规则为

$$\tilde{d} = \begin{cases} 0, & D < 0 \\ 1, & D \geqslant 0 \end{cases} \tag{8.29}$$

8.3.3 PolSK – OCDMA 信号处理

8.3.2 节介绍了收发信机结构,本节讨论接收光信号的定位及分析。接收的偏振调制光信号的电场可表示为[6]

$$E'(t) = \mathrm{Re}\left\{ E(t) \cdot \sum_{i=1}^{K} \boldsymbol{Q} \cdot \begin{bmatrix} d_i(t) \\ 1 - d_i(t) \end{bmatrix} \cdot u_T(t - iT_s) \cdot c_i(t) \right\} \tag{8.30}$$

其中:信道用琼斯矩阵 $\boldsymbol{Q}$ 表示;$\mathrm{Re}\{\ \cdot\ \}$ 为复数 $E'(t)$ 的实部。

本章涉及的分析都是基于等功率信号星座,即假设两个正交分量具有相同功率,且沿光纤传播相同距离时的衰减、色散以及噪声源都相同。因为两个偏振态是正交的(互易),所以电场 $E(t)$ 的幅度为常数。任意线性光媒质的正交性损耗都与传输的最大和最小功率系数有关,且该损耗由这些系数计算得到[3]。在本节的分析中,功率系数将由下面的式(8.38)给出,正交性则由等功率星座的(x,y)分量保证。由于偏振态的切换时间(比特率)远低于码片速率,因此可认为琼斯矩阵的每一项都是时间无关的($T_c \ll T_s$)。则基于式(8.19)中 $\boldsymbol{Q} = [\boldsymbol{J}_0 \quad \boldsymbol{J}_1]$ 的接收电场向量的 x 分量可表示为

$$E'_x(t) = \mathrm{Re}\left\{ E(t) \cdot \sum_{i=1}^{K} [\boldsymbol{J}_0 \cdot d_i(t) + \boldsymbol{J}_1(1 - d_i(t))] \cdot u_T(t - iT_s) \cdot c_i(t) \right\} \tag{8.31}$$

因此第 i 个用户的两个正交分量分别为

$$E_{xi}(t) = \boldsymbol{J}_0 \cdot d_i(t) \cdot c_i(t) \cdot E(t) \qquad E_{yi}(t) = \boldsymbol{J}_1 \cdot (1 - d_i(t)) \cdot c_i(t) \cdot E(t)$$

且接收到的 PolSK – OCDMA 调制信号的(x,y)分量可表示为[6]

$$\begin{cases} E'_{xi}(t) = \left(\dfrac{E_{xi}(t) + E_{yi}(t)}{2} + \displaystyle\sum_{i=1}^{K} c_i(t) \cdot d_i(t) \cdot \dfrac{E_{xi}(t) - E_{yi}(t)}{2} \cdot u_T(t - iT_s) \right) \cdot \cos\varphi_{xi} \\[4mm] E'_{yi}(t) = \left(\dfrac{E_{xi}(t) + E_{yi}(t)}{2} + \displaystyle\sum_{i=1}^{K} c_i(t) \cdot d_i(t) \cdot \dfrac{E_{xi}(t) + E_{yi}(t)}{2} \cdot u_T(t - iT_s) \right) \cdot \cos\varphi_{yi} \end{cases} \tag{8.32}$$

式中,$\varphi_{xi} = \omega_{xi}t + \theta_{xi}$ 和 $\varphi_{yi} = \omega_{yi}t + \theta_{yi}$ 描述了发射激光的频率和相位。

根据 OCDMA 的基本概念,所有 K 个发射机的场向量将会被叠加(复用)在同一信道发送。因此,总的信道场向量可表示为

$$E_{\mathrm{Channel}} = \sum_{i=1}^{K} E'_i(t) \tag{8.33}$$

图 8.7 所示的 OTDL 是非相干 PolSK – OCDMA 系统的光相关器。OTDL 将输

入信号与预留的用户地址码进行相关处理实现信号的解扩。为达到这个目的,应精心设计两个支路 OTDL 的时延和系数以实现相关器的功能。其中,下路 OTDL 是根据上路 OTDL 编码的补集(180°的相差)进行设置,在图 8.7 中用 OTDL 表示,从而实现其他码元(即"1")的译码。如图 8.7 所示,OTDL 的输出包含 N 个码片脉冲,可以假设这些脉冲为多个独立的光电检测器的并联电路产生,因此其输出电流可直接相加且无串扰。在判决器中,采用平衡检测器对信号进行检测产生差分电流($I_{\text{diff}} = I_1 - I_2$)为数据提取提供输入信号。检测后,码片周期 T_c 内的上路信号(x 分量)中的单个支路电流为

$$I_n^0 = \Re \int_{t=0}^{T_c} \Big(\sum_{i=1}^{K} \Big(\frac{E_{xi}(t) + E_{yi}(t)}{2} + d_i(t) \cdot c_i(t - nT_c) \cdot$$
$$\frac{E_{xi}(t) - E_{yi}(t)}{2} \Big) \cdot \cos\varphi_{xi} \Big)^2 \mathrm{d}t \tag{8.34}$$

式中:$\Re$ 为光电检测器的响应度;$c_i(t - nT_c)$ 为第 i 个用户地址码的第 n 个码片。

因此,上路信号总电流为

$$I^0 = \Re \int_{t=0}^{T_s} \sum_{n=1}^{N} \Big\{ \frac{c(nT_c) + 1}{2} \Big(\sum_{i=1}^{K} \Big(\frac{E_{xi}(t) + E_{yi}(t)}{2} +$$
$$d_i(t) \cdot c_i(t - nT_c) \cdot \frac{E_{xi}(t) - E_{yi}(t)}{2} \Big) \cdot \cos\varphi_{xi} \Big)^2 \Big\} \mathrm{d}t \tag{8.35}$$

也可表示为

$$I^0 = \frac{\Re}{4} \int_{t=0}^{T_s} \sum_{n=1}^{N} \Big\{ \frac{c(nT_c) + 1}{2} \Big(\sum_{i=1}^{K} \big(E_{xi}^2(t) + E_{yi}^2(t) + d_i(t) \cdot c_i(t - nT_c) \cdot$$
$$(E_{xi}^2(t) - E_{yi}^2(t)) \big) \cdot (1 - \cos 2\varphi_{xi}) \Big) \Big\} \mathrm{d}t$$
$$+ \frac{\Re}{8} \int_{t=0}^{T_s} \sum_{n=1}^{N} \Big\{ \frac{c(nT_c) + 1}{2} \Big[\sum_{i=1}^{K} \sum_{\substack{j=1 \\ j \neq 1}}^{K} \big\{ (E_{xi}(t) + E_{yi}(t) + d_i(t) \cdot$$
$$c_i(t - nT_c) \cdot (E_{xi}(t) - E_{yi}(t))) ((E_{xj}(t) + E_{yj}(t) + d_j(t) \cdot c_j(t - nT_c)$$
$$\cdot ((E_{xj}(t) - E_{yj}(t))) \cdot (\cos(\varphi_{xi} + \varphi_{xj}) + \cos(\varphi_{xi} - \varphi_{xj})) \big\} \Big] \Big\} \mathrm{d}t \tag{8.36}$$

由于光电检测器的频率响应与 LPF 相同,式(8.36)第一部分中的 $\cos 2\varphi_{xi}$ 和第二部分中的 $\cos(\varphi_{xi} + \varphi_{xj})$ 分量在光电检测器的频率范围之外,因此这两项都会被滤除。此外,若采用合适的激光器频率,使 $\omega_{xi} - \omega_{xj} \gg \omega_c$,其中 ω_c 为光电检测器的截止频率,那么 $\cos(\varphi_{xi} - \varphi_{xj})$ 也可忽略。因此,上支路的总电流可表示为

$$I^0 = \frac{\Re}{4} \sum_{n=1}^{N} \Big\{ \frac{c(nT_c) + 1}{2} \Big(\sum_{i=1}^{K} \big(E_{xi}^2(t) + E_{yi}^2(t) + d_i(t) \cdot$$

$$c_i(t - nT_c) \cdot (E_{xi}^2(t) - E_{yi}^2(t)))) \Big) \Big\} \tag{8.37}$$

斯托克斯参量定义为

$$\begin{cases} S_i^0 = E_{xi}^2(t) + E_{yi}^2(t) \\ S_i^1 = E_{xi}^2(t) - E_{yi}^2(t) \end{cases} \tag{8.38}$$

式中：S_i^0 为信号强度部分，由发射机中偏振调制器的上路信号产生；S_i^1 为线偏振部分，由携带数据的下路信号产生（图8.8）。

为了限制微小的正交性损耗，这些参数也分别代表了最大和最小的传输功率[3]。因此，式（8.37）可表示为

$$I^0 = \frac{\Re}{4} \sum_{n=1}^N \left\{ \frac{c(nT_c) + 1}{2} \Big(\sum_{i=1}^K S_i^0 + d_i(t) \cdot c_i(t - nT_c) \cdot S_i^1 \Big) \right\} + n_1(t) \tag{8.39}$$

下支路（y 分量）总电流为

$$I^1 = \frac{\Re}{4} \sum_{n=1}^N \left\{ \frac{1 - c(nT_c)}{2} \Big(\sum_{i=1}^K (S_i^0 + d_i(t) \cdot c_i(t - nT_c) \cdot S_i^1) \Big) \right\} + n_2(t) \tag{8.40}$$

式中

$$\begin{cases} n_1(t) = n_{1x}(t) + jn_{1y}(t) \\ n_2(t) = n_{2x}(t) + jn_{2y}(t) \end{cases} \tag{8.41}$$

式中：$n_1(t)$、$n_2(t)$ 为滤波后的 AWGN 信号，该信号由独立的高斯随机过程 $n_{1x}(t)$、$n_{1y}(t)$、$n_{2x}(t)$ 和 $n_{2y}(t)$ 构成，它们的方差 σ^2 与 $n_1(t)$ 和 $n_2(t)$ 的方差相等。

因此，平衡检测器的输出（$I = I^0 - I^1$）为

$$I = \frac{\Re}{4} \sum_{n=1}^N c(nT_c) \sum_{i=1}^K (S_i^0 + d_i(t) \cdot c_i(t - nT_c) \cdot S_i^1) + n(t) \tag{8.42}$$

噪声 $n(t)$ 包含 I^0 和 I^1 的噪声，由式（8.13）所示的光 ASE 噪声构成，光电检测器的散弹噪声 $[i_{av}^2] = 2eiB_0$，其中 i_{av} 为平均光生电流。LPF 输出端的电接收噪声如式（8.17）所示。因此，总噪声 $n(t)$ 的方差为

$$\sigma_{n(t)}^2 = \langle i^2 \rangle + \sigma_{ASE}^2 + \sigma_{LP}^2 \tag{8.43}$$

若设用户1为预期用户，则式（8.42）的微分输出电流可调整为

$$I = \frac{\Re}{4} \sum_{n=1}^N S_1^0 \cdot c(nT_c) + \frac{\Re}{4} \sum_{n=1}^N c(nT_c) \cdot c_1(t - nT_c) \cdot d_1(t) \cdot S_1^1$$

$$+ \frac{\Re}{4} \sum_{i=2}^K \sum_{n=1}^N c(nT_c) \cdot c_i(t - nT_c) \cdot d_i(t) \cdot S_i^1 + n(t) \tag{8.44}$$

式中:第一项为直流分量,将会被平衡检测器估计和消除;第二项表示混有扩频码自相关分量及偏振态的预期数据;第三项表示由其他发射机产生的干扰(MAI);第四为噪声。

因此,系统信噪比为

$$\mathrm{SNR} = \frac{\left(\frac{\mathfrak{R}}{4}\sum_{n=1}^{N} c(nT_c) \cdot c_1(t-nT_c) \cdot d_1(t) \cdot S_1^1\right)^2}{\left(\frac{\mathfrak{R}}{4}\sum_{i=2}^{K}\sum_{n=1}^{N} c(nT_c) \cdot c_i(t-nT_c) \cdot d_i(t) \cdot S_i^1\right)^2 + \sigma_{n(t)}^2} \tag{8.45}$$

根据2.4.5节所述的组填塞修正素数码(GPMPC)的自相关特性,可得

$$\sum_{n=1}^{N} c(nT_c) \cdot c_1(t-nT_c) = P+2 \tag{8.46}$$

定义 X_{li} 为 GPMPC 的互相关值,可得

$$X_{li} = \sum_{n=1}^{N} c_l(nT_c) \cdot c_i(t-nT_c) \tag{8.47}$$

则 X_{li} 的概率密度函数(PDF)是一个随机变量,可由互相关值的独立分量得出。同相互相关值是否满足 $\lambda_c \leqslant 2$ 取决于编码是否属于同一群组。显然,由于序列具有良好的正交性,零分量不会引起干扰。但由于 $\lambda_c \in \{1,2\}$ 会引起干扰,这种干扰仅存在于预期用户和来自于不同群组的 $P^2 - P$ 个用户之间(总的序列数量为 P^2 个,与预期用户同一个组的序列数为 P,同一组的序列码相互正交)。互相关值在干扰用户间均匀分布,X_{li} 的具体取值 w 的概率密度函数为

$$P(w=i) = \frac{i}{P^2 - P} \tag{8.48}$$

式中:$P(w=i)$ 为 $w=i$(在线用户数量)时的概率。

因此,将式(8.46)和式(8.48)代入式(8.45)中,系统信噪比作为在线用户数量 K 的函数可进一步化简为

$$\mathrm{SNR} = \frac{1}{\left(\frac{(K+2)(K-1)}{2(P^2-P)(P+2)}\right)^2 + \frac{16\sigma_{n(t)}^2}{\mathfrak{R}^2 d_1^2(t) S_1^{1^2}(P+2)^2}} \tag{8.49}$$

注意,单个用户的信噪比为

$$\mathrm{SNR}(1) = \mathfrak{R}^2 \cdot d_1^2(t) \cdot S_1^{1^2} \cdot (P+2)^2 / 16\sigma_{n(t)}^2 = E_b/N_0$$

式中:E_b 为每比特信息所携带能量;N_0 为噪声功率谱密度(PSD)。

式(8.49)为本章的主要结论之一,表示偏振调制 OCDMA 系统的信噪比。该分析结果同样适用于采用其他具有类似相关特性的单极性扩频码的系统。

8.4 PolSK – OCDMA 收发信机性能评价

基于 8.3 节对系统信噪比的详细分析,本节将对非相干 PolSK – OCDMA 收发信机的误码率的数值结果进行证明和讨论。

图 8.9 给出 $P = 19$、流量为 10% ~25% 的条件下,系统误码率关于单用户信噪比(图中表示为 Sdb)的变化曲线。这里"流量"定义为并发在线用户数占总用户数的百分比。图中清楚显示,随着 Sdb 的增加误码率下降。该分析表明当 Sdb = 10dB 时,在满足 BER = 10^{-9} 的条件下,系统能容纳 20% 的用户(72 个用户);而当 Sdb = 7.2dB 时,系统能支持所用用户数的 15%(54 个用户),这足以为网络业务提供服务。

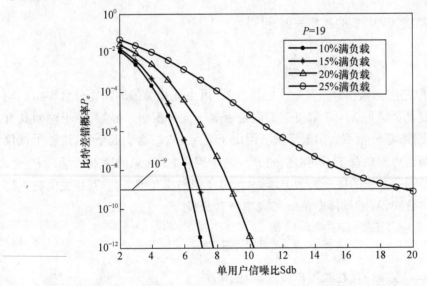

图 8.9　PolSK – OCDMA 发射机误码性能关于单用户信噪比(Sdb)的变化曲线

然而,当用户数超过 25% 时,系统就不能保证可靠通信,除非单用户的信噪比达到 20dB。文献[6]介绍的系统采用序列长度为 511 和 1023 的 Gold 码,能支持 8% 的满负载,分别为 40 和 80 个用户。但在我们分析的 $P = 19$ 系统中,码长只有 399。而需要注意的是,系统的码长越长(更大的 P 值)其性能越佳,能提供更大的网络容量。

从图 8.9 可以看出,在单用户信噪比仅有 10dB 的情况下,这种基于偏振的 OCDMA 收发器结构可以容纳所有在线用户的 10% ~20%。因此建议采用更大 P 值的编码以支持更多数量的用户,并提高单用户信噪比以降低误码率。

图 8.10 为 Polsk – OCDMA 收发信机的误码性能随并发在线用户数 K 变化的曲线。从图中可看出,当存在大量用户时,由于干扰增加会发生很高的差错率。这

个分析指出,如果采用 $P=19$ 的 GPMPC 编码的系统,当 Sdb = 14dB 时,能容忍 80 个并发用户(23% 满负载)。这意味着 Sdb = 12dB 是一个具有成本效益的链路预算,比文献[6,8]介绍的编码方案和结构的能耗更小。

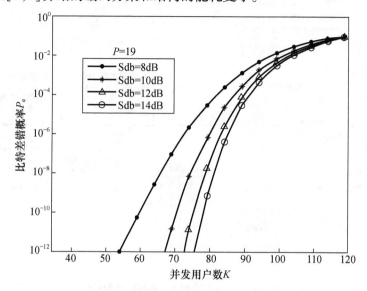

图 8.10　PolSK – OCDMA 收发信机误码性能关于并发用户数 K 的变化曲线

8.5　混合 PolSK – OCDMA 收发信机结构

8.5.1　发射机配置

本节研究二维多进制 F – PolSK – OCDMA 发射机的结构及其工作原理。发射机的系统结构包括顺序连接的光 M_1 进制 FSK 调制器和带有 CDMA 编码器的 M_2 进制偏振调制器。下面给出这种混合调制信号的数学公式描述。

图 8.11(a)为二维多进制 F – PolSK – OCDMA 发射机,它由一个 FSK 调制器和一个可调谐激光二极管(TLD)构成,发射机根据数据将 M_1 个码元(每个码元对应 $k_1 = \log_2^{M_1}$ 个比特)对应分配给 TLD 发射的 M_1 个波长。正如第 7 章讨论的那样,当码元数 M_1 为常数,TLD 的重复比减小时,比特速率和 OCDMA 干扰都会增加。当 TLD 的重复比变大时,比特速率会变低,并且因为每个数据帧的间隔时隙能防止同相相关带来的干扰,从而信道干扰也降低。

PolSK – OCDMA 调制器的模型和 8.3 节所述类似,如图 8.11(b)所示。首先,PolSK 调制器接收 FSK 调制信号,对 TLD 送来的每个波长进行初始线性极化,利用偏振控制器将其简单地极化为 45° 偏振光;接着,对每个波长进行 M_2 进制 PolSK 调制,M_2 为光波偏振态的数量(每个偏振态对应 $k_1 = \log_2^{M_2}$ 个比特),CDMA 编码采

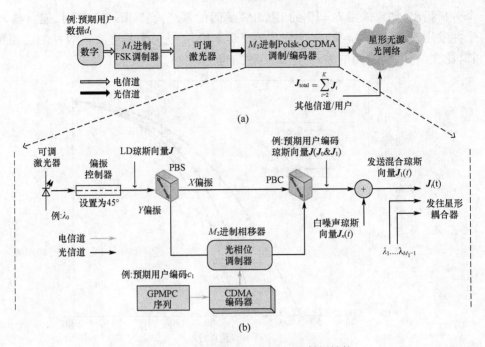

图 8.11 二维多进制 F – PolSK 发射机结构

(a)非相干二维多进制 F – PolSK – OCDMA 发射机;

(b)M_2 进制 PolSK – OCDMA 调制器/编码器。

用 GPMPC 扩频序列。

在发送器的输出端,给定一个垂直于传播方向 $\hat{z}$ 的参考平面 $(\hat{x},\hat{y})$,在 M 码元周期发送的光波可以表示为[19]

$$
\begin{aligned}
\boldsymbol{v}(t) &= \sum_{m=1}^{M} \boldsymbol{v}_{m_1 m_2}^{(m)}(t) \\
&= \sum_{m=1}^{M} \boldsymbol{p}_{m_2}^{(m)} \cdot \exp\left[\mathrm{j}\left(2\pi \cdot \left(f_c + f_{m_1}^{(m)}\right) \cdot (t - mT_s)\right)\right] \cdot u_T(t - mT_s), \quad 0 \leq t \leq MT_s
\end{aligned}
$$

(8.50)

式中:T_s 为码元周期;m_1、m_2 为信号复接数量,$m_1 = 1,2,\cdots,M_1$ 和 $m_2 = 1,2,\cdots,$ M_2;$\boldsymbol{v}_{m_1 m_2}^{(m)}(t)$ 为第 m 个信号周期的复数传输信号;$\boldsymbol{p}_{m_2}^{(m)}$ 为通过 $\hat{x}$ 方向和 $\hat{y}$ 方向给出信号幅度和相位的二维向量;f_c 加或减偏移;$f_{m_1}^{(m)}$ 为载波频率,代表来自 TLD 的分配频率;$u_T(t)$ 为单位幅度的矩形脉冲。

两个不同的频率 – 偏振调制信号 $\boldsymbol{v}_{m_1 m_2}^{(m)}(t)$ 和 $\boldsymbol{v}_{i_1 i_2}^{(m)}(t)$ 的复相关系数定义为

$$
\rho\left[\boldsymbol{v}_{m_1 m_2}^{(m)}(t), \boldsymbol{v}_{i_1 i_2}^{(m)}(t)\right] = \frac{1}{\sqrt{E_{v_{m_2}} \cdot E_{v_{i_2}}}} \int_{(k-1)T_s}^{kT_s} \mathrm{LP}\left[\boldsymbol{v}_{m_1 m_2}^{(m)}(t) \cdot \boldsymbol{v}_{i_1 i_2}^{(m)*}(t)\right]\mathrm{d}t
$$

(8.51)

式中:LP[·]为复量的低通成分;$E_{v_{m_2}}$、$E_{v_{i_2}}$分别为$\boldsymbol{v}_{m_1m_2}^{(m)}(t)$、$\boldsymbol{v}_{i_1i_2}^{(m)}(t)$的信号能量;星号" ∗ "表示复共轭。

如果相关系数$|\rho[\boldsymbol{v}_{m_1m_2}^{(m)}(t),\boldsymbol{v}_{i_1i_2}^{(m)}(t)]|$的幅度为0,则 F – PolSK 信号满足正交性原则[20]。可以证明,当任意两个频率之间的最小频率间隔 $\Delta f = 1/T_s$ 时,就能满足正交性要求。因此,可以从$\{r_{m_1}^{(m)}\Delta f/2\}_{m_1=1}^{M_1}$组中得到$f_{m_1}^{(m)}$的值,其中,$r_{m_1}^{(m)}=2m_1-1-M_1$。

在式(8.50)中,$\boldsymbol{p}_{m_2}^{(m)}$定义了在第 m 个信号周期,承载在$\hat{x}$和$\hat{y}$方向上的发送信号幅度和相位,表示为

$$\boldsymbol{p}_{m_2}^{(m)} = \begin{pmatrix} \boldsymbol{p}_{x_{m_2}}^{(m)} \\ \boldsymbol{p}_{y_{m_2}}^{(m)} \end{pmatrix} = \begin{pmatrix} a_{x_{m_2}}^{(m)} & \mathrm{e}^{\mathrm{j}\theta_{x_{m_2}}^{(m)}} \\ a_{y_{m_2}}^{(m)} & \mathrm{e}^{\mathrm{j}\theta_{y_{m_2}}^{(m)}} \end{pmatrix} \tag{8.52}$$

式中:$a_{x_{m_2}}^{(m)}$、$a_{y_{m_2}}^{(m)}$为光波($\hat{x},\hat{y}$)分量的幅度;$\theta_{x_{m_2}}^{(m)}$、$\theta_{y_{m_2}}^{(m)}$为光波($\hat{x},\hat{y}$)分量的相位。

离散随机序列$\{\boldsymbol{p}_{m_1}^{(m)}\}_{m_1=1}^{M_1}$和$\{r_{m_1}^{(m)}\}_{m_1=1}^{M_1}$是静态和独立的,表示信源的码元序列。此外,$\boldsymbol{p}_{m_2}^{(m)}$决定了由式(8.50)描述的第 m 个码元周期的完全偏振光的偏振态,该偏振态与码元数 m_2 对应,$m_2=1,2,\cdots,M_2$。

电磁波$\boldsymbol{v}_{m_1m_2}^{(m)}(t)$由两组二维多进制信号($M_1=2^{k_1},M_2=2^{k_2}$)构成。两组信号不相关且互为正交(正交的频率和偏振态),并且所有 $M=M_1\times M_2 \to k=k_1+k_2$ 信号具有相同的持续时间。现在,每隔 $T_s=k\cdot T_b$ 秒(T_b 为比特持续时间),数据源从 M 码元组中选择一个数据码元发送。

偏振态由斯托克斯参量(S_1,S_2,S_3)描述,每个参量由第 m 个码元的振幅 $a_{x_{m_2}}^{(m)}$ 和 $a_{y_{m_2}}^{(m)}$ 和相位差 $\Delta\theta^{(m)}=\theta_{y_{m_2}}^{(m)}-\theta_{x_{m_2}}^{(m)}$ 决定。这些参量由下式给出[9]:

$$\boldsymbol{S}_{m_2}^{(m)} = \begin{pmatrix} S_{1_{m_2}}^{(m)} \\ S_{2_{m_2}}^{(m)} \\ S_{3_{m_2}}^{(m)} \end{pmatrix} = \begin{pmatrix} |p_{x_{m_2}}^{(m)}|^2 - |p_{y_{m_2}}^{(m)}|^2 \\ p_{x_{m_2}}^{(m)} \cdot p_{y_{m_2}}^{(m)*} + p_{x_{m_2}}^{(m)*} \cdot p_{y_{m_2}}^{(m)} \\ [p_{x_{m_2}}^{(m)*} \cdot p_{y_{m_2}}^{(m)} + p_{x_{m_2}}^{(m)} \cdot p_{y_{m_2}}^{(m)*}]\mathrm{e}^{\frac{\mathrm{j}\pi}{2}} \end{pmatrix} = \begin{pmatrix} (a_{x_{m_2}}^{(m)})^2 - (a_{y_{m_2}}^{(m)})^2 \\ 2a_{x_{m_2}}^{(m)} \cdot a_{y_{m_2}}^{(m)} \cdot \cos(\Delta\theta^{(m)}) \\ 2a_{x_{m_2}}^{(m)} \cdot a_{y_{m_2}}^{(m)} \cdot \sin(\Delta\theta^{(m)}) \end{pmatrix}$$

$$\tag{8.53}$$

平均光子数表示发送的多偏振态光波的能量,其直接正比于

$$S_{0_{m_2}}^{(m)} = \sqrt{\sum_{i=1}^{3}(S_{i_{m_2}}^{(m)})^2} = (a_{x_{m_2}}^{(m)})^2 + (a_{y_{m_2}}^{(m)})^2 \tag{8.54}$$

式中:$S_{0_{m_2}}^{(m)}=E_{S_{m_2}}/T_S$ 是第四个斯托克斯参量,表示能量为 $E_{S_{m_2}}$ 的发送光波的功率。因为可以用 $S_{1_{m_2}}^{(m)}$、$S_{2_{m_2}}^{(m)}$ 和 $S_{3_{m_2}}^{(m)}$ 表示 $S_{0_{m_2}}^{(m)}$,所以四个斯托克斯参量中只有三个是相互独立的。

由于光纤的非线性效应,产生一个恒定功率包络的光波很容易[9],这种恒包络光波不受相对强度噪声和相位噪声的影响[9]。另外,若所有电磁波信号采用相同的载波频率,以同一功率水平($S_{0_{m_2}}^{(m)} = S_0$,或等价的,$E_{S_{m_2}} = E_S, m_2 = 1, 2, \cdots, M_2$)传输,则可以假定信号是形式为 $\boldsymbol{S}_{m_2}^{(m)} = S_{1_{m_2}}^{(m)} \hat{s}_1 + S_{2_{m_2}}^{(m)} \hat{s}_2 + S_{3_{m_2}}^{(m)} \hat{s}_3$ 的向量。这些向量分布在具有恒定半径 S_0 的庞加莱球的表面[12]。任何信号星座图的上半部分对应于右偏振,下半部分对应于左偏振。庞加莱球的两极对应于两个相反方向的圆偏振。右旋圆偏振由点 $S_{1_{m_2}} = S_{2_{m_2}} = 0$ 和 $S_{3_{m_2}} = S_0$ 表示,而左圆偏振对应点 $S_{1_{m_2}} = S_{2_{m_2}} = 0$ 和 $S_{3_{m_2}} = -S_0$。线性偏振信号点位于庞加莱球的赤道上。

8.5.2　接收机配置和信号处理

假设光纤中偏振模色散(PMD)很低,非线性效应可以忽略不计,则接收机的输入光功率为[19]

$$r_{m_1 m_2}(t) = \boldsymbol{Q} \cdot \mathrm{e}^{-(\alpha + \mathrm{j}\phi(w))} \cdot v_{m_1 m_2}^{(m)}(t), \quad 0 \leq t \leq T_s \tag{8.55}$$

式中:$v_{m_1 m_2}^{(m)}(t)$ 为发送调制信号;α、$\phi(w)$ 分别为光纤衰减系数和相移;$\boldsymbol{Q}$ 为复数琼斯矩阵。$\boldsymbol{Q}$ 是一种幺正运算,通过这种运算能将由于偏振态耦合引起的偏振变化考虑进来。并且由于传输频率范围内的低色散影响,$\phi(w)$ 为常数。此外,在对所有具有相同功率电平的发送信号进行分析时,α 的影响可以忽略不计。实际上,这些都是 PolSK 的优点,正因为如此才考虑在基于 CDMA 的光传输链路中采用 PolSK。

二维多进制 F-Polsk-OCDMA 接收机的前端是一个实现频率选择的阵列波导光栅(AWG),如图 8.12(a)所示。在分析中假设 AWG 为相邻波长之间没有串扰的理想器件。AWG 将发射机分配给各个码元(M_1 进制)的波长进行分波,输出 $\lambda_0, \lambda_1, \cdots, \lambda_{M_1-1}$;每个波长都进入 PolSK-OCDMA 解调器,从中提取对应码元,如图 8.12(b)所示;然后,SOP 提取模块基于 PolSK-OCDMA 译码器产生的斯托克参量从信号中提取偏振态;在数据处理模块中,对信号的 FSK 部分解调,FSK 检测器在每个码元周期对产生频率 $\{f_{m_1}^{(m)}\}_{m_1=1}^{M_1}$ 的码元部分进行判决,也按照之前描述的方法对传输光场的偏振态进行估计。

当信号经过光信道传输到达接收端,准备在 OTDL 中进行 CDMA 解码和光电检测之前,需要对其进行信号定位和分析。精心设计 OTDL 的延迟系数,能使每个分支的 OTDL 对来自 AWG 的每个波长实现如图 8.7 所示的 PolSK-OCDMA 接收机中 CDMA 码片译码器的功能。唯一的差别是这里处理的 M_2 进制 PolSK 信号具有可变起偏器输出函数,而该函数与定义码元偏振态的琼斯向量相对应。因此,式(8.23)可以用一个 $1 \times M_2$ 矩阵代替,其余的计算不变,并且对图 8.12(b)中的 PolSK-OCDMA 接收机进行分析能得到相同的信噪比表达式[9]。

8.5.3　接收机误码率分析

假设传送信号为 $v_{m_1 m_2}^{(m)}(t)$、正确的码元被正确的波长承载、解调器实现变量 λ_m

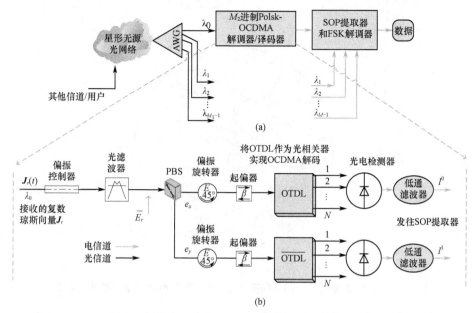

图 8.12 二维多进制 F – Polsd – OCDMA 接收机结构

（a）非相干二维多进制 F – Polsk – OCDMA 接收机；

（b）采用 OTDL 的 M_2 进制 Polsk – OCDMA 解调器/译码器。

的判决计算，$m = 1,2\cdots,M_1$。因此，FSK 解调器的正确判决规则可以表示为

$$|\lambda_m|^2 = \begin{cases} |E_s + N_{m_1}|^2, & m = m_1 \\ |N_m|^2, & m \neq m_1 \end{cases} \qquad (8.56)$$

式中：E_s 为码元能量；$\{N_m\}_{m=1}^{M_1}$ 为均值为 0 和功率谱密度 σ_n^2 的独立高斯噪声。

正确判决的条件是当且仅当 $|\lambda_{m_1}|$ 满足

$$|\lambda_{m_1}|^2 = \max\{|\lambda_m|\}_{m=1}^{M_1} \qquad (8.57)$$

同时，假定接收的估计有噪声量 $\boldsymbol{R}_{m_1} = (R_{1m_1}, R_{2m_1}, R_{3m_1})$ 位于无噪声传输参量 $\boldsymbol{S}_{m_2} = (S_{1m_2}, S_{2m_2}, S_{3m_2})$ 的判决区域，如图 8.13 所示。

基于最大似然（ML）判决准则，并假设所有可能的传输向量 $\{\boldsymbol{S}_l\}_{l=1}^{M_2}$ 为等功率和等概的，多进制信号的判决指标如下：

$$f_{\boldsymbol{R}_{m_1}|\boldsymbol{S}_{m_2}}(\boldsymbol{R}|\boldsymbol{S}_{m_2}) = \max\{f_{\boldsymbol{R}_{m_1}|\boldsymbol{S}_l}(\boldsymbol{R}|\boldsymbol{S}_l)\}_{l=1}^{M_2} \qquad (8.58)$$

假定传输参量为 $\boldsymbol{S}_l$，则 $f_{\boldsymbol{R}_{m_1}|\bar{s}_l}(\boldsymbol{R}|\boldsymbol{S}_l)$（$l = 1,2\cdots,M_2$）是有噪声斯托克斯向量 $\boldsymbol{R}_{m_1}$ 估计值的条件 PDF，该 PDF 采用球面坐标（ρ_m, θ_m, ϕ_m）表示为

$$f_{(\rho_m,\theta_m,\phi_m)}(\alpha_m,\beta_m,\delta_m) = \frac{\alpha_m}{16\pi\sigma_n^4} \cdot \sin\beta_m \cdot e^{\frac{E_s^2 + \alpha_m}{2\sigma_n^2}} \cdot I_0\left(\frac{E_s}{\sigma_n^2}\sqrt{\alpha_m}\cos\frac{\beta_m}{2}\right) \qquad (8.59)$$

$$\alpha_m > 0, \beta_m \in [0,\pi], \delta_m \in [0,2\pi]$$

式中：$m = 1,2,\cdots,M_1$；$I_0(\cdot)$ 为第一类零阶修正贝塞尔函数。

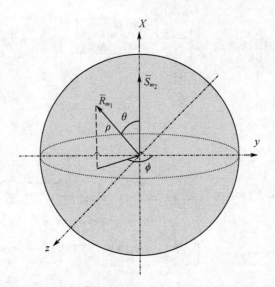

图 8.13 参照庞加莱球上的无噪声传输信号,有噪声接收信号的极坐标表示

随机变量 ρ_m 和 θ_m 相对 ϕ_m 统计独立,ϕ_m 均匀分布于 $[0,2\pi]$[12]。基于 ML 准则,当 S_{m_2} 满足下式时,将被作为传输向量:

$$R_{m_1} \cdot S_{m_2} = \max\{R_{m_1} \cdot S_l\}_{l=1}^{M_2} \equiv \max\{\cos\beta_m\}_{m=1}^{M_2} \tag{8.60}$$

由于双折射偏振转换只产生一个信号星座的刚性旋转,所以式(8.60)的判决指标对扰动敏感[10]。在没有噪声的情况下,式(8.57)中的指数 m 和式(8.58)中的 l 分别等于 $v_{m_1m_2}^{(m)}(t)$ 的 m_1 和 m_2。

系统的正确判决概率等于式(8.57)成立的概率乘以式(8.60)相对式(8.57)成立的条件概率:

$$P_c = \Pr(|\lambda_{m_1}|^2 = \max\{|\lambda_m|\}_{m=1}^{M_1})$$
$$\times \Pr(R_{m_1} \cdot S_{m_2} = \max\{R_l \cdot S_l\}_{l=1}^{M_2} \mid |\lambda_{m_1}|^2 = \max\{|\lambda_m|\}_{m=1}^{M_1}) \tag{8.61}$$

对于 $m = 1,2,\cdots,M_1$,式(8.61)的第一个概率项是图 8.12(b)所示的 FSK 解调器对发送频率实现正确判决的概率。注意,归一化判决变量 $\chi_m = |\lambda_m|^2/2\sigma_n^2 (m=1, 2,\cdots,M_1)$,是遵循自由度为 2 的卡方分布的随机变量,各 χ_m 变量之间互斥和统计独立。则对于发送信号 $v_{m_1m_2}^{(m)}(t)$,其 PDF 为[19]

$$f_{\chi_m \mid v_{m_1m_2}} = \begin{cases} e^{-(\mu + \gamma(K))} I_0(\sqrt{4\mu \cdot \gamma(K)}) & ,m = m_1, \mu \geqslant 0 \\ e^{-\gamma(K)} & ,m \neq m_1, \mu \geqslant 0 \end{cases} \tag{8.62}$$

式中:$\gamma(K)$ 为每个发送码元的系统信噪比,根据式(8.49),它与传输码元的光子数和用户数成正比。

基于式(8.62),传输频率的正确判决概率为[34]

240

$$P_c^{\text{FSK}} = \int_0^\infty e^{-(z+\gamma(K))} I_0\left(\sqrt{4\gamma(K) \cdot z}\right) \left[\prod_{m=1}^{M_1} P(\chi_{m_1} \geqslant \chi_m | \chi_{m_1} = z)\right] \mathrm{d}z$$

$$= \int_0^\infty e^{-(z+\gamma(K))} I_0\left(\sqrt{4\gamma(K) \cdot z}\right) (1 - e^{-z})^{M_1-1} \mathrm{d}z$$

$$= \sum_{i=0}^{M_1-1} (-1)^i \binom{M_1-1}{i} \frac{1}{i+1} e^{-\frac{i}{i+1}\gamma(K)} \tag{8.63}$$

式(8.61)的第二个概率项是 SOP 提取器对频率解调器发射频率的偏振态进行正确判决的概率。文献[9]对一些规则等幂 M_2 – PolSK 调制的正确检测概率做了评估,这些调制方式的 n、θ_0 和 θ_1 变量值见表 8.1 所列。正确检测概率由下式给出:

$$P_c^{\text{PolSK}} = F_\theta(\theta_1) - \frac{n}{\pi}\int_{\theta_0}^{\theta_1} \cos\left(\frac{\tan\theta_0}{\tan\tau}\right) \cdot f_\theta(\tau)\mathrm{d}z \tag{8.64}$$

式中: $f_\theta(\tau)$ 为边际 PDF; $F_\theta(\tau)$ 为 θ 的累积分布函数(CDF)。它们能通过整合 ρ_m 和 ϕ_m,从联合 PDF,即式(8.59)中导出:

$$\begin{cases} f_\theta(\tau) = \dfrac{\sin\tau}{2} e^{\frac{\gamma(K)}{2} \cdot (1-\cos\tau) \cdot \left[1 + \frac{\gamma(K)}{2}(1+\cos\tau)\right]} \\ F_\theta(\tau) = 1 - \dfrac{1}{2} e^{\frac{-\gamma(K)}{2} \cdot (1-\cos\tau) \cdot (1+\cos\tau)} \end{cases}, \quad \tau \in [0, \pi] \tag{8.65}$$

表 8.1　M_2 – PolSK 的 n、θ_0 和 θ_1 值

M_2 – PolSK	n	θ_0	θ_1
圆形 4 – PolSK	2	$\pi/4$	$\pi/2$
四面体 4 – PolSK	3	$[\pi - \arctan(2\sqrt{2})]/2$	$\pi - 2\theta_0$
八面体 6 – PolSK	4	$\pi/4$	$\pi/2\arctan(1/\sqrt{2})$
立方体 8 – PolSK	3	$\arctan(1/\sqrt{2})$	$\pi/2 - \theta_0$

采用二进制信号格式(BPolSK)时,信号组为庞加莱球的两个对极点,如图 8.1 (a)所示。无噪声接收信号为 $S_{1_{m_2}}$ 和 $S_{2_{m_2}}$,且 $S_{1_{m_2}} = -S_{2_{m_2}}$。给定发送偏振态,则在判决区域内选择的无噪声接收偏振态为 S_{m_2},接收向量为 $\boldsymbol{R}_{m_1}$,每当标量积 $\boldsymbol{R}_{m_1} \cdot S_{m_2}$ 为负时,就发生一次差错。这是因为在二进制的情况下,最大似然准则意味着基于标量积的符号进行判决(见式(8.29))。因此,差错事件为

$$\{E\} = \left\{\theta > \frac{\pi}{2}\right\} \tag{8.66}$$

式中

$$\theta = \arccos(\boldsymbol{R}_{m_1} \cdot S_{m_2}/(|\boldsymbol{R}_{m_1}| \cdot |S_{m_2}|))$$

注意,如果采用这样的信号组,则差错事件独立于 ρ 和 ϕ。因此,由式(8.65)的 $F_\theta(\tau)$ 能得到 BPolSK 的差错概率为

$$P_e^{\text{BPolSK}} = P\left(\theta > \frac{\pi}{2}\right) = \frac{1}{2}e^{-\gamma(K)} \tag{8.67}$$

采用高阶信号格式时,差错是 ρ 和 ϕ 的函数,分析给出了实际差错概率的上界:

$$P_e^{\text{BPolSK}} \leqslant P_e \mid \max\phi \tag{8.68}$$

对于圆形 $4-\text{PolSK}(\text{CQPolSK})$,如图 8.1(b)所示,基于式(8.68)和信号星座图能得到差错条件为

$$\{E\}_{\text{upper bound}} = \left\{\theta > \frac{\pi}{4}\right\} \tag{8.69}$$

则 CQPolSK 的差错概率为

$$P_e^{\text{CQPolSK}} = 1 - F_\theta\left(\frac{\pi}{4}\right) = \frac{1}{2}\left(1 + \frac{\sqrt{2}}{2}\right)e^{-\gamma(K)\left(1\frac{\sqrt{2}}{2}\right)} \tag{8.70}$$

在通用偏振调制系统中,该方案与 BPolSK 相比会带来 2.5dB 的信噪比代价[9]。

对于四面体 $4-\text{PolSK}(\text{TQPolSK})$,如图 8.1(c)所示,通过球心和相邻两个信号点之间夹角的 $1/2$,能推出差错条件为

$$\{E\}_{\text{上界}} = \{\theta > 0.304\pi\} \tag{8.71}$$

则差错概率为

$$P_e^{\text{TQPolSK}} = 1 - F_\theta(0.304\pi) = (0.7882) \cdot e^{-\gamma(K) \times 0.4226} \tag{8.72}$$

同样,在通用偏振调制系统中,与 BPolSK 相比,这种方案的信噪比代价为 0.8dB。

对于立方体 $8-\text{PolSK}$,如图 8.1(d)所示,和上面一样能推出差错条件为

$$\{E\}_{\text{上界}} = \{\theta > 0.196\pi\} \tag{8.73}$$

则差错概率边界为

$$P_e^{8-\text{PolSK}} = 1 - F_\theta(0.196\pi) = (0.9082) \cdot e^{-\gamma(K) \times 0.1835} \tag{8.74}$$

该方案同样具有 2.6dB 的信噪比代价。

这些边界表明,传输线路中的多电平偏振调制能以相对较小的信噪比代价换取性能的提高。

对于采用 $M_1-\text{FSK}$ 和 $M_2-\text{PolSK}$ 的 CDMA 编码系统,在信噪比为 $\gamma(K)$ 条件下,整个系统的差错概率,即收发信机的 BER 为[33]

$$P_e^{\text{F-PolSK}} = 1 - P_c = 1 - \left[\sum_{i=0}^{M_1-1}(-1)^i\binom{M_1-1}{i}\frac{1}{i+1}e^{\frac{-i}{i+1}\gamma(K)}\right]$$

$$\times \left[F_\theta(\theta_1) - \frac{n}{\pi}\int_{\theta_0}^{\theta_1}\cos\left(\frac{\tan\theta_0}{\tan\tau}\right)f_\theta(\tau)d\tau\right] \tag{8.75}$$

8.6 F - PolSK - OCDMA 的性能

本节,基于上述分析对混合 F - PolSK - OCDMA 收发信机的误码率进行评估,误码率是单用户信噪比 $\gamma(1)$(在图中用 Sdb 表示)的函数,分析的数值结果如图 8.14 和图 8.15 所示,进一步的研究参见文献[33]。

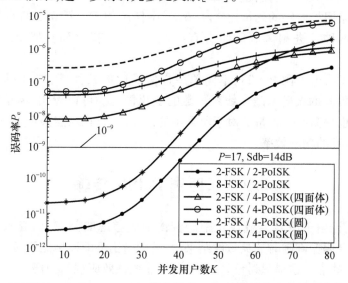

图 8.14　BFSK/M_2 - PolSK - OCDMA 接收机的 BER 性能随并发在线用户数 K 的变化

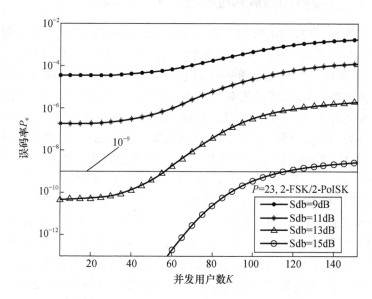

图 8.15　不同单用户 SNR 条件下,二进制 F - PolSK - OCDMA 接收机的
BER 性能随并发在线用户数 K 的变化

243

图 8.14 给出了在 $P = 17$、$Sdb = 14dB$ 的条件下,混合收发信机采用不同偏振星座和二进制 FSK 调制时的性能。该图清楚地表明,与其他偏振星座相比,$2 - PolSK/2 - FSK$ 提高了系统整体的误码性能。$P = 17$ 时,$2 - FSK/2 - PolSK$ 配置能够容纳 44 个并发用户。可以看出,如果增加偏振星座,尽管系统的复杂度增加了,但性能会降低。这是因为高偏振度的判定区域变小,致使解调处理变得更为复杂,并且还需要精密设计的器件。我们提出的编码方案和结构可以提供更大的吞吐量,因为所采用扩展码的码长比文献[6,8]中使用的 51 或 1023 的 Gold 序列小得多。因此,两种二进制调制的组合有望成为安全、有效和支持 OCDMA 架构的技术。

图 8.15 给出了在 $P = 23$、不同单用户信噪比的条件下,二进制 F - PolSK - OCDMA 收发器的误码率随在线用户数的变化情况。可以看出,高信噪比值降低了误码率,也提高网络容量。对于所采用的信噪比值,在给定条件下我们提出的架构具有非常高的功率效率。

8.7　长距离 PolSK 传输

本节讨论由于信号衰减在长距离传输中应考虑的问题,研究采用直接检测(DD)和混合偏振调制时的灵敏度结果,并试图指出 PolSK 相比于其他调制格式的主要优点和缺点。这里只讨论线性传输,将非线性效应视为损伤。

8.7.1　直接检测偏振移位键控(DD – PolSK)

到目前为止,直接检测普遍采用的传输方式是开关键控(OOK)、脉冲位置调制(PPM)等强度调制(IM)方式,这些方法的主要优点是简单,主要缺点是不确定的信号功率,使信号受自相位调制的影响。在长距离系统中,自相位调制限制了放大器的最大输出功率,这意味着对放大器中继距离的限制,换句话说就是限制了比特速率。相比之下,PolSK 产生恒定包络调制信号,从本质上说它不受自相位调制的影响。此外,理论[10]和实验[4]的结果从根本上表明四波混频效应对多载波 PolSK(如 WDM)的影响明显低于多载波强度调制/直接检测(IM/DD),这就允许更高的单信道功率水平。在多载波 OCDMA 系统中,富余功率可用于增加编码信道的数量、单信道比特率或放大器中继距离。

由于非线性效应与信号功率成正比,二进制 PolSK 传输所需的峰值功率是 IM/DD 方式所需峰值功率的 1/2。这意味着 PolSK 方案的非线性效应小。除了非线性效应,色散是长距离大容量网络的另一个主要限制因素。为了抵消色散的影响,最简单和最有效的解决方案仍是使用窄谱信号。色散位移光纤可以实现无色散传输,然而相关研究表明[3],信号在零色散点传输几千公里会导致拍频自发辐射信号四波混频效应的灾难性累积。

PolSK 具有与 PSK 或 IM/DD 相同的信息受限带宽。但是比包括 MSK 在内的其他方法好的是,由于光纤中存在两个正交偏振(两个信道),PolSK 能通过波形整形进一步减小带宽。通过采用合适的调制波形,PolSK 可以在两个信道之间划分数据带宽,那么对于给定比特率,理想情况下频谱占有率减半。

与外调制的 IM/DD 不同,PolSK 调制信号中不存在自相位调制,所以在理想情况下,即使光纤中的平均功率很高,也不会发生频谱再展宽。有效减少色散效应的另一种方式是多电平调制,该技术提供了每码元传输比特数的二次方的改进。如果每码元传输 3bit,则系统容许的色散是相同比特率的二进制系统的 9 倍以上,这是因为信号频谱窄了 3 倍,并且码元周期长了 3 倍。此外,在更高比特率传输中,多电平传输显著降低了对收发信机的光电器件的带宽需求。

本章已经阐述了采用多电平偏振调制的混合 F - PolSK 具有非常好的灵敏度性能。对于光学滤波器的实际带宽,与 2 - PolSK 相比,4 - PolSK 和 8 - PolSK 不会引入太大的代价。当每个码元发送 3bit 或更多比特时,PolSK 的性能甚至优于 DPSK。目前已有实验室通过特别设计的调制器实现 4 - PolSK 和 8 - PolSK 星座[1]。

总之,就二进制传输而言,DD - PolSK 对于长距离高性能系统来说是很有吸引力的技术方案,它不受自相位调制的影响,能极大地容忍四波混频。然而 PolSK 发射机和接收机可能比 IM/DD 更复杂,但长距离系统的前端复杂性比短距离分配系统要小。事实上,在越洋线路中,相比部署光缆和收发器所需的 10 亿美元投资而言,前端传输和接收设备的成本可能不太被考虑。此外最先进的 IM/DD 链路可能需要在发射机处配置两个外部调制器(一个用于数据调制,另一个用于偏振加扰),并且需要许多其他技术以抵消色散和非线性的影响。对 DD - PolSK 而言,仍然需要大量的理论和实验研究来充分证明其潜力和特性,而在作者的观点中,正是上述考虑使其成为一种值得研究的技术。

8.7.2　偏振调制系统噪声

下面对偏振控制的必要性、散弹噪声容限、相位噪声容限和带宽占用进行讨论。

零差和外差检测方案非常需要偏振态(SOP)控制。文献[32]已介绍了偏振跟踪和控制的基本方法,所有方法都使用了非常复杂的光学和电子器件。另一种可选方法是偏振分集[15],将接收光波分成两个正交偏振,分别对其进行外差检测,然后在相位调整之后混合。偏振分集通常需要相对简单的光学器件而不需电子器件,但其接收器结构更复杂。全斯托克斯接收机 2 - PolSK[7] 不需要光偏振控制而采用电子前馈。对于散弹噪声容限,PolSK 相对于最佳性能系统,即外差 PSK 或相位分集 DPSK[35],具有 3 ~ 3.5dB 的损失。

连续相(CP)FSK 差分解调的散弹噪声系数取决于调制指数 m。根据文献

[20],当 $m=0.5$ 时,即最小移位键控(MSK)调制,可以获得与 DPSK 一样的可接受性能。然而,对此是有争议的,因为延迟线接收机只允许使用处理 DPSK 的匹配中频滤波器,而 MSK 则不行[21]。总之,MSK 的最佳性能达不到 DPSK 的性能。

双滤波器包络 FSK 表现出与 PolSK 相同的散弹噪声性能,而单滤波器包络 FSK 和包络 ASK 具有 3dB 的降质。DPolSK 方案不需要偏振态跟踪[1],尽管其散弹噪声性能略差,与 PolSK 相比低了 2.4dB,但考虑到实现的简单性和接收机的启动时间,DPolSK 是一种非常值得考虑的备选方案。关于带宽占用,PolSK 系统的两个正交信道的功率谱密度(PSD)的幅度取决于偏振态。而两个信道的 PSD 连续部分的形状及带宽与 ASK、PSK 和 DPSK 相同。CPFSK 和包络 FSK 需要占用更宽的频谱,其带宽取决于调制指数 m。

通过借鉴数字无线电系统,获得带宽和功率效率之间最佳折中的方法是采用 PSK、DPSK 和正交幅度调制(QAM)等二维方案(二进制调制)。本章提出并初步分析了多电平 PolSK 调制。对误码率的分析表明,当信号星座的数量增加时,由于斯托克斯空间的第三个自由度,使散弹噪声容限能更接近 PSK 和 DPSK 的性能。正如文献[9]中所述,8 – PolSK(立方体)比 8 – DPSK 高大约 0.6dB,比 8 – PSK 只差了 2.1dB。

对于给定比特率,多电平传输减小了系统带宽,降低了对电子器件的速率要求,从而能应用前向纠错(FEC)编码和快速电判决规则等数字信号处理技术,使数字相干接收机的误码率降低和编码增益变大。

8.7.2.1 F – PolSK 调制的相位噪声

正如之前介绍和讨论的,激光器相位噪声是光通信系统中接收机性能降质的主要原因。PolSK 检测对激光相位噪声非常不敏感,这类似于 ASK 和 FSK,而与 PSK 和 DPSK 不同。因为 F – PolSK 调制可认为是常规 PolSK 调制在正交域上的扩展,所以也对激光器相位噪声效应不敏感[19]。事实上,可以认为 F – PolSK 和 PolSK 是一类能消除相位噪声的外差接收方案。BPolSK 这种特例已经被证明和双滤波 FSK 接收机一样对相位噪声不敏感[36],但光源相位噪声的偶然突发性波动还是会影响它[20]。如上所述,中频最佳匹配滤波器的带宽与传输信号相当,为了解决这个问题,可以选择更大带宽的解调中频滤波器。

8.7.2.2 F – PolSK 调制的光纤色散

致使大容量高速光通信系统性能劣化的另一个主要原因是色散,包括色度色散(CD)和偏振模色散(PMD)。虽然 CD 的影响是确定性的,但是电或光的均衡技术不能完全补偿色散的随机性。色散的影响是在时间上展宽发送信号,导致接收器端产生接收信号的码元间干扰(ISI)。因此,大量的工作是采用光或电的均衡器以最小化色散造成的光学系统的功率损失[1,4,9-12]。根据文献[5,9],克服色散效应的最简单和最有效的解决方案是多电平(高阶)调制。多电平调制通过增加码元周期来减小发射信号频谱。例如,如果每码元发送 4bit,则系统的色散容限比相同比特率的二进制系统的高 16 倍[1]。除了对色散效应的容忍,多电平调制还降低了对发射机和接收机的光电子器件的带宽要求。事实上,为了传输数据,多电平调制不需要实现高比特率,只需达到码元速率,再加之色散容忍性质,就能提供非常高的吞吐量。

8.8 总 结

本章介绍了偏振调制 OCDMA 技术和一种新颖的采用光学抽头延迟线(OT-DL)实现 CDMA 解码的非相干收发器结构,通过详细分析得到了系统的信噪比(SNR),并证明了网络的总误码率(BER)性能。

此外,还提出一种二维多进制频率 - 偏振调制 OCDMA 的收发信机的设计,并对其进行分析。该收发信机所产生的信号具有能在较高维星座上扩展的优点,能为发射信号之间提供更大的几何距离。分析结果表明,两种调制的二进制组合显著地提高了收发信机的性能,能可靠又高效地容纳更多数量的并发用户,与采用现有编码方案的类似系统相比增加了 10% ~ 15% 的容量。应该指出的是,PolSK 调制的性能是复杂结构和实际实现之间的折中。

总结长距离通信需注意的问题,指出二进制 PolSK 调制方案是幅度调制和相位调制的重要替代方案。在大多数情况下,BPolSK 方案与其他系统相比,既有优点也有缺点,因此最终的选择应仔细考虑具体应用的技术挑战和要求。

此外,这种先进的光域二维调制方式提高了系统的安全性。本章给出了 OCD-MA 接收机的性能分析,考虑了光学滤波器的光自发辐射噪声、低通滤波器的电接收机噪声、光电检测器的散弹噪声和多用户干扰 MAI 的影响。结果表明,这种结构能够可靠和高效地容纳更多数量的并发用户。

参 考 文 献

[1] Carena, A. et al. (1998) Polarization modulation in ultra – long haul transmission system: a promising alternative to intensity modulation. In: ECOC, Madrid, Spain.

[2] Born, M., Wolf, E. and Bhatia, A. B. (1999) Principles of optics. 7th ed. Cambridge University Press, Cambridge, UK.

[3] Cimini, L. J. et al. (1987) Preservation of polarization orthogonality through a linear optical system. Electronics Letters, 23(25), 1365 – 1366.

[4] Benedetto, S. et al. (1994) Coherent and direct – detection polarization modulation system experiment. In: ECOC, Firenze, Italy.

[5] Huang, J. et al. (2005) Multilevel optical CDMA network coding with embedded orthogonal po-

larizations to reduce phase noises. In: ICICS, Bangkok, Thailand.

[6] Iversen, K. , Mueckenheim, J. and Junghanns, D. (1995) Performance evaluation of optical CDMA using PolSK – DD to improve bipolar capacity. In: Proc. SPIE, Amsterdam, The Netherlands.

[7] Betti, S. , Marchis, G. D. and Iannone, E. (1992) Polarization modulated direct detection optical transmission systems. J. Lightw. Technol. , 10(12), 1985 – 1997.

[8] Tarhuni, N. , Korhonen, T. O. and Elmustrati, M. (2007) State of polarization encoding for optical code division multiple access networks. J. Electromagnetic Waves Applications (JEMWA), 21(10), 1313 – 1321.

[9] Benedetto, S. and Poggiolini, P. (1994) Multilevel polarization shift keying: optimum receiver structure and performance evaluation. IEEE Trans. on Comm. , 42(2/3/4), 1174 – 1186.

[10] Benedetto, S. and Poggiolini, P. (1992) Theory of polarization shift keying modulation. IEEE Trans. on Comm. , 40(4), 708 – 721.

[11] Betti, S. et al. (1991) Homodyne optical coherent systems based on polarization modulation. J. Lightw. Technol. , 9(10), 1314 – 1320.

[12] Benedetto, S. , Guadino, R. and Poggiolini, P. (1995) Direct detection of optical digital transmission based on polarization shift keying modulation. IEEE J. Selected Areas Comm. , 13(3), 531 – 542.

[13] Huang, W. , Andonovic, I. and Tur, M. (1998) Decision – directed PLL for coherent optical pulse CDMA system in the presence of multiuser interference, laser phase noise, and shot noise. J. Lightw. Technol. , 16(10), 1786 – 1794.

[14] Foschini, G. J. and Vannucci, G. (1988) Noncoherent detection of coherent lightwave signals corrupted by phase noise. IEEE Trans. on Comm. , 36(3), 306 – 314.

[15] Gisini, N. , Huttner, B. and Cyr, N. (2000) Influence of polarization dependent loss on birefringent optical fiber networks. In: OFC.

[16] Liang, W. et al. (2008) A new family of 2D variable – weight optical orthogonal codes for OCDMA systems supporting multiple QoS and analysis of its performance. Photonic Network Communications, 16(1), 53 – 60.

[17] Batayneh, M. et al. (2008) Optical network design for a multiline – rate carrier – grade Ethernet under transmission – range constraints. J. Lightw. Technol. , 26(1), 121 – 130.

[18] Yang, C. C. , Huang, J. F. and Hsu, T. C. (2008) Differentiated service provision in optical CDMA network using power control. IEEE Photonics Tech. Letters, 20(20), 1664 – 1666.

[19] Matalgah, M. M. and Radaydeh, R. M. (2005) Hybrid frequency – polarization shift keying modulation for optical transmission. J. Lightw. Technol. , 23(3), 1152 – 1162.

[20] Pun, S. , Chan, C. and Chen, L. (2005) A novel optical frequency – shift keying transmitter based on polarization modulation. IEEE Photonics Tech. Letters, 17(7), 1528 – 1530.

[21] Bass, M. and Stryland, E. W. V. (2002) Fiber Optics Handbook: Fiber, Devices, and Systems for Optical Communications. McGraw – Hill, USA.

[22] Ilyas, M. and Moftah, H. T. (2003) Handbook of optical communication networks. CRC Press.

248

[23] Gho, G. H. , Klak, L. and Kahn, J. M. (2011) Rate – adaptive coding for optical fiber transmission systems. J. Lightw. Technol. , 29(2), 222 – 233.

[24] Sabella, R. and Lugli, P. (1999) High speed optical communications. Kluwer Academic Publishers.

[25] Kaminow, I. P. (1981) Polarization in Optical Fibres. IEEE J. Quantum Electronics, QE – 17 (1), 15 – 21.

[26] Oskar, M. (1996) Fundamental of bidirectional transmission over a single optical fibre. Kluwer Academic Publishers, The Netherlands.

[27] Kazovsky, L. G. (1989) Phase and polarization diversity coherent optical techniques. J. Lightw. Technol. , 7(2), 279 – 292.

[28] Noe, R. et al. (1991) Comparison of polarization handling methods in coherent optical systems. J. Lightw. Technol. , 9(10), 1353 – 1365.

[29] Okoshi, T. , Ryu, S. and Kikuchi, K. (1983) Polarization diversity receiver for heterodyne/coherent optical fibre communications. In: IOOC, Tokyo, Japan.

[30] Karbassian, M. M. and Ghafouri – Shiraz, H. (2008) Transceiver architecture for incoherent optical CDMA networks based on polarization modulation. J. Lightw. Technol. , 26(24), 3820 – 3828.

[31] Wang, X. and Kitayama, K. (2004) Analysis of beat noise in coherent and incoherent time – spreading OCDMA. J. Lightw. Technol. , 22(10), 2226 – 2235.

[32] Shin, S. et al. (2000) Real – time endless polarization tracking and control system for PMD compensation. In: OFC, Baltimore, USA, Paper TuP7 – 1.

[33] Karbassian, M. M. and Ghafouri – Shiraz, H. (2009) Incoherent two – dimensional array modulation transceiver for photonic CDMA. J. Lightw. Technol. , 27(8), 980 – 988.

[34] Gamachi, Y. et al. (2000) An optical synchronous M – ary FSK/CDMA system using interference canceller. J. Electro. Comm. Japan, 83(9), 20 – 32.

[35] Cooper, A. B. et al. (2007) High spectral efficiency phase diversity coherent optical CDMA with low MAI. In: Lasers and Electro – Optics(CLEO).

[36] Idler, W. et al. (2004) Advantages of frequency shift keying in 10 Gb/s systems. In: IEEE Workshop on Advanced Modulation Formats, USA.

第 9 章　OCDMA 网络

9.1　概　　述

在过去的 10 年,我们见证了光网络的巨大发展。随着密集波分复用 (DWDM)、光放大、光路由(如光交叉连接 OXC、可重构光分插复用 ROADM 和高速交换技术)等先进技术在广域网(WAN)中的应用,电信骨干网的容量和可靠性大幅提升。

与此同时,企业网络大都建立了 100Mb/s 的快速以太网架构[1],有些局域网的传输速率甚至达到千兆比特每秒[2],并遵循新的千兆以太网标准 IEEE802.3z 和 802.3ab。

越来越多的家庭拥有多台计算机,家庭网络允许多台计算机共享同一台打印机或同一个互联网连接。在家庭网络中,最常见的配置是使用低端交换机或集线器互连 4~16 台设备。新建房屋可采用五类线(CAT-5 或 RJ45)部署家庭网络或实现终端用户划分[3]。老房子则可以选择使用现有的电话线、室内电源线,或是越来越流行的满足 IEEE 802.11 标准组的无线网络,其中 IEEE 802.11n-2009 标准的无线网络传输速率高达 150Mb/s,户外传输距离可达 250m。无论采用无线还是有线解决方案,家庭网络都是一种为多个设备提供高速互连的小型局域网。

骨干网、企业网和家庭网络的发展,加之互联网流量的迅猛增长,增加了网络的接入时延,"最后一公里"(从服务提供商的角度看)仍是高速局域网和骨干网之间的瓶颈。

本章主要讨论接入网的解决方案。首先简要回顾目前接入网的结构,然后介绍包括不同类型无源光网络(PON)的下一代接入网结构,其中重点讨论 OCDMA 在接入网技术中的应用,以及它与基于 IP 的 PON 和多协议标签交换(MPLS)之间的兼容性。此外,为了充分利用 OCDMA 的高带宽利用率和异步性特点,本章还介绍几种常用的 OCDMA 随机接入协议。

9.1.1　现有解决方案

目前使用最广泛的宽带解决方案是采用数字用户线(DSL)和电缆调制解调器(CM)。虽然它们相比 56Kb/s 速率的电话线拨号上网改进了,但仍不能为诸如全双工视频会议这样的新型业务提供足够带宽。

9.1.1.1　数字用户线

数字用户线(DSL)技术的传输媒质采用与电话线相同的双绞线,需要在客户端安装一个 DSL 调制解调器,在局端安装一个 DSL 复接器。DSL 技术的基本原理是将线路频段划分为若干个频率窗口,其中 4kHz 以下的频段用来传送普通电话业务,较高的频率分配给高速数字信号。DSL 技术分为若干类型[4],其中基本 DSL 技术在设计时考虑了与综合业务数据网(ISDN)的兼容性,具有速率为 160Kb/s 的对称容量,并根据是否支持语音电路,为用户提供 80Kb/s 或 144Kb/s 的带宽。高速数字用户线(HDSL)技术则是为兼容 T1 速率(1.544Mb/s)而设计的,其最初的标准要求采用两对双绞线实现,但目前国际电信联盟已制定单线解决方案的标准 ITU G.991.1。

9.1.1.2　非对称数字用户线

非对称数字用户线(ADSL)技术是应用最广泛的 DSL 技术。它使用一根电话线,并具有非对称的线路速率。在下行方向,传输距离为 5km 时,线路速率为 750Kb/s ~ 2Mb/s,如果传输距离较短,则速率可高达 10Mb/s。在上行方向,传输速率范围为 128Kb/s ~ 750Kb/s,实际速率取决于链路状况。

超高速数字用户线(VDSL)技术的线路速率可以是对称的,也可以是非对称的。它的速率比 HDSL 或 ADSL 高得多,但传输距离较短。当其传输距离为 1500m 时,速率为 13Mb/s;传输距离为 300m 时,速率可达 52Mb/s[4]。

ADSL 的最大传输容量能达到 2Mb/s,并且不太受链路质量的影响。双绞线存在各种传输质量损伤,典型的有串话、感应噪声、桥接抽头和脉冲噪声等。为了克服这些损伤,ADSL 采用以离散多音复用(DMT)技术为代表的多载波调制方法。这种技术将数据调制到多个并行的子载波上,各子载波信道的速率根据线路情况自适应调节。质量良好的信道的承载速率能达到 15 比特/码元/秒,而当一个信道的噪声过大时,则不传输数据。

ADSL 的不对称性取决于用户的流量特性。下行流量由大文件和网页下载产生,而上行流量主要包括短命令、统一资源定位符(URL)请求、服务器登录查询命令等。因此,ADSL 采用 10:1 的下上行带宽比例,AT&T 甚至采用 100:1 的比例[5]。

需注意的是,高度非对称性只是过去网络流量的特点,新兴的应用往往更具有对称性,如视频会议或存储区域网络(SAN)需要双向对称的带宽。而对网络流量对称性影响最大的是对等网络业务。据报道,目前网络上下行流量比约为 1.4:1[3]。

9.1.1.3　有线电视网络

有线电视(CATV)网络最初是为用户传送模拟广播电视信号而设计,因此 CATV 网络采用树形拓扑,并将大部分频谱分配给下行信道用于传输模拟电视频道信号。通常情况下,CATV采用光纤同轴电缆混合网络(HFC),其前端系统与集线器(光节点)之间为光纤,信号最终通过同轴电缆传送到用户,该网络的同轴电缆部分采用中继放大器来实现多路用户信号的分路,如图9.1所示。

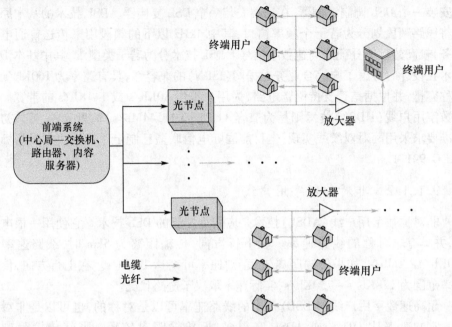

图9.1　光纤同轴电缆混合网络结构

如果要承载新兴的数据业务,CATV架构的主要局限在于它最初是为传输模拟广播服务设计的。在740 MHz的电缆总带宽中,400MHz带宽分配给下行模拟信号,300MHz带宽分配给下行数字信号,上行通信只剩下约40MHz的带宽,每个光节点只有约36Mb/s的有效数据吞吐量。这非常有限的上行容量通常被500～1000个用户共享,从而在高峰时段网速很低[5]。

9.1.2　下一代网络

光纤能够在超过20km距离的用户接入网中传送带宽密集型的语音、数据和视频综合业务。一种在本地接入网部署光纤的简单方式是使用点对点(P2P)拓扑结构,从中心局到每个用户之间都部署专用光纤,如图9.2(a)所示。这种拓扑虽然结构简单,但成本高,需要敷设大量光缆和在本地交换安装光终端设备。

如图9.2所示,考虑一个用户数为N,用户至中心局平均距离为L km的网络。如果采用P2P的架构,如图9.2(a)所示,则需要$2N$个光收发器,即使一根光纤能实现双向传输,也需要总长度为$N \times L$的光纤[6]。

为了减少光纤的敷设量,可以在用户附近安装一台远端集线器(交换机)。采用这种方法,如果忽略不计交换机与客户之间的距离,则所需光纤将减少至L km,

但因为网络中增加了中心局到交换机这段链路,此时所需光收发器数量增加到$2N+2$个,如图9.2(b)所示。此外,这种路边交换网络需要为路边交换机提供主备电源,而目前本地交换运营商最重要的运营支出就是提供和维护本地回路供电。因此,便宜的无源分光器被用来替换有源的路边交换机[7]。

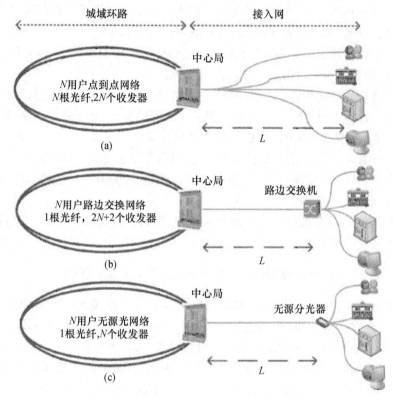

图 9.2　光纤到户部署策略(L 单位为 km)

9.1.2.1　无源光网络

无源光网络(PON)技术是解决"最后一公里"问题的具有吸引力的方案[1,8]。它能减少光收发器和局端设备的数量,并能降低光纤的敷设量。PON 是一种点对多点(P2MP)的网络,在信号的传输路径中不包含任何有源器件,只使用无源光器件,如光纤、连接器和分光器。基于单纤 PON 的接入网只需要 $N+1$ 个收发器和 L km光纤。

位于局端的光线路终端(OLT)通过一个或多个 1:N 分光器与多个光网络单元(ONU)相连。OLT 和 ONU 之间为无源网络,即不需要任何电源。图 9.2(c)中给出只使用一个分光器的 PON 的例子。由于网络中只有无源器件,所以容错性较好,并且能降低网络建成后的运行维护费用。典型 PON 的所有下行流量传输(从

253

OLT 到 ONU)采用同一个波长,所有的上行传输(ONU 到 OLT)采用另一个波长,并且上下行信号被复用在同一根光纤中传输。

作为"最后一公里"的解决方案,PON 技术正受到电信业越来越多的关注,采用 PON 作为本地接入网具有很多优点[1,5,7,8],主要包括:

(1) 基于 PON 的本地环路的传输距离可达 20km,如果采用长距离 PON 技术,传输距离会更远,大大超过任何 DSL 技术的传输距离。

(2) 中继线只需要一根光纤(采用专用交换箱),在局端每个 PON 只需要一个端口,可以以提高局端的设备集成度和降低功耗。

(3) 随着光纤向用户的延伸,PON 能提供更高的带宽。虽然光纤到用户的终极目标是光纤到大楼(FTTB)和光纤到户(FTTH)甚至光纤到个人计算机(FTTPC),但光纤到路边(FTTC)是目前最经济的方案。

(4) PON 不需要在信号分路处安装复用器和解复用器,不需要提供电源,因而易于维护。PON 在这些位置不使用有源器件,而是采用无源器件,在敷设网络时将其埋到地下。

(5) PON 可以轻松提高传输速率或增加波长,因为无源分光器和耦合器对信号具有通道完全透明性。

9.1.2.2   波分多址接入无源光网络(WDMA – PON)

为了分离多个 ONU 的上行信道,可以使用波分多址接入(WDMA)技术,让每个 ONU 工作在不同的波长。从理论上来看,这是一种简单的解决方案,但作为接入网,它的成本过高。因为波分多址方案需要在 OLT 处设置一个可调谐检测器或是一个检测器阵列以接收多个信道的信号。更大的问题是,运营商需要库存特定波长的 ONU,而非通用类型的 ONU——这样就需要库存很多不同波长的 ONU 板。每个 ONU 都必须使用波长可控的窄波谱激光器,其价格将更加昂贵。此外,对于没有经验的用户,如何更换故障 ONU 板也是一个问题,波长选择错误可能会干扰 PON 中其他 ONU。虽然在 ONU 中使用可调谐激光器可以解决库存的问题,但在目前的技术水平下非常昂贵。由于上述原因,在目前的环境下,波分多址接入 PON 不是一个具有吸引力的方案[2]。

目前,已经提出几种基于波分复用的替代解决方案。例如波长路由 PON[9],它采用阵列波导光栅(AWG)替代独立波长的分光器/耦合器。AWG 是一种具有固定路由矩阵的无源光器件,它能依据信号的波长,将光信号从指定的输入口固定路由至指定的输出口(这意味着不能灵活地实现业务路由和处理)。

在另一种 WDMA – PON 中,ONU 使用外部调制器对来自 OLT 的下行信号进行调制,并将其作为上行信号发送回去。这种解决方案的 ONU 虽然不需要光源,但仍不经济,因为它需要在 ONU 中或接近 ONU 的位置安装额外的放大器以补偿信号往返传输造成的衰减,并且由于上下行信道使用相同的波长,所以需要昂贵的光学器件来减少反射的影响。此外,为了实现 N 个 ONU 的独立传输,每个 ONU 需要对应一个接收机,OLT 就必须有 N 个接收机[10]。

还有一种 WDMA – PON,ONU 采用廉价的发光二极管(LED),AWG 在上行通道中对 LED 的宽光谱信号进行过滤分光。这种方法仍要求 OLT 有多个接收器,如果在 OLT 处使用一个可调谐接收器,那么在某一时刻只能接收一个 ONU 的数据,这类似于时分多址接入(TDMA)技术。此外,上述两种 PON 的波长拍频噪声都很严重[11]。

9.1.2.3 时分多址接入无源光网络(TDMA – PON)

在 TDMA – PON 中,如果多个 ONU 同时发送信号,信号到达耦合器时会发生冲突。为了避免数据冲突,每个 ONU 只能在自己的传输窗口(时隙)发送信号。TDMA – PON 最大的好处是所有 ONU 的波长和配置相同,OLT 只需要一个接收器。在 TDMA – PON 中,即使分配给 ONU 的带宽低于线路速率,其收发器也必须以线路速率工作,这种特点使系统能通过调整分配时隙来有效改变分配给每个 ONU 的带宽,甚至可以通过统计复用充分利用 PON 的信道容量[12]。在用户接入网络中,业务流主要由下行流量(从网络到用户)和上行流量(从用户到网络)构成,而不是对等流量(从用户到用户)。因此,有必要将上、下行信道分开,TDMA – PON 使用两个波长,其中 λ_1 用于上行传输,λ_2 用于下行传输,如图 9.3 所示。

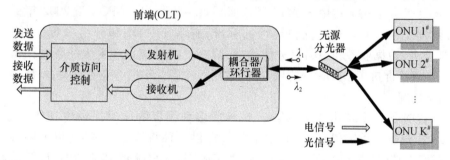

图 9.3 单纤 PON 系统结构

通过时隙共享技术,TDMA – PON 能将每个波长的带宽灵活地分配给各个 ONU。由于它的上行信道只用单个波长,OLT 只需要一个收发器,具有很好的经济性,所以时隙共享成为目前光信道共享接入的优选方案。媒质访问控制(MAC)单元,如图 9.3 所示,将在后面讨论。

9.1.2.4 异步传输模式无源光网络(APON)

1995 年,7 个网络运营商成立了全业务接入网论坛(FSAN),其目的是为宽带接入网络制定统一的标准。FSAN 成员提出了 PON 的标准,该标准将异步传输模式(ATM)作为二层 MAC 协议。这种系统称为 APON,即 ATM – PON 的缩写。后来 APON 这个名称被 BPON 取代,BPON 指宽带 PON。名称的更改体现了系统对以太网接入、视频分配、虚拟专网(VPN)或租用线路服务等宽带业务的支持[13]。

APON 下行信号的基本速率为 155Mb/s,下行帧由 56 个 ATM 信元(每帧 53 字节)构成,当下行信号速率提升为 622Mb/s 时,下行帧由 224 个 ATM 信元构成。一帧中,有两个被称为物理层运行维护管理(PLOAM)信元的专用信元,一个位于帧的起始位置,另一个位于帧的中间位置[14],剩下的 54 个信元是 ATM 数据信元。在上行信道中,ATM 信元的传送为突发模式,每个长度为 53 字节的 ATM 信元都需要附加 3 个字节的信元头以实现信号的突发接收。由于不同位置的 ONU 与 OLT 之间的距离不同,为了实现不同 ONU 之间的同步,OLT 的接收机必须具备突发模式接收功能。上行 ATM 信元可以是数据信元,也可以是 PLOAM 信元。

在下行信号流中,OLT 到 ONU 之间采用 PLOAM 信元携带授权信息。每个授权信息对应一个 ONU 在一个上行 ATM 信元时隙中传送净负荷数据的许可,与上行帧中 53 个信元时隙对应的 53 个授权被映射到 PLOAM 帧中。OLT 给 PON 中所有的 ONU 连续发送授权,因此可以调整分配每个 ONU 的上行带宽。在上行方向,ONU 利用 PLOAM 信元将它们的队列长度发送给 OLT,该信息能帮助 OLT 合理地分配带宽。

9.1.2.5　吉比特无源光网络(GPON)

GPON 和 BPON 均由 FSAN 工作组和 ITU – T 提出。GPON 于 2002 年提出之初,就设计为一个具有广泛包容性的标准,它基于 ATM 和分组净负荷,能支持 TDM 业务、数据业务和视频业务的传输,具有更高的速率和更大的衰减预留。这种设计策略促进了 GPON 的应用,因为它可以兼容几乎所有业务类型,并能适应各种网络情况[7]。

GPON 的速率高达 2.5Gb/s,旨在承载多种服务的同时提供更高传输效率。GPON 提出通用成帧规程(GFP)协议[15],提供一种将信号从高层(以太网、MAC/IP)适配至传输层(SONET 或 SDH)的通用机制。GPON 的其他功能,包括动态带宽分配、运行和维护功能等都借鉴于 APON。但正如文献[13]所述,由于 APON 和 GPON 都具有协议复杂、实现困难的缺点,在用户和设备运营商中没有得到广泛应用。很多服务提供商,如 NTT 和南方贝尔等已经对 BPON 的初始部署和实验床进行了测试。

9.1.2.6　以太网无源光网络(EPON)

2001 年 1 月,IEEE 成立了 EFM(Ethernet in the first – mile)工作组。该工作组致力于将现有的以太网技术扩展应用到以住宅和商业接入网络为主的用户接入网络中[1,8]。工作组的目标是在减少设备和运维费用的同时极大提高接入网性能。EPON 是 EFM 的主要研究领域之一,这是一种基于 PON 的网络,它承载的数据被封装在符合 IEEE 802.3 标准的以太网帧中,采用 8B/10B 线路编码,1Gb/s 的标准以太网速率。EPON 尽可能地采用包括 802.3 全双工 MAC 协议在内的现有 802.3 标准。

目前以太网已经成为一个公认的事实标准,在全球范围内有着成百上千万的端口,有着惊人的规模经济[17]。高速千兆以太网的部署越来越广泛,10G 以太网产品已经面世,而 40/100G 以太网指日可待。由于易于扩容和管理,以太网在广域网(WAN)中得到广泛应用。鉴于超过 95% 的企业局域网和家庭网络使用以太网技术,使用 APON 互联两个以太网网络显然不合适[6,14]。

ATM 的缺点之一是高开销,为了承载诸如可变长 IP 分组这样的网络主流业务,它设计了大量开销。下面对以太帧和 ATM 信元的开销进行比较。需要注意的是千兆以太网的实际线路速率为 1.25Gb/s,在物理编码子层(PCS)将每个用户字节变换为一个 10bit 的码字,通过线路编码使速率提升[18]。这种提升速率只在物理层可见,而 MAC 层、MAC 层接口和 MAC 层客户信号的速率均为 1Gb/s,因此一般不认为这种编码带来的比特增加为开销。

根据接入网中 IP 数据分组的长度分布[19],以太网帧中开销所占比例为 7.42%,明显低于 ATM 信元中 13.22% 的开销比例[14]。使用变长以太网帧承载变长 IP 包,除了能提高带宽利用率以外,以太网交换机和网卡也远比 ATM 交换机和网卡便宜[18]。

此外,最新的 QoS 技术使以太网能够支持语音、数据和视频业务。这些技术包括全双工传输模式、优先级和虚拟局域网(VLAN)标签[1]。以太网无疑是下一代用户接入网的架构选择。

9.2 OCDMA – PON

OCDMA 技术是一种点对多点的技术,每个终端用户从广播信号中选择接收自己的消息。PON 的架构同样采用点对多点的接入技术,通过功率分配器、耦合器、光纤等无源器件来实现,具有降低成本的潜力。"最后一公里"网络是一种一个端局服务多个用户的网络,因此适合接入网的多点拓扑结构有树形、环形、总线形等[5]。在 PON 中,所有的信号在一个光线路终端(OLT)和多个光网络单元(ONU)之间传输,ONU 可以是通信基础设施也可以是普通终端用户。PON 采用单纤链路结构,如图 9.4 所示。在 OLT 中可以为每个 ONU 配置一个对应编译码器进行通信,也可以采用可调谐编译码器来减少编译码器的数量。OLT 被安装在端局中,以实现光接入网与骨干网或长途传送网的连接。

相对而言,TDMA – PON 和 WDM – PON 技术已经有些过时。尽管 TDMA – PON 能有效利用光纤带宽,但它传输速率有限、突发同步和流量控制实现困难、安全性差、动态带宽分配要求复杂[18]。随着带宽需求的增长,新兴的 WDM – PON 有

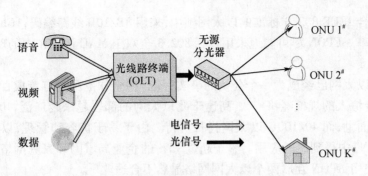

图 9.4　使用单纤链路的 PON 结构

望取代 TDMA－PON,但它的器件对波长的精确度要求高,费用高昂。此外,它在多媒体通信环境中统计复用的效果并不显著[20]。因此,虽然 WDM－PON 相对 TDMA－PON 具有一些优势,但由于其运行维护费用高,在实际中难以得到应用。

OCDMA－PON 为每个用户信道分配不同的扩频/解扩码,费用低、实现简单、噪声小,是 PON 很好的备选方案[11]。OCDMA 链路对于输入通道的数据协议具有透明性和安全性,支持突发流量和随机接入协议。此外,存在于副载波复用和波分复用等多激光器系统中的光拍频噪声问题对 OCDMA－PON 影响不大[22]。

在本章中,两种之前介绍过的收发器结构将应用于接入网络中。第 6 章介绍的相干零差二进制相移键控 OCDMA(BPSK－OCDMA)技术将用于 OCDMA－PON 的 OLT 和 ONU 中。此外,本章将详细讨论一种传送 IP 业务的网络节点配置,它采用第 7 章介绍过的混合多进制 FSK－OCDMA 技术。

9.2.1　OCDMA－PON 结构

本节将详细介绍 OCDMA－PON 的结构,包括发射机、接收机、光网络单元(ONU)、和光线路终端(OLT)。发射机采用相干零差 BPSK－OCDMA,使用马赫－曾德尔(MZ)相位调制器作为外调制器,其结构如图 9.5 所示。发射机首先对输入数据进行 BPSK 编码,产生同相和四相(IQ)电信号;接着 BPSK 编码信号驱动 MZ

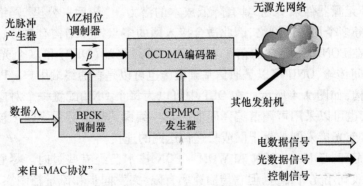

图 9.5　PON 的相干 OCDMA 发射机

调制器对光波进行相位调制;最后采用组填塞修正素数码(GPMPC)(见2.4.5节)对光信号进行 CDMA 编码,并通过耦合器将多路信号复用,最终发送到 PON 中。

在接收机中,如图9.6所示,本地振荡器产生的信号经预置的 GPMPC 地址码(见第2章)调制后,与接收的 OCDMA 信号进行混合和相关运算。偏振控制器能确保所有用户信号的偏振方向一致,以减少光电检测器(PD)的偏振噪声。在 CDMA 的译码过程中,只有在发送端采用与接收端相同的 GPMPC 扩频码的接收信号才被解扩,而采用其他 GPMPC 扩频码的信号(即 MAI)则被进一步扩频而衰减。双平衡检测器对相干混合光信号的相位信息进行检测,产生一个比特周期的双极性电信号,其与参考信号进行比较形成最后的位估计。

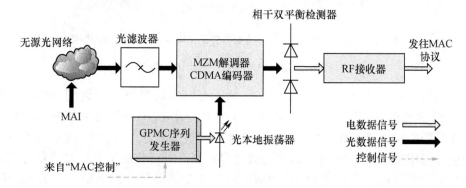

图 9.6   PON 的相干 OCDMA 接收机

下面对采用相干 OCDMA 多址接入技术的无源光网络的体系结构进行研究。OCDMA – PON 中 OLT 的配置如图 9.7 所示。系统为实现多址接入,将 GPMPC 序列作为地址码在全光域中对用户进行识别。从 OLT 到 ONU 的下行方向,波长采用1550nm,OLT 对光脉冲采用 MZ 外调制方式,调制的驱动电流由 GPMPC 专用集成电路发生器产生,为每个用户分配唯一的地址序列码。

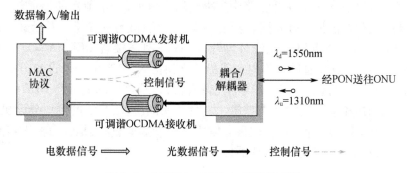

图 9.7   OCDMA – PON 中 OLT 的配置

因为一个 OLT 对应多个 ONU,所以 OLT 配置有多个由可重配 GPMPC 发生器构成的收发信机,所有发送信号被耦合到一起通过光纤传送至接收 ONU。在 ONU

259

中,利用地址码和媒质接入控制(MAC)对用户进行分离和识别。OCDMA - PON 的 ONU 配置如图9.8所示。从 ONU 到 OLT 的上行信道采用 1310nm 的光波长,MAC 控制信号和用户信号一起从 ONU 传到 OLT。在 OLT 中,信号被光解耦并被送到译码器中提取每个用户的信息。

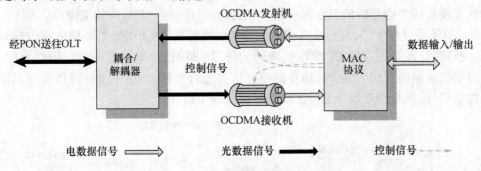

图 9.8 OCDMA - PON 中 ONU 的配置

同时 MAC 信号被反馈给接入协议发送器以实现网络运行管理,例如,实现 GPMPC 序列码的分配,如图9.7和图9.8所示。通常,在 ONU 发射机中稳定的上行波长需要有稳定的激光源。当下行信号经过解耦器进入检测器,通过与地址序列进行光相关运算,用户的数据信息被分离出来。下行控制信号也被接收并传送给网络控制单元。在上行方向,从 ONU 到 OLT 的信号经由光学编码器的 GPMPC 编码后,通过光纤发送到 OLT。MAC 协议可以采用带碰撞检测的载波侦听多路接入(CSMA/CD)协议,本章后面还将讨论一些常见的随机接入协议。

在这种 OCDMA - PON 中,信号在被地址码序列调制以实现用户识别的同时,也间接地被帧信息所调制以实现数据交换。这带来架构的兼容性,即能通过 IP 也能通过标签交换技术实现路由和流量管理。在由多个 OLT 节点构成的环形拓扑结构中,一个 OLT 一般连接有多个 ONU。由于下行和上行的业务信号采用不同的波长,因此可以在同一根光纤链路中广播传送。例如,一个节点能够通过一个 2 × 2 耦合器实现数据业务的分插。耦合器的一个端口与一个 2 × 2 光交叉连接器(OXC)相连,另一个端口与光纤环网相连,该环网连接着 OCDMA - PON OLT 节点。OXC 的控制信号通过光路由表或标签交换范式[24]产生。来自 OLT 的下行业务和来自 ONU 上行业务通过相同的光耦合器,该耦合器的前端与 OLT 相连,末端与 ONU 或用户相连。这种架构提出了一种透明的协议、灵活的用户分配机制和具有成本优势的全光运行方式。这种方案之所以能降低成本,是因为相比其他方案,减少了运行控制复杂的波长敏感器件的使用。

9.2.2 OCDMA - PON 性能分析

考虑在大型网络中使用 OCDMA - PON 之前,首先必须证明它在光纤传输距离方面具有可扩展性。之所以关注传输距离扩展问题,是因为编码扩展了单个

OCDMA 收发器的频谱,使系统对差拍噪声、色散等与波长相关的损伤非常敏感。对网络的可扩展性进行基于功率预算的分析,能够降低损伤的影响,对正在进行的研究具有实用价值。下面将研究编码参数、节点数(每个 OLT 能连接的 ONU 数)、信道链路长度和光学器件对系统误码率(BER)的影响。

假设每个 OLT 最多能支持 N_u 个用户(即 ONU),则网络中 OLT 的数量为:

$$N_n = \frac{N_T}{N_u} \tag{9.1}$$

式中:N_T 为网络中所有用户的数量。

从 ONU 到 OLT 的上行信号的功率必须满足以下功率预算[21,25]:

$$R_S \leq P_{UT} - \alpha_c N_n - \alpha_F L - \alpha_{IL} - \delta_{other}^2 \tag{9.2}$$

式中:P_{UT} 为 ONU 上行发射机的输出光功率;α_c 为耦合/解耦器的损耗;α_F 为光纤的衰减系数;L 为光纤链路的长度;α_{IL} 为光纤滤波器的插入损耗;R_S 为光电检测器(PD)的灵敏度。

同样,从 OLT 到 ONU 的下行信号的功率必须满足以下功率预算[25,26]:

$$R_S \leq P_{DT} - \alpha_c N_n - \alpha_F L - \alpha_{IL} - C\log_2{}^{S_P} - \delta_{other}^2 \tag{9.3}$$

式中:P_{DT} 为 OLT 下行发射机的输出光功率;C 为滤波指数;S_P 为分光比。

在上述两个功率预算公式中,有一个相同项 δ_{other}^2,它包括 CDMA 编译码器引入的噪声 δ_{coder}^2 和 MAI 引入的噪声 δ_{MAI}^2,则

$$\delta_{other}^2 = \delta_{coder}^2 + \delta_{MAI}^2 \tag{9.4}$$

编译码器噪声 δ_{coder}^2 包括 MZ 调制器中与码片数量和码片周期相关的电平漂移,其平均值约为 1dB。δ_{MAI}^2 可按下式得到:

$$\delta_{MAI}^2 = (K-1)\delta_{MAI-single}^2 \tag{9.5}$$

式中:K 为网络中在线用户(正在发送和接收数据的用户)的数量;$\delta_{MAI-single}^2$ 为[25,28]

$$\delta_{MAI-single}^2 = \Re^2 P_{UT} P_{DT} var\left[C_{mn}\cos(\theta_i - 2\pi f\tau_i)\right]/N^4 \tag{9.6}$$

其中:$\Re$ 为光电检测器的响应度;$var[\cdot]$ 是方差函数;θ_i 为第 i 个用户的 CDMA 编码相位角;f 为光载波频率;τ_i 为第 i 个用户的发射机和对应接收机之间的传播时延;N 为扩展码长,$\delta_{MAI-single}^2$ 为单个用户干扰信号的方差,即它的互相干值。

在上述分析的基础上,下面将对 OCDMA – PON 结构的可扩展性进行讨论。

为了获取光载波相位携带的信息,采用相干检测将本地光源与接收信号进行相干合成。通过第 6 章中的分析可知,检测器在一个比特周期 T 的积分输出(参见式(6.7))为

$$S_{out} = \Re \sum_{i=1}^{K} \int_0^T l(t)s(t)\,dt + \sqrt{N_0}\int_0^T n(t)\,dt$$

$$= \Re \hat{L}\hat{S}b_0^1 T + \sqrt{\Re T}\hat{L}\int_0^T n(t)\,dt + \Re \hat{L}\hat{S}\sum_{i=2}^{K}\left[b_{-1}^i R_{i,1}(\tau_i) + b_0^i \hat{R}_{i,1}(\tau_i)\right]\cos\theta_i$$

$$\tag{9.7}$$

式中:$l(t)$ 为功率为 $\hat{L}$ 的本地振荡器信号;$s(t)$ 为功率为 $\hat{S}$ 的接收信号;b_0^1 为检测到的信息比特;b_{-1}^i、b_0^i 分别为第 i 个用户的前一个和后一个比特的重叠部分;N_0 为噪声功率谱密度(PSD);$R_{i,j}(\tau)$、$\hat{R}_{i,j}(\tau)$ 为连续时间偏相关函数。

光接收机的噪声 $n(t)$ 主要包括热噪声、散弹噪声、相对强度噪声和光纤链路噪声,如放大自发辐射(ASE)噪声。热噪声为

$$\delta_{th}^2 = (2k_B^{B_r}T_rT)/(e^2R_L) \tag{9.8}$$

式中:k_B 为玻耳兹曼常数;B_r 为接收机带宽相对信号带宽的比率;T_r 为接收机噪声温度;R_L 为接收机的负载阻抗;e 为基本电子电荷。

当采用相对高功率的本地振荡器时,接收机工作在散弹噪声限制条件下(只有散弹噪声),则噪声的单边功率谱密度 $N_0 = \Re T\hat{L}^2$,而散弹噪声为[28]

$$\delta_{sh}^2 = \hat{S}^2(2+m^2)/(8G_{PD}B_S^2) \tag{9.9}$$

式中:m 为调制指数;G_{PD} 为光电检测器处理增益比($G_{PD}=60$);B_S 为基带信号带宽。

相对强度噪声为[26]

$$\delta_{RIN}^2 = 2P_{RIN}\hat{S}^2R_b \tag{9.10}$$

式中:P_{RIN} 为强度噪声功率谱密度(PSD);R_b 为数据比特速率。

以光放大器 ASE 为主的光纤链路噪声为

$$\delta_{link}^2 = \sum_{i=1}^{K}\frac{1}{2}ieR_LP_P\Re B_w + 2B_w\Re^2\left[(\eta_{sp}(G_{amp}-1)hv)/(\eta G_{amp})\right]^2 \tag{9.11}$$

式中:P_P 为脉冲光功率;B_w 为光器件带宽;η_{sp} 为自发辐射系数;hv 为光子能量;η 为 PD 的量子效率;G_{amp} 为光放大器增益。

考虑所有的噪声源,则总噪声为

$$\delta_{n(t)}^2 = \delta_{th}^2 + \delta_{sh}^2 + \delta_{RIN}^2 + \delta_{link}^2 \tag{9.12}$$

假设噪声 $n(t)$ 为均值为零、方差为 1 的高斯随机变量,所有的数据比特独立且等概,时延在一个比特周期内独立均匀分布。通过以上对一个相干零差系统的分析,可导出在线用户数为 K 的 OCDMA – PON 的传输信噪比为

$$SNR(K) = \frac{\Re^2\hat{L}^2\hat{S}^2T^2}{\Re^2\hat{L}^2\hat{S}^2T^2\frac{K-1}{3N}+N_0\cdot\delta_{n(t)}^2} = \frac{1}{\frac{K-1}{3N}+\frac{\delta_{n(t)}^2}{\hat{S}^2\Re T}} \tag{9.13}$$

需注意,单个用户的信噪比 $SNR(1) = \hat{S}^2\Re T/\delta_{n(t)}^2$。

9.2.3　OCDMA – PON 数值结果分析

本节将在上述分析的基础上给出一些数值结果,仿真所用参数见表 9.1 所

列[25]。扩频码采用 $P = 23$ 的 GPMPC 码,其码长为 575,总用户数为 529。

表 9.1 OCDMA-PON 的链路参数

参数类型	参数值	参数类型	参数值
下行发射机输出功率 P_{DT}/dBm	5~6	放大器增益 G_{amp}/dB	20
上行发射机输出功率 P_{UT}/dBm	−4	光电检测器处理增益 G_{PD}	60
光电检测器灵敏度 R_S/dBm	−35	光电检测器量子效率 η	0.8
耦合器损耗 α_c/dB	1	等效接收机带宽比 B_r/MHz	100
光纤衰减系数 α_F/(dB/km)	0.2	码片周期 T_C/ns	0.1
光纤滤波器插入损耗 α_{IL}/dB	1	接收机基带带宽 B_s/GHz	1
滤波指数 C	3	接收机噪声温度 T_r/K	600
分光比 S_P	16~64	调制指数 m	100
接收机负载阻抗 R_L/Ω	1030	光纤长度 L/km	0~45

在给定接收机灵敏度条件下可以求出最大允许光纤长度。在不同下行发射机输出功率条件下,网络结构中的 OLT 节点数和每个 OLT 能够连接的最多 ONU 数目分别如图 9.9 和图 9.10 所示。图 9.9 的结果表明最大光纤长度随着 OLT 数量的增加而减少,图 9.9 和图 9.10 的结果表明最大光纤长度随着每个 OLT 连接的 ONU 数量的增加而减少,此外光纤链路的最大接入长度也随着发射机输出光功率的提高而增加。图 9.9 的结果表明,随着网络中 OLT 节点数量的减少,端局和 ONU 之间的距离显著增加。例如,当下行发射机的输出功率为 5dBm,网络能支持 10 个 OLT 节点($N_T/N_u = 10$)时,OLT 和 ONU 之间的最大距离可达 25km,这意味着发射机功率效率的提升[22,25,26]。

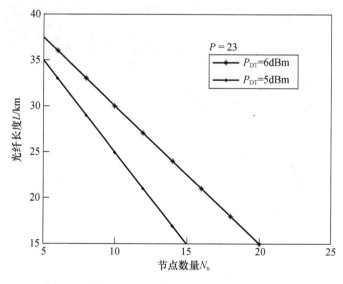

图 9.9 光纤长度关于网络 OLT 节点数 N_n 的曲线

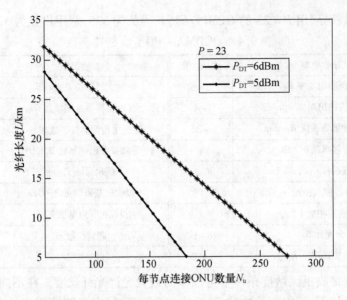

图 9.10　光纤长度关于每节点连接 ONU 数量的曲线

可扩展性与用户数量的关系在图 9.10 中给出,很明显,ONU 的数量(用户数)的增长降低了接入能力。

当在线用户数为 100($P = 23$ 时,在线用户数为总用户数的 19%),发送功率为 5dBm 或 6dBm 时,光纤链路可达 20km 或 25km,如图 9.10 所示。

全网性能参数误码率随在线用户数和接收信号功率 $\hat{S}^2$ 的变化如图 9.11 和图 9.12 所示。从图 9.11 可看出,随着用户数的增加,由于 CDMA 固有的多用户干扰

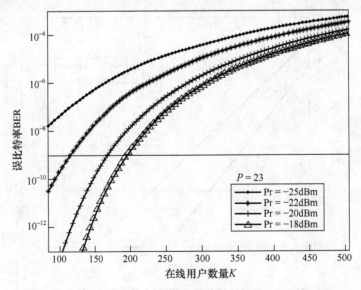

图 9.11　OCDMA－PON 的误码性能关于在线用户数 K 的曲线

增加,造成误码性能趋于恶化,误码率随着接收功率的增加而降低。如图 9.11 所示,当 $P_r = -20\mathrm{dBm}$ 时,在 BER $= 10^{-9}$ 的条件下,网络能容纳 162 个用户。

为了支持更多用户,可以采用更大的 P 值和更高的接收功率,然而更大的 P 值意味着更长的码长,因此在网络吞吐量和用户数量之间存在一个折中。这个结果和文献[20,22,26]对 CDMA – PON 和 WDM – PON 的研究类似,他们的研究表明通过调整编码方案和网络结构能提高网络容量并降低功耗。

图 9.12 给出当共享同一个信道的在线用户分别占总用户数 15% ~ 45% 时,误码性能随接收信号功率的变化。图 9.12 的结果表明为了保证 BER $= 10^{-9}$,越低的接收功率需要越少的用户数(如 15% 和 25%),因为用户数越少意味着干扰越小,信噪比越高。

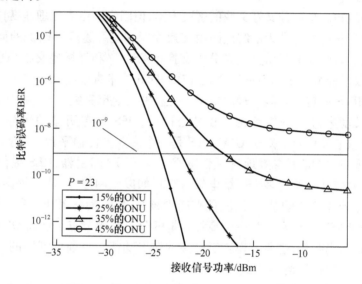

图 9.12   OCDMA – PON 的误码性能关于信号功率的曲线

当在线用户为 35% ,为使误码率达到 10^{-9} ,接收功率只需 $-17\mathrm{dBm}$,此时仍具有很好的功率效率。为了进一步提高 OCDMA – PON 的性能,需要考虑多址干扰引起的降质问题和光编码/译码器的优化问题。

9. 3   IP over OCDMA

由于 IP 路由是基于电的网络层技术,其处理速度达不到光纤的高速,因此如何承载 IP 业务成为光网络技术的一个主要挑战。

在目前的 WDM 网络[29]中,电 IP 路由器在输入口接收选定的波长通道,将数据由光转为电,然后对数据报进行路由并转发至输出口。在波长路由网络[9]中,通过在每个节点使用 OXC 交换能建立直接波长路径。波长数越多,就越有机会建立合理的路由,这意味需要更高的带宽、更庞大的波长组和波长敏感器件。因此,未来在光域实现路由/交换和动态信号处理的技术具有广阔的前景。

另一种在光域实现信号处理功能的方案是标签交换机制。标签(类似于数据报头或帧头的标签)可用于建立端到端的路径,这种路径称为标签交换路径(LSP)。多协议标签交换(MPLS)是 2 层和 3 层之间的一种交换协议,它在分组头前添加标签,利用交换而不是路由在相应路径中转发标签数据分组[32]。本书将在 9.5 节介绍 OMPLS,如果把 OCDMA 作为网络接入协议,将能支持标签交换。MPLS 的主要应用是流量工程。通用 MPLS(GMPLS)对 MPLS 进行了扩展,它在分组域、时域或波长域为设备增加一个信令和路由控制平面,提供端到端的连接、资源和 QoS 配置。

尽管 GMPLS 是一种又好又快的解决方案,但因为路由表处理速度比数据速率慢,所以依靠它自身还是无法解决路由交换速度和光纤速度不匹配的问题。为解决这个问题,研究人员开始关注光分组交换(OPS)[33]和光标签交换(OLS)[34],这些技术对数据分组头或标签进行全光处理。OLS 技术直接在光域实现分组的路由功能和 GMPLS 的转发功能。理想情况下,这种方法能够独立于比特速率、分组格式和分组长度来进行分组路由。在核心网中,OPS 具有明显的优势,能够取代 OXC 和 IP 核心路由器。对于 OXC,OLS 是一个多业务传输平台,支持 IP、SDH、千兆以太网业务,能够更有效地管理带宽[35]。对于 IP 路由器,OLS 提供一个汇聚层,这意味着能并行使用多个网络电缆/接口,如以太网接口,从而提高链路速率。利用 OPS 节点架构传输基础设施,能够减少核心设备,简化 IP 网络。从网络的角度来看,一个全光节点定义为一个高吞吐量的分组交换节点。然而 OPS 节点的处理能力还是相当有限,主要实现基于标签的转发功能。目前城域网的传送功能主要通过 SDH 或 WDM 环等方式实现。

MPLS 是光网络承载 IP 业务的一种备选方案,因为 MPLS 在中间节点只需根据其标签转发分组[32],避免了网络层标签的分析,从而在每一跳节省了处理时间。由于只需要在边缘路由器进行 IP 路由,所以极大地减少端到端时延。尽管 MPLS 在一定程度上减少了 IP 路由,电路由机制仍是 IP 业务增长的瓶颈。全光信号处理的 OPS 是另一种解决方案,但它在竞争处理和光缓存器[33]方面还存在很多困难,尽管目前已出现最先进的光分组网络产业平台[37],OPS 仍然是一种不成熟的技术。

9.3.1　IP over OCDMA 结构

实现 IP 传输的 OCDMA 网络结构如图 9.13 所示。在每一个网络发送节点,利用地址相关处理对每个到达 IP 分组的目的地址进行识别,然后将数据分组保存到缓冲区。缓冲区分为 K 个先入先出(FIFO)子缓冲区,其中 K 是网络用户总数。发往不同接收器的 IP 分组存储在相应的不同子区中。被路由到同一个接收器的

IP 分组按照先后顺序存储在同一个 FIFO 子区中[38]。

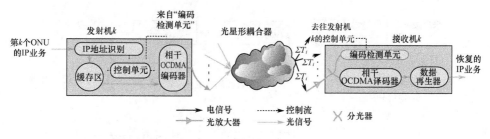

图 9.13　OCDMA 网络 IP 路由和传输结构

　　IP 分组之所以根据目的地分区存储,是为了当缓冲长度达到预定的阈值时,同一目的地址的 IP 业务能同时高速发往同一接收器。此时,光编码器不需要随着每一个到达数据分组进行调谐,只需为同一个用户的多个数据分组调整,因此编码器所需的调谐时间大大减少。控制单元负责记录各子缓冲区的总流量,当总流量大于某个阈值时,控制单元将数据分组发送到指定地址。发送前,光编码器(图 9.14(a)中的 GPMPC 发生器)必须根据地址序列进行调谐。需注意,阈值越高,数据分组在缓冲区中的等待时间就越长。当阈值很大时,缓冲区延时就变得很大。然而,由于传输速率很高,只要适当选择阈值,即使是实时服务也可以接受其延时。星形耦合器将所有的到达光信号耦合在一起,对混合信号放大后发送给每个用户的接收器。

　　在网络的接收节点中,光译码器正确地接收信号并恢复原始数据流。如果采用 GPMPC,用户数量和码字的数量一样($K = P^2$)。应注意,当两个或两个以上的发射机同时发送信号到同一接收机,可能会发生碰撞。为了防止碰撞,使用编码检测单元检测是否有其他人将数据发送到同一个地址。检测单元其实是一个相关器,它通过自相关值识别预期用户,同样的方式被用在发射机的 IP 识别单元中,以实现数据分组头的提取。检测程序与 CSMA/CD 协议类似,但需要对其进行改进以适应定时需求和数据分组长度规范,这可能是未来研究的主要工作。编码检测单元还有其他功能,如检查光学编码器是否正确调谐到预期地址码、是否能区分用户优先级等,以避免碰撞。需注意的是,发生碰撞后,必须立刻有一个可发送数据的用户,这是因为 K 个不同的码序列分别分配给 K 个用户。

　　此外,尽管因为有大量的可用码序列,碰撞的概率很小,但后面仍会研究一些常用的随机接入协议。在 OCDMA 网络中,使用相干 OCDMA 发射机和非相干接收机技术,不仅能有效利用光纤带宽,而且将自动实现 IP 路由。因为经过 OCDMA 编码的 IP 分组通过星形耦合器的广播后,只有预期用户能通过分配的扩频码序列来识别所需的数据。由于每个 IP 数据分组只在网络边缘缓存两次,所以和 MPLS 网络一样,与在每一跳都进行 IP 分组缓存的传统路由方案相比,OCDMA 网络的缓

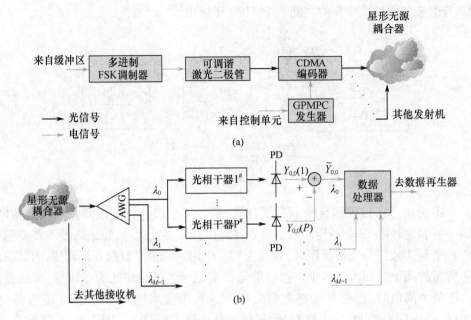

图 9.14　OCDMA 编码/译码模块

（a）发射机结构；（b）接收机结构。

存延迟明显降低。

对于图 9.13 中的光编码/译码器模块,图 9.14 给出了采用 FSK – OCDMA 技术的模块内部结构,第 7 章对此已进行了详细的分析。如果采用重复频率为 100 GHz 的阶跃可调锁模半导体激光器作为光源,该模块能实现 100Gchip/s 的编码速率[39,40]。

9.3.2　IP over OCDMA 性能分析

在第 7 章中,对采用 GPMPC 和带有 MAI 消除技术的 FSK – OCDMA 方案的性能进行了详细分析。假定光电检测器的输入/输出特性满足泊松过程。由于参考信号仅将第 P 个序列(该序列被保存在接收机中,所以没有参考通道)与接收信号相乘,由于进一步扩频,参考信号的数据分量变为 0。另外,由于同一组的所有用户接收到等量的来自其他组用户的多址干扰,并且由于 GPMPC 的相关特性,同组用户之间没有干扰,因此预期用户 u_1 的干扰信号等于参考信号 P 的干扰信号。这里假设 u_1 在数据帧的第一个时隙发送波长为 λ_0 的光脉冲。

将 GPMPC 序列作为特征码,考虑到每个组的干扰用户数,采用基于干扰用户和干扰估计的概率分布函数,最终的误比特率(式(7.20))为

$$P_b \leqslant \frac{M}{2} \sum_{r=r_{\min}}^{r_{\max}} \sum_{l_{0,0}=0}^{K-r} \sum_{l_{1,0}=0}^{k-r-l_{0,0}} \binom{K-r-l_{0,0}}{l_{1,0}} \times \left(\frac{1}{\gamma M}\right)^{l_{1,0}} \times \left(1-\frac{1}{\gamma M}\right)^{K-r-l_{0,0}-l_{1,0}}$$

268

$$\times \exp\left\{-\frac{\rho}{2}\frac{Q(P+2)}{2}\right\} \times \binom{k-r}{l_{0,0}} \times \left(\frac{1}{\gamma M}\right)^{l_{0,0}} \times \left(1 - \frac{1}{\gamma M}\right)^{K-r-l_{0,0}}$$

$$\times \binom{P^2 - 2P + 1}{K - r} \times \binom{P - 2}{r - 1} \bigg/ \binom{P^2 - P - 1}{K - 1} \tag{9.14}$$

式中:P 为素数;r 为同一组中的干扰用户数,$r \in \{r_{\min}, \cdots, r_{\max}\}$,$r_{\max} = \min(K, P - 1)$,$r_{\min} = \max(1, K - (P-1)^2)$;$K$ 为并发在线用户数;$l_{m,\nu}$ 为除第一组外,在第 ν 个时隙有波长为 λ_m 的脉冲的其他组的用户数。

考虑光纤的衰减系数 α,平均每个脉冲的接收光子数量可以表示为

$$Q = \frac{\eta P_w}{hf}\frac{\mathrm{e}^{-\alpha L}}{P+2} \approx \frac{\mu \ln M}{P+2} \tag{9.15}$$

式中:$P_r = \eta \cdot P_w \mathrm{e}^{-\alpha L}$ 为检测器的接收功率,P_w 为每个码元的发送峰值功率;η 为光电检测器的量子效率;h 为普朗克常量;f 为光波频率;L 为光纤长度;μ 为每个脉冲的平均光子数,$\mu = P_r/(hf\ln M)$。如第 7 章所述,ρ 是最小化干扰参数,且有

$$\rho = \frac{P+2}{P+2+l_{0,0}+l_{1,0}} \tag{9.16}$$

若要采用 OCDMA 的思想处理突发 IP 流量,在无过载情况下获得可接受的性能,每个用户的设计传输速率必须大于平均流量到达速率,因此每个码信道不能被充分利用。显然,信道利用率变化时,网络的平均在线用户数会发生变化,因为 OCDMA 网络性能是在线用户数的函数,所以信道利用率对网络性能有显著的影响。为了对这种影响进行分析,假设网络中所有用户(即 ONU)具有相同的信道利用率,即

$$B = \frac{\text{平均输出比特速率}}{\text{最大传输比特速率}} \tag{9.17}$$

同时考虑到"0"和"1"等概,发送数据比特概率均为 1/2。由于 ONU 发送数据的独立性,令在线用户的分布为 K/U,其中 K 为在线用户数,U 为网络的用户总数。因此,K 个用户处于在线状态的概率 $P_{\text{ac.}}$ 等于发送数据比特概率乘以参与传输的用户数再乘以信道利用率,即

$$P_{\text{ac.}} = \frac{1}{2} \times \frac{K}{U} \times B \tag{9.18}$$

在线(发送 IP 分组)意味着从总的用户数中随机地选择一部分用户作为在线用户,这种行为可看作一个二项式分布。因此,U 个用户中有 K 个发送 IP 分组的在线用户的概率密度函数为

$$P_{\text{IP}}(K) = \binom{U}{K} P_{\text{ac.}}^{K} (1 - P_{\text{ac.}})^{U-K} \tag{9.19}$$

由于差错的译码概率 P_b 和 K 个在线用户的差错概率 P_{IP} 是独立事件,因此表

征误码率的在线用户数 K 的误差函数总概率 $P_T(K)$ 可以表示为这两项的乘积,即

$$P_T(K) = \sum_{k=1}^{K} P_{IP}(k) \cdot P_b(k) \tag{9.20}$$

IP – over – OCDMA 网络的分组差错率(PER)为[38]

$$PER = 1 - (1 - P_T(K))^w \tag{9.21}$$

其中 IP 分组的平均长度为 w 比特。

9.3.3 IP over OCDMA 数值结果分析

在上述分析的基础上,本节给出数值结果,分析所用参数见表 9.2 所列。采用 $P = 11$ 的 GPMPC 扩频码,令码长和总用户数分别为 110 和 120。重复指数 γ 在图中用 j 表示,误码率门限 10^{-9} 也会显示在所有的图中作为参考。

表 9.2 IP – over – OCDMA 链路参数

参数类型	参数值
光波长 λ_0/nm	1550
光电检测器量子效率 η	0.8
线性光纤损耗系数 $\alpha/(\mathrm{dB/km})$	0.2
码片速率 $1/T_c/(\mathrm{Gchip/s})$	100
光纤长度 L/km	10
分组长度 $w/(\mathrm{bit})$	12000

图 9.15 比较了 PPM 和 FSK 方案的误码性能随着在线用户数 K 的变化情况。第 5 章对采用 GPMPC 的 PPM – OCDMA 进行了分析。很明显,随着用户数增加,多址干扰增加,性能下降。在这种重复指数 γ 的条件下,FSK 的性能明显优于

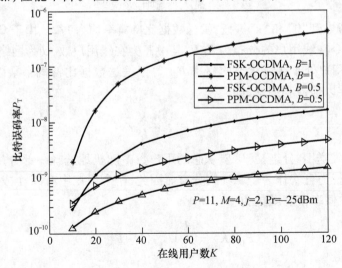

图 9.15 IP over 不同 OCDMA 的误码性能关于在线用户数 K 的曲线

PPM,相对信号位置分布,多进制频率信号分布能更好地降低干扰。图 9.15 显示了信道利用率为 1 和 0.5 的两种情况。可以看出,当信道利用率适中,即当 $B = 0.5$ 时,为使 BER $= 10^{-9}$,FSK 网络能够容纳 80 个在线用户,而 PPM 仅支持 30 个用户。在最坏的情况下,当 $B = 1$ 时,IP $-$ over $-$ FSK $-$ OCDMA 网络在保证 BER $= 10^{-9}$ 情况下仍然能容纳 20 个用户,而 PPM 方案只能支持 10 个用户以使误码率接近 10^{-9}。

图 9.16 给出在不同的 M 值、重复指数 γ 和信道利用率的条件下,IP $-$ over $-$ OCDMA 的误码性能随在线用户数的变化。接收功率被再次设置为 -25 dBm。结果表明,提高重复指数能极大提高误码性能,尽管这是以吞吐量为代价(见 7.4 节)。从图 9.16 可看出,在相同条件下,系统在 $\gamma = 3$、$B = 1$ 时的表现非常类似于 $\gamma = 2$、$B = 0.5$ 的情况,这代表重复指数对性能的影响。增加 M 值意味着需要更多的位置去分布信号和更多需要传输的码元,因此如图 9.16 所示,增加 M 值能抑制 MAI 的影响。当 $M = 8$、BER $= 10^{-9}$ 时,网络能容纳 42 个用户,这个数量比 $M = 4$ 时的最坏情况($B = 1$)能容纳的用户数(20 个用户)多 1 倍。这表明降低用户的信道利用率能提升系统性能。

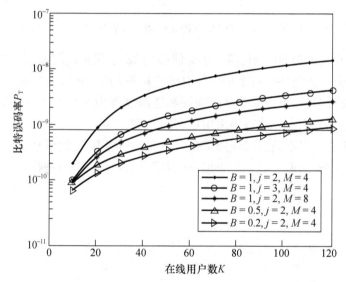

图 9.16　不同的进制数 M、信道利用率 B 和重复指数 γ 的条件下,
IP $-$ over $-$ OCDMA 的误码性能关于在线用户数 K 的曲线

图 9.17 给出了不同信道利用率条件下,分组差错率(PER)随在线用户数的变化。分析中设接收到的功率和重复指数分别为 -25 dBm 和 2,分组长度为 1500B(以太网数据帧长度),所以这是在最坏的情况下对 PER 进行估算。图中显示,随着信道利用率的降低,IP 业务的性能变得更好。观察图 9.17 会发现,当 $B = 1$ 时,性能急剧劣化,但此时网络在保证 BER $= 10^{-9}$ 情况下仍能容纳 20 个用户。当信道利用率相对较低时,即 $B = 0.2$ 时,即使所有用户均为在线用户(120 个用户),网络仍能保持

$\mathrm{BER} = 10^{-9}$。并且注意到,这里的 $P = 11$,接收功率仅为 $-25\mathrm{dBm}$,而在之前方案中,P 为 17 和 19(更长的码字),有效功率为 $10\mathrm{dBm}$(更多的功率消耗)[38,42]。

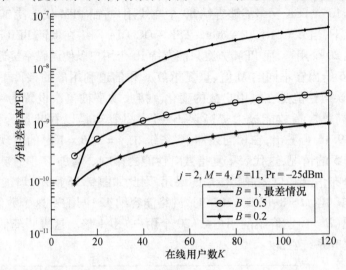

图 9.17 IP over OCDMA 的 PER 性能关于在线用户数 K 的曲线

当信道利用率为 50% 时,网络仍然能够为 38 个用户(总用户的 32%)提供可靠的通信链路。当网络中每个用户具有固定的平均速率时,为实现一致的整体网络性能,在设计阶段,可以基于网络偏好和链路预算为网络设置最佳信道利用率。为了支持更多的用户,显然应该采用更高的 P 和 P_{r} 值。

图 9.18 给出了不同信道利用率条件下误码性能随接收信号功率 P_{r} 的变化。在这一性能分析中,假设有 100 个用户(占用户总数的 83%)进行了信号传输。很

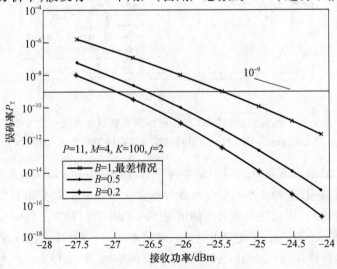

图 9.18 IP over OCDMA 的误码性能关于接收信号功率 P_{r} 的曲线

明显,随着接收功率的增加,信号的检测越来越有保障,误码率也随之降低。

从图 9.18 中可看出,提高发送功率可以减小最坏情况下的误码率。但从整体性能看,该系统具有很好的功率效率。

当信道利用率 B 较低时,用户发送业务的概率也相对较小。从统计的角度看,此时每个单元数据帧中只有较少的在线用户在发送数据,因此系统性能提高。这意味着流量负载较轻时,网络性能将会自动提高。此外,在 $P_r = -25\mathrm{dBm}$ 的条件下,当链路利用率为 20%、50% 和完全占用时,对应误码率分别为 1.24×10^{-14}、2×10^{-13} 和 1.1×10^{-10}。

9.4 随机接入协议

OCDMA 网络的主要噪声是多址接入干扰(MAI)。MAI 是由系统中不同用户的码片重叠引起的。随着归一化提交负载(9.4.2 节将给出定义)的增加,MAI 将导致系统的归一化吞吐量急剧下降。因此,在高负载情况下,系统的性能急剧下降。文献[43]已证明,当归一化提交负载为 100% 时,系统的归一化吞吐量接近零。而随机接入协议或所谓的传输调度协议的提出正是为了解决这个问题。

传输调度协议是更高一层的协议,其目的是减少地址码之间的码片重叠以提高系统的归一化网络吞吐量。一种码片重叠的情况是一个地址码的"1"遇到另一个地址码的"1",这使得在线信号出现双倍的功率强度,此时如果采用硬限幅,信号功率会被截为正常功率。

因此,如果采用硬限幅相关译码器,多个码片重叠可能会导致一个比特差错,进而导致一个分组差错。为了避免不同用户地址码之间的码片重叠,应尽量减少 1 码片之间的重叠,这意味着需要生成互相关值非常低或为常量的地址码族。在时间扩展或波长扩展的过程中,码片重叠会引起强度噪声或者拍噪声,两维编码系统中也会有同样效应。因此,采用合适的传输队列机制变得至关重要。传输调度协议的基本思想是让每一个用户具有计算延迟的能力,从而在信号中避免地址码之间的干扰。这种协议应能确定发送地址码的最佳时隙,使一个码片尽可能不与其他码片重叠,从而提供可行的异步通信。P. Kamath 等人[44]也指出,如果缺乏调度或随机接入控制,仅仅依靠正交地址码,重负载情况下网络吞吐量将急剧下降。因此 OCDMA 网络需要媒质接入控制。

本节将讨论随机接入算法的基本原理,详细介绍基于此原理的三种最新的流行算法,即纯自私算法、阈值算法和重叠量算法,并介绍它们各自的优点和对 OCDMA 网络的贡献。

9.4.1 随机接入协议算法

传输调度协议算法的基本思想是避免在线信号的地址码重叠。为了实现这一点,算法计算每个传输的延迟移位以避免地址码产生碰撞[44]。像纯自私算法这样的基本算法,只考虑特定地址码的生存性,如果将新的地址码添加到线路中会直接影响未来的传输,因此一种好的算法还必须考虑对未来传输的影响。

9.4.1.1 纯自私算法

纯自私算法只保护自己的地址码[44]。该算法将每个节点作为一个独立的个体,只要在线信号允许就调度一个地址码,只要自己的数据在当前的信号状况下能无损传输就占用线路。

纯自私传输调度算法流程(图 9.19):首先将初始移位设为零,这表示当前的地址码或分组没有移位延迟;接着对在线信号(图中表示为线路状态 SL)执行硬限幅操作;然后采用相与运算对用户地址码和硬限幅在线信号进行比较。如果运算的结果和地址码不一致,则该移位被标注为可用移位。换句话说,这表示在地址码为"1"的位置上在线信号为"0",因为 0 和 1 相与为 0,所以相与的结果与原地址码不同。图 9.20 详细地给出这种比较过程。

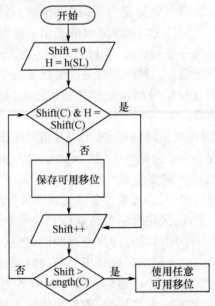

图 9.19　OCDMA 网络纯自私传输调度算法流程图

如图 9.20 所示,纯自私算法对每一种可能的移位进行检查。当移位为 2 时,移位地址码为"1",对应位置硬限幅在线信号为"0",因此相与操作的结果和原始地址码不同。对应的移位(即 2)被标记为一个可用移位。对于所有可能的移位这个过程反复执行。因为对于码长为 N 的地址码共有 N 个可能的移位,所以该过程通常执行 N 次。当找到所有可用的移位后,该算法将随机使用其中一个来调度数据传输。

274

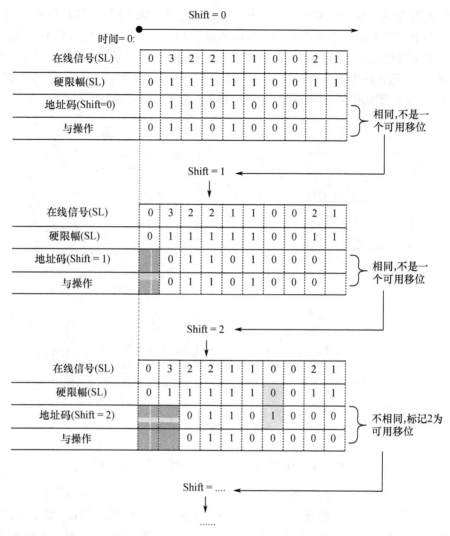

图9.20　纯自私算法调度地址码的例子(逐个检查可能移位,2被标记为可用移位)

9.4.1.2　阈值算法

阈值算法在保护自身数据同时,只允许发送数据与在线信号存在低于一定阈值的重叠量[43]。该阈值指示重叠的"1"码片占在线信号的最大允许百分比。在系统中,阈值最初被设置为一个固定值。该算法比纯自私算法更为严格,它不允许调度一个与在线信号的重叠量超过阈值的地址码。阈值算法考虑了新增地址码对分组传输的影响,因此能保持在线信号处在一个"干净"的状态。

OCDMA网络传输调度阈值算法流程(图9.21):首先按照纯自私算法判断一个移位是否是可用移位,但这个移位不会被直接标记为可用,而是将移位后的地址

275

码加入到在线信号(SL)中,产生一个新生在线信号(SL′),并计算它的重叠因子,重叠因子定义为信号中重叠的"1"码片的数量与地址码长的比值;然后将重叠因子与阈值进行比较;最后,如果重叠因子低于阈值,则该移位被标记为可用。相比之下,纯自私算法中则是对所有可能的移位进行处理,并随机选择一个可用移位。图9.22给出了阈值算法中将重叠因子与阈值进行比较的过程。

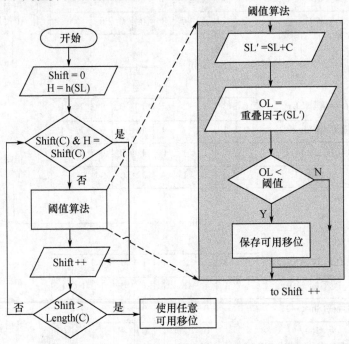

图9.21 OCDMA 网络传输调度阈值算法流程图

阈值算法的处理过程(图9.22):首先,将地址码与线路上的硬限幅信号进行比较,看是否存在在线信号为"0",而地址码对应码片为"1"的情况,如果有,基于阈值做进一步判断;其次,算法假设对地址码进行该移位后传输,观察在线信号中有多少个"1"码片与新加入的地址码重叠,图9.22中,信号中只有一个"1"码片(灰色方块)与地址码重叠,所以重叠因子为1/8,其中8是地址码的长度;最后,将此值与阈值进行比较,图中阈值初始值设为0.5,如果小于阈值,则该移位被标记为一个可用的移位,如果不小于阈值,将检查下一个移位值。在图中的例子中,0.125<0.5,因此 Shift=2 被标记为一个可用移位。

9.4.1.3　重叠量算法

重叠量算法也称为智能阈值算法,是一种改进的阈值算法,它考虑了新生在线信号中"1"码片的数量。该算法没有设置一个固定的初始阈值,而是将阈值设置为一个函数,这个函数对增加地址码后的在线信号中"1"码片的数量进行计算。

276

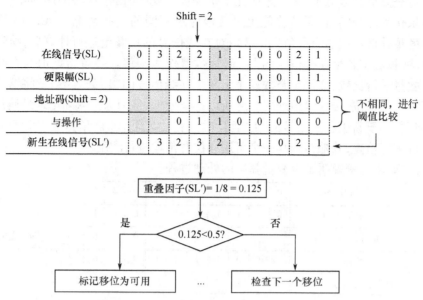

图 9.22　阈值算法调度地址码的例子(逐个检查可能移位,阈值设为 0.5,
overlap(SL′)的计算结果为 0.125,2 被标记为可用移位)

该函数在图 9.23 中的重叠量算法中被表示为 ones( )。重叠量算法将 ones( )函数的计算结果与信号和地址码的重叠"1"码片数量进行比较,如果重叠码片的数量小于新生在线信号中"1"码片的数目,则该移位被标记为可用。

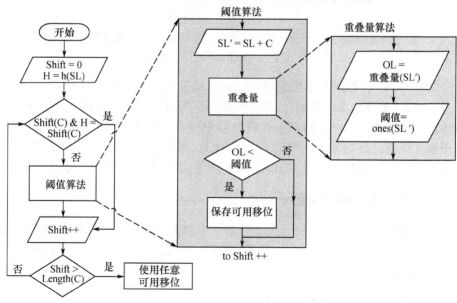

图 9.23　OCDMA 网络传输调度重叠量算法流程图

重叠量算法考虑了 SL 未来的无干扰程度。此外,由于算法采用 ones( ) 函数的结果作为可变阈值,系统将能更灵活地应对不同的负载情况。OCDMA 网络传输调度重叠量算法的流程(图 9.23):对在线信号的重叠量进行计算后,执行重叠量算法,算法将新生在线信号的"1"码片数量作为阈值。接着将该值与在线信号的重叠量进行比较,如果重叠数量小于新生在线信号的"1"码片数,就将这个移位标记为可用移位,传输该地址码。之所以这样处理,是因为加入新增地址码后的重叠码片数小于新生在线信号的"1"码片数。相比之下,纯自私算法中对所有可能的移位进行检查,并随机选择一个可用移位对传输进行调度。

图 9.24 举例说明了重叠量算法的处理过程。

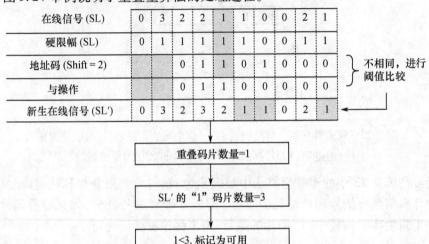

图 9.24　重叠量算法调度地址码的例子(逐个检查可能移位,在线信号有一个重叠码片,SL′有三个"1"码片,Shift = 2 被标记为可用移位)

图 9.24 中,在线信号中重叠码片的数量是"1",新生在线信号中有三个"1"码片,因此满足重叠量算法的条件,该移位被标记为可用。重叠量算法将在线信号中被地址码重叠的码片数量与新生在线信号中没有重叠的"1"码片数量进行比较,由于要求重叠码片数小于没有重叠的码片数,可以防止进一步的重叠[44]。在图 9.24 中,正如上面所解释的,Shift = 2 满足条件,因此被标记为一个可用移位。

9.4.2　网络性能指标

下面通过归一化网络吞吐量、分组差错率和允许使用的地址码平均数量相对归一化提交负载的变化来评估上述算法的性能。这些参数将在下面的小节中定义,并按照排队问题进行处理。

9.4.2.1　归一化提交负载

一个排队系统的提交负载为到达率 λ 除以传输速率 μ:

278

$$\rho = \lambda / \mu \qquad (9.22)$$

传输速率为

$$\mu = C/8L(\text{分组}/\text{s}) \qquad (9.23)$$

其中:C 为码片速率(chip/s);L 为按照字节计算的分组平均长度(1B = 8bit)。

因此,归一化提交负载为

$$\rho = \frac{8L\lambda}{C} \qquad (9.24)$$

OCDMA 系统采用光正交码(OOC)作为地址码集,用 (N,w,k) 表征其中,N 为码长,w 为码重,k 为互相关峰值。其传输速率为

$$\mu = \frac{C}{8LN}(\text{分组}/\text{s}) \qquad (9.25)$$

由式(9.24)和式(9.25)可得

$$\rho = \frac{\lambda}{\mu N} \qquad (9.26)$$

9.4.2.2　分组差错率

当存在大量在线地址码时,差错的概率很高,从而导致分组差错率上升。传输成功的关键在于以下两个变量:

(1)线路中"0"的数量。"0"为调度一个地址码到线路中去提供了一个机会。

(2)线路中"1"的数量。"1"意味着接收机可以成功恢复地址码。光接收机的设计使重叠会引起误判。

在一个给定的状态下,线路中"1"码片数量等于能正确检出的地址码的最大数量。因此,差错概率近似为

$$P_{\mathrm{E}} = 0, \quad N_{\mathrm{OL}} \leqslant n(1) \qquad (9.27)$$

$$P_{\mathrm{E}} = \frac{N_{\mathrm{OL}} - n(1)}{N_{\mathrm{OL}}}, \quad N_{\mathrm{OL}} > n(1) \qquad (9.28)$$

式中:N_{OL} 为在线地址码的数量;$n(1)$ 为线路中"1"码片的数量。

9.4.2.3　归一化吞吐量分析

归一化吞吐量是经由系统传输的平均无差错分组数量。不同的调度算法限制了地址码的接入数量,表示为 N_{OL}。归一化吞吐量为

$$\mathrm{Th}_{\mathrm{NO}} = (N_{\mathrm{OL}}(1 - P_{\mathrm{E}})/(\lambda/\mu))\rho \qquad (9.29)$$

将式(9.26)代入式(9.29),可得

$$\mathrm{Th}_{\mathrm{NO}} = N_{\mathrm{OL}}(1 - P_{\mathrm{E}})/N \qquad (9.30)$$

式中:N为码长;P_E为差错概率;N_{OL}为在线地址码的数量。可以看出归一化吞吐量是在线地址码数量的函数。

当在线地址码数量大于线路中"1"码片数量时($N_{OL} > n(1)$),如果对式(9.30)进一步简化,则可得

$$\mathrm{Th}_{NO} = \left(N_{OL} \left(1 - \frac{N_{OL} - n(1)}{N_{OL}} \right) \right) / N \tag{9.31}$$

进一步简化可得

$$\mathrm{Th}_{NO} = \frac{n(1)}{N} \tag{9.32}$$

从式(9.32)可看出,当在线地址码数量大于"1"码片的数量时,吞吐量与线路中的"1"码片数相关。因此,上述调度算法的基本思想在于尝试找到提高线路中"1"码片数量的方法。

下面以上述分析为基础进行讨论,并将采用 ALOHA 协议的 CDMA 网络作为参考,因为采用 ALOHA 协议就基本相当于没有采用媒质接入协议。类似于非时隙 ALOHA,节点能够在没有媒质接入协议的情况下实现异步传输。关于 ALOHA - CDMA 的详细分析请参考文献[44]。下面将对比各种地址码以选择使吞吐量最大化的地址码。注意,为了控制地址码之间的干扰,构建地址码的参数是可变的。如图 9.25 所示,当归一化吞吐量小于 0.3 时,所有的媒质接入方法(调度或随机接入协议)的吞吐量几乎相同。这是由于此时发生差错的概率非常小,并且在线地

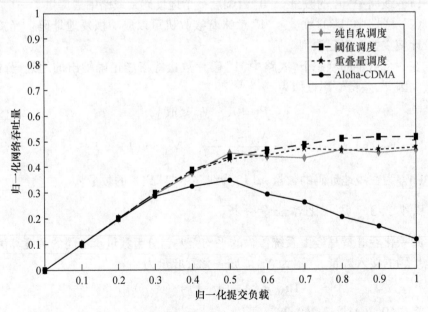

图9.25 归一化吞吐量关于归一化提交负载的关系曲线

注:地址码码集为 OOC(10,3,1),在阈值算法中阈值为 0.5。

址码数量相对较小,因此所有方案中的"1"码片数量都相同。随着提交负载的增加,从图中可看出,相比其他调度方法,ALOHA – CDMA 吞吐量的上升斜率开始变小。当提交负载达到其容量的 50% 时,ALOHA 算法的吞吐量开始下降,而其他调度方法没有降质,吞吐量继续保持或者略有增加。

在最大负载情况下,其他调度方案的吞吐量约为 50% ,但 ALOHA 下降至 10% 。这意味着,如果采用 ALOHA 协议,每 10 个插入线路的分组中只有 1 个分组被接收机正确译码。与此相反,在同样负载的情况下,采用阈值调度算法的吞吐量约为 52% 。

可以从在线地址码数量中找到原因,调度方案通过限制在线地址码数量来防止吞吐量下降。不同方案以不同方式来达到这个目的,纯自私调度方案尽可能多地插入分组以填满线路中所有的"0"码片,而其他方案通过运用阈值或以重叠码片数量为限制来控制在线地址码数量和时延。

9.4.2.4 平均在线地址码数量分析

在线地址码的数量是由调度算法控制,阈值算法和重叠量算法属于协同算法,不允许太多的重叠,这是它们吞吐量更高的主要原因。通过限制线路上的重叠量,这些算法能够有效减少在线地址码数量。

与协同调度算法不同,ALOHA 协议允许所有节点无论何时都能按需发送信号,如图 9.26 所示。因此,随着提交负载的增加,在线地址码增加,重叠量也随着增加,显然差错率也同样增加。

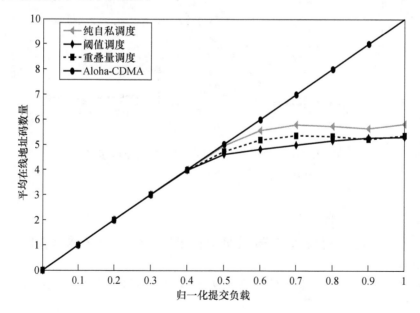

图 9.26 平均在线地址码数量关于归一化提交负载的关系曲线

注:地址码为 OOC(10,3,1),阈值为 0.5。

纯自私算法决定节点何时发送信号,但对于线路上的重叠没有调度效果。因此,它能够向线路插入更多的地址码,这反过来又影响差错率和最终的吞吐量。

9.4.2.5　分组差错率分析

图 9.27 显示了不同调度算法之间的显著区别。协同调度算法在分组差错率方面有较好的性能,这是因为它们试图限制重叠量,从而限制了差错概率。

纯自私算法不关心线路重叠量,因此其性能不如协同算法。然而它的性能比 ALOHA 好,因为它至少决定节点发送信号的时机,这有助于减少差错概率。在 ALOHA – CDMA 中,节点发送时对线路重叠量不加以控制。当负载较小时,其差错率和其他调度方案差不多,但随着提交负载的增加,差错开始增加,当到达最大负载时,差错率高达 90% ,是其他调度算法的 4 倍以上。

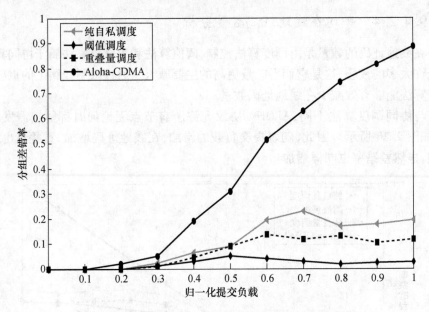

图 9.27　分组差错率关于归一化提交负载的关系曲线

注:地址码码集为 OOC(10,3,1),阈值为 0.5。

9.4.2.6　敏感度分析

下面研究码重、码长、平均分组长度及分组长度双峰分布等参数变化时网络是如何响应的。

表 9.3 中给出 OOC 码集的一般参数,如果没有特别说明以下的仿真将使用这些参数。

码重的变化对网络的影响如图 9.28 所示,可以看出,随着码重增加吞吐量降低。码重增加意味着能更好地消除线路中其他地址码的干扰,与此同时调度算法

282

表 9.3　OOC 码集参数

参数类型	参数值
码长 N	10
码重 w	3
互相关参数 k	≤2
码字分配	均匀随机
地址码基数/节点数目 C_0	≥10

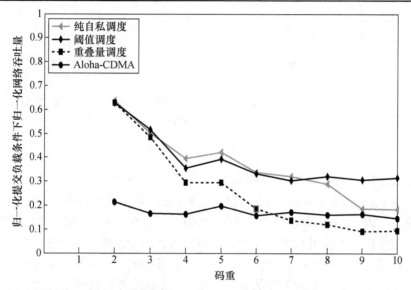

图 9.28　当码长为 10、$k=1$、阈值为 0.5 时,归一化网络吞吐率相对码重的变化曲线

也更难以将地址码成功地调度到线路中。在低提交负载条件下,这两个因素的影响可以相互抵消,但归一化提交负载达到最大值 1 时,在线地址码减少的影响开始发生作用,导致吞吐量明显下降。根据式(9.29),吞吐量是在线地址码数量 N_{OL} 的函数。码重增加会导致地址码调度出现问题,从而造成在线地址码数量的减少,进而导致吞吐量下降。

图 9.29 显示了网络归一化吞吐量相对码长变化的敏感度。随着码长的增加,调度算法能调度更多的在线地址码,因此提高了吞吐量。但是随着地址码长度的增加,数据速率降低。如果码片速率是 $C\mathrm{chip/s}$,则数据速率为 $C/(8LN)$ 分组/s,其中 L 为平均分组长度,N 为码长。当 N 增加,所有其他变量保持不变,数据速率开始降低,这降低了整体的网络吞吐量。通过对式(9.30)的分析也可以证明这种变化关系。从式(9.30)可以看出,吞吐量与在线地址码的数量 N_{OL} 成正比,和码长 N 成反比。N_{OL} 和 N 的成比例增长会抵消它们对吞吐量的影响。正如从图中观察到的,在所有的算法中,码长的增加对网络吞吐量没有特别的影响。

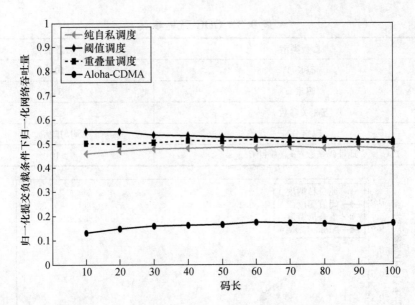

图 9.29　当码重为 3、$k=1$、阈值为 0.5 时，归一化网络吞吐量相对码长的变化曲线

通过分析可以看到平均分组长度 L 的变化同样对吞吐量没有影响。如式 (9.22) ~ 式 (9.30) 所示，L 对归一化网络吞吐量的影响在最后的式 (9.30) 中完全被消除了。因此，平均分组长度的任何变化对归一化网络吞吐量都没有影响。

下面分析平均分组长度为二项式分布时的吞吐量性能。实际中平均分组长度不可能是没有太大变化的特定值。在这一分析中，研究有两种平均分组长度的网络的性能。由于只有两种不同的分组长度，可以考虑将差错概率作为一个二项式分布进行估计。依据二项式分布，差错概率为

$$P_e = \binom{n}{k} p^k (1-p)^{n-k} \tag{9.33}$$

式中：$\binom{n}{k} = n! / (k! \ (n-k)!)$ 是二项式分布系数；p 为每种码字的选择概率。

在分析中，假设两种分组长度分别为 L_1 和 L_2 个字节，$L_1 < L_2$。如果 x 是长度为 L_1 的分组占所有分组的比例，则加权平均分组长度为

$$L_{av} = xL_1 + (1-x)L_2 \tag{9.34}$$

仿真采用纯自私算法，根据这种调度机制，N_{OL} 个地址码被调度到线路中，同时 N_{OL} 个 "1" 码片也被 "自私" 地加入到线路中。问题是剩下的 $N_{OL}(w-1)$ 个 "1" 码片被随机地加入线路引起重叠，从而导致线路中地址码的干扰。

当一个地址码被调度时，p 为该地址码中单个码片和线路中的 "1" 码片重叠的概率，因此有

$$p = \frac{w}{N-1} \tag{9.35}$$

当地址码存在$(w-1)$个以上重叠时，分组传输出现差错。因此差错概率为

$$P_e = 1 - \sum_{k=0}^{w-1} \binom{N_{OL}(w-1)}{k} p^k (1-p)^{(N_{OL}(w-1)-k)} \tag{9.36}$$

因为在线地址码数量N_{OL}依赖于分组长度，所以分组长度为L_1时，线路地址码数量为

$$N_{OL}(L_1) = \frac{t_1}{t_{arr}} \times \frac{N_{OL}}{N} \tag{9.37}$$

式中：$t_1 = L_1 / (C/N)$；$t_{arr} = L_{av}/C$。

采用同样的方法可以得到$N_{OL}(L_2)$。相应能算出归一化网络吞吐量为

$$\mathrm{Th}_{norm} = N_{OL}/N \times (x(1 - P_e(L_1)) + (1-x)(1 - P_e(L_2))) \tag{9.38}$$

从图 9.30 中可以看出，当大分组的比例较高时，吞吐量和只有一种分组的情况相同（$x=0$ 和 $x=1$）。然而，随着小分组的比例增加，吞吐量逐渐增加，当小分组的比例达到 0.9 时，吞吐量达到峰值，然后吞吐量开始下降，直到全部为小分组。

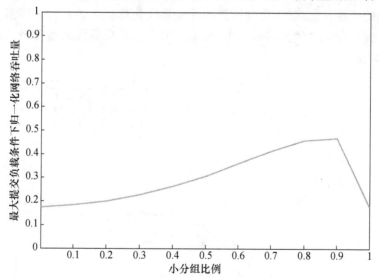

图 9.30　分组双峰分布的效果

注：采用 OOC(10,3,1)，纯自私调度算法，假设平均分组长度为 50~1000 字节。

9.4.3　随机接入协议中素数码性能

上面已经证明各种调度算法的性能均优于简单的 ALOHA – CDMA，下面需要研究素数码的性能，因为它们是应用最广泛的扩频码。第 2 章介绍了素数码的生

成方法及其在 OCDMA 中的应用,并基于归一化吞吐量和分组差错率对它们的整体性能进行了分析。表 9.4 列出基于素数码的不同码集的特性参数。

表 9.4　素数码参数

P	素数码 $(P^2, P, 1)$	n－MPC $(P^2 + P, P + 1, 2)$	GPMPC $(P^2 + 2P, P + 2, 2)$
2	—	—	$(8, 4, 2)$
3	$(9, 3, 1)$	$(12, 4, 2)$	$(15, 5, 2)$
5	$(25, 5, 1)$	$(30, 6, 2)$	$(35, 7, 2)$
7	$(49, 7, 1)$	$(56, 8, 2)$	$(63, 9, 2)$
11	$(121, 11, 1)$	$(132, 12, 2)$	$(143, 13, 2)$

为了达到评价和比较的目的,选取了最具可比性的码集,其选择标准是码集具有最接近 OOC(10,3,1)的码长和码重,此时码重的变化最小。

研究中考虑了上面介绍的三种调度算法,但不考虑 ALOHA,这是因为 ALOHA 的吞吐量比其他算法低,并且对线路中的重叠量不加以控制。

图 9.31 给出了在采用纯自私算法的情况下,对于不同的码集,归一化网络吞吐量关于归一化提交负载的变化曲线。从图中可看出,在纯自私算法条件下,由于不同码集的特性参数接近,所有码集的吞吐量变化趋势都很相似。而素数码的性能在最大提交负载时优于其他码集,这是因为它具有最低的码重和最低的互相关值,自然碰撞就少。

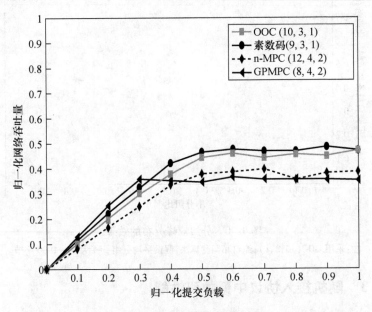

图 9.31　采用纯自私算法,不同码集条件下归一化网络吞吐量
关于归一化提交负载的变化曲线

从图 9.31 可明显看出,GPMPC 与 n-MPC 具有相同的码重和相关性,但码长较短,在相同的相关性约束条件下随着码长的增加,碰撞的机会减少,吞吐量也相应提高。此外,从图中也可以间接看出不同编码特性参数对网络吞吐量的影响。

图 9.32 和图 9.33 分别给出采用重叠量调度算法和阈值算法时,归一化网络吞吐量关于归一化提交负载的变化曲线。如果不考虑调度算法,图 9.31、图 9.32

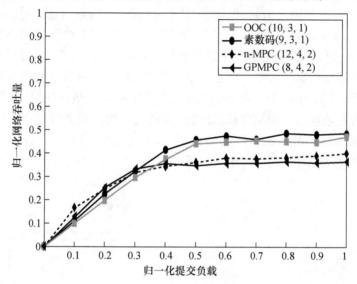

图 9.32 采用重叠量算法,不同码集条件下归一化网络
吞吐量关于归一化提交负载的变化曲线

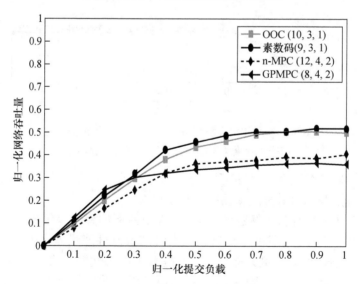

图 9.33 采用阈值为 0.5 的阈值算法,不同码集条件下归一化网络
吞吐量关于归一化提交负载的变化曲线

和图 9.33 中归一化吞吐量的变化趋势非常相似。因为特性参数相近,素数码的性能与 OOC 码集相近,但仅仅因为互相关值稍低这一细微差别,使得无论采用何种调度算法,素数码的性能都略优于其他码集,如图 9.31 ~ 图 9.33 所示。

正如敏感度分析所揭示的那样,码长变化对网络吞吐量的影响不明显,因此吞吐量几乎相等。采用 n - MPC 和 GPMPC 编码时的吞吐量明显低于素数码和 OOC,这主要是由于码重的差异。因此,归一化吞吐量随着码重的增加而减少。

如图 9.34 ~ 图 9.36 所示,当采用与图 9.31 ~ 图 9.33 中不同的码集特性参数时,不同算法条件下吞吐量的变化趋势相同。如图中所示,当采用素数码时,阈值算法在最大提交负载时的归一化吞吐量为 0.23,而重叠量算法和纯自私算法的吞吐量分别为 0.205 和 0.22。此外,使用阈值算法和重叠量算法时,采用素数码将获得更大的吞吐量。采用纯自私算法时,在最大提交负载条件下所有码集的吞吐量几乎相同,但 GPMPC 比素数码大 0.02,OOC 的吞吐量最低。在其他调度方案中,素数码的性能最佳,这归因于其较低的码重。

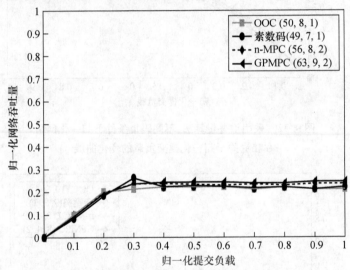

图 9.34　采用纯自私算法,不同码集条件下的归一化
网络吞吐量关于归一化提交负载的变化曲线

可以看到,素数码和 OOC 的吞吐量没有显著差异。为了能明确区分这两种光扩频码的性能,我们对其分组差错率进行了研究。

图 9.37 为采用纯自私算法时,不同码集条件下的分组差错率。可以看出,由于 GPMPC 的码长最短,所以提交负载最大时其误码性能最差。很明显,因为 n - MPC 的码长最长,所以在最大提交负载时提升了误码性能。前面已经证明码长对归一化吞吐量的影响很小(图 9.29),然而由于码长的增加降低了码片的重叠,因此能提升误码性能。

采用重叠量算法时,不同的码集条件下的分组差错率如图 9.38 所示。在最大

288

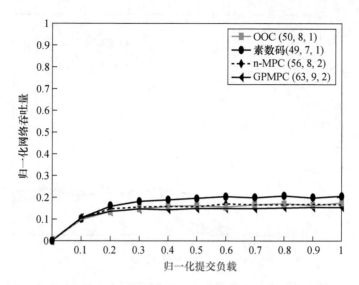

图 9.35 采用重叠量算法,不同码集条件下归一化
网络吞吐量关于归一化提交负载的变化曲线

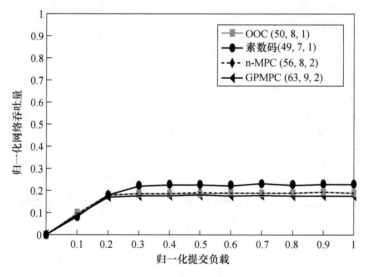

图 9.36 采用阈值为 0.5 的阈值算法,不同码集条件下
归一化网络吞吐量关于归一化提交负载的变化曲线

提交负载时,其分组差错率低于纯自私算法,但仍高于阈值算法,如图 9.39 所示。OOC 和素数码的分组差错率与 n−MPC 和 GPMPC 的分组差错率明显不同。可以看出,在这种情况下 OOC 和素数码的码长接近、码重相同,而 n−MPC 和 GPMPC 的码长不同、码重相同。因此可以得出结论:在采用重叠量算法时,码重比码长发挥了更重要的作用。

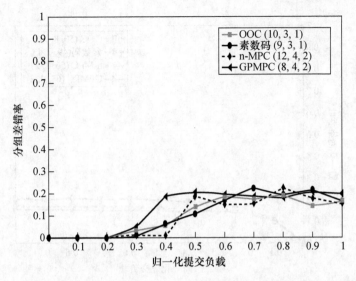

图 9.37 采用纯自私算法,不同码集条件下分组差错率关于归一化提交负载的变化曲线

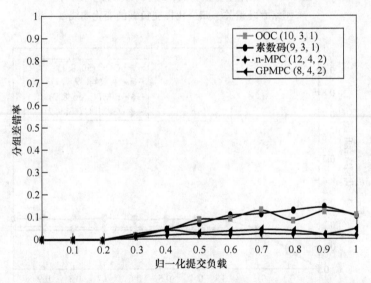

图 9.38 采用重叠量算法,不同码集条件下分组差错率关于归一化提交负载的变化曲线

如图 9.39 所示,阈值算法与其他调度算法相比,分组差错率在最大提交负载时最小,其平均值也最小。从这里也能看出码长和码重对分组差错率的影响,素数码和 OOC 在最大提交负载时的分组差错率比 n – MPC 和 GPMPC 大。这些结果表明,和归一化网络吞吐量一样(图 9.31 ~ 图 9.36),阈值算法的误码性能优于其他算法。

图 9.40 放大了图 9.39 中 0 ~ 0.1 区域的分组差错率。很明显,在最大负载时,OOC 的分组差错率为 3.5×10^{-2},素数码为 5.8×10^{-2},OOC 的误码性能比素数码好约 1.5 倍。n – MPC 的分组差错率为 8×10^{-3},而 GPMPC 有极低的差错率。

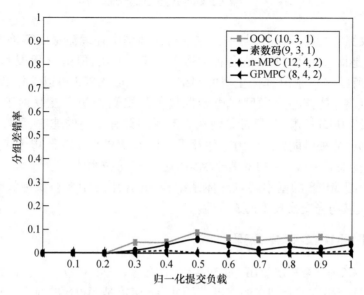

图 9.39　采用阈值为 0.5 的阈值算法,不同码集条件下分组
差错率关于归一化提交负载的变化曲线

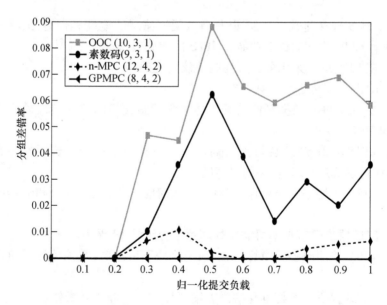

图 9.40　采用阈值为 0.5 的阈值算法,不同码集条件下分组差
错率关于归一化提交负载的变化曲线

9.5　多协议标签交换技术

多协议标签交换(MPLS)是一种在分组交换网中处理流量的简单技术。"多协议"一词是指这种技术可以在各种网络层协议中使用,但由于 IP 是目前主流的网络协议,所以本节将 IP 作为主要的网络层协议,而 MPLS 可以看作是对现有的 IP 架构的扩展,是核心互联网路由转发技术的最新演进。互联网工程任务组(IETF)制定 MPLS 标准,其目标是使核心互联网具有更高的速率、更好的可扩展性和更佳的服务提供能力。作为一种骨干网技术,MPLS 可用于 IP 和其他网络层协议,并一直是 IP – over – ATM 骨干网络的主要候选技术[45,46]。

本节介绍 MPLS 的基本特点和体系结构,并介绍通用多协议标签交换(GMPLS)技术及其与光交换技术的兼容性。

9.5.1　MPLS 基本原理

1997 年,Cisco 第一次提出 tag 交换[47]的概念,自此 IETF 一直致力于相应标准的开发,这个标准就是现在的 MPLS,因此 tag 交换是 MPLS 的前身。MPLS 解决了先进路由服务中的一些复杂问题,为其提供了一个坚实的网络框架。MPLS 主要解决了 IP – over – ATM 叠加模型中存在的可扩展性问题,大大简化了网络操作的复杂性。

MPLS 能实现高速数据转发,既具有数据链路层的速度和性能,又具有网络层的可扩展性和 IP 的自动路由功能。MPLS 的核心概念如下[48-50]:

(1) 在 IP 网络中采用分布式控制协议建立路径。

(2) IP 路由器负责转发和控制。

(3) 在 MPLS 中,数据平面采用一种称为标签交换的单一转发模式来支持控制平面的多路由模式。

(4) MPLS 将 IP 地址映射为"标签"———一种简单的固定长度的特定协议标识符,它将转发信息和 IP 报头的内容区分开来。

(5) MPLS 支持服务质量保证(QoS),从而能提供语音、视频和数据的综合业务服务。

(6) 路由器中间节点不再需要处理每个分组的 IP 报头。

(7) MPLS 采用路径约束算法,当最短路径不可用时,算法将流量负载分配到备用路由上。

(8) MPLS 提供一个标准化解决方案以促进多厂商的互操作。

(9) MPLS 是一种二层和三层技术的综合,在三层技术的基础上增加二层技术的特征,因此拥有流量工程能力。

(10) MPLS 有助于解决接入网扩展中的流量汇聚问题。

由于 MPLS 技术避免了网络中的逐跳路由和转发,因此改善了分组交换网络的可扩展性和传输性能。MPLS 的目标是提供一套技术标准,将基于标签交换的转发方法集成到网络层路由技术中。

波分复用(WDM)最初只是一种提高单根光纤传输容量的手段,但随着技术的演进,它具有了协议透明性、动态可重构性和高生存性等特点,已经超越传统的 SDH/SONET 网络[51,52]。当新兴的互联网业务带来巨大的带宽需求时,具有更窄波长间隔的密集波分复用(DWDM)技术应运而生。

为了传送基于分组的数据业务,WDM 网络需要支持智能光路由和交换功能,并改变承载 IP 的协议栈来实现高效的路由[53],为此需要设计具有按需带宽分配和动态资源分配功能的精简协议栈[54]。当分组的路由功能和转发功能分离后,光标签分组交换(OMPLS)需要实现高效的分组转发以承载多路由业务[49]。而 MPLS 被扩展为 GMPLS 后,它将成为各种传送系统的主流和统一的网络管理和流量工程协议[55]。

图 9.41(a)是采用 IP/ATM/(SONET/SDH)/光层结构实现光网络的传统网络设计[52]。图 9.41(b)、(c)给出了另外两种更高效的解决方案,前者利用 MPLS/光层的优势,后者则直接在光域实现 MPLS。IP/MPLS 能实现互操作性和端到端 QoS,光层能提供大容量的可靠传输和带宽管理功能,最新的方法就是在光层直接实现 MPLS,并为上一层(如 IP 层)提供 MPLS 接口,如图 9.41(c)所示。最后一种方案具有很大的潜力,它简化了数据转发的方法,并且采用全光标签交换。下节将介绍几种采用不同复接方式的 OMPLS 技术。

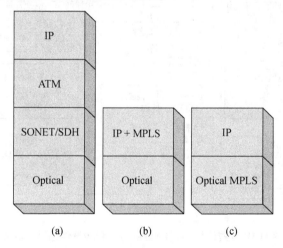

图 9.41　光网络承载 IP 业务的协议栈
(a)传统方式;(b) IP/MPLS/光层;(c) IP/OMPLS。

9.5.2　OMPLS 技术

通用 OMPLS 网络的功能框图如图 9.42 所示[56],源节点(客户端 A)产生的 IP

293

分组经由电路由器路由至 OMPLS 网的入口路由器,入口路由器中的光边缘交换为 IP 分组加上标签,光核心交换实现标签的交换、路由和转发,当分组离开 OMPLS 网时,出口的边缘路由器采集并分离标签,并将分组转发至目的地。

物理层的各个网络要素由光纤链路、分组路由和转发体系连接起来[35],如图 9.42(b)所示。电路由层(IP 路由器)产生 IP 分组,OMPLS 适配层对分组进行处理,在不改变原分组结构的情况下将 IP 分组与光标签封装在一起,并根据本地路由表将分组和标签承载到指定波长上。

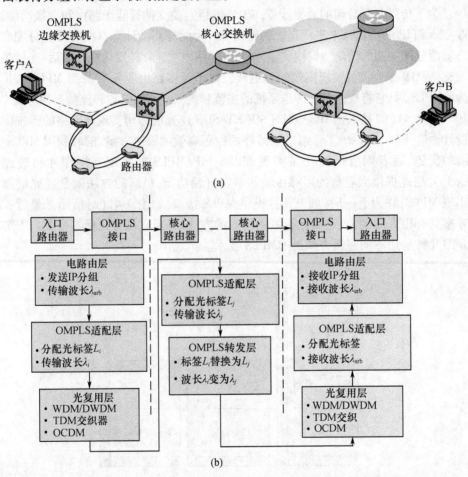

图 9.42 (a)通用 OMPLS 网络框图;(b)分层路由和转发体系结构和相关网络要素连接

此外,光复用层将带有标签的分组复接至同一根光纤中。复用方式包括直接将分组插入一个 WDM 信道中[57]、通过光时分复用技术对分组进行压缩和复用[58]、采用光码分复用技术[59]。

OMPLS 网络中的核心路由器包括控制组件和转发组件两个基本组成部分,分别实现路由和转发功能。控制组件中,路由算法根据内部路由表计算出新标签,并进行波长分配。出口路由器和核心路由器中路由表的产生方法:将 IP 地址映射为波长标签对,并利用路由协议(如开放最短路径优先协议(OSPF)),或者通过一个单独的协议(如标签分配协议)将波长标签对扩散到全网,从而生成路由表[60]。转发组件的功能是交换新旧标签,并将带有标签的分组转发至新的波长。出口节点的功能是实现光解复用、适配和电路由的逆过程。把标签嵌入 IP 分组的方式包括时隙、波长、副载波、编码,通过这些方式分组能携带标签交换路径(LSP)的源和目的地址等关键信息。最佳的标签处理方法应具有以下特点:

(1) 承载数据的波长资源不能用作光标签。

(2) 最好在光域而不在电域实现光标签交换。

(3) 尽量减少色散、抖动和其他标签的干扰造成的光标签信号失真。

四种基本 OMPLS 实现方式包括时分复用标签、波分复用标签、副载波分复用标签和码分复用标签,这些将在下面章节讨论。

9.5.2.1 时分复用 OMPLS

图 9.43 给出时分复用(TDM)OMPLS 方案。在基于 TDM 的标签技术中,标签是通过在时域中给净负荷前增加路由报头来实现。路由报头的速率通常和数据速率相同或低于数据速率[61]。采用相同速率策略时,能够节省大量的标签处理缓存时间,但要求标签处理器有更大的容量。如果标签速率与数据速率相同,对目前的传送网络而言,标签处理器必须以千兆数量级的速度进行交换,以实现标签恢复、标签交换和分组转发。采用较低速率策略能提供更高的精度,但处理固定数量的光标签需要更多的缓存时间。因为像 FPGA 和 ASIC 这些电子处理器主流产品的工作速率都比较低,所以较低速率策略更为可行。所有光标签处理环节,即恢复、交换和重新插入等环节,对于 OMPLS 网络而言都至关重要。虽然基于 TDM 的标签技术可以引入传统的报头处理器来进行标签处理,但是由于光路由标签的相干特性,可以简单地利用异或门做转换来实现光标签交换,其工作原理就是将新标签的比特流与旧标签的比特流作异或运算[62]。

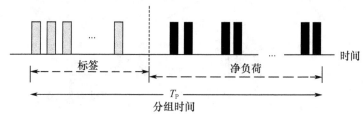

图 9.43 时分标签技术

9.5.2.2 波分复用 OMPLS

基于 WDM 的光标签也称为波长编码标签。图 9.44 给出一个波长编码标签

295

的例子,数据净负荷由 λ_1 承载,预留三个公共波长 λ_2、λ_3 和 λ_4 用于标签编码,用这三个波长存在与否的不同组合代表不同的目的标签。在图 9.44 中,λ_2 和 λ_4 存在,λ_3 不存在,因此波长编码标签为"101"。对于有 N 个公共波长的编码标签,波长标签的总数为 2^N 个。标签编码所需预留的波长数 N 远远小于所支持的数据信道数 2^N,与多协议波长交换(MPλS)网络相比是一个巨大的进步[54]。

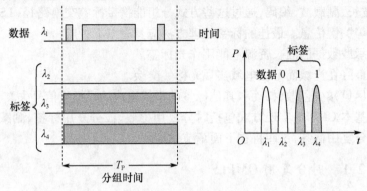

图 9.44　波分标签技术

对于基于 WDM 的标签技术,位于核心路由器的全光标签交换路由器可以通过光纤布拉格光栅(FBG)实现。文献[63]介绍了一种基于 WDM 的 OMPLS,但这种结构的光谱和波长效率比较低,其分组结构如图 9.45 所示,分组头携带对应目标地址的波长编码标签。多波长标签由 λ_{1A}、λ_{1B}、λ_{1C} 和 λ_{1D} 表示。数据净载荷采用另一个波长 λ_{1E} 承载。从 λ_{1A} 到 λ_{1E} 的波长范围定义为波带 λ_{1A-E}。

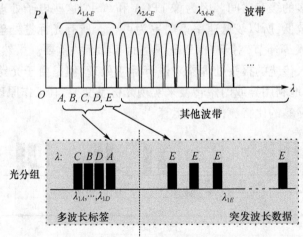

图 9.45　多波长标签交换的分组结构

9.5.2.3　副载波分复用 OMPLS

基于副载波分复用(SDM)的光标签技术的工作原理如图 9.46 所示。其中光标签由带外副载波承载[64,65]，数据净负荷和标签以不同的速率发送，标签恢复通过载波滤波技术实现，相对数据速率是一个独立的过程。光波和载波幅度检测技术在副载波标签恢复中的应用对射频相干技术和跨网相位同步技术提出需求。此外，成熟的电子器件为光副载波标签方案的实用提供了保障。因此，全世界的测试实验室都很关注这种标签技术的应用情况[34,35,65,66]。在这种技术中，通过设置固定的标签比特速率以及与数据分组速率无关的调制格式能够提供数据分组透明性。突发模式标签恢复的电交换速率和最大分组速率条件下标签相对最短分组的周期可以帮助确定标签速率的设置。此外，采用较低的标签速率能够降低电子器件的成本。标签和数据分组可以使用不同的调制编码，以方便数据和时钟恢复。另外，基于 SDM 的标签技术中的干扰限制了数据速率，为了避免标签和净负荷之间的这种干扰，需要在数据和副载波之间设置保护频带。

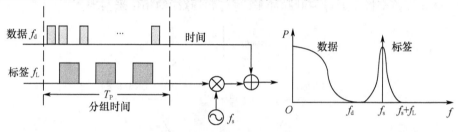

图 9.46　副载波分标签技术

目前，研究人员在副载波标签方案中采用"删除重插"模式的标签交换方法[34,35]，这种方法分为三个阶段：第一阶段，副载波标签以全光的方式被提取和删除；第二阶段，恢复标签，标签信息被送到控制平面以确定下一个标签；第三阶段，IP 分组的新标签被重新调制到同一载波频率上。

9.5.2.4　码分复用 OMPLS

先进的高速光码分复用（OCDM）技术为将光码作为光标签提供了一种新方法[67]。这种方法不再通过光处理中最难实现的逻辑运算，而是通过简单的光相关功能来实现路由表查找[68]。正如第 3 章所介绍的，根据光源的相干程度，基于码分复用的光编码方案一般分为相干和非相干两种。与此对应，将 OCDMA 应用到 OMPLS 技术中的解决方法也有两种，前一种是 Kitayama 等人[29]提出的相干方案，这种方法的原理如图 9.47 所示。

在这个系统中，标签交换能在全光域中实现。光标签交换功能如图 9.48 所示，其原理如图 9.49 和图 9.50 所示。图 9.49 给出了基于交叉相位调制（XPM）效应的光标签交换工作原理。该图表明，输入脉冲和控制脉冲在光纤传播时，XPM效应使输入脉冲经历不同的折射率，从而导致输入脉冲产生相移 φ_{max}，相移大小取决于控制光的强度和作用的长度。通过合理设置控制脉冲的波长和光强，信号脉

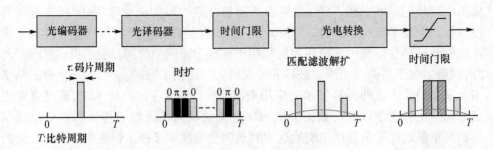

图 9.47　相干 OCDM 原理

冲在光纤的输出端将获得所需相移。例如,要将 4 码片长度的 BPSK 光码"0000"转换成"00ππ",需要设置控制脉冲的强度以使总相移为 π,如图 9.49 所示。因此,全光标签交换是通过控制脉冲来改变信号脉冲的相位来实现。

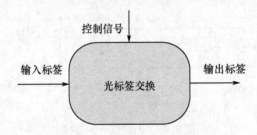

图 9.48　CDMA 标签的光标签交换功能

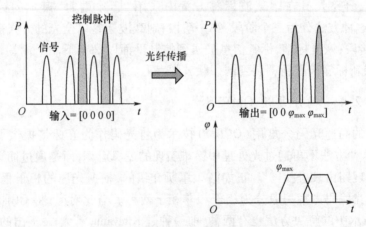

图 9.49　CDMA 标签的光标签交换原理

　　非相干方案作为相干方案的替代方法,人们也对其进行了研究[52,69,70]。图 9.50 显示了光正交码(OOC)在时域中对一个数据比特进行调制的过程。当数据比特为"1"时,发送一个 OOC 序列;数据比特为"0"时,不发送码序列或者发送前一个 OCC 码的补码。因此,OOC 序列可以看作是一种能将 IP 分组转发至目的地的光标签。需注意的是,在标签交换的具体实现中,主要考虑采用序列反转键控

298

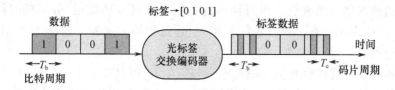

图 9.50　码分标签技术

(SIK)调制格式的直接序列(DS)CDMA[52,69]。在光 SIK 调制中,对于数据"0"和"1",分别采用单极性序列 C_i 和补码 $\overline{C_i}$ 对其进行调制,因此通过一个光异或门对到达的编码标签和控制编码进行处理就能实现全光标签交换。

采用 SIK – DS – CDMA 调制方式,利用编码 C_i 对路由器的输入信号进行调制的过程称为信号被调制到虚光编码信道 $V_{OCC}(i)$ 上。因此,光编码转换器将编码 C_i 转换为 C_j,对应于将信号从虚信道 $V_{OCC}(i)$ 路由至虚信道 $V_{OCC}(j)$ 上。下面介绍转换码 $\mathrm{Conv}(ij)$ 的概念,它实现一种转发功能,将 $V_{OCC}(i)$ 上承载的信息转换到 $V_{OCC}(j)$ 上。文献[52]提出的编码转换器实现了全光 CDMA 交换功能。

为完成码字的转换,转换函数 $\mathrm{Conv}(ij)$ 必须具有以下属性:

$$C_i \oplus \mathrm{Conv}(ij) = C_j$$

$$\overline{C_i} \oplus \mathrm{Conv}(ij) = \overline{C_j}$$

式中:"$\oplus$"表示异或操作。

可以很容易推出 $\mathrm{Conv}(ij) = C_i \oplus C_j$。因为:

$$C_i \oplus \mathrm{Conv}(ij) = C_i \oplus (C_i \oplus C_j) = (C_i \oplus C_i) \oplus C_j = 0 \oplus C_j = C_j \tag{9.39}$$

$$\overline{C_i} \oplus \mathrm{Conv}(ij) = \overline{C_i} \oplus (C_i \oplus C_j) = (\overline{C_i} \oplus C_i) \oplus C_j = 1 \oplus C_j = \overline{C_j} \tag{9.40}$$

例如,对于 4 码片 Walsh 码,$C_1 = \begin{bmatrix} 1 & 0 & 0 & 1 \end{bmatrix}$,$C_2 = \begin{bmatrix} 1 & 1 & 0 & 0 \end{bmatrix}$,从 C_1 到 C_2 的编码转换函数为

$$\mathrm{Conv}(12) = \begin{bmatrix} 1 & 0 & 0 & 1 \end{bmatrix} \oplus \begin{bmatrix} 1 & 1 & 0 & 0 \end{bmatrix} = \begin{bmatrix} 0 & 1 & 0 & 1 \end{bmatrix} \tag{9.41}$$

$$C_1 \oplus \mathrm{Conv}(12) = \begin{bmatrix} 1 & 0 & 0 & 1 \end{bmatrix} \oplus \begin{bmatrix} 0 & 1 & 0 & 1 \end{bmatrix} = \begin{bmatrix} 1 & 1 & 0 & 0 \end{bmatrix} = C_2 \tag{9.42}$$

$$\overline{C_1} \oplus \mathrm{Conv}(12) = \begin{bmatrix} 0 & 1 & 1 & 0 \end{bmatrix} \oplus \begin{bmatrix} 0 & 1 & 0 & 1 \end{bmatrix} = \begin{bmatrix} 0 & 0 & 1 & 1 \end{bmatrix} = \overline{C_2} \tag{9.43}$$

编码转换器的配置如图 9.51 所示。从图中可看出,这是一种改进型太赫兹光非对称解复用器。它有两路控制脉冲输入[52],转换函数 $\mathrm{Conv}(ij)$ 和输入码字 C_i 分别作用在这两臂上。$\mathrm{Conv}(ij)$ 由锁模脉冲发生器(MLPG)产生。由于两路信号工作在同一波长上,异或时钟工作在另一个不同的波长上,因此需要在输出口使用

光学带通滤波器分离波长。当时钟通过主耦合器进入环路后,分成顺时针(CW)和逆时针(CCW)两个脉冲。每个脉冲一旦通过半导体光放大器(SOA),就立刻回到主耦合器。

当转换器两臂承载相同的信号电平"1"或"0"时,SOA 对 CW 和 CCW 信号具有相同的传输性能,时钟信号完全反射到输入端口,输出端口没有输出脉冲。而当两臂承载不同的信号电平(一臂为 1,另一臂为 0)时,SOA 对 CW 和 CCW 信号具有不同的传输性能,当 CW 和 CCW 信号的相位差为 π 时,时钟脉冲从输出端口输出。因此,码字转换器的输出端口输出信道码字 $C_j = C_i \oplus \mathrm{Conv}(ij)$。

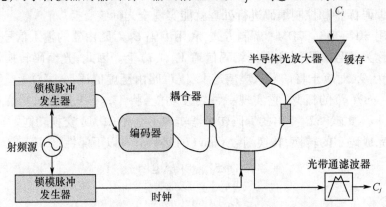

图 9.51 基于 OCDMA 的 OMPLS 网络中的编码转换器

另一种基于相同原理的码字转换器如图 9.52 所示。该装置也采用异或操作,使用对称马赫 – 曾德尔(SMZ)干涉仪[71]。然而,一些文献中介绍的编码转换器忽略了 MAI 与编码信道互相关性所带来的降质问题。采用交换技术和竞争解决技术有助于减轻 MAI 的影响,如文献[70]介绍的一种 OOC MPLS 核心路由器中的交换网络就考虑了 MAI 问题。需注意的是,基于 CDMA 的 OMPLS 方案中,光标签实际上是从时间上对扩展码进行组合而成的二维码,采用一个波长集能提供一个更大的标签池。

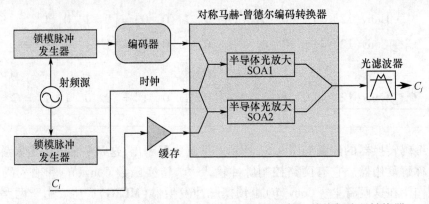

图 9.52 基于 OCDMA 的 OMPLS 网络中的对称马赫 – 曾德尔编码转换器

9.5.3 通用 MPLS 技术

为最终实现全光网,下一步技术发展是在传输层采用改进的 MPLS 技术以支持不同的数据速率。这就是通用多协议标签交换(GMPLS)技术,它是对 MPLS 协议的扩展,也称为多协议波长交换[50,72,73]。GMPLS 支持多种交换任务,如分组交换、时分交换、波分交换和空分交换。GMPLS 的基本特点如下:

(1)GMPLS 协议包括一系列流量工程协议和对现有 MPLS 路由和信令协议的光学扩展。

(2)GMPLS 作为一种光网络标准,是下一代数据和光网络的不可或缺的一部分。

(3)GMPLS 在 IP 层和光层之间搭建起一座桥梁,使网络具有互操作性和可扩展性。

(4)GMPLS 采用更智能的光器件,能帮助网络运营商提高网络的生存性和带宽利用率。

(5)GMPLS 允许路由器和交换机这样的边缘网络设备直接向光层提交带宽分配请求。

(6)GMPLS 支持层次化的标签交换路径(LPS)、光 LPS 和光通道。

(7)GMPLS 能同时管理多种业务类型。它创建了一个控制平面,以支持不同类型的交换[50]:

① 基于分组头或信元头的分组交换;

② 基于时隙的 TDM 交换(如 SONET/SDH、PDH);

③ 基于波长的 WDM 交换(如波长转发器和光分插复用器);

④ 基于数据实际物理位置的空分交换(如不同的输入、输出端口或光纤)。

因为网络各层的数据不同,所以 GMPLS 只作用于各层的控制平面,其目标是提供控制平面的路由和信令协议。"通用"(Generalized)一词的含义是指将 MPLS 协议的 LSP 机制扩展为通用标签和通用 LSP。这些扩展包括[55,67,73,74]:

(1)信令协议。采用资源预留协议(RSVP)或路由约束标签分配协议(CR - LDP)。GMPLS 信令协议要求 LSP 开始和终结于相同类型的设备。在 MPLS 中 LSP 是单向的,而在 GMPLS 中,光通道可以是单向也可以是双向。GMPLS 信令允许上游节点分配标签,尽管该分配可以被下游节点覆盖。

(2)路由协议。GMPLS 能在网络层建立确定的路由,它采用开放最短路径优先协议(OSPF)或中间系统到中间系统协议(IS - IS)作为内部网关路由协议(IGP)。

(3)GMPLS 引入链路管理协议(LMP)。LMP 是一种新协议,旨在解决光网络中链路管理的相关问题。路由器使用 LMP 检查自己和其他路由器之间的链路的可用性。它为节点配对提供控制通道管理、链路连通性验证、链路属性一致性校验和错误管理四个基本功能。

GMPLS 的这些扩展对标签分配、流量工程、保护和恢复等方面都有影响，能使网管人员更快地配置和管理网络服务。虽然 MPLS 是专为分组业务设计的，但GMPLS 的首要目标是提供一套能适用于各种业务的协议，因此称为"通用"。通过整合不同的业务类型，GMPLS 以前所未有的方式简化了网络并提高其可扩展性。它为网络提供一种通过汇聚节点实现多种业务类型同时处理的手段，从而使网络扩展和简化。

目前基于 DWDM 传输网络，GMPLS 网络架构形成一套共同的路由、数据转发和流量工程机制[55]。下一代全光网预计会包括路由器、交换机、可重构光分插复用器（ROADM）、光交叉连接（OXC）等光网元，采用 GMPLS 动态地分配资源，并采用保护和恢复技术来提供网络生存性，形成一个具有自连接和自调节功能的网络。

本章在介绍 OCDMA 的同时也介绍了标签交换技术，这两种技术在相互结合优势互补的方面具有很大潜力。OCDMA 作为物理层复用技术，能在纯光域中利用编码转换技术在同一光纤同一波长上复用和传输不同速率的数据。上面对在MPLS 系统中利用光编码作为标签机制的概念进行了讨论。在 MPLS 中，标签机制是通过将光码作为地址编码方式，并将其置于分组报头来实现，即显式光码标签法[67]。目前 GMPLS 定义了分组交换、二层交换、时隙交换、波长交换和光纤交换五种标签映射空间。只有最后两种映射方式可以用在全光交换设备中。

9.6 总　　结

本章首先回顾了承载 CATV 和视频点播业务等不同应用的接入网的现有解决方案，介绍了基于 TDM 或 WDM 的不同类型的无源光网络，如 APON、GPON、EPON和 WDM – PON。本章的其余部分主要从 OCDMA 网络的视角关注 OCDMA 作为一种接入技术如何应用在 PON、IP 和 MPLS 网络中，对采用可调谐 OLT 和基于相干收发器的可调谐 ONU 的 OCDMA – PON 架构进行了研究和详细分析。

本章在功率预算分析的基础上对 OCDMA – PON 架构的可扩展性进行了研究，分析了网络支持的节点数量和用户数量相对光纤跨度（用户与端局的距离）的变化，分析了接收信号降质时系统的整体信噪比，引起信号降质的影响因素主要包括光纤链路噪声（如放大器的自发辐射噪声）、热噪声、光电检测器的散弹噪声、相位强度噪声、多址干扰。需注意的是，相对第 4 章介绍的光谱幅度编码（SAC）方案而言，这一体系结构吸引人的地方在于它是基于有源光外调制器（OEM）的方案和复杂方案之间的折中。另外，由于对电信号进行了通用时扩，该结构不需要为每个用户配备独有的收发器，但需要安装一个特定的光纤布拉格光栅（FGB），在 SAC结构中则需要安装频谱敏感元件。

鉴于 IP 已成为通信网络的主导业务模式，所以本章对采用相干调制和非相干解调的 IP over OCDMA 网络也进行了分析,研究了不同信道利用率情况下的网络性能。该网络与 MPLS 类似,每个 IP 分组只在网络边缘节点缓存两次,因此相比 IP 分组在每一跳都缓存的传统路由机制,缓存时延明显降低。此外,光编码器不再一有到达分组就进行调谐,而是基于属于同一用户的分组进行调整,因此编码器调谐时间显著减少。

在 OCDMA 网络中,引起通信质量下降的主要原因是多个用户试图共享相同的信道或媒质时产生的多址接入干扰(MAI)问题。因此需要采用媒质接入控制,也称为随机接入协议或传输调度机制来控制冲突和支持异步通信。

本章对最新提出的纯自私算法、阈值算法和重叠量算法三种传输调度算法进行了讨论和分析。针对这三种算法,分别基于分组差错率、提交负载和网络吞吐量等网络指标进行了评估,在分析中考虑了素数码和光正交码等不同的编码。本章还进行了敏感性分析,从该分析可以看出网络指标和设计阶段所涉及的参数之间存在的依赖关系。

最后,为了涵盖光网络的新技术,本章对分组交换网络的简单流量工程技术,即多协议标签交换(MPLS)技术也进行了介绍。"多协议"一词是指一种技术能在不同网络层协议中应用。然而如前所述,IP 是占主导地位的网络协议,所以这部分章节将 IP 作为主要的网络层协议,而 MPLS 是对现有的 IP 架构的扩展。本章还介绍了 MPLS 与时分、波分和码分交换等各种技术的结合,编码转换技术作为标签交换技术的主要工作也被涉及。下一章将讨论面向服务的基于 OCDMA 的光网络。

参 考 文 献

[1] Diab, W. W. and Frazier, H. M. (2006) Ethernet in the first mile: access for everyone. Standards Information Networks. IEEE Press, New Jersey, USA.

[2] Kitayama, K., Wang, X. and Wada, N. (2006) OCDMA over WDM PON – solution path to gigabit symetric FTTH. J. Lightw. Technol., 24(4), 1654 – 1662.

[3] Reed, D. (2003) Copper evolution. Federal Communications Commission, Technological Advisory Council III.

[4] Goralski, W. (1998) ADSL and DSL Technologies. McGraw – Hill, USA.

[5] Kramer, G. (2005) Ethernet passive optical network. McGraw – Hill, New York, USA.

[6] Killat, U. (1996) Access to B – ISDN via PON – ATM communication in practice. Wiley Teubner Communications, Chichester, England.

[7] Lam, C. F. (2007) Passive optical network: principles and practice. Academic Press, Elsevier, USA.

[8] Beck, M. (2005) Ethernet in the first mile: the IEEE 802. 3ah standard. McGraw – Hill, USA.

[9] Dutta, R. and Rouskas, G. N. (2000) A survey of virtual topology design algorithms for wave-

length routed optical networks. Opt. Networks Mag. , 1(1) , 73 – 89.

[10] Ramaswami, R. and Sivarajan, K. N. (1998) Optical Networks: a practical perspective. Morgan Kaufmann, Burlington, MA, USA.

[11] Yamamoto, F. and Sugie, T. (2000) Reduction of optical beat interference in passive optical networks using CDMA technique. IEEE Photonics Tech. Letters, 12(12) , 1710 – 1712.

[12] Mukherjee, B. (1997) Optical communication networks. McGraw – Hill, New York, USA.

[13] Sivalingam, K. M. and Subramanian, S. (2005) Emerging optical network technologies. Springer Science + Business Media Inc. , USA.

[14] Perros, H. G. (2005) Connection – oriented networks: SONET/SDH, ATM, MPLS, and optical networks. John Wiley & Sons, Chichester, England.

[15] Hernandez – Valencia, E. , Scholten, M. and Zhu, Z. (2002) The generic frame procedure (GFP): an overview. IEEE Comm. Mag. , 40(5) , 63 –71.

[16] Ueda, H. et al. (2001) Deployment status and common technical specifications for a B – PON system. IEEE Comm. Mag. , 39(12) , 134 – 141.

[17] Ohara, K. (2003) Traffic analysis of Ethernet – PON in FTTH trial service. In: OFC, CA, USA.

[18] Assi, C. , Ye, Y. and Dixit, S. (2003) Dynamic bandwidth allocation for quality of service over Ethernet PON. IEEE J. on Selected Areas in Comm. , 21(11) , 1467 – 1477.

[19] Sala, D. and Gummalla, A. (2001) PON function requirements: services and performance. In: IEEE 802. Meeting, USA.

[20] Iwatsuki, K. , Kani, J. I. and Suzuki, H. (2004) Access and metro metworks based on WDM technologies. J. Lightw. Technol. , 22(11) , 2623 – 2630.

[21] Karbassian, M. M. and Ghafouri – Shiraz, H. (2009) Analysis of scalability and performance in passive optical CDMA network. J. Lightw. Technol. , 27(17) , 3896 – 3903.

[22] Ahn, B. and Park, Y. (2002) A symmetric – structure CDMA – PON system and its implementation. IEEE Photonics Tech. Letters, 14(9) , 1381 – 1383.

[23] Guennec, Y. L. , Maury, G. and Cabon, B. (2003) BER Performance Comparison Between an Active Mach – Zehnder Modulator and Passive Mach – Zehnder Interferometer for Conversion of Microwave Subcarrier of BPSK Signals. J. Microw. & Opt. Tech. Let. , 36(6) , 496 – 498.

[24] Gnauck, A. H. (2003) 40 – Gb/s RZ – differential phase shift keyed transmission. In: OFC, CA, USA.

[25] Zhang, C. , Qui, K. and Xu, B. (2006) Investigation on performance of passive optical network based on OCDMA. In: IEEE ICC, Circuits and Systems, Istanbul, Turkey.

[26] Zhang, C. , Qui, K. and Xu, B. (2007) Passive optical networks based on optical CDMA: design and system analysis. Chinese Science Bulletin, 52(1) , 118 – 126.

[27] Benedetto, S. and Olmo, G. (1991) Performance evaluation of coherent code division multiple access. Electronics Letters, 27(22) , 2000 – 2002.

[28] Wang, X. and Kitayama, K. (2004) Analysis of beat noise in coherent and incoherent time – spreading OCDMA. J. Lightw. Technol. , 22(10) , 2226 – 2235.

[29] Kitayama, K., Wada, N. and Sotobayashi, H. (2000) Architectural considerations for photonic IP router based on optical code correlation. J. Lightw. Technol., 18(12), 1834 – 1844.

[30] Meenakshi, M. and Andonovic, I. (2006) Code – based all optical routing using two – level coding. J. Lightw. Technol., 24(4), 1627 – 1637.

[31] Teixeira, A. L. J. et al. (2003) All – optical routing based on OCDMA header. In: LEOS, the 16th Annual Meeting of the IEEE, Tuscon, Arizona, Oct. 26 – 28.

[32] Xu, R., Gong, Q. and Ya, P. (2001) A novel IP with MPLS over WDM – based broadband wavelength switched IP network. J. Lightw. Technol., 19(5), 596 – 602.

[33] Yao, S., Yoo, S. J. B. and Mukherjee, B. (2001) All – optical packet switching for metropolitan area networks: opportunities and challenges. IEEE Comm. Mag., 39(3), 142 – 148.

[34] Seddighian, P. et al. (2008) Time – stacked optical labels: an alternative to label – swapping. In: OFC, San Diego, USA, Feb. 26 – 28.

[35] Seddighian, P. et al. (2007) All – Optical Swapping of Spectral Amplitude Code Labels for Packet Switching. In: Photonics in Switching, San Diego, USA.

[36] Gumaste, A. et al. (2008) Light – mesh: A pragmatic optical access network architecture for IP – centric service oriented communication. Opt. Switching and Networking, 5(2,3), 63 – 74.

[37] Karbassian, M. M. et al. (2011) Experimental demonstration of transparent QoT – aware cross – layer lightpath protection switching. In: Proc. WCECS (ICCST), San Francisco, USA, pp. 808 – 813.

[38] Wei, Z. and Ghafouri – Shiraz, H. (2002) IP routing by an optical spectral – amplitude – coding CDMA network. IEE Proc. Communications, 149(5), 265 – 269.

[39] Lemieux, J. F. et al. (1999) Step – tunable(100 GHz) hybrid laser based on Vernier effect between Fabry – Perot cavity and sampled fibre Bragg grating. Electronics Letters, 35(11), 904 – 906.

[40] Schr̈oder, J. et al. (2006) Passively mode – locked Raman fiber laser with 100 GHz repetition rate. Optics Letters, 31(23), 3489 – 3491.

[41] Karbassian, M. M. and Ghafouri – Shiraz, H. (2009) IP routing and transmission analysis over optical CDMA networks: coherent modulation with incoherent demodulation. J. Lightw. Technol., 27(17), 3845 – 3852.

[42] Wei, Z. and Ghafouri – Shiraz, H. (2002) IP transmission over spectral – amplitude – coding CDMA links. J. Microw. & Opt. Tech. Let., 33(2), 140 – 142.

[43] Kamath, P., Touch, J. D. and Bannister, J. A. (2004) The need for medium access control in optical CDMA networks. In: IEEE InfoCom, Hong Kong.

[44] Kamath, P., Touch, J. D. and Bannister, J. A. (2004) Algorithms for interference sensing in optical CDMA networks. In: Proc. ICC, Paris, France.

[45] Armitage, G. (2000) MPLS: the magic behind the myths. IEEE Comm. Mag., Jan. 124 – 131.

[46] Li, T. (1999) MPLS and the evolving Internet architecture. IEEE Comm. Mag., Dec. 38 – 41.

[47] Rekhter, Y. et al. (1997) Cisco systems' tag switching architecture overview. IETF – Net-

work Working Group.

[48] Lawrence, J. (2001) Designing multi – protocol label switching networks. IEEE Comm. Mag. , July. 134 – 142.

[49] Viswanathan, A. et al. (1998) Evolution of multi – protocol label switching. IEEE Comm. Mag. , May. 165 – 173.

[50] Ilyas, M. and Moftah, H. T. (2003) Handbook of optical communication networks. CRC Press, Florida, USA.

[51] Kitayama, K. (1998) Code division multiplexing lightwave networks based upon optical code converter. IEEE J. on Selected Areas in Comm. , 16(9), 1309.

[52] Wen, Y. G. , Zhang, Y. and Chen, L. K. (2002) On architecture and limitation of optical multi – protocol label switching(MPLS) networks using optical – orthogonal – code(OOC)/ wavelength label. Optical Fiber Technology, 8(1), 43 – 70.

[53] Pattavina, A. (2005) Architectures and performance of optical packet switching nodes for IP networks. J. Lightw. Technol. , 23(3), 1023 – 1032.

[54] Zheng, Q. and Gurusamy, M. (2009) LSP partial spatial – protection in MPLS over WDM optical networks. IEEE Trans on Comm. , 57(4), 1109 – 1118.

[55] Yoshikane, N. et al. (2007) GMPLS – based multiring metro WDM networks employing OTN – based client interfaces for 10 GbE services. In: OFC, Anaheim, CA, USA.

[56] Kitayama, K. and Wada, N. (1999) Photonic IP routing. IEEE Photonics Tech. Letters, 11 (12), 1689 – 1691.

[57] Brackett, C. A. (1990) Dense wavelength division multiplexing networks: principle and applications. IEEE J. on Selected Areas in Comm. , 8(8), 948 – 964.

[58] Toliver, P. et al. (1999) Simultaneous optical compression and decompression of 100 – Gb/s OTDM packets using a single bidirectional optical delay line lattice. IEEE Photonics Tech. Letters, 11(9), 1183 – 1185.

[59] Menendez, R. et al. (2005) Network applications of cascaded passive code translation for WDM – compatible spectrally phase – encoded optical CDMA. J. Lightw. Technol. , 23(10), 3219 – 3230.

[60] Mohamad, A. S. and Asano, S. (2008) Generalized multi – protocol label switching – based all – optical network for optical quality control. In: Proceedings of the Fifth IASTED, Anaheim, USA.

[61] Singh, R. K. and Singh, Y. N. (2006) An overview of photonic packet switching architectures. IETE Technical Review, 23(1), 15 – 34.

[62] Yan, N. , Monroy, I. T. and Koonen, T. (2005) All – optical label swapping node architectures and contention resolution. In: Proc. of Optical Network Design and Modelling, Milan, Italy.

[63] Wada, N. et al. (2000) Photonic packet switching based on multi – wavelength label switching using fiber Bragg gratings. In: ECOC, Munich, Germany.

[64] Jourdan, A. et al. (2001) The perspective of optical packet switching in IP – dominant backbone and metropolitan networks. IEEE Comm. Mag. , 39(3), 136 – 141.

[65] Capmany, J. et al. (2003) Subcarrier multiplexed optical label swapping based on subcarrier multiplexing: a network paradigm for the implementation of optical Internet. In: ICTON, Warsaw, Poland.

[66] Carena, A. et al. (1998) OPERA: An optical packet experimental routing architecture with label swapping capability. J. Lightw. Technol. , 16(12), 2135 – 2145.

[67] Khattab, T. and Alnuweiri, H. (2007) Optical CDMA for all – optical sub – wavelength switching in core GMPLS networks. J. on Selected Areas in Comm. , 25(5), 905 – 921.

[68] Wada, N. and Kitayama, K. (1999) 10 Gb/s optical code division multiplexing using 8 – chip optical bipolar code and coherent detection. J. Lightw. Technol. , 17(10), 1758 – 1765.

[69] Wen, Y. G. et al. (2000) An all – optical code converter scheme for OCDM routing networks. In: ECOC, Munich, Germany.

[70] Wen, Y. G. , Chen, L. K. and Tong, F. (2001) Fundamental limitation and optimization on optical code conversion for WDM packet switching networks. In: OFC, Anaheim, CA, USA.

[71] Nakamura, S. , Ueno, Y. and Tajima, K. (2001) 168 – Gb/s all – optical wavelength conversion with a symmetric Mach – Zehnder – type switch. IEEE Photonics Tech. Letters, 13(10), 1091 – 1093.

[72] Banjeree, A. et al. (2001) Generalized multi – protocol label switching: an overview of routing and management enhancements. IEEE Comm. Mag. , Jan. 144 – 150.

[73] Banjeree, A. et al. (2001) Generalized multi – protocol label switching: an overview of signaling enhancements and recovery techniques. IEEE Comm. Mag. , July. 144 – 151.

[74] Perelló, J. et al. (2007) Resource discovery in ASON/GMPLS transport networks. IEEE Comm. Mag. , 45(10), 86 – 92.

第 10 章　OCDMA 网络的
区分服务和服务质量

10.1　概　　述

　　未来网络的发展趋势是更高的比特速率和超高速业务,如视频点播和 IPTV 等基于 IP 协议的流媒体。由于光纤拥有巨大带宽和极低损耗,已成为电信网络和计算机网络的最佳物理传输媒质。在所有光接入技术中,需要选择最能充分利用光纤带宽,又能支持随机接入协议的技术,为类似 IP 这样具有突发流量属性的不同速率业务提供不同的服务,即提供区分服务(DiffServ)功能。

　　标签交换技术通过路由建立端到端的路径,可用来实现区分服务。多协议标签交换(MPLS)是二层和三层之间的交换协议,它给数据头添加标签,通过交换而非路由在相应路径上转发已标记的数据分组,对此第 9 章已做了详细的介绍。因为光码分多址(OCDMA)具有支持标签交换的潜力,只要将 OCDMA 作为一种网络接入协议使用,就能实现标签交换传输。MPLS 的主要应用是网络流量工程。通用 MPLS(GMPLS)对 MPLS 进行了扩展,为设备在分组域、时域、波长域和光域增加了信令和路由控制平面,提供端到端连接、资源管理和服务质量(QoS)等功能。而标准化的"最后一公里"以太网(IEEE 802.3ah)和作为光纤到用户实用解决方案的 EPON 的建设,也加快了光传送网(OTN)的发展。

　　区分服务是指能承载不同速率、不同质量和包括语音、网页、电子邮件、视频和文件传输等不同模式的业务的架构。OCDMA 为了实现区分服务,除了需要数据平面和控制平面外,还需引入一个能提供智能服务的功能性中间平面,即服务平面。

　　控制平面是路由架构的一部分,存储了网络拓扑信息,这些信息就像路由表中的信息一样规定了输入分组的路由。多数情况下,路由表中包含目的地址列表和对应输出端口。通过控制平面协议,它能将有些分组定义为可丢弃的,也可优先处理区分服务机制定义的高 QoS 等级分组[1]。

　　此外,数据平面也是路由体系架构的一部分,它决定如何处理进入内部接口的分组。这一决策来自决策层或服务平面,从而建立网络中的区分服务。数据平面通常指一个存有输入分组目的地址的列表,路由器可从中获取信息以决定路径,并通过内部转发矩阵将接收信息送到正确的输出接口。输出接口利用合适的数据链路协议对分组进行封装。若路由协议支持,并在对路由器配置的基础上,输出接口通常具备设置不同数据分组字段的功能,例如支持 DiffServ 的差分服务代码点(DSCP)字段。

　　网络应该适应用户(或应用)的需求,为用户(或应用)提供网络资源的管理和控制,如 WDM 和 EPON 中基于波长或子波长的带宽分配[2]。其中的关键技术是动态资源管理能力,即能根据需求进行即时的数据速率、带宽和 QoS 管理,将来能实现预先管理。由于码域比时域或频域更易处理,在 OCDMA 网络中实现这些功能比其他架构更容易。光交换既具有像光分组/突发交换这样的波长级带宽处理能力,也能提供更大范围的业务分配。目前,OCDMA 技术[3]、服务提供网络[4]和区分服务[5]等新兴技术虽然已得到广泛研究,但是如何将它们应用于光网络中仍具有很大的研究潜力。

　　面向服务的总线型网络资源管理(NRM)体系结构如图 10.1 所示。服务与面向服务架构(SOA)总线相连,以网络服务组件的形式呈现,从而使网络服务能适应业务流程。配置系统或其他运营支撑系统(OSS)等网络服务客户端能根据应用的需求调用网络服务。网络资源虚拟化是这种体系结构的关键技术,其中典型的就是利用 Web 服务描述语言(WSDL)提取和呈现服务[6]。这意味着,无论网络基础设施如何,网络服务客户端都可采用同一方式通过 SOA 总线协调不同的网络资源。此外,虚拟化的网络资源可以汇聚到单一的网络服务中,如图 10.1 中的网络

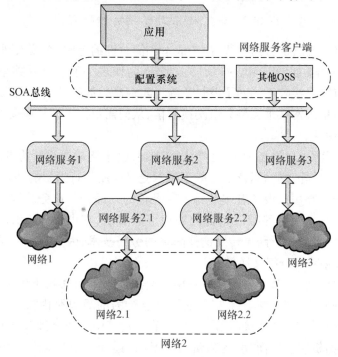

图 10.1　面向服务的总线型网络资源管理体系结构

服务2。特定网络服务的作用、功能或流程可以通过附加服务组件来完成,如图10.1所示的网络服务3。NRM应该对应于图10.1中的每个网络服务组件,发挥网络资源虚拟化的作用,使网络服务与SOA总线相连[7]。采用这种方式重构的系统将具有良好的可维护性和可重用性。

图10.2所示网络包括彼此连接的多个节点,节点与中心局之间连接很少,这种连接方式能极大地节省光纤[4]。节点除了能上下业务外,还能够为业务提供旁路。如果将这种节点应用到接入网中,所需光纤比之前研究的星形PON更少[8]。支持SOA总线的接入网节点具有以下网络特性:

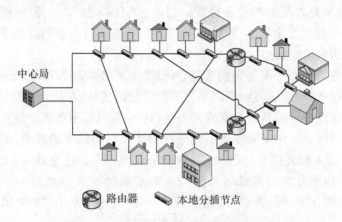

图10.2　基于SOA的环形/网状光网络结构

(1)采用子波长/分组模式:出于成本和简单性的考虑,在接入网中首选单/双波长的解决方案(如OCDMA - PON)。此外,为使多个节点有效共享同一波长带宽,每个节点需要接收不同的子波长。为了实现高效的统计复用,需要基于分组进行通信,所以接入网必须支持分组交换通信,从而需要按子波长粒度划分带宽和良好的统计复用性。

(2)以无源独立设备为主:在接入网终端,由于终端用户行为的不确定性,功耗不可预知。另外,网络运营商一般不愿意受终端用户行为影响,因而为更好地控制能耗,可把终端用户设备看作是提供商设备的一部分。业务从源到目的地能够跳转多个节点(利用旁路特性),因此即使节点关闭,它也必须能够转发业务。这种情况下不能采用光下路再转发这种简单的旁路技术,因为它不支持接入网节点实现SOA所必需的分组交换模式。

(3)在高吞吐量节点采用简单路由:同样,由于节点功耗不确定,导致节点路由能力也不确定。这意味着需要不依赖节点行为的简单路由机制。在这种情况下,最好有虚拟的K^2个连接(假设有K个节点),其中一个无源节点的关闭不会影响整体的路由机制。然而,洪泛和路由学习(以避免重复)等问题变得非常关键,需要在网络中得到解决。

（4）具有容错性：如果发生光纤或节点故障，包含终端用户节点的 SOA 总线也可以提供保护路径，这是因为 K^2 个连接可提供备用路由。

（5）具有简单协议和支持服务的能力：一个大部分由无源节点构成的 K^2 连接拓扑意味着需要共享介质。连接拓扑的另一个限制是需要有效的统计复用。无源 K^2 连接与良好的统计复用相结合会产生冲突，这就需要能支持新服务的有效协议。该协议应该比较简单，例如采用载波侦听方式接入，以避免不必要的开销，同时具有高负载和低延迟。服务型网络由全光节点构成，之所以选择透明网络作为解决方案，是因为光节点处理简单，即使断电也能实现网络中的流量旁路功能，所以比不透明网络的费用低得多[4]。

为使光层能适应 IP 网络，可以利用通用帧协议（GFP）实现 IP 地址的映射[9]，或者将其直接映射为地址码序列[10]。在光网络中对 IP 分组进行路由的基本结构如图 10.3 所示，它与第 9 章中讨论的结构类似，在每个发射机中，对每个接收 IP 进行目的地址识别，然后将其保存到包括 N 个子缓存的缓存中[11]。

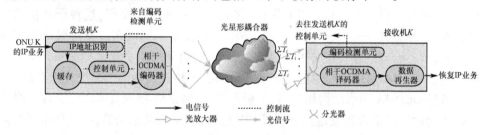

图 10.3　OCDMA 网络 IP 业务节点结构示例

不同目的接收机的 IP 数据分组存储在不同的子缓存中，应该被路由至同一接收机的 IP 分组，依序保存在相同的子缓存中。控制单元监测每个子缓存中的累积数据总量，当总量超过预设阈值时，控制单元将可调光编码器配置为预期地址，并突发发送业务。因此，光编码器不需要根据每个 IP 分组进行配置，只需要针对大量数据报同时进行调整[10,12]。这样对可调速编码器的需求就大大减少了。虽然这个方案会增大缓冲延迟，尤其是当可调阈值很大时。但设定适当的阈值，可使延迟处于可接受范围，即使对于实时服务也如此。但是，当两个（或更多）发射机在同一时间向同一接收机发送信号时会发生冲突，为了避免这种冲突，应恰当运用第 9 章介绍的 MAC 协议或调度协议。

下面将研究 OCDMA 的编码特性，通过这些特性将实现服务区分和连接，从而使网络控制平面在比物理层更高的层面上实现用户地址码分配的管理。

10.2　OCDMA 中的区分服务

如前面的章节所述，OCDMA 网络利用低互相关的光扩频码作为目的地址，允许多个用户同时接入同一个信道。由于非相干 OCDMA 系统采用强度调制技术,因此选用了(0,1)单极性码。第 2 章中已经介绍了各种具有低相关值(最佳)的单极性码,因此考虑采用具有相同码长和码重(即序列中"1"的个数)的光正交码(OOC)来满足相关特性和容纳具有相同数据速率和相同特性的并发用户[13-15],利用扩频码来区分具有不同数据传输速率和质量的服务,作为判别参数的相关值可以被分配给特定的服务。

在这种情况下,需要对变重光正交码(VW - OOC)进行研究。变重光正交码序列具有相同的码长和不同的码重。码重代表信号功率,因此码重改变意味着信号功率的变化,功率直接影响 OCDMA 网络的整体性能。与具有低码重的码序列相比,具有较高码重的序列对干扰更不敏感。变重光正交码有不同的组合技术[16,17],如果编码只有两种不同的码重,仅支持两种不同的服务。不过,多码重正交码在同步和异步应用中没有约束码族的码重数量[18],码族的互相关值 $C_c = 2$ 会降低系统的性能。文献[19]研究了另一种具有严格的相关特性($C_a = C_c = C = 1$,C_a、C 分别为自相关值和最大相关值)的多码重单一码长正交码,这种严格性只针对具有相似码重的码序列。另外,当码集中并存多个不同码重以支持网络的多种服务时,其不合理的相关值将引起较大的多址干扰(MAI),进而降低服务质量[20]。因此,在 OCDMA 网络中实现区分服务质量需要严格和灵活的可变重光正交码。

典型 OCDMA 网络结构如图 10.4 所示[21]。网络中有 M 个用户,任意一对收发信机通过星形耦合器发送数据,利用多址接入技术来共享信道,并从严格可变重 OOC 码中为每个用户分配一个单极性(0,1)码序列。

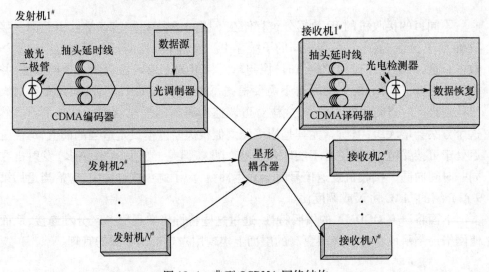

图 10.4　典型 OCDMA 网络结构

发射机的激光源产生短脉冲,利用光学编码器对其进行编码。在第 5 章的时扩方案中,采用有光学抽头延迟线的编码器,抽头的数目决定了地址码和码重。发射机首先对数据进行开关键控（OOK）调制，利用预期地址码进行编码。然后，将数据叠加发送至公共信道上传送给各个接收机。接收机译码器通过合理设置光抽头延迟以匹配发送地址码，其中光抽头延迟是延迟系数的补码。如果任意一对收发信机的地址码完全匹配，相关器将输出一个自相关峰，从而识别发送端发送的"1"数据比特。否则，相关器输出与其他用户的信号互相关值。光电检测器的输出被馈送到阈值检测器以实现数据恢复。当采用 VW – OOC 时，网络通过不同的性能水平和可变 QoS 来支持多业务识别。

　　另外，这些扩展码都具有单速率特征，这意味着所有用户都必须以相同的数据速率进行通信。码重的变化与信号功率或信噪比（即相关比）有关，用以提供不同服务质量。在多媒体通信中，需要为语音、数据、视频、电子邮件等应用建立可变数据速率链路。那么如何建立一个可变数据速率的 OCDMA 网络呢？为此需要了解编码的特性。回顾码长、数据速率和码片速率之间的关系，通过前面的讨论，知道码长代表 OCDMA 系统的数据速率，因此在 OCDMA 网络中，可以通过可变码长编码方案实现可变数据速率传输。与 VW – OOC 类似，在构造可变码长码时，不同码序列之间的码重相同但码长可变。

　　持续增长的多媒体传输应用对多速率光纤网提出了需求。例如，一个系统可能需要为 VoIP 提供 64Kb/s 的信道，同时需为数据服务提供若干条数千兆每秒的信道。在无线 CDMA 网络中，为了解决这个问题，人们对多编码和可变长扩频技术进行了研究[22,23]，在 OCDMA 网络中对这些技术在光域中的应用进行了实验[24-26]。1990 年 Petrovic 等人[25] 对光纤 LAN 提出了可变长编码的思想，之后 Maric 等人[26] 提出了另一种基于不同码重的多码长编码方案，然而对高数据速率用户而言，Maric 等人提出的编码技术差错率太高。2002 年，Kwong 等人[24] 提出另一种多码长光正交码，其互相关限制增大，相应也增大了不同速率用户之间的 MAI。另外，正如第 2 章介绍的光正交码设计，在下面的章节中也会看到，相对于码重和相关值，码长的选择相对有限，因此码长会将传输速率限制于某些特定速率[27]。

　　正如第 2 章所述，二维波长时扩码具有良好的相关特性，因此人们考虑利用它增加并发用户的数量[28-30]，例如著名的素数码和光正交码[31]。

　　二维扩展载波跳频素数码（ECHPC）[30,32] 通过对载波跳频素数码进行扩展构造而成，具有渐近最优的基数、零自相关旁瓣和取值为 1 的互相关值。具有宽带激光器的高速 OCDMA 采用有限时隙的 ECHPC，可用波长数大于码长，其码集基数依赖于波长数。不过，最近关于二维波长时扩码的研究都基于单一速率通信的假设。未来的 OCDMA 有望以对称和可扩展的方式支持多种业务，如 Internet、VoIP、VoD、E – mail、IPTV 等，并能同时容纳不同速率和服务质量的用户[24,33]。

　　多码长二维波长时扩码通过分配不同波长的编码矩阵，能够动态地匹配用户对速率的需求。设计这种编码的一种方法是将不同长度的波长时扩码序列聚合在一起,但如果编码矩阵选择不当,就会破坏互相关函数从而引起很强的干扰。另一种可行的方法是去除单一码长波长时扩码中的某些矩阵元素(弱矩阵)。为了保持互相关特性,弱矩阵的码重将与原始矩阵不同,这会带来不同的自相关峰。在此机制中,功率控制和相关性处理会变得十分复杂[5,34]。多码长编码可通过在编码矩阵序列的结尾补零来交替生成。但为了保持相关特性,需要利用一些零码打破"周期"相关函数,使其变成"非周期"性的,这样会导致码长变长。因此,码集必须从具有小基数的短矩阵开始构建。总之,必须对相关值、码长和码集基数进行折中。每个编码参数都具有实际的物理意义,例如,相关值代表信号的相似性,合理的相关性使信号能被更好地识别;码重代表信号功率和信噪比,码重越大误码率越低;码集基数则表示网络中的用户数,显然基数越大越好。

因此,在提高 OCDMA 系统的性能和可扩展性方面,编码构建技术和算法扮演着十分重要的角色,从文献可以看出相关研究异常活跃。以下将回顾和学习一些最新的支持 OCDMA 网络区分服务的可变码重或可变码长的光扩频码。

10.3 变重光扩频码

本节介绍最新的 VW – OOC 结构和算法,内容主要基于 Nasaruddin 等人[21]为实现 OCDMA 网络区分服务质量而设计的严格 VW – OOC。

首先介绍相关术语。VW – OOC 的码集 C 包括多个码长相同但码重不同的 $(0,1)$ 序列,记为 (n,W,λ,Q),其中 n 为码长,$W = \{w_1,w_2,\cdots,w_L\}$ 为码重集,λ 为最大自相关和互相关值,$Q = \{q_1,q_2,\cdots,q_L\}$ 为码序列中不同码重序列的占比,L 为码集中不同码重的数量,w_l 为第 l 个码重,$l = \{1,2,\cdots,L\}$。C 也可被看作是一组由模 n 整数构成的 w_l 集合,每个 w_l 集合对应一个码字,每个 w_l 集合内的整数指定了码序列中 1 的位置。VW – OOC 码集基数是码集中序列的数量,由 $|C|$ 表示。严格 VW – OOC 要求 $\lambda_a = \lambda_c = \lambda = 1$,它必须符合下列条件:

(1) C 中的每个 n 维向量具有码重 w_l,w_l 属于集合 W。

(2) 对于任何码序列 $x \in C$ 和任何整数 $\tau \in \{1,2,\cdots,n-1\}$,其自相关系数为

$$R_{xx} = \sum_{t=0}^{n-1} x_t x_{(t+\tau)\bmod n} \leqslant \lambda_a \qquad (10.1)$$

式中:$x = \{x_0,x_1,\cdots,x_{n-1}\}$;$x_t \in \{0,1\}$;$t = \{0,1,2,\cdots,n-1\}$。

(3) 对于任何两个码序列 $x,y \in C$ 且 $x \neq y$,对任意整数 $\tau \in \{0,1,2,\cdots,n-1\}$,其互相关系数为

$$R_{xy} = \sum_{t=0}^{n-1} x_t y_{(t+\tau)\bmod n} \leqslant \lambda_c \qquad (10.2)$$

其中:$y = \{y_0,y_1,\cdots,y_{n-1}\}$;$y_t \in \{0,1\}$;$t = \{0,1,2,\cdots,n-1\}$。

314

值得注意的是,零偏移自相关值($\tau = 0$)等于码重,它应当最大化以确保接收到的信号大于背景噪声和干扰信号,而自相关值的偏移部分(旁瓣)应该被最小化,因此构建方法将其设置为"1",这种情况下系统完全是异步运行的。式(10.2)中的互相关值阈值为1,此时所有的编码序列能够彼此区分,引起的多址干扰微不足道。为了构建严格的 VW – OOC,无论是在序列内还是在序列间,两个"1"之间没有相同的间隔数。如果 x 是 C 的一个序列,码重为 w_l,x 由 $x_{j_0} = x_{j_1} = \cdots = x_{j_{wl-1}} = 1$ 组成,则 x 中两个"1"之间的间隔集合被定义为

$$D_{x,wl} = \{ d_0, d_1, \cdots, d_{wl-1} \}$$

式中

$$d_i = \begin{cases} j_{i+1} - j_i, & i = 0, 1, \cdots, w_l - 2 \\ n + j_0 - j_{w_{l-1}}, & i = w_l - 1 \end{cases} \qquad (10.3)$$

其中:w_l 为第 l 个码重。

$R_{x,wl} = [r_x(i,j)]$ 表示 $(w_l - 1) \times w_l$ 整数数列,其中第 (i,j) 个间隔由下式给出:

$$r_x(i,j) = \sum_{k=0}^{i} d_{(j+k) \bmod w_l} \qquad (10.4)$$

其中:$i = \{ 0, 1, \cdots, w_l - 2 \}$;$j = \{ 0, 1, \cdots, w_l - 1 \}$。

为了确保码序列是严格 VW – OOC,其间隔应服从以下定理:$C = \{ C_{w_1}, \cdots, C_{w_l}, \cdots C_{w_L} \}$ 是大小为 $|C|$ 的严格 VW – OOC 的码集,其中 $C_{wl} = \{ c_{1,w_l}, \cdots, c_{m,w_l}, \cdots c_{|C_{w_l}|,w_l} \}$ 为码重 w_l 的子码集;c_{m,w_l} 为第 m 个序列;$l = \{ 1, 2, \cdots, L \}$。$D$ 是 C 码集的间隔集合,满足下列条件的码序列是严格 VW – OOC:

(1) 子码集 C_{wl} 采用的间隔集合 D_{wl} 具有元素 $\{ 1, 2, \cdots, n-1 \}$,且 $D_{1,w_l} \cap \cdots \cap D_{m,w_l} \cap \cdots D_{|c_{w_l}|,w_l} = \varnothing$,其中 $D_{m,wl}$ 为 C_{wl} 中第 m 个码序列使用的间隔。

(2) 码集 C 所用的间隔集合 $D = \{ D_{w_1}, \cdots, D_{w_l}, \cdots D_{w_L} \}$ 具有元素 $\{ 1, 2, \cdots, n-1 \}$,且满足 $D_{w_1} \cap \cdots \cap D_{w_l} \cap \cdots D_{w_L} = \varnothing$,其中 $w_l \neq w_{l'}$。

利用式(10.3)和式(10.4)可以分析严格 VW – OOC 码集中的所有间隔。第一个条件意味着具有相同码重 w_l 的码序列间没有相同的间隔分布。当具有不同码重($w_l \neq w_{l'}$)的码序列间的间隔分布不相同,则满足第二个条件。由此得到严格 VW – OOC 码集。

严格 VW – OOC 码集 (n, W, λ, Q) 的基数上界经修正为[16]

$$|C| \leq \frac{(n-1)(n-2)\cdots(n-\lambda)}{\sum_{l=1}^{L} q_l w_l(w_l - 1)(w_l - 2)\cdots(w_l - \lambda)} \qquad (10.5)$$

考虑到限制条件 $\lambda = 1$,则上界简化为

$$|C| \leq \frac{n-1}{\sum_{l=1}^{L} q_l w_l(w_l - 1)} \qquad (10.6)$$

式中：q_l 为码重 w_l 的码序列的占比。

当一个码集满足式(10.6)时，称其为最优严格 VW–OOC，当等号成立时具有最大系统容量。对(10.6)进行简单变换后，码长的下界为

$$n \geqslant \sum_{l=1}^{L} w_l \times (w_l - 1) \times q_l \times |C| + 1 \tag{10.7}$$

现在已了解了严格 VW–OOC 码集的相关术语和条件。下面将主要研究两种码集构建方法。

10.3.1 清晰集法

清晰集由整数间隔构成，每个间隔表示一对特定"1"码之间的距离，集合中所有的间隔必须是不同的。例如，在清晰集中对应 w 个"1"会有 $w(w-1)/2$ 项元素。一级间隔是集合中每对相邻"1"的间隔，二级间隔是集合中每对跳"1"的间隔。具有 w 个 1 的集合有 $(w-1)$ 个一级间隔，$w-2$ 个二级间隔，以此类推，直至第 $w-1$ 级间隔[21]。如果 $w=4$，则有 4 个"1"，m_1、m_2 和 m_3 是一级间隔，则二级和三级间隔如图 10.5 所示。

一级间隔…………m_1　　　　　m_2　　　　　m_3

二级间隔…………　　　m_1+m_2　　　　m_2+m_3

三级间隔…………　　　　　$m_1+m_2+m_3$

图 10.5　清晰集的各级间隔

例如，假设清晰集 $w=4$，一级间隔为 $\{m_1, m_2, m_3\} = \{1, 3, 2\}$。如图 10.5 所示，二级间隔和三级间隔分别为 $\{4,5\}$ 和 $\{6\}$。集合中所有的间隔(元素)$I = \{1, 3, 2, 4, 5, 6\}$，该集合各元素不同，为清晰集。在这个集合中最大间隔 $I_{max} = 6$，I_{max} 也表示集合长度，由下式给出：

$$I_{max} \geqslant \frac{w(w-1)}{2} \tag{10.8}$$

由此可见，因为 $I_{max} = 6$ 满足式(10.8)，所以这种清晰集是一种最优集合。

设 S 是一组清晰集，s_l 是一个有 w_l 个"1"的清晰集。每个 s_l 有 $\binom{w_l}{2}$ 个可能的间隔，其中包括一级间隔 $I_{w_l,s_l}^{(1)} = \{m_{1,s_l}, m_{2,s_l}, \cdots, m_{w_l-1,s_l}\}$，或表示为 $I_{w_l,s_l}^{(1)} = \{m_{r,s_l} | r = 1, 2, \cdots, w_l - 1\}$。对每个 s_l 都有：

(1) 当 $s_l \neq s_l'$ 时，所有的间隔 m_{r,s_l} 和 $m_{r,s_l'}$ 不相同。

(2) 对于其他级间隔，当 $s_l \neq s_l'$ 时，$I_{w_l,s_l}^{(2)} = \{m_{r,s_l} + m_{r+1,s_l}\}$，$\cdots$，$I_{w_l,s_l}^{(w_l-1)} = \{m_{r,s_l} + m_{r+1,s_l} + \cdots + m_{w_l-1,s_l}\}$ 也不同。

理清所有定义及条件之后，严格 VW–OOC 码集的 Nasaruddin 构造算法[21]的步骤如下：

（1）定义业务数量 L 和 OCDMA 网络中每种业务的用户数 Q，$Q = \{q_1, q_2, \cdots, q_L\}$。与此相对应，还需定义 L 个不同的码重 $W = \{w_1, w_2, \cdots, w_L\}$ 以及码集 $C = \{c_{w1}, c_{w2}, \cdots, c_{wL}\}$ 的数量，其中每个码集能支持 Q 个用户。则对于第 s_l 个码序列，具有特定相邻间隔的清晰集的一级间隔为

$$I_{w_l, s_l}^{(1)} = \{m_{1, s_l}, m_{2, s_l}, \cdots, m_{w_l - 1, s_l}\} \qquad (10.9)$$

式中：$l = (1, 2, \cdots, L)$；$s_l = (1, 2, \cdots, |C_{w_l}|)$；$|C_{w_l}|$ 为码重 w_l 的码序列的数量。其他级的间隔则由具有非重复间隔的集合来定义。

（2）构建码重为 w_l 的码序列集合 C_{wl}，码序列中"1"的位置为

$$\{0, b_{1, s_l}, b_{2, s_l}, \cdots, b_{w_l - 1, s_l}\} \qquad (10.10)$$

式中：$b_{1, s_l} = m_{1, s_l}$；$b_{2, s_l} = m_{1, s_l} + m_{2, s_l}$；$b_{w_l - 1, s_l} = m_{1, s_l} + m_{2, s_l} + \cdots + m_{w_l - 1, s_l}$。注意所有码序列的第一个脉冲总是位于编码序列的第一个码片。

（3）清晰集中最大间隔 $I_{\max} \geq w(w-1)/2$。因此，在 C 中"1"位置的最大码片数表示为 $b_{\max}$，其应当满足

$$b_{\max} \geq \sum_{l=1}^{L} \frac{w_l(w_l - 1)}{2} \times q_l \times |C| \qquad (10.11)$$

（4）严格 VW-OOC 的码长必须满足

$$n \geq 2b_{\max} + 1 \qquad (10.12)$$

将式（10.11）代入式（10.12），得到与式（10.7）相同的结果。

（5）建立严格的 VW-OOC 码集 $\{n, \{w_1, w_2, \cdots, w_L\}, 1, \{q_1, q_2, \cdots, q_L\}\}$。

下面用一个例子来详细解释算法：

（1）首先选择 $L = 3$，$W = \{w_1, w_2, w_3\} = \{4, 3, 2\}$，对于 $Q = \{q_1, q_2, q_3\} = \{1/3, 1/3, 1/3\}$，有 $|C| = \{|C_{w_1}|, |C_{w_2}|, |C_{w_3}|\} = \{1, 1, 1\}$。该码集有三个码序列，$|C| = 3$，$s_1 = s_2 = s_3 = 1$。接着选择 3 个具有不同"1"数量（与 W 对应）的清晰集中的一级间隔，如 $\{I_{w_1, s_1}^{(1)}, I_{w_2, s_2}^{(1)}, I_{w_3, s_3}^{(1)}\} = \{I_{4,1}^{(1)}, I_{3,1}^{(1)}, I_{2,1}^{(1)}\} = \{\{1, 4, 7\}, \{2, 6\}, \{3\}\}$。表 10.1 列出了其他级的间隔，其中 $I_{wl, sl}$ 是 s_l 中其他级间隔的集合。

表 10.1　清晰集的各级间隔

$I_{w_1, s_1} = I_{4,1}$			$I_{w_2, s_2} = I_{3,1}$		$I_{w_3, s_3} = I_{2,1}$
1	4	7	2	6	3
5	11		8		
12					

（2）利用式（10.10）和 $I_{w_1, s_1}^{(1)}$ 构建码重 $w_1 = 4$ 的码序列 C_{w1}，w_1 集合中"1"的位置为 $C_{w1} = \{(0, 1, 5, 12)\}$，同样得到 $C_{w2} = \{(0, 2, 8)\}$ 和 $C_{w3} = \{(0, 3)\}$。生成的 VW-OOC 码集 $C = \{C_{w1}, C_{w2}, C_{w3}\} = \{(0, 1, 5, 12), (0, 2, 8), (0, 3)\}$。三个码序列的信号格式如图 10.6 所示。

（3）由 C 得 $b_{\max} = 12$。

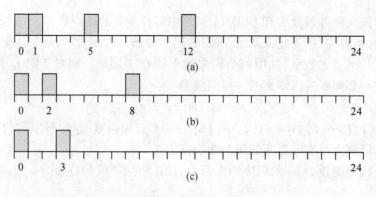

图 10.6　VW−OOC 码序列$(25,\{4,3,2\},1,\{1/3,1/3,1/3\})$

(a)$w=4$ 的码序列;(b)$w=3$ 的码序列;(c)$w=2$ 的码序列。

(4) 根据式(10.12)可得码长 $n=25$。

(5) 构造严格 VW−OOC 码集为$\{25,\{4,3,2\},1,\{1/3,1/3,1/3\}\}$。

需注意清晰集的间隔与严格 VW−OOC 码序列的间隔相关。式(10.3)和式(10.4)计算出了严格 VW−OOC 码序列的所有间隔。因此,根据式(10.3)和式(10.4),严格 VW−OOC 序列$\{25,\{4,3,2\},1,\{1/3,1/3,1/3\}$的所用间隔分别为 $D_{w_1}=\{1,4,7,13,5,11,20,14,12,24,21,18\}$,$D_{w_2}=\{2,6,17,8,23,19\}$,$D_{w_3}=\{3,22\}$。由此可见,码集没有重复的间隔,即 $D_{w_1}\cap D_{w_2}\cap D_{w_3}=\varnothing$。因此,互相关值的边界为1,满足定理要求。由此,通过使用三种码重的 OOC,OCDMA 网络可同时支持三种不同业务。

下面是具有四种不同码重的严格 VW−OOC 的例子。表 10.2 中码集的 $L=4$[21]。严格 VW−OOC 码集由$\{427,\{5,4,3,2\},1,\{6/50,8/50,12/50,24/50\}\}$来定义。码集的基数是50(用户数),支持 4 种不同的服务,码重为 5 的有 6 个用户,码重为 4 的有 8 个用户,码重为 3 的有 12 个用户,码重为 2 的有 24 个用户。如表10.2 所列,利用最小码重来生成更多的码序列,无需增加码长就可以优化码集。但是,与式(10.7)和式(10.12)中的码长上界(与式(10.11)中 b_{max} 的上界相对应)相比,这种码集不算理想。其原因是严格 VW−OOC 需要通过增加码长来维持具有相同码重的码序列之间和不同码重的码序列之间的相关性。

表 10.2　清晰集$\{427,\{5,4,3,2\},1,\{6/50,8/50,12/50,24/50\}\}$

$w_1=5$	$w_2=4$	$w_3=3$	$w_4=2$
		(0,85,185)	(0,116)(0,118)
		(0,86,187)	(0,119)(0,120)
	(0,39,98,172)	(0,87,186)	(0,121)(0,123)
(0,18,25,53)	(0,44,105,180)	(0,88,191)	(0,124)(0,125)
(0,2,11,29,60)	(0,46,108,184)	(0,89,193)	(0,126)(0,127)

318

$w_1 = 5$	$w_2 = 4$	$w_3 = 3$	$w_4 = 2$
$(0,3,13,33,68)$	$(0,48,112,190)$	$(0,91,197)$	$(0,129)(0,131)$
$(0,4,16,38,70)$	$(0,50,117,196)$	$(0,92,199)$	$(0,132)(0,134)$
$(0,5,19,42,82)$	$(0,51,122,202)$	$(0,93,203)$	$(0,135)(0,137)$
$(0,6,21,47,90)$	$(0,56,128,209)$	$(0,94,205)$	$(0,139)(0,140)$
	$(0,57,130,213)$	$(0,95,208)$	$(0,141)(0,143)$
		$(0,96,210)$	$(0,144)(0,145)$
		$(0,97,212)$	$(0,147)(0,148)$

10.3.2 随机方法

从极小极大值意义来说，随机方法比确定性方法更强大。它通常包括一个迭代过程，每次迭代都会在现有的方案中寻找一种新的解决方法。局部优化过程首先要选择一个初始值，在找到全局最优值时就可以停止。此外，随机方法易于调整和适应特殊需求，以满足生成 VW – OOC 所需的严格相关值。VW – OOC 的生成是从一个空码集开始迭代，新的码序列会反复地尝试去替代这个码集。

基于随机方法的严格 VW – OOC 生成算法的步骤如下：

（1）基于网络参数选择正整数集合 $W = \{w_1, w_2, \cdots, w_L\}$ 为 L 个不同码重，$C = \{C_{w1}, C_{w2}, \cdots, C_{wL}\}$ 为码序列，其各序列占比 $Q = \{q_1, q_2, \cdots, q_{Lw1}\}$，将上述集合作为算法输入。

（2）根据式（10.7），可从步骤（1）的参数中得到码长 n，在搜索过程中 n 指的是可分配的正整数的数量。

（3）每个码序列的第一个码片的位置被设置为 0，通过计算机搜索，随机整数 $(1, 2, \cdots, n-1)$ 被分配给 $\{b_{1,tl}, b_{2,tl}, \cdots, b_{wl-1,tl}\}$，其中 $t_l = (1, \cdots, |C_{wl}|)$，$l = (1, \cdots, L)$，$|C_{wl}|$ 是码重为 w_l 的码序列数量。第 t_l 个码序列的"1"位置的 w_l 集合为

$$(0, b_{1,t_l}, b_{2,t_l}, \cdots, b_{w_l-1,t_l}) \bmod n \qquad (10.13)$$

（4）得到码序列间隔为

$$d_{hk,t_l} = b_{k,t_l} - b_{h,t_l}, \quad d_{hk,t_l} \neq d'_h k', t'_l \qquad (10.14)$$

其中，$t_l = (1, \cdots, |C_{wl}|)$，$t'_l = (1, \cdots, |C_{wl'}|)$，$d_{hk,t_l} \in D_{wl}$，$d_{h'k',t_{l'}} \in D_{wl'}$，$h = (0, 1, \cdots, k-1)$，$k = (1, 2, \cdots, w_l - 1)$，$h' = (0, 1, \cdots, k'-1)$，$k' = (1, 2, \cdots, w_{l'} - 1)$。对每个码序列间隔进行计算后，将其与自己已用间隔及其他序列的间隔进行比较。如果不满足严格 VW – OOC 的相关性约束，则返回上一个步骤，并继续。

（5）当满足所有相关约束条件时，搜索停止，否则返回步骤（3），并继续。

下面是一个通过随机方式产生 VW – OOC 的例子，该算法步骤可通过计算机编程来实现：

（1）输入参数 $W = \{5, 3, 2\}$，$C = \{1, 1, 1\}$，$Q = \{1/3, 1/3, 1/3\}$。

（2）计算码长 $n = 29$。

（3）采用不同数量的整数来生成一个码集，如 $C = \{\{0,12,14,20,25\}, \{0,7, 26\}, \{0,28\}\}$，将其存储于查找表中。

（4）检查码集间隔，码集中所有使用的间隔 $D_{w1} = \{12,2,6,5,4,14,8,11,9, 16,20,13,15,21,18,25,17,27,23,24\}$，$D_{w2} = \{7,19,3,26,22,10\}$，$D_{w3} = \{28,1\}$，符合严格 VW – OOC 的相关性约束。

（5）当所有参数计算完毕并满足条件时停止搜索，得到严格的 VW – OOC 码集 $\{29, \{5,3,2\}, 1, \{1/3,1/3,1/3\}\}$。

由于码序列随机生成，该算法可以灵活地调整以找到任意约束下的不同码集。步骤（5）中的停止条件和随机种子都可以改变。因此，可采用不同的码集来进行编码重构。一个严格的 VW – OOC 代码集 $\{29, \{5,3,2\}, 1, \{1/3,1/3,1/3\}\}$ 重构后是 $\{\{0,1,3,12,25\}, \{0,15,23\}, \{0,19\}\}$。

表 10.3 和表 10.4 所列[21]为采用随机方法及重构生成的严格 VW – OOC 的例子。如表所列，码集中"1"的位置彼此不同。为了进一步提高系统的安全性并消除任何被窃听的可能，需要进行编码重构[35]。频繁的编码重构能显著提高网络的安全，因此大的代码集基数是非常必要的。必须注意，在生成固定码集的确定性算法中没有随机方法所具有编码重构特性[16,18,19]。但是，在算法中搜索所有可能的码集会非常耗时，显然 $|C|$ 或 W 增大时搜索时间也会增加，为了减少搜索时间需要减少码长，但此时码集非最优。

表 10.3　基于随机方法的严格 VW – OOC $\{101, \{4,3,2\},$
$1, \{5/15,5/15,5/15\}\}$

$w_1 = 4$	$w_2 = 3$	$w_3 = 2$
$(0,21,70,99)$	$(0,1,91)$	$(0,95)$
$(0,14,79,82)$	$(0,45,61)$	$(0,8)$
$(0,7,34,64)$	$(0,4,9)$	$(0,51)$
$(0,46,63,89)$	$(0,18,66)$	$(0,76)$
$(0,32,73,86)$	$(0,20,59)$	$(0,24)$

表 10.4　基于随机方法的严格 VW – OOC $\{101, \{4,3,2\},$
$1, \{5/15,5/15,5/15\}\}$ 的重构

$w_1 = 4$	$w_2 = 3$	$w_3 = 2$
$(0,36,74,82)$	$(0,42,94)$	$(0,13)$
$(0,30,67,81)$	$(0,44,54)$	$(0,45)$
$(0,1,17,41)$	$(0,2,5)$	$(0,80)$
$(0,26,35,58)$	$(0,29,62)$	$(0,12)$
$(0,48,73,79)$	$(0,4,15)$	$(0,83)$

10.3.3 性能分析

OCDMA 网络的性能直接受来自其他用户的多址干扰 MAI 的影响。在此,将分析采用 VW-OOC 码集的系统的误码率(BER)性能,并将 MAI 作为降低系统整体性能的主要因素,但没有考虑散弹噪声、热噪声和色散等其他影响性能的因素,这是因为这里只从"碰撞"发生(编码重叠)的角度评价编码方案及其属性。如果不考虑其他噪声源的影响,只有 MAI 的累积影响会引起误码,就意味着接收的"0"数据比特达到判定阈值要求。这里发射机之间没有帧同步,但假定码片在用户之间是同步的,即一个码字的每个码片都必须完全与另一码字的码片对齐。当 M 个用户同时发送码序列时,M-1 个用户都会引起 MAI。如果用户发送一个脉冲或"1"数据比特,编码器将生成一个码序列,但对于"0"数据比特则不会生成码序列。

在严格的 VW-OOC(n, W, λ, Q)中,对于预期接收机,每个干扰用户只会导致一个码片的重叠(该码集为严格的)。码重为 w_l 的码序列的"1"与码重为 $w_{l'}$ 的码序列的"1"重叠的概率为

$$P_{l,l'} = \frac{w_l w_{l'}}{2n} \tag{10.15}$$

式中:$l, l' \in \{1, \cdots, L\}$;$w_l, w_{l'} \in W = \{w_1, \cdots, w_L\}$;$w_l \neq w_{l'}$。

设 OCDMA 网络中有 L 种不同码重的码序列,L 种不同业务有 $M = \{M_{w1}, M_{u2}, \cdots, M_{wL}\}$ 个用户。由于码集的严格性,具有 w_l 码重的用户会被其他码重 $\{w_1, w_2, \cdots, w_L\}$ 的用户在一个码片位置上所干扰。严格 VW-OOC 中码重为 w_l 的用户误码率可用下式[21,36]评估:

$$P_{E,w_l} = \frac{1}{2} \sum_{g_1+g_2+\cdots+g_L=w_l}^{M-1} \left\{ \binom{M_{w_l}-1}{g_l} \cdot (P_{l,l})^{g_l} \cdot (1-P_{l,l})^{M_{w_l}-1-g_l} \right.$$

$$\left. \cdot \prod_{\substack{l'=1 \\ l' \neq l}}^{L} \binom{M_{w_{l'}}}{g_{l'}} \cdot (P_{l,l'})^{g_{l'}} \cdot (1-P_{l,l'})^{M_{w_{l'}}-g_{l'}} \right\}$$

$$= \frac{1}{2} - \frac{1}{2} \sum_{g_1+g_2+\cdots+g_L=0}^{w_l-1} \left\{ \frac{(M_{w_l}-1)!}{(M_{w_l}-1-g_l)! \cdot g_l!} \cdot (P_{l,l})^{g_l} \cdot (1-P_{l,l})^{M_{w_l}-1-g_l} \right.$$

$$\left. \cdot \prod_{\substack{l'=1 \\ l' \neq l}}^{L} \frac{M_{w_{l'}}!}{(M_{w_{l'}}-g_{l'})! \cdot g_{l'}!} \cdot (P_{l,l'})^{g_{l'}} \cdot (1-P_{l,l'})^{M_{w_{l'}}-g_{l'}} \right\} \tag{10.16}$$

式中:g_l 为码重是 w_l 的码序列的干扰数量。在最佳情况下,判定阈值(Th)设定为码重 w_l[13]。为了验证式(10.16)及其对 $\lambda=1$ 的有效性,将参数 $M_{w_{l'}}=0, g_{l'}=0$,$P_{l,l'}=0$ 代入式(10.16),得到单码重定长 OOC 的误码率为

$$P_{E,w_l} = \frac{1}{2} - \frac{1}{2} \sum_{g_l=0}^{w_l-1} \left\{ \frac{(M_{w_l}-1)!}{(M_{w_l}-1-g_l)! \cdot g_l!} \cdot (P_{l,l})^{g_l} \cdot (1-P_{l,l})^{M_{w_l}-1-g_l} \right\}$$

$$\tag{10.17}$$

为避免混乱,在式(10.17)中去除无关参数,由于 $P_{\mathrm{E},wl}$ 仅有一个码重,单码重的 P_{E} 由下式给出:

$$P_{\mathrm{E}} = \frac{1}{2} \sum_{g=\mathrm{Th}}^{M-1} \left\{ \binom{M-1}{g} \cdot (P_{\mathrm{s}})^g \cdot (1 - P_{\mathrm{s}})^{M-1-g} \right\} \tag{10.18}$$

对于单码重定长严格 OOC[13,21,36] 有 $P_{\mathrm{s}} = w^2/(2n)$ 。有关 VW–OOC 进一步的数值分析可参考文献[16–18,21,36–39]。

10.4　变长光扩频码

正如 10.2 节中所讨论的,OCDMA 网络对多速率和多媒体通信有需求,但如何在单一信道建立多速率通道是非常具有挑战性的工作,因为 OCDMA 的信号处理是在码域而不是频域或时域进行。因此,大多数 OCDMA 网络参数,如信号功率、数据速率和误码率等,都会反映在编码性能上。链路的数据速率直接与码长相关,因为在编码结构中的码片数代表了扩频因子,而扩频因子则代表了数据速率。多速率 OCDMA 的实施对光可变长扩频编码方案提出需求,本节将对此进行介绍。

首先回顾可变长扩频码的一些相关基础知识。OCDMA 技术是为每个用户分配不同的正交码;不同的码集具有不同的编码特性;相关函数在系统设计中具有重要的作用。通常有两个相关函数:一个是自相关函数,当存在干扰和噪声时,用以衡量编码序列的检测性能,它通常用于精确的数据获取和同步方案中的同步;另一个是互相关函数,它表明了两个不同码序列之间的相互干扰。

假设码集 C 中有两个一维码序列 $X = (x_0, x_1, \cdots, x_{L-1})$ 和 $Y = (y_0, y_1, \cdots, y_{L-1})$,其中 $x_i, y_i \in \{0,1\}$,L 为码长。对于任意整数 $0 \leqslant \tau \leqslant L-1$,$X$ 和 Y 之间的一维周期离散相关函数为

$$R_{XY}(\tau) = \sum_{i=0}^{L-1} x_i y_{i \oplus \tau} \tag{10.19}$$

式中:"$\oplus$"表示模 L 加。

当 $X \neq Y$ 时,$R_{XY}(\tau)$ 表示互相关函数;当 $X = Y$ 时,$R_{XY}(\tau)$ 表示自相关函数,用 $R_X(\tau)$ 表示。

二维码序列的相关函数是对二维参数,如时间和波长的求和。假设二维码集中有两个码序列:

$$X = (x_{0,0}, \cdots, x_{0,L_2-1}, x_{1,0}, \cdots, x_{1,L_2-1}, \cdots, x_{L_1-1,0}, \cdots, x_{L_1-1,L_2-1})$$
$$Y = (y_{0,0}, \cdots, y_{0,L_2-1}, y_{1,0}, \cdots, y_{1,L_2-1}, \cdots, y_{L_1-1,0}, \cdots, y_{L_1-1,L_2-1})$$

式中:$x_{i,j}, y_{i,j} \in \{0,1\}$;$L_1$、$L_2$ 为二维码长。

对于任意整数 $0 \leqslant \tau_1 \leqslant L_1-1$ 和 $0 \leqslant \tau_2 \leqslant L_2-1$,$X$ 和 Y 之间的二维周期离散相关函数为

$$R_{XY}(\tau_1, \tau_2) = \sum_{i=0}^{L_1-1} \sum_{j=0}^{L_2-1} x_{i,j} y_{i \oplus \tau_1, j \hat{\oplus} \tau_2} \tag{10.20}$$

式中:"$\oplus$"和"$\hat{\oplus}$"分别表示模 L_1 加和模 L_2 加。

同样,当 $X \neq Y$ 时,$R_{XY}(\tau_1, \tau_2)$ 表示互相关函数;$X = Y$ 时,$R_{XY}(\tau_1, \tau_2)$ 表示自相关函数,写作 $R_X(\tau_1, \tau_2)$。

如第 2 章所述,一个扩频码集由四维函数 $(L, w, \lambda_a, \lambda_c)$ 来表征,其中 L 为码长,w 为码重,λ_a 为最大异相自相关值,λ_c 为最大互相关值。因此,一维码集的相关值必须满足以下特性:

$$R_X(\tau) \begin{cases} = w, & \tau = 0 \\ \leqslant \lambda_a, & 1 \leqslant \tau \leqslant L-1 \end{cases} \tag{10.21}$$

以及

$$R_{XY}(\tau) \leqslant \lambda_c, \quad 1 \leqslant \tau \leqslant L-1 \tag{10.22}$$

二维单极性码采用两种不同的特性参数来表示:一种是将两种维度的码长的乘积作为实际码长[40];另一种是在编码属性中使用了第五个参数[41]。既然使用可变长码序列来实现多速率服务,其中一维应当是时间,以承载数据速率的变化[27]。因此,相关函数的形式将略有变化。两个码序列转化为 $X = (x_0, x_1, \cdots, x_{L-1})$ 和 $Y = (y_0, y_1, \cdots, y_{L-1})$,其中 $x_i, y_i \in \{0, 1, \cdots, r\}$,$r$ 为另一维的码长,如空间或波长。

因此,二维单极性编码由 $(L, r, w, \lambda_a, \lambda_c)$ 来表征,其中 L 为时域的码长,r 为另一维的码长,其余变量不变。相关约束 λ_a 和 λ_c 必须满足以下特性:

$$R_X(\tau) = \sum_{i=0}^{L-1} \delta(x_i, x_{i \oplus \tau}) \begin{cases} = w, & \tau = 0 \\ \leqslant \lambda_a, & 1 \leqslant \tau \leqslant L-1 \end{cases} \tag{10.23}$$

$$R_{XY}(\tau) = \sum_{i=0}^{L-1} \delta(x_i, y_{i \oplus \tau}) \leqslant \lambda_c, \text{任意} \tau \tag{10.24}$$

式中:$\delta(z, t) = \begin{cases} 1, & z = t \neq 0 \\ 0, & \text{其他} \end{cases}$;"$\oplus$"表示模 L 加。

如前所述,自相关函数用于原始数据的获取和同步,互相关函数是指两用户之间的相互干扰。因此,设计多码长单极性码时必须考虑两个基本原则[42]:一是保持不同码长码序列的自相关函数峰值相同;二是在不减少码集基数的情况下保持互相关函数值在码长不同时较低。这里介绍的编码构造算法是基于 Lin 等人[27]的研究,它遵循上述两个原则。其步骤如下:

(1) 构建一个传统的单极性定长编码 C,其码长为 L_1,码重为 w,码集基数为 $|C|$。编码的构造遵循第 2 章介绍的一维或二维扩频码技术。令 X 表示码集 C 的码序列,用 $\{x_i^{(P)} | 1 \leqslant i \leqslant w\}$ 表示,其中 $x_i^{(P)}$ 为码集中码序列的第 i 个非零值的时间位置。

（2）通过连接的方法构建码集 C'，其由码长 $L_m = m \cdot L_1$ 的 $|C|$ 个码序列构成[31]。连接法是指连接 $X \in C$ 的 m 个拷贝来构建编码序列 $Z \in C'$ 的方法。不过，在二维编码机制中只有时域的长度被扩展。因此，Z 变为 $\{z_{i,j}^{(P)} \mid z_{i,j}^{(P)} = x_i^{(P)} + j \cdot L_1\}$ $(1 \leqslant i \leqslant w, 0 \leqslant j \leqslant m - 1)$，其中 $z_{i,j}^{(P)}$ 为新码序列中第 $i + jw$ 个非零值的时间位置。

（3）基于 C' 构建码集 C''，其由码长 $L_m = m \cdot L_1$ 的 $|C|$ 个码序列构成。C'' 中的码序列由 C' 中码序列一一映射而获得。例如，令 Y 为 C'' 中的码序列，则其对应的码序列为 Z。下面将用一组符号来解释 Y 的构建。首先将 Z 中非零值的时间位置分为 w 组，因此第 i 组表示为 $\{z_{i,j}^{(P)} \mid z_{i,j}^{(P)} = x_i^{(P)} + j \cdot L_1, 0 \leqslant j \leqslant m - 1\}$。每个组都有 m 个元素，但是只能保存其中一个元素，其他的被删除，因此，w 组的元素总数从 mw 减少到 w 个。最后，来自 w 组中的 w 个元素形成了一个新的码集，表示码集 Y 中非零值的时间位置。因为只有元素的数量（码序列中的非零值的时间位置）从 mw（Z 中）变为 w（Y 中），码序列的时长不会改变。因此，C'' 是具码长 L_m 和码重 w 的码集。此外，由于 C'' 是对 C' 中码序列一对一映射得到的，C'' 的码集基数与 $|C|$ 相等[27]。

OCDMA 的整体性能取决于为网络设计的扩频码。此外，编码的性能由码集的相关函数决定。任何两个固定码重序列之间的互相关函数应该相同。然而在可变长码集中，表示多址干扰的码序列间的互相关函数，取决于所需码序列（预期用户）和干扰码序列（干扰用户）的码长，因此不相同。为了区分这些差异，根据可变码长将互相关函数分为内互相关函数和交叉互相关函数两类。内互相关函数定义为任何两个相同长度的编码序列之间的互相关函数，而交叉互相关函数则是任意两个不同长度的编码序列之间的互相关函数。值得注意的是，交叉相关函数求和项的数量等于预期编码序列的时长（码长）。下面列出一些与相关函数约束相关的理论。

理论 I：有码长为 L_1、码重为 w、自相关约束为 λ_a、互相关约束为 λ_c 的光单极性码 C，对于每个码序列 $X_i \in C$，通过连接 X_i 的 m 个拷贝能够生成一个码序列 $Z_i \in C'$。则一维集 C' 为 $\{mL_1, mw, mw, m\lambda_c\}$，二维码集为 $\{mL_1, r, mw, mw, m\lambda_c\}$。

该理论的证明基于以下相关函数：

$$R_X(\tau) = \sum_{i=0}^{L_1-1} x_i \cdot x_{i \oplus \tau} \begin{cases} = w, & \tau = 0 \\ \leqslant \lambda_a, & 1 \leqslant \tau \leqslant L_1 - 1 \end{cases} \quad (10.25)$$

以及

$$R_{X,T}(\tau) = \sum_{i=0}^{L_1-1} x_i \cdot t_{i \oplus \tau} \leqslant \lambda_c, \text{任意} \tau \quad (10.26)$$

由于码序列 Z 由 X 的 m 个拷贝构成，Z 的码长和码重分别等于 mL_1 和 mw。则码序列 $Z \in C'$ 的自相关函数为[27]

$$\sum_{i=0}^{mL_1-1} z_i \cdot z_{i\oplus\tau} = \sum_{i=0}^{L_1-1} z_i \cdot z_{i\oplus\tau} + \sum_{i=L_1}^{2L_1-1} z_i \cdot z_{i\oplus\tau} + \cdots + \sum_{i=(m-1)L_1}^{mL_1-1} z_i \cdot z_{i\oplus\tau}$$

$$= \sum_{i=0}^{L_1-1} z_i \cdot z_{i\oplus\tau} + \sum_{i=0}^{L_1-1} z_{L_1+i} \cdot z_{(L_1+i)\oplus\tau} + \cdots + \sum_{i=0}^{L_1-1} z_{(m-1)L_1+i} \cdot z_{((m-1)L_1+i)\oplus\tau}$$

(10.27)

此外,根据连接原理,对所有 i 和 $0 \leq j \leq m-1$, z_{jL_1+i} 等于 x_i。式(10.27)变为

$$\sum_{i=0}^{mL_1-1} z_i \cdot z_{i\oplus\tau} = \sum_{i=0}^{L_1-1} z_i \cdot z_{i\oplus\tau} + \sum_{i=0}^{L_1-1} z_{L_1+i} \cdot z_{(L_1+i)\oplus\tau} + \cdots + \sum_{i=0}^{L_1-1} z_{(m-1)L_1+i} \cdot z_{((m-1)L_1+i)\oplus\tau}$$

$$= \sum_{i=0}^{L_1-1} x_i \cdot x_{i\oplus\tau} + \sum_{i=0}^{L_1-1} x_i \cdot x_{i\oplus\tau} + \cdots + \sum_{i=0}^{L_1-1} x_i \cdot x_{i\oplus\tau}$$

$$= m \sum_{i=0}^{L_1-1} x_i \cdot x_{i\oplus\tau}$$

(10.28)

对于任意整数 $0 \leq \tau \leq mL_1$,如果 $\tau = jL_1$, $0 \leq j \leq m$ 为整数,则式(10.28)变为

$$\sum_{i=0}^{mL_1-1} z_i \cdot z_{i\oplus\tau} = m \sum_{i=0}^{L_1-1} x_i \cdot x_{i\oplus\tau} = mw$$

(10.29)

然而,如果 $\tau \neq jL_1$,则式(10.28)变为

$$\sum_{i=0}^{mL_1-1} z_i \cdot z_{i\oplus\tau} = m \sum_{i=0}^{L_1-1} x_i \cdot x_{i\oplus\tau} \leq m\lambda_a$$

(10.30)

由于 $\lambda_a \leq w$,码集 C' 的自相关约束为 mw。同样,对任意整数 τ, $Z, Z' \in C'$ 的互相关函数为

$$\sum_{i=0}^{mL_1-1} z_i \cdot z'_{i\oplus\tau} = \sum_{i=0}^{L_1-1} z_i \cdot z'_{i\oplus\tau} + \sum_{i=L_1}^{2L_1-1} z_i \cdot z'_{i\oplus\tau} + \cdots + \sum_{i=(m-1)L_1}^{mL_1-1} z_i \cdot z'_{i\oplus\tau}$$

$$= \sum_{i=0}^{L_1-1} z_i \cdot z'_{i\oplus\tau} + \sum_{i=0}^{L_1-1} z_{L_1+i} \cdot z'_{(L_1+i)\oplus\tau} + \cdots + \sum_{i=0}^{L_1-1} z_{(m-1)L_1+i} \cdot z'_{((m-1)L_1+i)\oplus\tau}$$

$$= \sum_{i=0}^{L_1-1} x_i \cdot x'_{i\oplus\tau} + \sum_{i=0}^{L_1-1} x_i \cdot x'_{i\oplus\tau} + \cdots + \sum_{i=0}^{L_1-1} x_i \cdot x'_{i\oplus\tau}$$

$$= m \sum_{i=0}^{L_1-1} x_i \cdot x'_{i\oplus\tau} \leq m\lambda_c$$

(10.31)

因此,码集 C' 的特征属性为 $\{mL_1, mw, mw, m\lambda_c\}$。二维扩频码的证明类似。

理论 II:根据步骤(2)的编码算法,由 C 可以构建码集 C',其码长为 L_1,码重为 w,自相关约束为 λ_a,互相关约束为 λ_c。由步骤(3)的算法能构建 C''。对于一维和二维码集,C'' 分别为 $\{mL_1, w, \lambda_a, \lambda_c\}$ 和 $\{mL_1, r, w, \lambda_a, \lambda_c\}$。

同样,这里的分析也是针对一维编码的。其中,码重 w 表示序列中"1"的个数。假设 $x_i^{(1)}$ 是码序列 $X \in C$ 中第 i($1 \leq i \leq w$)个"1"的时间位置,为了减少码序列

循环中相关函数出现0×0的情况,相关函数变为

$$R_X(\tau) = \sum_{i=1}^{w} \left(x_{x_i^{(1)}} \cdot x_{x_i^{(1)}\oplus\tau} \right) \begin{cases} = w, & \tau = 0 \\ \leqslant \lambda_a, & 1 \leqslant \tau \leqslant L_1 - 1 \end{cases} \qquad (10.32)$$

以及

$$R_{X,T}(\tau) = \sum_{i=1}^{w} x_{x_i^{(1)}} \cdot t_{t_i^{(1)}\oplus\tau} \leqslant \lambda_c, \quad 0 \leqslant \tau \leqslant L_1 - 1 \qquad (10.33)$$

由于 C'' 和 C' 中的码序列一一映射,假设 $Y \in C''$ 是 $Z \in C'$ 的映射序列,由于 Z 是 $X \in C$ 用连接方法构建的,并且 C'' 通过 C' 构建,则码序列 X、Y 和 Z 分别表示为

$$X \rightarrow x_0 x_1 \cdots x_{L_1-2} x_{L_1-1}$$
$$Z \rightarrow z_0 z_1 \cdots z_{L_1-1} z_{L_1} \cdots z_{2L_1-1} \cdots z_{(m-1)L_1-1} \cdots z_{mL_1-1}$$
$$Y \rightarrow y_0 y_1 \cdots y_{L_1-1} y_{L_1} \cdots y_{2L_1-1} \cdots y_{(m-1)L_1-1} \cdots y_{mL_1-1}$$

其中:$z_i = x_{i \bmod L_1}$。如果 $x_i = 0$,则 $y_{i+jL_1} = 0$,其中 $0 \leqslant j \leqslant m-1, 0 \leqslant i \leqslant L_1 - 1$。

如果 $x_i = 1$,则码集 $\{y_{i+jL_1} \mid 0 \leqslant j \leqslant m-1\}$ 中的一个元素等于"1",其他元素则为"0"。因此,有 wx_i 和 wy_i 个"1"。所以,码集 C'' 的码长为 mL_1,码重为 w。对于任意整数 $0 \leqslant \tau \leqslant mL_1$,$Y$ 的自相关函数可以记为

$$\sum_{i=0}^{mL_1-1} y_i \cdot y_{i\oplus\tau} = \sum_{i=0}^{L_1-1} y_i \cdot y_{i\oplus\tau} + \sum_{i=L_1}^{2L_1-1} y_i \cdot y_{i\oplus\tau} + \cdots + \sum_{i=(m-1)L_1}^{mL_1-1} y_i \cdot y_{i\oplus\tau} \qquad (10.34)$$

假设 $z_i^{(1)}$ 是码序列 Z 中第 $i(0 \leqslant i \leqslant mw)$ 个"1"的时间位置。对于 $0 \leqslant j \leqslant m-1$ 和 $i \leqslant w$,有 $z_i^{(1)} = x_i^{(1)}$ 和 $z_{i+jL_1}^{(1)} = x_i^{(1)} + jL_1$。

通过减少相关函数中码序列循环引起的 0×0 现象,同时又由于 Y 是基于 Z 构建的,Y 的自相关函数是 mw 个可能非零值的总和。因此,式(10.34)可写为

$$\begin{aligned}
\sum_{i=0}^{mL_1-1} y_i \cdot y_{i\oplus\tau} &= \sum_{i=0}^{L_1-1} y_i \cdot y_{i\oplus\tau} + \sum_{i=L_1}^{2L_1-1} y_i \cdot y_{i\oplus\tau} + \cdots + \sum_{i=(m-1)L_1}^{mL_1-1} y_i \cdot y_{i\oplus\tau} \\
&= \sum_{i=1}^{w} y_{z_i^{(1)}} \cdot y_{z_i^{(1)}\oplus\tau} + \sum_{i=w+1}^{2w} y_{z_i^{(1)}} \cdot y_{z_i^{(1)}\oplus\tau} + \cdots + \sum_{i=(m-1)w+1}^{mw} y_{z_i^{(1)}} \cdot y_{z_i^{(1)}\oplus\tau} \\
&= \sum_{i=1}^{w} y_{z_i^{(1)}} \cdot y_{z_i^{(1)}\oplus\tau} + \sum_{i=1}^{w} y_{z_{i+w}^{(1)}} \cdot y_{z_{i+w}^{(1)}\oplus\tau} + \cdots + \sum_{i=1}^{w} y_{z_{i+(m-1)w}^{(1)}} \cdot y_{z_{i+(m-1)w}^{(1)}\oplus\tau} \\
&= \sum_{j=0}^{m-1} y_{z_{1+jw}^{(1)}} \cdot y_{z_{1+jw}^{(1)}\oplus\tau} + \sum_{j=0}^{m-1} y_{z_{2+jw}^{(1)}} \cdot y_{z_{2+jw}^{(1)}\oplus\tau} + \cdots + \sum_{j=0}^{m-1} y_{z_{w+jw}^{(1)}} \cdot y_{z_{w+jw}^{(1)}\oplus\tau} \\
&= \sum_{i=1}^{w} \sum_{j=0}^{m-1} y_{z_{i+jw}^{(1)}} \cdot y_{z_{i+jw}^{(1)}\oplus\tau} \qquad (10.35)
\end{aligned}$$

根据步骤(3),Z 中"1"的时间位置被分为 w 组,第 i 组记为 $\{z_{i,j}^{(1)} \mid z_{i,j}^{(1)} = x_i^{(1)} + jL_1, 0 \leqslant j \leqslant m-1\}$。只保存其中一个元素,其他元素则被舍弃。因此,对于 $my_{z_i^{(1)}+jw}$ $(0 \leqslant j \leqslant m-1)$,只有 $y_{z_i^{(1)}}$ 设为 1,而其他设为 0。假设 $J(i)$ 是使第 i 组的 $y_{z_i^{(1)}+jw}$ 等

于 1 的 j 值,则有 $\sum\limits_{j=0}^{m-1} y_{z_i^{(1)}+jw} \cdot y_{(z_i^{(1)}+jw)\oplus\tau} = y_{z_i^{(1)}+J(i)w} \cdot y_{(z_i^{(1)}+J(i)w)\oplus\tau}$

此外,如果 $x_i=0$,则 y_{i+jL_1} 必须为 0,其中 $0\leqslant j\leqslant m-1,0\leqslant i\leqslant L_1-1$。不过,如果 $x_i\neq0$,则 y_{i+jL_1} 也可能等于 0。因此 $y_{z_i^{(1)}+J(i)w} \cdot y_{(z_i^{(1)}+J(i)w)\oplus\tau} \leqslant x_{x_i^{(1)}} \cdot x_{x_i^{(1)}\oplus\tau}$

对于任意整数 $0\leqslant\tau\leqslant mL_1-1$,式(10.35)改写为

$$
\begin{aligned}
\sum_{i=0}^{mL_1-1} y_i \cdot y_{i\oplus\tau} &= \sum_{i=1}^{w}\sum_{j=0}^{m-1} y_{z_i^{(1)}+jw} \cdot y_{(z_i^{(1)}+jw)\oplus\tau} \\
&= \sum_{i=1}^{w} y_{z_i^{(1)}+J(i)w} \cdot y_{(z_i^{(1)}+J(i)w)\oplus\tau} \\
&\leqslant \sum_{i=1}^{w} x_{x_i^{(1)}} \cdot x_{x_i^{(1)}\oplus\tau} \leqslant \lambda_a
\end{aligned} \tag{10.36}
$$

与互相关函数相似,对任意整数 $0\leqslant\tau\leqslant mL_1-1$,由不同码序列 $X,X'\in C$ 构建的两个 $Y,Y'\in C''$ 是互相关的:

$$
\begin{aligned}
\sum_{i=0}^{mL_1-1} y_i \cdot y'_{i\oplus\tau} &= \sum_{i=0}^{L_1-1} y_i \cdot y'_{i\oplus\tau} + \sum_{i=L_1}^{2L_1-1} y_i \cdot y'_{i\oplus\tau} + \cdots + \sum_{i=(m-1)L_1}^{mL_1-1} y_i \cdot y'_{i\oplus\tau} \\
&= \sum_{i=1}^{w} y_{z_i^{(1)}} \cdot y'_{z_i^{(1)}\oplus\tau} + \sum_{i=w+1}^{2w} y_{z_i^{(1)}} \cdot y'_{z_i^{(1)}\oplus\tau} + \cdots + \sum_{i=(m-1)w+1}^{mw} y_{z_i^{(1)}} \cdot y'_{z_i^{(1)}\oplus\tau} \\
&= \sum_{i=1}^{w} y_{z_i^{(1)}} \cdot y'_{z_i^{(1)}\oplus\tau} + \sum_{i=1}^{w} y_{z_{i+w}^{(1)}} \cdot y'_{z_{i+w}^{(1)}\oplus\tau} + \cdots + \sum_{i=1}^{w} y_{z_{i+(m-1)w}^{(1)}} \cdot y'_{z_{i+(m-1)w}^{(1)}\oplus\tau} \\
&= \sum_{j=0}^{m-1} y_{z_{1+jw}^{(1)}} \cdot y'_{z_{1+jw}^{(1)}\oplus\tau} + \sum_{j=0}^{m-1} y_{z_{2+jw}^{(1)}} \cdot y'_{z_{2+jw}^{(1)}\oplus\tau} + \cdots + \sum_{j=0}^{m-1} y_{z_{w+jw}^{(1)}} \cdot y'_{z_{w+jw}^{(1)}\oplus\tau} \\
&= \sum_{i=1}^{w}\sum_{j=0}^{m-1} y_{z_{i+jw}^{(1)}} \cdot y'_{z_{i+jw}^{(1)}\oplus\tau} \\
&= \sum_{i=1}^{w} y_{z_{i+J(i)w}^{(1)}} \cdot y'_{z_{i+J(i)w}^{(1)}\oplus\tau} \\
&\leqslant \sum_{i=1}^{w} x_{x_i^{(1)}} \cdot x'_{x_i^{(1)}\hat{\oplus}\tau} \leqslant \lambda_c
\end{aligned} \tag{10.37}
$$

式中:"$\oplus$"和"$\hat{\oplus}$"分别表示模 mL_1 加和模 L_1 加,结果得到码集 C'' 为 $\{mL_1,w,\lambda_a,\lambda_c\}$。

理论Ⅲ:构建码集 C,其码长为 L_1,码重为 w,自相关和互相关约束分别为 λ_a 和 λ_c。利用上述介绍的步骤构建码长为 mL_1 的码集 C''_m 和码长为 nL_1 的 C''_n,其中 m 和 n 为正整数。则由 C 中不同码序列构建的任意两个码序列之间的交叉互相关值小于或等于 λ_c。

为了证明这个理论,与前面的证明类似,设码序列 $Y\in C''_n$ 和 $Y'\in C''_m$ 分别属

于基于 C 中不同码序列构建而成的码集 C''_m 和 C''_n。假设 Y 为预期用户的码序列,对任意整数 $0 \leqslant \tau \leqslant mL_1 - 1$,时间段 nL_1 内 Y 和 Y' 之间的交叉互相关为

$$
\begin{aligned}
\sum_{i=0}^{nL_1-1} y_i \cdot y'_{i \oplus \tau} &= \sum_{i=0}^{L_1-1} y_i \cdot y'_{i \oplus \tau} + \sum_{i=L_1}^{2L_1-1} y_i \cdot y'_{i \oplus \tau} + \cdots + \sum_{i=(n-1)L_1}^{nL_1-1} y_i \cdot y'_{i \oplus \tau} \\
&= \sum_{i=1}^{w} y_{z_i^{(1)}} \cdot y'_{z_i^{(1)} \oplus \tau} + \sum_{i=w+1}^{2w} y_{z_i^{(1)}} \cdot y'_{z_i^{(1)} \oplus \tau} + \cdots + \sum_{i=(n-1)w+1}^{nw} y_{z_i^{(1)}} \cdot y'_{z_i^{(1)} \oplus \tau} \\
&= \sum_{i=1}^{w} y_{z_i^{(1)}} \cdot y'_{z_i^{(1)} \oplus \tau} + \sum_{i=1}^{w} y_{z_{i+w}^{(1)}} \cdot y'_{z_{i+w}^{(1)} \oplus \tau} + \cdots + \sum_{i=1}^{w} y_{z_{i+(n-1)w}^{(1)}} \cdot y'_{z_{i+(n-1)w}^{(1)} \oplus \tau} \\
&= \sum_{j=0}^{n-1} y_{z_{1+jw}^{(1)}} \cdot y'_{z_{1+jw}^{(1)} \oplus \tau} + \sum_{j=0}^{n-1} y_{z_{2+jw}^{(1)}} \cdot y'_{z_{2+jw}^{(1)} \oplus \tau} + \cdots + \sum_{j=0}^{n-1} y_{z_{w+jw}^{(1)}} \cdot y'_{z_{w+jw}^{(1)} \oplus \tau} \\
&= \sum_{i=1}^{w} \sum_{j=0}^{n-1} y_{z_{i+jw}^{(1)}} \cdot y'_{z_{i+jw}^{(1)} \oplus \tau} \\
&= \sum_{i=1}^{w} y_{z_{i+J(i)w}^{(1)}} \cdot y'_{z_{i+J(i)w}^{(1)} \oplus \tau} \\
&\leqslant \sum_{i=1}^{w} x_{x_i^{(1)}} \cdot x'_{x_i^{(1)} \hat{\oplus} \tau} \leqslant \lambda_c
\end{aligned}
\tag{10.38}
$$

式中:"$\oplus$" 和 "$\hat{\oplus}$" 分别表示模 mL_1 加和模 L_1 加。

10.4.1　性能分析

本节基于差错概率对多速率系统的性能进行分析,其中差错概率是不同速率用户数量的函数。这里只介绍一维码的性能,但其分析过程同样适用于二维码[27]。第一种多速率系统是指多速率编码系统,该系统采用基于上述算法步骤构建的 OOC。为了简化,这里只考虑两种不同长度的 OOC,当然这种构建方法可以生成更多不同长度的编码。将码字 $X(n, w, \lambda_a, \lambda_c) \in C$ 分配给多速率系统的新用户,然后根据比特率将用户分为两类(两种长度),具有高比特传输速率的用户定义为第 I 类,低比特率的定义为第 II 类。假设第 I 类用户比特率是第 II 类用户的 2 倍,这意味着第 II 类用户的码元长度为第 I 类用户的 2 倍。当第 I 类用户传输数据时,为其分配一个码字 $X \in C$ 用于映射数据比特。另外,第 II 类用户采用码字 $Y \in C''$ 来映射其数据比特,其中 Y 基于分配码字 X 构建而成。

假设系统码片同步,且 $\lambda_a = \lambda_c = 1$,第 I 类和第 II 类的用户数分别为 N_1、N_2,则用户总数 $N = N_1 + N_2$ 的上界由码集基数 $|C|$ 决定。需注意,数据序列是独立的,数据比特"1"和"0"等概率。为了便于对比,对第二种系统进行评估,这种系统通过将第 II 类用户的每个码元发送两次来实现多速率功能,称为重复编码系统[27]。本节还将对具有自动请求(ARQ)机制的重复编码系统的性能进行分析。

图 10.7 为多速率编码系统中多速率接收机的简化配置。

由于接收机要接收多速率数据,因此需要速率控制单元,其功能由函数 $q(t)$

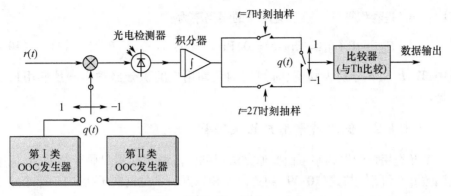

图 10.7　多速率(两种速率)接收机

表示，$q(t) = -1$ 表示低比特率，$q(t) = 1$ 表示高比特率，第 Ⅰ 类用户比特周期由 T 来表示。下面分别对有 ARQ 机制与没有 ARQ 机制的第 Ⅰ 类和第 Ⅱ 类用户的误码率(BER)进行研究。

10.4.1.1　高比特率用户的误码率

假设 I 是第 Ⅰ 类和第 Ⅱ 类中所有用户的总干扰，$I_i^{(1)}$ 和 $I_j^{(2)}$ 分别是第 Ⅰ 类中第 i 个用户和第 Ⅱ 类中第 j 个用户的干扰量。为不失一般性，假设预期用户属于第 Ⅰ 类。由于有 N_1 个 Ⅰ 类用户和 N_2 个 Ⅱ 类用户，干扰 I 来自($N_1 - 1$)个 Ⅰ 类和 N_2 个 Ⅱ 类用户。$I_i^{(1)}$ 的概率密度函数为[15]

$$P(I_i^{(1)} = k) = \begin{cases} \dfrac{w^2}{2n}, & k = 1 \\ 1 - \dfrac{w^2}{2n}, & k = 0 \\ 0, & 其他 \end{cases} \tag{10.39}$$

式中：$2 \leqslant i \leqslant N_1$。

同样，$I_j^{(2)}$ 的概率密度函数为

$$P(I_j^{(2)} = k) = \begin{cases} \dfrac{w^2}{4n}, & k = 1 \\ 1 - \dfrac{w^2}{4n}, & k = 0 \\ 0, & 其他 \end{cases} \tag{10.40}$$

式中：$1 \leqslant j \leqslant N_2$。

由于 $I_i^{(1)}$ 和 $I_j^{(2)}$ 相互独立，则 I 的概率密度函数为

$$P_I^{(\text{Class I})}(I) = P(I_2^{(1)}) * P(I_3^{(1)}) * \cdots * P(I_{N_1}^{(1)}) * P(I_1^{(2)}) * \cdots * P(I_{N_2}^{(2)})$$

$$\tag{10.41}$$

式中:"＊"是卷积算子。第Ⅰ类用户的误码率为

$$P_{E_1} = \Pr(R \geqslant \text{Th} \mid b = 0)\Pr(b = 0) = \frac{1}{2}\sum_{i=\text{Th}}^{N-1} P_I^{(\text{Class} \ I)}(i) \qquad (10.42)$$

式中:Th、R 和 b 分别为阈值、时间 T 内预期用户的积分器输出和预期用户传输数据。

10.4.1.2 低比特率用户的误码率

第Ⅱ类用户的误码率可由类似方法得到。假设预期用户属于第Ⅱ类,概率密度函数 $I_i^{(1)}$ 和 $I_j^{(2)}$ 与式(10.39)和式(10.40)相同,不过这次干扰来自 N_1 个第Ⅰ类和 (N_2-1) 个第Ⅱ类用户。因此干扰的概率密度函数为

$$P_I^{(\text{Class} \ II)}(I) = P(I_1^{(1)}) \ast P(I_2^{(1)}) \ast \cdots \ast P(I_{N_1}^{(1)}) \ast P(I_2^{(2)}) \ast \cdots \ast P(I_{N_2}^{(2)})$$

$$\qquad (10.43)$$

第Ⅱ类用户的误码率为

$$P_{E_2} = \frac{1}{2}\sum_{i=\text{Th}}^{N-1} P_I^{(\text{Class} \ II)}(i) \qquad (10.44)$$

多速率编码系统的平均误码率为[27]

$$P_E = \frac{N_1 R_1 P_{E_1} + N_2 R_2 P_{E_2}}{N_1 R_1 + N_2 R_2} \qquad (10.45)$$

式中:R_i 是第 i 类用户的数据速率。

由于 $R_1 = 2R_2$,则式(10.45)变为

$$P_E = \frac{2N_1 P_{E_1} + N_2 P_{E_2}}{2N_1 + N_2} \qquad (10.46)$$

10.4.1.3 具有 ARQ 机制的重复编码系统的误码率

图 10.8 为具有 ARQ 机制的多速率接收机的配置。$q(t)$ 仍是速率控制信号,具有与前述相同的功能和意义。利用类似的方法,可以计算两类用户的误码率和干扰的概率密度函数。

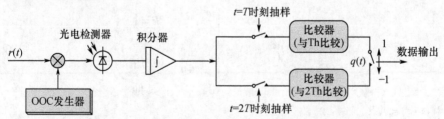

图 10.8 具有 ARQ 机制的多速率(两种速率)接收机

由于第Ⅰ类用户的干扰 $I_i^{(1)}$ 与多速率编码系统类似,$I_i^{(1)}$ 的概率密度函数就与式(10.39)相同。第Ⅱ类用户的数据传输速率是第Ⅰ类用户的 2 倍,因此概率

330

密度函数 $I_j^{(2)}$ 也与式(10.40)类似[27]。将以下概率密度函数代入式(10.41),可以得到 I 的概率密度函数:

$$P(I_i^{(1)} = k) = P(I_j^{(2)} = k) = \begin{cases} \dfrac{w^2}{2n}, & k = 1 \\[3mm] 1 - \dfrac{w^2}{2n}, & k = 0 \\[3mm] 0, & \text{其他} \end{cases} \quad (10.47)$$

式中:$2 \leqslant i \leqslant N_1$;$1 \leqslant j \leqslant N_2$。

由于具有 ARQ 机制的重复编码系统中的第 I 类用户不使用重复技术,第 I 类用户的误码率 P_{A1} 与式(10.42)中的 P_{E1} 相同,这样就得到了第 I 类用户的误码率。

不过,第 II 类用户将每个比特传输两次,因此码长和码重分别为 $2n$ 和 $2w$,即步骤(2)中的码序列 Z。因此,由 $I_i^{(1)}$ 的分布可得[27]

$$P(I_i^{(1)} = k) = \begin{cases} \dfrac{w^2}{4n}, & k = 2 \\[3mm] \dfrac{w^2}{2n}, & k = 1 \\[3mm] 1 - \dfrac{3w^2}{4n}, & k = 0 \\[3mm] 0, & \text{其他} \end{cases} \quad (10.48)$$

同样,由 $I_j^{(2)}$ 的分布可得

$$P(I_j^{(2)} = k) = \begin{cases} \dfrac{3w^2}{8n}, & k = 2 \\[3mm] \dfrac{w^2}{4n}, & k = 1 \\[3mm] 1 - \dfrac{5w^2}{8n}, & k = 0 \\[3mm] 0, & \text{其他} \end{cases} \quad (10.49)$$

这样就得到了全部干扰 I 的概率密度函数 $P_I^{(\text{Class II})}(I)$ 和第 II 类用户的误码率 P_{E2}。重复编码系统的平均误码率与式(10.46)类似:

$$P_E = \frac{2N_1 P_{E_1} + N_2 P_{E_2}}{2N_1 + N_2} \quad (10.50)$$

在 ARQ 机制中,第 II 类用户利用重复编码作为差错检测编码,多速率重复编码系统的接收机检查由相同数据比特译码得到的两个接收比特是否相同。如果接收的两位比特完全相同,接收机就很容易做出判断。如果接收到的两个比特不同,接收机将会请求发射机重新发送数据。为了简化,不考虑 ARQ 机制中的开销,并

假设数据被识别前会一直重发每个数据比特,由此可以计算 ARQ 系统误码率的下限。为了计算 ARQ 机制中第Ⅱ类用户的误码率,必须计算每个接收比特的差错概率 P_{B_E},它与 P_{E1} 相同。发生两次接收错误后,会认为出现了差错比特,具有 ARQ 机制的第Ⅱ类用户的误码率为

$$P_{A_2} = P_{B_E} \cdot P_{B_E} + 2P_{B_E}(1 - P_{B_E}) \cdot P_{B_E} \cdot P_{B_E} + 2P_{B_E}(1 - P_{B_E})$$
$$\cdot 2P_{B_E}(1 - P_{B_E}) \cdot P_{B_E}P_{B_E} + \cdots = P_{B_E}[1 - 2P_{B_E}(1 - P_{B_E})] \quad (10.51)$$

具有 ARQ 机制的重复编码系统的平均误码率为

$$P_A = \frac{2N_1 P_{A_1} + N_2 P_{A_2}}{2N_1 + N_2} \quad (10.52)$$

10.5　OCDMA 网络多速率区分服务

在 OCDMA 系统运用关键光学技术,如光学逻辑门等先进的光子器件,具有全光处理的优势。光学逻辑门是先进 OCDMA 收发机的基本要素,在全光多业务网络中具有广泛的应用[43]。

传统的非相干 OCDMA 系统采用光正交码(OOC),其编码序列的码长和码重恒定,因此所有用户拥有相同的传输速率和服务质量(QoS)。另外,由于因特网的发展和多样化数据流量的增长,高清电视(HDTV)、视频会议、远程教育和互动游戏等多媒体应用层出不穷,所以支持多速率和差异化 QoS 传输是未来光网络面临的必然挑战。为了支持 OCDMA 系统中的多速率和差异化 QoS 传输,上面章节已经对多码长 OOC(ML－OOC)和可变码重 OOC(VW－OOC)进行了介绍[16,17,24,27]。此外,还提出同时支持多速率和区分服务(DiffServ)的多码长变重光正交码(MLVW－OOC)[19,21,36]。为二维 OCDMA 系统[32,44]设计的载波跳频素数码(CHPM)和多波长光正交码经过修正,已经能够为二维 OCDMA 网络提供多业务传输[37]。在非相干 OCDMA 中,所有用户采用同一功率电平进行通信,在接收端采用与逻辑门结构[45]。多电平信号技术[43]允许用户以不同功率电平发射信号,以更好地分辨和区分服务。通过这种技术,在接收机采用先进的光学逻辑门(如与、或和异或),多电平信号有助于降低不同功率电平用户的干扰。显然,消除不同功率电平的干扰会带来性能上的提高[1]。

多电平信号技术已应用于两级可变码重的 OCDMA 系统中,该系统的所有用户在 1bit 周期内具有相同的电平[1]。据报道,高码重用户以较低功率传输光脉冲,而低码重用户以较高功率传输光脉冲。使用多电平信号技术以及光学与逻辑门,低码重(高功率)用户的性能得到极大提高,但与典型的单一电平 OCDMA 系统相比,高码重(低功率)用户的性能并没有受到影响。这意味着,通过建立一个由先进光学逻辑门构成的多级接收机结构,不同功率电平信号的多址干扰是可区分

的,从而提高高功率和低功率用户的整体性能。本节主要介绍采用 MLVW – OOC 的 OCDMA,通过差错概率(P_E,误比特率)来评估系统性能,得到的公式也适用于 MLVW – OOC、OOC、ML – OOC 和 VW – OOC 系统。

在典型非相干 OCDMA 系统中,利用正交码 OOC 等扩频码对光强进行编码。OOC 是一系列$(0,1)$序列族,具有良好的自相关和互相关特性,这在第 2 章中已经详细讨论过。OOC 编码由(L,w,λ)描述,L,w 和 λ 分别为码长、码重和自相关及互相关的最大值。使用 OOC 作为扩频码的系统的整体性能与码集特性和干扰用户的数量有关,因此干扰用户的数量越多,性能越差。如前所述,编码参数如码长、码重和基数实际体现为数据速率、信号功率和系统容量。虽然增加码重能提高整体性能(更高的信号功率或信噪比),但会减少可用的码序列数量,N_c 为

$$N_c \leqslant \left\lfloor \frac{(L-1)(L-2)\cdots(L-\lambda)}{w(w-1)(w-2)\cdots(w-\lambda)} \right\rfloor \tag{10.53}$$

式中:$\lfloor x \rfloor$为 x 的下取整。

由式(10.53)可见,增大码重 w 会减少可用序列数,码长与传输速率成反比。对特定 QoS 来说,由于干扰,传输速率的增大会导致 N_c 的减小。10.4 节介绍的 ML – OOC 码集[24,27]能实现多速率的传输,其码序列具有固定码重和可变码长。另外为实现 QoS 区分服务,还开发了 VW – OOC 码集[17],其码序列具有固定码长和可变的码重,这在第 10.3 节已进行了讨论。

为同时支持 QoS 区分服务和多速率传输,需要采用 MLVW – OOC 编码,其码序列可以同时选择不同的码重和长度。为了提供网络请求的服务,采用 MLVW – OOC 作为扩频码,需要高 QoS 和高比特率的用户分别被分配给高码重和短码长的编码序列。此外,根据所需 QoS 可采用高码重和低码重的任意组合,或者根据所需传输速率选择长码长或短码长的任意组合。

假设 MLVW – OOC 码集由$(L = \{L_1, L_2, \cdots, L_Q\}, w = \{w_1, w_2, \cdots, w_Q\}, N_c = \{N_{c1}, N_{c2}, \cdots, N_{cQ}\}, Q, \boldsymbol{\Gamma})$表征,其中 L_i、w_i 和 N_{ci}分别为第 i 类编码的码长、码重和可用编码数量,Q 为网络中定义的业务数量,$\boldsymbol{\Gamma}$ 为互相关矩阵,定义为

$$\boldsymbol{\Gamma} = \begin{bmatrix} \lambda_{1,1} & \cdots & \lambda_{1,Q} \\ \vdots & & \vdots \\ \lambda_{Q,1} & \cdots & \lambda_{Q,Q} \end{bmatrix} \tag{10.54}$$

第 n 类中的第 k 个码序列用 $C_{k,n}$表示,则 $\lambda_{n,m}$定义为

$$\begin{cases} \displaystyle\sum_{t=0}^{L_n-1} C_{k,n}(t) \cdot C_{f,m}(t \oplus_m \tau) \leqslant \lambda_{n,m} \\ \displaystyle\sum_{t=0}^{L_m-1} C_{f,m}(t) \cdot C_{k,n}(t \oplus_n \tau) \leqslant \lambda_{m,n} \end{cases} \tag{10.55}$$

式中:$0 \leqslant \tau \leqslant \min(L_m, L_n)$为整数;"$\oplus_n$"和"$\oplus_m$"分别表示模 L_n 加和模 L_m 加。

当 $n = m$ 时,$\lambda_{n,m}$称为内互相关函数,表示同类码序列之间的最大互相关值;当

$n \neq m$ 时，$\lambda_{n,m}$ 称为交叉互相关函数，表示来自不同类别的两个编码序列之间的最大互相关值。

10.3 节和 10.4 节介绍的两种算法相结合能够生成 MLVW - OOC 码集和序列。例如，首先生成固定码重可变码长的编码，然后每个特定码长的码集可用于生成可变码重的序列，反之亦然。文献[1,19,32,36,43,44]介绍了一种生成 MLVW - OOC 的特殊算法，如果由此构建一个严格的 MLVW - OOC 码集($\lambda_{i,j} = 1; i,j = \{1, 2,\cdots,Q\}$)，则可用码序列的数目满足以下不等式：

$$\sum_{i=1}^{Q} N_{ci} \times w_i \times (w_i - 1) \leqslant L_{\max} - 1 \qquad (10.56)$$

式中：$L_{\max} = \max(L_i, i = 1,2,\cdots,Q)$。

当相关约束 $\lambda_{i,j} \geqslant 1$ 时，将会有更多的可用码序列。因而，该码集基数满足 Johnson 界[1]：

$$\sum_{i=1}^{Q} N_{ci} \leqslant \left\lfloor \frac{(L_{\min} - 1)(L_{\min} - 2)\cdots(L_{\min} - \lambda)}{w_{\max}(w_{\max} - 1)(w_{\max} - 2)\cdots(w_{\max} - \lambda)} \right\rfloor \qquad (10.57)$$

式中：$L_{\min} = \min(L_i, i = 1,2,\cdots,Q)$；$w_{\max} = \max(w_i, i = 1,2,\cdots,Q)$；$\lambda = \lambda_{i,j}, i,j = \{1, 2,\cdots,Q\}$。可以看出，增大相关约束会大大增加可用码序列的数量。

多业务 OCDMA 网络的接收端使用了光与逻辑门[1,43,45]。光与逻辑门结构包括光硬限幅器、抽头延迟线、译码器和与逻辑门元件，如图 10.9 所示[1]。由图可见，光与逻辑门可由合成器和硬限幅器来模拟。

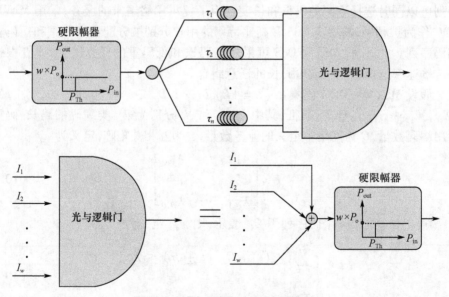

图 10.9　光与逻辑门的配置和模型

光与逻辑门输入端的硬限幅阈值应等于功率电平 P_{th}，而与逻辑门的硬限幅阈值是 $w \times P_o$，其中 w 为延迟线数目，P_o 为每个延迟线中的信号功率电平。因此，当与逻辑门所有的输入中有一个功率为 P_o 的脉冲时,输出"on"或脉冲信号;否则,为"off"。光与逻辑门中的延迟线根据指定的编码序列进行调整。

10.5.1　性能分析

在非相干调制中,如开关键控(OOK)调制,采用分配码序列对数据比特"1"进行编码,而对数据比特"0"不进行编码和传输。如果不考虑接收机端的泊松散弹噪声,由于光信道的正向加性特性,数据比特"1"总能被正确地检测到。但发射机发送数据比特"0"时,由于多用户干扰,预期用户的标记码片被干扰用户填充,就会发生一个差错。

如果将 MAI 作为唯一降低性能的因素,可对多业务 OCDMA 系统典型光与逻辑门的差错概率 P_E 进行分析。由于研究的重点是探讨 OCDMA 系统的多业务特性,在评价 P_E 时不考虑光纤损伤、散弹噪声和热噪声。当然,如果考虑更多相关影响因素,将会提高性能分析的准确性,但这里只关注基于码序列"碰撞"事件的 MLVW – OOC 码集的性能。

预期用户发送数据比特"0"时,其所有标记码片填充的是干扰用户的标记。很明显,由于光信道为加性的且没有损耗,数据比特"1"能够被正确地译码和检测。因此,第 k 类用户的 P_E 由下式表示[1]:

$$P_E(k) = \frac{1}{2}\Pr(\text{error}|0) = \Pr(\alpha_1 \geq 1, \alpha_2 \geq 1, \cdots, \alpha_{w_k} \geq 1) \qquad (10.58)$$

式中:α_i 为预期用户第 i 个标记码片中的干扰;w_k 为预期用户分配的码重。

式(10.58)可扩展为

$$\begin{aligned}
&\Pr(\alpha_1 \geq 1, \alpha_2 \geq 1, \cdots, \alpha_{w_k} \geq 1) \\
&= 1 - \Pr(\alpha_1 = 0 \ \text{or} \ \alpha_2 = 0 \ \text{or} \cdots \text{or} \ \alpha_{w_k} = 0) \\
&= \sum_{i=0}^{w_k} (-1)^i \times \binom{w_k}{i} \times \Pr(\alpha_1 = \alpha_2 = \cdots = \alpha_i = 0) \qquad (10.59)
\end{aligned}$$

由于不同类型的用户相互独立,则从每类用户的干扰概率可得总的干扰概率为

$$\Pr(\alpha_1 = \alpha_2 = \cdots = \alpha_i = 0) = \prod_{q=1}^{Q} \Phi^{(q)}(\alpha_1 = \alpha_2 = \cdots = \alpha_i = 0) \qquad (10.60)$$

式中:$\Phi^{(q)}$ 为第 q 类用户的干扰概率。

由于每类用户相互独立,则式(10.60)可写为

$$\Phi^{(q)}(\alpha_1 = \alpha_2 = \cdots = \alpha_i = 0) = [\Phi^{(q)}(\alpha_1 = \alpha_2 = \cdots = \alpha_i = 0 | \text{one user})]^{N_q} \qquad (10.61)$$

式中:N_q 为第 q 类干扰用户的数量。

当预期用户为第 k 类时,$\max\{N_q\} = N_{cq}, q \neq k, q = 1, 2, \cdots, Q$,其中 N_{cq} 是第 q

类可用编码的数量，$\max(N_k) = N_{ck} - 1$。则一个用户的 $\Phi^{(q)}$ 可写为

$$\Phi^{(q)}(\alpha_1 = \alpha_2 = \cdots = \alpha_i = 0 \mid \text{one user}) = 1 - \Phi^{(q)}$$

$$(\alpha_1 = 0 \text{ or } \alpha_2 = 0 \text{ or} \cdots \text{or } \alpha_{wk} = 0 \mid \text{one user}) \tag{10.62}$$

第 q 类用户带来的最大干扰为 $\lambda_{k,q}$，则有

$$\Phi^{(q)}(\alpha_1 = 1 \text{ or } \alpha_2 = 1 \text{ or} \cdots \text{or } \alpha_i = 1 \mid \text{one user})$$

$$= \sum_{j=1}^{\lambda_{k,q}} (-1)^{j+1} \times \binom{i}{j} \times \Phi^{(q)}(\alpha_1 = \alpha_2 = \cdots = \alpha_j = 1 \mid \text{one user}) \tag{10.63}$$

一个第 q 类用户对一个第 k 类用户产生的总干扰[1]为 $w_q w_k / 2L_q$。注意第 q 类码序列共有 L_q 个码片，其中有 w_q 个标记码片（即"1"），它们对第 k 类用户的 w_k 个标记码片存在脉冲信号干扰。此外，由于采用 OOK 调制方式，数据比特之间独立，"on"或"off"的状态等概率出现，因此"1"或"0"的概率为 $1/2$。定义 $P_m^{(k,q)}$ 为第 q 类码序列对第 k 类码序列的 m 个标记码片的干扰概率为

$$\sum_{m=0}^{\lambda_{k,q}} m \cdot \binom{w_k}{m} \cdot P_m^{(k,q)} = \frac{w_k w_q}{2L_q} \tag{10.64}$$

根据这个定义可得

$$\Phi^{(q)}(\alpha_1 = \alpha_2 = \cdots = \alpha_j = 1 \mid \text{one user}) = P_j^{(k,q)} + \binom{w_k - j}{1} \cdot P_{j+1}^{(k,q)} + \cdots$$

$$+ \binom{w_k - \lambda_{k,q}}{\lambda_{k,q} - j} \cdot P_{\lambda_{k,q}}^{(k,q)} = \sum_{m=j}^{\lambda_{k,q}} \binom{w_k - m}{m - j} \cdot P_m^{(k,q)} \tag{10.65}$$

利用式（10.58）~式（10.65），可得第 k 类用户的差错概率为

$$P_E(k) = \frac{1}{2} \sum_{i=0}^{w_k} \left\{ (-1)^i \binom{w_k}{i} \prod_{q=1}^{Q} \left[1 + \sum_{j=1}^{\lambda_{k,q}} \sum_{m=j}^{\lambda_{k,q}} \left((-1)^j \binom{i}{j} \binom{w_k - m}{m - j} P_m^{(k,q)} \right) \right]^{N_q} \right\} \tag{10.66}$$

式中：N_q 为第 q 类干扰用户的数量。

可以看出，式（10.66）不仅给出了 MLVW - OOC 的误码率，其他如 OOC、ML - OOC、VW - OOC 等编码机制的误码率也可以从中推导得出。为了得到不同编码的 P_E，码集参数需做相应修改。例如，基于 OOC 的 OCDMA 系统的 P_E 需要将参数修改为 $(L = \{L\}, w = \{w\}, N_c = \{N\}, Q = 1, \Gamma = [\lambda])$，则式（10.66）变为

$$P_E = \frac{1}{2} \sum_{i=0}^{w} \left\{ (-1)^i \binom{w}{i} \left[1 + \sum_{j=1}^{\lambda_{1,1}} \sum_{m=j}^{\lambda_{1,1}} \left((-1)^j \binom{i}{j} \binom{w - m}{m - j} P_m^{(1,1)} \right) \right]^N \right\} \tag{10.67}$$

式中：$P_m^{(1,1)} = w^2 / 2L$。

可以看出，式（10.67）与采用 OOC 的 OCDMA 系统相似[1,43,45]。

图 10.10[1] 给出了采用 MLVW – OOC 的 OCDMA 系统性能相对干扰用户数的变化曲线。其中 MLVW – OOC 码集参数为($L = \{300,600,900\}$，$w = \{12,10,8\}$，$N_c = \{20,20,20\}$，$Q = 3$，$\Gamma = [\lambda_{i,j} = 2, i,j = 1,\cdots,3])$，不同类型干扰用户的数量用 m 表示，$m = N_1 = N_2 = N_3$。很明显，码重增加会提高系统性能，干扰用户数量的增加会降低整个系统的性能。

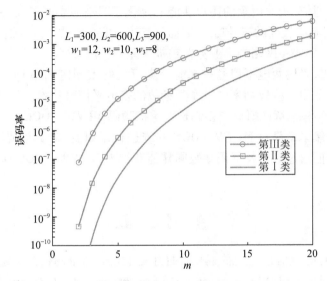

图 10.10　给定条件下采用 MLVW – OOC 的单—电平 OCDMA 系统的
误码率($m = N_1 = N_2 = N_3$)

10.6　总　　结

本章主要介绍了 OCDMA 光网络的区分服务和服务质量。由于 OCDMA 中的信号处理是在码域而不是波长或时间域进行，因此编码参数在多速率和多业务传输中发挥了重要的作用。在真实的网络环境中，扩频码特性具有实际的意义。可以看出，码长直接与数据速率相关，码重代表了信号功率，码集基数表示网络容量，即可容纳的用户数，相关特性表示码集中任意两个码序列（用户）的相似性或差异性。

为在 OCDMA 网络中支持具有不同比特率和服务质量的多媒体业务，可变长多码重的扩频编码成为 OCDMA 网络领域一个非常热门的研究课题。本章回顾了支持多速率 OCDMA 网络的可变长编码的构建方法，根据速率的不同将用户分为两个不同的类，在此基础上研究了多速率编码系统和重复编码系统的整体性能，这种方法可以很方便地推广到更多业务或多种速率的情况。当只有第 II 类用户存在时，具有 ARQ 机制的重复编码系统优于多速率编码系统，但在其他条件下其性能会比较差。

为了实现 OCDMA 网络中的 QoS 区分,介绍并详细研究了设计具有理想同相互相关值的严格 VW – OOC 的两种方法(清晰集和随机法)。这两种方法都可以根据业务需要选择编码参数(将不同码重分配给不同业务)。此外,由于随机法的随机性,能够在给定编码参数条件下提供几种独立的码集,从而能实现编码重构以提高安全性。具有较大码重的用户性能总是优于具有较低码重的用户性能,这显然是由于前者具有较高的信号功率,因而具有较高信噪比的原因。因此,严格 VW – OOC 能够为 OCDMA 网络的多业务传输提供差异化的 QoS。

结果表明,采用两电平信号技术能提高可变码重固定功率 OCDMA 系统的性能,但也可以采用一些以功率电平作为参数的多电平信号技术。另外,为了同时支持多速率和 QoS,本章还研究了多码长变重扩频码 MLVW – OOC。

此外,虽然本章只对 MLVW – OOC 系统进行了研究,对其误码率的一般形式进行了分析,但通过修正特征码参数同样能获得 OOC、VW – OOC 和 ML – OOC 的误码率。

参 考 文 献

[1] Beyranvand, H. , Ghaffari, B. M. and Salehi, J. A. (2009) Multirate, differentiated – QoS, and multilevel fiberoptic CDMA system via optical logic gate elements. *J. Lightw. Technol.* ,**27**(9), 4348 – 4359.

[2] Assi, C. , Ye, Y. and Dixit, S. (2003) Dynamic bandwidth allocation for quality of service over Ethernet PON. *IEEE J. on Selected Areas in Comm.* ,**21**(11),1467 – 1477.

[3] Karbassian, M. M. and Ghafouri – Shiraz, H. (2009) Analysis of scalability and performance in passive optical CDMA network. *J. Lightw. Technol.* **27**(17),3896 – 3903.

[4] Gumaste, A. et al. (2008) Light – mesh:A pragmatic optical access network architecture for IP – centric service oriented communication. *Opt. Switching and Networking* ,**5**(2,3),63 – 74.

[5] Yang, C. C. , Huang, J. F. and Hsu, T. C. (2008) Differentiated service provision in optical CD-MA network using power control. *IEEE Photonics Tech. Letters* ,**20**(20),1664 – 1666.

[6] Hayashi, M. , Tanaka, H. and Suzuki, M. (2008) Advanced reservation – based network resource manager for optical network. In:*OFC* ,San Diego,California,USA.

[7] Draft recommendation Y. RACF(Y. 2111) release 2,'Resource and admission control functions in NGN,' ITU – T(2007).

[8] Gumaste, A. and Zheng, S. (2006) Light – frames:A pragmatic solution to optical packet transport – extending the Ethernet from LAN to optical networks. *J. Lightw. Technol.* ,**24**(10), 3598 – 3615.

[9] Meenakshi, M. and Andonovic, I. (2006) Code – based all optical routing using two – level coding. *J. Lightw. Technol.* ,**24**(4),1627 – 1637.

[10] Karbassian, M. M. and Ghafouri – Shiraz, H. (2009) IP routing and traffic analysis in coherent

optical CDMA networks. *J. Lightw. Technol.* ,**27**(10) ,1262 – 1268.

[11] Wei,Z. and Ghafouri – Shiraz,H. (2002) IP routing by an optical spectral – amplitude – coding CDMA network. *IEE Proc. Communications* ,**149**(5) ,265 – 269.

[12] Karbassian,M. M. and Ghafouri – Shiraz,H. (2009) IP routing and transmission analysis over optical CDMA networks: coherent modulation with incoherent demodulation. *J. Lightw. Technol.* ,**27**(17) ,3845 – 3852.

[13] Azizoghlu,M. ,Salehi,J. A. and Li,Y. (1992) Optical CDMA via temporal codes. *IEEE Trans on Comm.* ,40(8) ,1162 – 1170.

[14] Salehi,J. A. (1989) Code division multiple – access techniques in optical fiber networks – part I: fundamental principles. *IEEE Trans. on Comm.* ,**37**(8) ,824 – 833.

[15] Salehi,J. A. and Brackett,C. A. (1989) Code division multiple – access technique in optical fiber networks – part II: system performance analysis. *IEEE Trans. on Comm.* ,37(8) ,834 – 842.

[16] Yang,G. C. (1996) Variable – weight optical orthogonal codes for CDMA network with multiple performance requirements. *IEEE Trans on Comm.* ,**44**(1) ,47 – 55.

[17] Gu,F. R. and Wu,J. (2005) Construction and performance analysis of variable – weight optical orthogonal codes for asynchronous optical CDMA systems. *J. Lightw. Technol.* ,**23**(2) ,740 – 748.

[18] Djordjevic,I. B. ,Vasic,B. and Rorison,J. (2003) Design of multiweight unipolar codes for multimedia optical CDMA applications based on pairwise balanced designs. *J. Lightw. Technol.* ,**21**(9) ,1850 – 1856.

[19] Tarhuni,N. et al. (2005) Multiclass optical orthogonal codes for multiservice optical CDMA networks. *J. Lightw. Technol.* ,**24**(2) ,694 – 704.

[20] Khaleghi,S. and Pakravan,M. R. (2010) Quality of service provisioning in optical CDMA packet networks. *J. Optical Communications and Networking* ,**2**(5) ,283 – 292.

[21] Nasaruddin and Tsujioka,T. (2008) Design of strict variable – weight optical orthogonal codes for differentiated quality of service in optical CDMA networks. *J. Computer Networks* ,**52**(10) , 2077 – 2086.

[22] Lee,S. J. ,Lee,H. W. and Sung,D. K. (1999) Capacities of single – code and multicode DS – CDMA systems accommodating multiaccess services. *IEEE Trans. on Vehic. Technol.* ,**48**(no 5) ,376 – 384.

[23] Adachi,F. ,Sawahashi,M. and Okawa,K. (1997) Tree – structured generation of orthogonal spreading codes with different lengths for forward link of DS – CDMA mobile radio. *Electronics Letters* ,**33**(1) ,27 – 28.

[24] Kwong,W. C. and Yang,G. C. (2002) Design of multilength optical orthogonal codes for optical CDMA multimedia networks. *IEEE Trans on Comm.* ,**50**(8) ,1258 – 1265.

[25] Petrovic,R. and Holmes,S. (1990) Orthogonal codes for CDMA optical fiber LANs with variable bit interval. *Electronics Letters* ,**26**(10) ,662 – 664.

[26] Maric,S. V. ,Moreno,O. and Corrada,C. J. (1996) Multimedia transmission in fiberoptic LANs

using optical CDMA. *J. Lightw. Technol.* ,**14**(10), 2149 – 2153.

[27] Lin, J. Y. , Jhou, J. S. and Wen, J. H. (2007) Variable – length code construction for incoherent optical CDMA systems. *Optical Fiber Techonlogy*, **12**(2), 180 – 190.

[28] Yang, G. C. and Kwong, W. C. (2002) *Prime codes with applications to CDMA : optical and wireless networks.* Artech House, Massachusetts, USA.

[29] Wei, Z. , Shalaby, H. M. H. and Ghafouri – Shiraz, H. (2001) Modified quadratic congruence codes for fiber Bragg – grating – based spectral – amplitudecoding optical CDMA systems. *J. Lightw. Technol.* ,**19**(9), 1274 – 1281.

[30] Yang, G. C. and Kwong, W. C. (2004) A new class of carrier – hopping codes for code – division multipleaccess optical and wireless systems. *IEEE Comm. Letters*, **8**(1), 51 – 53.

[31] Chung, F. R. K. , Salehi, J. A. and Wei, V. K. (1989) Optical orthogonal codes : design, analysis and application. *IEEE Trans. on Info. Theory*, **35**(3), 595 – 605.

[32] Kwong, W. C. and Yang, G. C. (2005) Multiple – length extended carrier – hopping prime codes for optical CDMA systems supporting multirate multimedia services. *J. Lightw. Technol.* , **23**(11), 3653 – 3662.

[33] Yang, G. C. , Lin, S. Y. and Kwong, W. C. (2002) MFSK/FH – SSMA wireless systems with double – media services over fading channels. *IEEE Trans. on Vehic. Technol.* ,**49**(3), 900 – 910.

[34] Inaty, E. et al. (2002) Multirate optical fast frequency hopping CDMA systems using power control. *J. Lightw. Technol.* ,**20**(2), 166 – 177.

[35] Shake, T. H. (2005) Security performance of optical CDMA against eavesdropping. *J. Lightw. Technol.* ,**23**(2), 655 – 670.

[36] Nasaruddin and Tsujioka, T. (2007) Multiple – length variable – weight optical orthogonal codes for supporting multirate multimedia services in optical CDMA Networks. *IEICE Trans. on Commun.* , **E90 – B**(8), 1968 – 1978.

[37] Liang, W. et al. (2008) A new family of 2D variable – weight optical orthogonal codes for OCDMA systems supporting multiple QoS and analysis of its performance. *Photonic Network Communications*, **16**(1), 53 – 60.

[38] Murugesan, K. (2004) Performance analysis of low – weight modified prime sequence codes for synchronous optical CDMA networks. *J. Optical Communications*, **25**(2), 68 – 74.

[39] Ohtsuki, T. (1999) Performance analysis of direct – detection optical CDMA systems with optical hard – limiter using equal – weight orthogonal signaling. *IEICE Trans. on Comm.* , **E82 – B**(3), 512 – 520.

[40] Park, E. , Mendez, A. J. and Gasmeiere, E. M. (1992) Temporal/spatial optical CDMA networks. *IEEE Photonics Tech. Letters*, **4**(10), 1160 – 1162.

[41] Fathallah, H. , Rusch, L. A. and LaRochelle, S. (1999) Passive optical fast frequency – hop CDMA communication system. *J. Lightw. Technol.* ,**17**(3), 397 – 405.

[42] Maric, S. V. and Lau, V. K. N. (1998) Multirate fiber – optic CDMA : system design and performance analysis. *J. Lightw. Technol.* ,**16**(1), 9 – 17.

[43] Ghaffari, B. M. and Salehi, J. A. (2009) Multiclass, multistage, and multilevel fiber – optic CDMA signaling techniques based on advanced binary optical logic gate elements. *IEEE Trans on Comm.* , **57**(5) ,1424 – 1432.

[44] Kwong, W. C. and Yang, G. C. (2004) Multiple – length multiple – wavelength optical orthogonal codes for optical CDMA systems supporting multirate multimedia services. *J. on Selected Areas in Comm.* , **22**(9) ,1640 – 1647.

[45] Mashhadi, S. and Salehi, J. A. (2006) Code division multiple – access techniques in optical fiber networks – Part III: Optical AND gate receiver structure with generalized optical orthogonal codes. *IEEE Trans on Comm.* , **45**(8) ,1457 – 1468.